高等数学一

主　编　魏悦姿　傅洪波
副主编　袁　伟　赵箭光
参　编　鲁　娜　丁有得　汪　峰

北京

内 容 简 介

本书是为了适应新形势下高等院校通识教育类课程改革的需要,按照高层次工科专门人才的能力与素质要求,以及所必须具有的微积分知识编写而成的.全书主要内容包括函数与极限、连续性,导数与微分,微分中值定理与导数的应用,不定积分,定积分,定积分的应用,常微分方程等,且在大部分章节的最后增加了数学模型与 MATLAB 语言的简单介绍,书末附有习题答案及常用公式等.

本书的内容与方法可广泛适用于生物医学、临床医学、心理学、医疗卫生保健、经济学等自然科学与社会科学的多学科、多专业、多层次的需要,可作为高等院校理工科及医科院校等非数学专业的高等数学教材及学习参考书.

图书在版编目(CIP)数据

高等数学.一/魏悦姿,傅洪波主编.—北京:科学出版社,2018.10
ISBN 978-7-03-058390-1

Ⅰ.①高… Ⅱ.①魏… ②傅… Ⅲ.①高等数学 Ⅳ.①O13

中国版本图书馆 CIP 数据核字(2018)第 170643 号

责任编辑:胡云志 李 萍/责任校对:郭瑞芝
责任印制:张 伟/封面设计:华路天然设计工作室

科学出版社 出版
北京东黄城根北街 16 号
邮政编码:100717
http://www.sciencep.com

北京华宇信诺印刷有限公司印刷
科学出版社发行 各地新华书店经销

*

2018 年 10 月第 一 版 开本:787×1092 1/16
2024 年 7 月第八次印刷 印张:21
字数:500 000

定价:53.00 元
(如有印装质量问题,我社负责调换)

谨以此书为广州医科大学 60 华诞献礼!

前 言

高等数学的主要内容是微积分学,如今微积分在几乎所有的科学领域里得到了广泛的应用,如在自然科学、生物医学、社会科学和人文科学等领域里发挥了巨大的作用,其最大功能就是建模,通过建模把实际问题理论化,然后用数学工具进行分析,从而为一些实际现象提供模型以预测未来的变化趋势,避免了反复试验的麻烦和困难.由此可见,高等数学是大学教育,特别是理工类教育不可或缺的知识环节,学好高等数学就理工科学生而言,既是其后续学习的坚实起点又是制高点,甚至是大学教育成败的分水岭.

本书是编者们在多年教学的基础上,按照突出数学概念、数学思想和数学方法、淡化运算技巧、强调应用实例的原则,在经典教材的理论框架下编写而成的.同时,从对学生的"知识贡献、能力贡献、素质贡献"出发,精心设计和安排了本书的内容体系和框架,以突出"培养创新精神和实践应用能力为核心"的指导思想.在编写过程中突出以下特色.

1. 注重概念的理解和数学思想的建立,注重逻辑的渐进性与思想的宏观性有机结合,逐步帮助学生建立对概念微观认知和数学思想的整体理解,实现既见"树"又见"林"的学习效果.

2. 注重基础知识和解题能力训练相结合,例题和习题贴近实际,实用性、针对性强;方便学生学练结合,及时检验学习效果,增强学习的适应能力和信心.

3. 注重内容讲解的平易性和连贯性,但又不失逻辑严密性,在经典例题的深度解析和细致叙述中,培养学生深入理解和综合运用知识的能力.

4. 每章最后增加了数学模型与 MATLAB 语言的简单介绍,既把高等数学和实际应用相结合,体现高等数学从实践中来到实践中去的发展脉络,也让学习者体验到高等数学强大的应用价值,提升学习兴趣,为参加数学建模竞赛等课外科技活动的学生拓宽了知识面.本书部分内容标了"*",可供学生自主学习及作为课外拓展阅读资料.

由于编写时间较仓促和编者的能力所限,本书中难免存在不足之处,敬请读者批评指正.

在此,特别感谢广州医科大学基础学院物理教研室全体教师对本书编写的付出!同时也感谢 2015 级—2017 级生物医学工程专业、食品质量与安全专业毛广娟、高慧等同学的支持和帮助!

编 者

2018 年 5 月于广州

目 录

前言

第一章 函数与极限、连续性 ······ 1
  第一节 函数 ······ 1
  第二节 极限 ······ 13
  第三节 无穷小与无穷大 ······ 22
  第四节 极限运算法则 ······ 25
  第五节 极限存在准则与两个重要极限 ······ 30
  第六节 无穷小的比较 ······ 36
  第七节 函数的连续性与间断点 ······ 39
  第八节 连续函数的运算与性质 ······ 43
  *第九节 数学模型应用 ······ 48
  *第十节 MATLAB 软件应用 ······ 55

第二章 导数与微分 ······ 59
  第一节 导数概念 ······ 59
  第二节 函数的求导法则 ······ 67
  第三节 高阶导数 ······ 76
  第四节 隐函数求导法 ······ 82
  第五节 函数的微分 ······ 90
  *第六节 MATLAB 软件应用 ······ 100

第三章 微分中值定理与导数的应用 ······ 102
  第一节 微分中值定理 ······ 102
  第二节 洛必达法则 ······ 109
  第三节 泰勒公式 ······ 115
  第四节 函数单调性、凹凸性与极值 ······ 120
  *第五节 数学模型应用 ······ 130
  第六节 函数图形的描绘 ······ 136
  *第七节 MATLAB 软件应用 ······ 141

第四章 不定积分 ······ 143
  第一节 不定积分的概念与性质 ······ 143
  第二节 换元积分法 ······ 151
  第三节 分部积分法 ······ 165

第四节　有理数函数积分法……172
　　*第五节　MATLAB 软件应用……185
第五章　定积分……187
　　第一节　定积分的概念与性质……187
　　第二节　微积分基本公式……195
　　第三节　定积分的积分法……201
　　*第四节　反常积分……210
　　*第五节　MATLAB 软件应用……218
第六章　定积分的应用……220
　　第一节　定积分的微元法……220
　　第二节　几何应用之一……221
　　第三节　几何应用之二……226
　　第四节　几何应用之三……230
　　第五节　物理应用……232
　　第六节　医学中的应用……236
第七章　常微分方程……239
　　第一节　微分方程的基本概念……239
　　第二节　分离变量法……243
　　第三节　一阶线性微分方程的通解……250
　　第四节　可降阶的微分方程……256
　　第五节　二阶线性微分方程解的结构……259
　　第六节　二阶常系数齐次线性微分方程……267
　　第七节　二阶常系数非齐次线性微分方程……271
　　*第八节　数学模型应用……277
　　*第九节　MATLAB 软件应用……293
参考文献……295
附录……296
　　附录一　三角函数与反三角函数等常用公式……296
　　附录二　导数及积分公式……299
部分习题答案……302

第一章 函数与极限、连续性

17 世纪初,伽利略从对天文学等问题的研究中引出了函数的概念. 高等数学主要研究对象是函数, 而极限是研究函数的主要工具, 掌握和运用好极限方法是学好微积分的关键. 本章在中学数学的基础上介绍函数、极限、函数连续性的基本知识和方法, 为高等数学的学习打好必要的基础.

第一节 函 数

本节将介绍函数的概念与函数的一些特性.

一、实数与区间

人们在公元前三千年前最先认识了自然数 $1,2,3,\cdots$ 之后, 数的范围伴随人类文明的发展不断扩展. 由加法运算、乘法运算与减法运算是否封闭的探索, 从自然数集扩展到整数集, 再从整数集扩展到有理数集, 又把有理数集扩展到实数集. 有理数与无理数的全体称为**实数**. 实数集不仅对四则运算是封闭的, 而且对开方运算也是封闭的. 可以证明, 实数点能铺满整个数轴, 而不会留下任何空隙, 此即所谓实数的**连续性**.

任给一个实数, 在数轴上就有唯一的点与它对应; 反之, 数轴上任意的一个点也对应着唯一的一个实数, 可见实数集等价于整个数轴上的点集. 本书如无特别说明, 则讨论变量的范围主要是实数集, 提到的数均为实数. 为了叙述方便, 重申中学学过的几个特殊实数集的记号: 自然数集记为 $\mathbf{N}$, 整数集记为 $\mathbf{Z}$, 有理数集记为 $\mathbf{Q}$, 实数集记为 $\mathbf{R}$, 这些数集间的关系如下: $\mathbf{N} \subset \mathbf{Z} \subset \mathbf{Q} \subset \mathbf{R}$.

区间是高等数学中常用的数集, 分为**有限区间**和**无限区间**两大类. 设 a,b 为两个实数, 且 $a<b$, 引入记号 $+\infty$(读作"正无穷大") 及 $-\infty$(读作"负无穷大").

有限区间

开区间 $(a,b) = \{x \mid a < x < b\}$;

闭区间 $[a,b] = \{x \mid a \leqslant x \leqslant b\}$;

半开闭区间 $[a,b) = \{x \mid a \leqslant x < b\}$, $(a,b] = \{x \mid a < x \leqslant b\}$.

无限区间

$$[a,+\infty) = \{x \mid a \leqslant x\}, \quad (-\infty,b] = \{x \mid x \leqslant b\},$$
$$(a,+\infty) = \{x \mid a < x\}, \quad (-\infty,b) = \{x \mid x < b\},$$
$$\mathbf{R} = (-\infty,+\infty).$$

注: 在本书中, 当不需要特别辨明区间是否包含端点、是有限还是无限时, 常将其简称为"区间", 并用 I 表示.

二、邻域

定义 1.1.1 设 a 与 δ 是两个实数, 且 $\delta>0$, 数集 $\{x|a-\delta<x<a+\delta\}$ 称为**点 a 的 δ 邻域**, 记为 $U(a,\delta)=\{x|a-\delta<x<a+\delta\}$ 或 $U(a,\delta)=\{x||x-a|<\delta\}$, 其中, 点 a 叫做该邻域的中心, δ 叫做该邻域的半径(图 1-1-1).

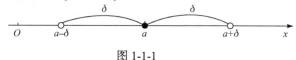

图 1-1-1

若把邻域 $U(a,\delta)$ 的中心去掉, 所得到的邻域称为**点 a 的去心 δ 邻域** $\mathring{U}(a,\delta)=\{x|0<|x-a|<\delta\}$.

也可用区间表示这两个邻域:

$$U(a,\delta)=(a-\delta,a+\delta), \quad \mathring{U}(a,\delta)=(a-\delta,a)\cup(a,a+\delta).$$

更一般地, 以 a 为中心的任何开区间均是点 a 的邻域, 当不需要特别指明邻域的半径时, 可简记为 $U(a)$.

三、函数的概念

函数是描述变量间相互依赖关系的一种数学模型和法则. 本节先讨论两个变量的情形.

例如, 假定 x 为婴儿的月龄, y 为婴儿的体重(单位:kg), 出生 1—6 个月期间婴儿的体重与月份关系满足以下数学模型

$$y=3+0.6x.$$

定义 1.1.2 设 x 和 y 是两个变量, D 是一个给定的非空数集. 如果 $\forall x\in D$, 变量 y 按照一定的法则总有确定的实数和它对应, 则称 y 是定义在 D 上的**函数**, 记为 $f(x)(=y)$, 称 D 为这个函数的**定义域**, 也记为 D_f; 称 y 为因变量, x 为自变量.

对 $x_0\in D$, 按照对应法则 f, 总有确定的值 y_0 (记为 $f(x_0)$)与之对应, 称 $f(x_0)$ 为函数在点 x_0 处的**函数值**. 因变量与自变量的这种相依关系通常称为**函数关系**.

当自变量 x 取遍 D 的所有数值时, 对应的函数值 $f(x)$ 的全体构成的集合称为函数 f 的**值域**, 记为 R_f 或 $f(D)$, 即 $R_f=f(D)=\{y|y=f(x),x\in D\}$.

说明 1: 符号 "$\forall$" 表示 "任意的" "对每一个"; 符号 "$\exists$" 表示 "存在" "有一个".

说明 2: 在实际问题中, 应根据问题的实际意义具体确定函数的定义域, 往往取使函数的表达式有意义的一切实数所构成的集合作为该函数的定义域, 这种定义域又称为函数的**自然定义域**. 例如, 函数 $y=\dfrac{1}{\sqrt{1-x^2}}$ 的(自然)定义域即为开区间 $(-1,1)$.

说明 3: 两个函数相等的充要条件是它们的定义域和对应法则都相同. 例如, $y=|x|$

与 $u = \sqrt{t^2}$ 是相同的函数.

函数的图形

对于函数 $y = f(x)$，若取自变量 x 为横坐标，因变量 y 为纵坐标，则在平面直角坐标系中就可以画出关于 x 和 y 的点集

$$C = \{(x, y) | y = f(x), x \in D\},$$

称为函数 $y = f(x)$ 的图形(图 1-1-2).

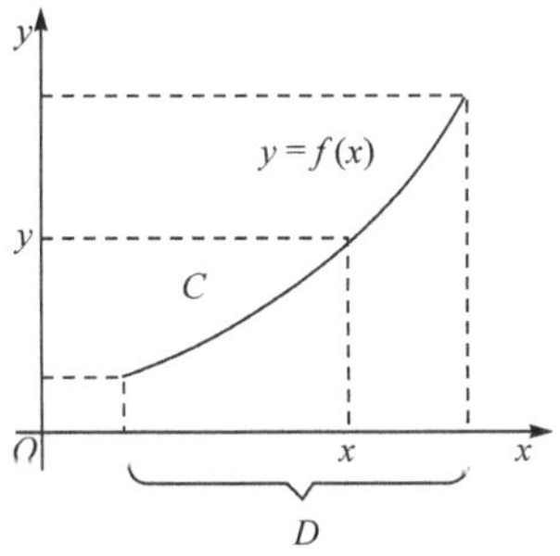

若自变量在定义域内任取一个数值，对应的函数值只有一个，这种函数称为**单值函数**，否则称为**多值函数**.

例如，方程 $x^2 + y^2 = 9$ 在闭区间 $[-3, 3]$ 上确定了一个以 x 为自变量、y 为因变量的函数. $\forall x \in (-3, 3)$，都有两个 y 值 $\pm\sqrt{9-x^2}$ 与之对应，因而 y 是多值函数.

注：今后，若无特别说明，函数均指单值函数.

函数的常用表示法

(1) **表格法** 将自变量的值与对应的函数值列成表格的方法.

图 1-1-2

(2) **图像法** 在坐标系中用图形来表示函数关系的方法.

(3) **公式法(解析法)** 将自变量和因变量之间的关系用数学表达式(又称解析表达式)来表示的方法. 根据函数的解析表达式的形式不同，函数也可分为**显函数**、**隐函数**和**分段函数**三种：

(i) **显函数** 函数由解析表达式直接表示. 例如，$y = 3 + 0.6x$.

(ii) **隐函数** 函数的自变量与因变量的对应关系由方程 $F(x, y) = 0$ 来确定. 例如，$x^2 + y^2 = 9$.

(iii) **分段函数** 函数在其定义域的不同范围内，具有不同的解析表达式. 以下是几个分段函数的例子.

例 1.1.1 绝对值函数 $y = |x| = \begin{cases} x, & x \geq 0, \\ -x, & x < 0 \end{cases}$ 的定义域 $D = (-\infty, +\infty)$，值域 $R_f = [0, +\infty)$，如图 1-1-3 所示.

例 1.1.2 取整函数 $y = [x]$，其中，$[x]$ 表示不超过 x 的最大整数. 例如，

$$[\sqrt{2}] = 1, \quad [-3.2] = -4.$$

易见，取整函数的定义域 $D = (-\infty, +\infty)$，值域 $R_f = \mathbf{Z}$，如图 1-1-4 所示.

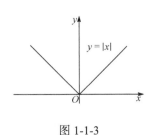

图 1-1-3

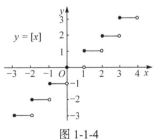

图 1-1-4

例 1.1.3 符号函数

$$y = \operatorname{sgn} x = \begin{cases} 1, & x > 0, \\ 0, & x = 0, \\ -1, & x < 0 \end{cases}$$

的定义域 $D = (-\infty, +\infty)$，值域 $R_f = \{-1, 0, 1\}$，图形如图 1-1-5 所示.

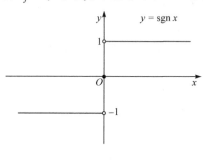

图 1-1-5

四、函数特性

1. 函数的有界性

设函数 $y = f(x)$ 的定义域为 D，数集 $X \subset D$，若 $\exists M > 0$，使得 $\forall x \in D$ 恒有 $|f(x)| \leqslant M$，则称函数 $f(x)$ 在 X 上**有界**，或称 $f(x)$ 是 X 上的**有界函数**，每一个具有上述性质的正数 M 都是该函数的**界**.

若具有上述性质的正数不存在，则称 $f(x)$ 在 X 上**无界**，或称 $f(x)$ 是 X 上的**无界函数**. 例如，函数 $y = \cos x$ 在 $(-\infty, +\infty)$ 内有界，因为 $\forall x \in \mathbf{R}$，恒有 $|\cos x| \leqslant 1$. 函数 $y = \dfrac{2}{x}$ 在区间 $(0, 2)$ 上无界，在 $[2, +\infty)$ 上有界.

例 1.1.4 证明:

(1) 函数 $y = \dfrac{2x}{x^2 + 1}$ 在 $\mathbf{R}$ 上是有界的;

(2) 函数 $y = \dfrac{1}{x^2}$ 在 $(0, 1)$ 上是无界的.

证 (1) 因为 $(1 - |x|)^2 \geqslant 0$，所以 $|1 + x^2| \geqslant 2|x|$，从而

$$|f(x)| = \left| \frac{2x}{x^2 + 1} \right| = \frac{2|x|}{|1 + x^2|} \leqslant 1,$$

$\forall x \in (-\infty, +\infty)$，故函数 $y = \dfrac{2x}{x^2 + 1}$ 在 $\mathbf{R}$ 上是有界的.

(2) 对于无论怎样大的 $M > 0$，总可在 $(0, 1)$ 内找到相应的 x. 例如，取 $x_0 = \dfrac{1}{\sqrt{M+1}} \in (0, 1)$，使得

$$|f(x_0)| = \frac{1}{x_0^2} = \frac{1}{\left(\frac{1}{\sqrt{M+1}}\right)^2} = M+1 > M,$$

所以 $f(x) = \frac{1}{x^2}$ 在 $(0,1)$ 上是无界函数.

2. 函数的单调性

设函数 $y = f(x)$ 的定义域为 D, 区间 $I \subset D$, 若 $\forall x_1, x_2 \in I$, 当 $x_1 < x_2$ 时, 恒有:
(1) $f(x_1) < f(x_2)$, 则称函数 $f(x)$ 在区间 I 上是**单调增加函数**;
(2) $f(x_1) > f(x_2)$, 则称函数 $f(x)$ 在区间 I 上是**单调减少函数**.

例如, $y = x^2$ 在 $[0, +\infty)$ 内是单调增加的, 在 $(-\infty, 0]$ 内是单调减少的, 在 $(-\infty, +\infty)$ 内是不单调的(图 1-1-6).

由定义易知, 单调增加函数的图形沿 x 轴正向是逐渐上升的(图 1-1-7), 单调减少函数的图形沿 x 轴正向是逐渐下降的(图 1-1-8).

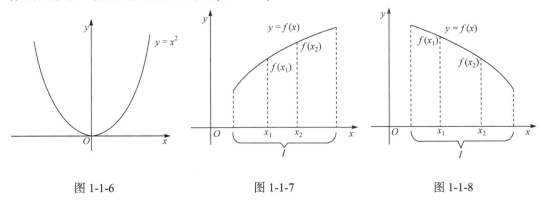

图 1-1-6　　　　　　　图 1-1-7　　　　　　　图 1-1-8

例 1.1.5　证明: 函数 $y = \frac{x}{1+2x}$ 在 $\left(-\frac{1}{2}, +\infty\right)$ 内是单调增加的.

证　$\forall x_1, x_2 \in \left(-\frac{1}{2}, +\infty\right)$, 设 $x_1 < x_2$, 则有

$$f(x_1) - f(x_2) = \frac{x_1}{1+2x_1} - \frac{x_2}{1+2x_2} = \frac{x_1 - x_2}{(1+2x_1)(1+2x_2)},$$

因为 x_1, x_2 是 $\left(-\frac{1}{2}, +\infty\right)$ 内任意两点, 所以 $1 + 2x_1 > 0, 1 + 2x_2 > 0$, 又因为 $x_1 - x_2 < 0$, 故 $f(x_1) - f(x_2) < 0$, 即 $f(x_1) < f(x_2)$, 所以 $f(x) = \frac{x}{1+2x}$ 在 $\left(-\frac{1}{2}, +\infty\right)$ 内是单调增加函数.

3. 函数的奇偶性

设定义域 D 关于原点对称. $\forall x \in D$, 若恒有

(1) $f(-x) = -f(x)$,则称 $f(x)$ 为**奇函数**;

(2) $f(-x) = f(x)$,则称 $f(x)$ 为**偶函数**.

奇函数的图形关于原点对称(图 1-1-9),偶函数的图形关于 y 轴对称(图 1-1-10).

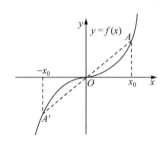 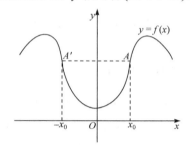

图 1-1-9　　　　　　　　　　　　图 1-1-10

例如,由图像可知函数 $y = x^2$ 是偶函数,函数 $y = x^3$ 是奇函数.

例 1.1.6　判断函数 $y = \ln(x + \sqrt{1+x^2})$ 的奇偶性.

解　$f(-x) = \ln(-x + \sqrt{1+(-x)^2}) = \ln(-x + \sqrt{1+x^2})$

$$= \ln \frac{(-x + \sqrt{1+x^2})(x + \sqrt{1+x^2})}{x + \sqrt{1+x^2}}$$

$$= \ln \frac{1}{x + \sqrt{1+x^2}} = -\ln(x + \sqrt{1+x^2}) = -f(x).$$

由定义知 $f(x)$ 为奇函数.

例 1.1.7　判断函数

$$f(x) = \frac{e^x - 1}{e^x + 1} \ln \frac{1-x}{1+x} \quad (-1 < x < 1)$$

的奇偶性.

解　因为

$$f(-x) = \frac{e^{-x} - 1}{e^{-x} + 1} \ln \frac{1+x}{1-x} = \frac{1 - e^x}{1 + e^x} \left(-\ln \frac{1-x}{1+x} \right)$$

$$= \frac{e^x - 1}{e^x + 1} \ln \frac{1-x}{1+x} = f(x),$$

故由定义知 $f(x)$ 为偶函数.

4. 函数的周期性

设函数 $f(x)$ 的定义域为 D,如果 $\exists$ 常数 $T \neq 0$,使得 $\forall x \in D$,有 $x \pm T \in D$,且 $f(x+T) = f(x)$,则称 $f(x)$ 为**周期函数**,T 为**周期**. 通常周期函数的周期是指其**最小正周期**.

例如,$\sin x$ 是以 2π 为周期的周期函数;$\tan x$ 是以 π 为周期的周期函数.

以 T 为周期的函数在每一个长度为 T 的区间上的图像是相同的(图 1-1-11).

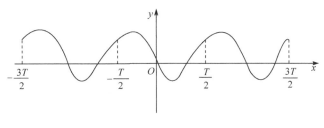

图 1-1-11

日常生活中的许多现象都呈现出明显的周期性特征,如家用电器的电压和电流是周期的,用于加热食物的微波炉中的电磁场是周期的,月相和行星的运动是周期的,等等.

例 1.1.8 若 $f(x)$ 对其定义域上的一切,恒有
$$f(x) = f(2a - x),$$
则称 $f(x)$ 对称于 $x = a$. 证明:若 $f(x)$ 对称于 $x = a$ 及 $x = b(a < b)$,则 $f(x)$ 是以 $T = 2(b-a)$ 为周期的周期函数.

证 由 $f(x)$ 对称于 $x = a$ 及 $x = b$,则有
$$f(x) = f(2a - x), \tag{1.1.1}$$
$$f(x) = f(2b - x), \tag{1.1.2}$$

在式(1.1.2)中,把 x 换为 $2a - x$,得
$$f(2a - x) = f[2b - (2a - x)] = f[x + 2(b - a)].$$
由式(1.1.1), $f(x) = f(2a - x) = f[x + 2(b - a)]$,可见 $f(x)$ 以 $T = 2(b-a)$ 为周期.

例 1.1.9 设 $D(x) = \begin{cases} 1, & \text{当}x\text{是有理数时}, \\ 0, & \text{当}x\text{是无理数时}, \end{cases}$ 求 $D\left(-\dfrac{7}{2}\right), D(1+\sqrt{3}), D(D(x))$,并讨论其性质.

解 易见,该函数的定义域 $D = (-\infty, +\infty)$,值域 $R_f = \{0, 1\}$,但它没有直观的图形表示.
$$D\left(-\dfrac{7}{2}\right) = 1, \quad D(1+\sqrt{3}) = 0, \quad D(D(x)) \equiv 1,$$
函数是单值、有界的;是偶函数,但不是单调函数;是周期函数,但无最小正周期.

五、初等函数

1. 反函数

在研究函数关系的过程中,哪个量是自变量、哪个量是因变量是由具体问题决定的.

设函数 $y = f(x)$ 的定义域为 D,值域为 W. 对于 $\forall y \in W$,在定义域 D 上至少可以确定一个数值 x 与 y 对应,且满足 $f(x) = y$. 如果把 y 作为自变量, x 作为函数,则由关系式 $f(x) = y$ 可确定一个新函数,称为函数 $y = f(x)$ 的**反函数**,记为 $x = \varphi(y)$ (或 $x = f^{-1}(y)$),反函数的定义域为 W,值域为 D. 相对于反函数,函数 $y = f(x)$ 称为**直接函数**. 我们习惯

上把自变量记为 x，函数记为 y，所以反函数更多表示为 $y = f^{-1}(x)$ 或 $y = \varphi(x)$.

什么样的函数才有反函数呢？一般地，即使函数 $y = f(x)$ 是单值的，其反函数 $x = \varphi(y)$ 也不一定是单值的. 例如，函数 $y = x^2$ 的定义域为 $(-\infty, +\infty)$，值域为 $[0, \infty)$. 易见 $y = x^2$ 的反函数是多值函数，即 $x = \pm\sqrt{y}$. 因为函数 $y = x^2$ 在区间 $[0, \infty)$ 上是单调增加的（图 1-1-12），所以当把 x 限制在 $[0, \infty)$ 上时，$y = x^2$ 的反函数是单值函数，即 $x = \sqrt{y}$，称它为函数 $y = x^2$ 的反函数的一个单值分支. 另一个单值分支为 $x = -\sqrt{y}$. $y = x^2$ 的反函数可以写成 $y = \pm\sqrt{x}$. 若自变量与因变量是一一对应的，则函数 $y = (x)$ 必有反函数 $y = f^{-1}(x)$.

在同一个坐标平面内，直接函数 $y = f(x)$ 和反函数 $y = \varphi(x)$ 的图形关于直线 $y = x$ 对称（图 1-1-13）. 如果 $P(a,b)$ 是 $y = f(x)$ 图形上的点，则 $Q(b,a)$ 就是图形 $y = \varphi(x)$ 上的点，直线 $y = x$ 垂直且平分线段 PQ. 反之亦然.

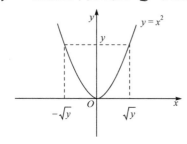

图 1-1-12

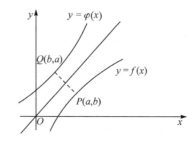

图 1-1-13

例 1.1.10 求函数 $y = \dfrac{1 - \sqrt{1 + 2x}}{1 + \sqrt{1 + 2x}}$ 的反函数.

解 令 $z = \sqrt{1 + 2x}$，则 $y = \dfrac{1 - z}{1 + z}$，故 $z = \dfrac{1 - y}{1 + y}$，即 $\sqrt{1 + 2x} = \dfrac{1 - y}{1 + y}$，解得

$$x = \frac{1}{2}\left[\left(\frac{1-y}{1+y}\right)^2 - 1\right] = -\frac{2y}{(1+y)^2},$$

改变变量的记号，便得到所求反函数：$y = -\dfrac{2x}{(1+x)^2}$.

2. 基本初等函数及图像

幂函数、指数函数、对数函数、三角函数和反三角函数是五类基本初等函数.

1) 幂函数

幂函数 $y = x^\alpha$（α 是任意实数），其定义域要依 α 具体是什么数而定，当 $\alpha = 1, 2, \dfrac{1}{2}, -1$ 时，是常用的幂函数（图 1-1-14）.

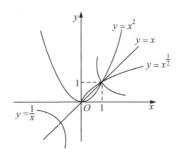

图 1-1-14

2) 指数函数

指数函数 $y = a^x$（a 为常数，且 $a>0, a \neq 1$），其定义域为 $(-\infty, +\infty)$. 当 $a>1$ 时，指数函数 $y = a^x$ 单调增加；当 $0<a<1$ 时，指数函数 $y = a^x$ 单调减少. $y = a^{-x}$ 与 $y = a^x$ 的图形关于 y 轴对称(图 1-1-15). 其中最为常用的是以 $e = 2.7182818\cdots$ 为底数的指数函数 $y = e^x$.

3) 对数函数

指数函数 $y = a^x$ 的反函数称为对数函数，记为 $y = \log_a x$（a 为常数，且 $a>0, a \neq 1$）. 其定义域为 $(0, +\infty)$. 当 $a>1$ 时，对数函数 $y = \log_a x$ 单调增加；当 $0<a<1$ 时，对数函数 $y = \log_a x$ 单调减少(图 1-1-16). 其中以 e 为底的对数函数叫作**自然对数函数**，记为 $y = \ln x$.

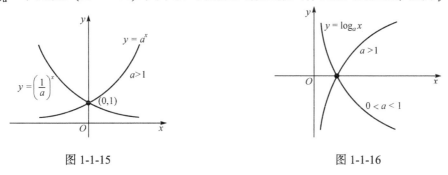

图 1-1-15　　　　　　　　　　　图 1-1-16

4) 三角函数

常用的三角函数如下.

正弦函数　$y = \sin x$，其定义域为 $(-\infty, +\infty)$，值域为 $[-1, 1]$，是奇函数及以 2π 为周期的周期函数(图 1-1-17).

余弦函数　$y = \cos x$，其定义域为 $(-\infty, +\infty)$，值域为 $[-1, 1]$，是偶函数及以 2π 为周期的周期函数(图 1-1-17).

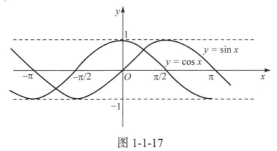

图 1-1-17

正切函数 $y=\tan x$,其定义域为 $\left\{x\middle|x\neq k\pi+\dfrac{\pi}{2},k\in\mathbf{Z}\right\}$,值域为 $(-\infty,+\infty)$,是奇函数及以 π 为周期的周期函数(图 1-1-18(a)).

余切函数 $y=\cot x$,其定义域为 $\{x|x\neq k\pi,k\in\mathbf{Z}\}$,值域为 $(-\infty,+\infty)$,是奇函数及以 π 为周期的周期函数(图 1-1-18(b)).

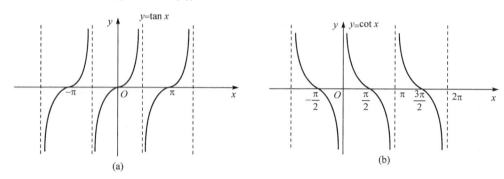

图 1-1-18

正割函数 $y=\sec x\left(=\dfrac{1}{\cos x}\right)$,定义域 $\left\{x\middle|x\neq\dfrac{\pi}{2}+k\pi,k\in\mathbf{Z}\right\}$,值域 $\{y|y\geqslant 1\text{或}y\leqslant -1\}$,是偶函数,图像关于 y 轴对称;是周期函数,周期为 $2k\pi(k\in\mathbf{Z},k\neq 0)$,最小正周期为 $T=2\pi$ (图 1-1-19(a)).

余割函数 $y=\csc x\left(=\dfrac{1}{\sin x}\right)$,定义域 $\{x|x\neq k\pi,k\in\mathbf{Z}\}$,值域 $\{y|y\leqslant -1\text{或}y\geqslant 1\}$,是奇函数,最小正周期为 $T=2\pi$ (图 1-1-19(b)).

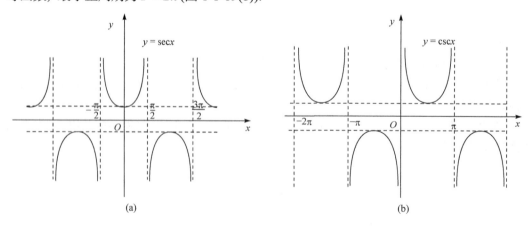

图 1-1-19

5) 反三角函数

三角函数的反函数称为**反三角函数**,由于三角函数 $y=\sin x$, $y=\cos x$, $y=\tan x$, $y=\cot x$ 不是单调的,所以对这些函数限定在某个单调区间内来讨论它们的反函数,一

般地,取反三角函数的"主值",常用的反三角函数有:

反正弦函数　　$y=\arcsin x$,定义域为$[-1,1]$,值域为$\left[-\dfrac{\pi}{2},\dfrac{\pi}{2}\right]$(图 1-1-20).

反余弦函数　　$y=\arccos x$,定义域为$[-1,1]$,值域为$[0,\pi]$(图 1-1-21).

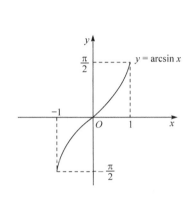

图 1-1-20

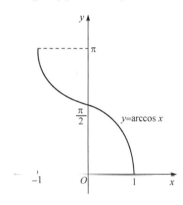

图 1-1-21

反正切函数　　$y=\arctan x$,定义域为$(-\infty,+\infty)$,值域为$\left(-\dfrac{\pi}{2},\dfrac{\pi}{2}\right)$(图 1-1-22).

反余切函数　　$y=\operatorname{arccot} x$,定义域为$(-\infty,+\infty)$,值域为$(0,\pi)$(图 1-1-23).

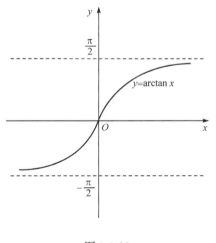

图 1-1-22

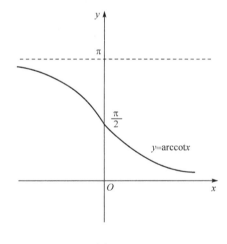

图 1-1-23

3. 复合函数

设函数$y=f(u)$的定义域为D_f,而函数$u=\varphi(x)$的值域为R_φ,若$D_f\cap R_\varphi\neq\varnothing$,则称函数$y=f[\varphi(x)]$为$x$的**复合函数**,其中$x$称为**自变量**,$y$称为**因变量**,$u$称为**中间变量**.

注: (1) 不是任何两个函数都可以复合成一个复合函数.

例如，$y=\arcsin u, u=3+x^2$. 因为前者定义域为 $[-1,1]$，而后者 $u=3+x^2 \geqslant 3$，故这两个函数不能复合成复合函数.

(2) 复合函数可以由两个以上的函数经过复合构成.

例 1.1.11 设 $y=f(u)=\arctan u$, $u=\varphi(t)=\dfrac{1}{\sqrt{t}}$, $t=\psi(x)=x^2-1$，求 $f\{\varphi[\psi(x)]\}$.

解 $f\{\varphi[\psi(x)]\}=\arctan u=\arctan\dfrac{1}{\sqrt{t}}=\arctan\dfrac{1}{\sqrt{x^2-1}}$.

例 1.1.12 找出下列函数是由哪些基本初等函数复合而成的.

(1) $y=\sqrt{\ln\cos^2 x}$；　　(2) $y=\mathrm{e}^{\arctan x^2}$.

解 (1) $y=\sqrt{\ln\cos^2 x}$ 是由 $y=\sqrt{u}, u=\ln v, v=w^2, w=\cos x$ 四个函数复合而成的；

(2) $y=\mathrm{e}^{\arctan x^2}$ 是由 $y=\mathrm{e}^u, u=\arctan v, v=x^2$ 三个函数复合而成的.

例 1.1.13 设 $f(x)=\begin{cases} 2-x, & x<0, \\ 1-x, & x\geqslant 0, \end{cases}$ 求 $f[f(3)]$.

解 $f[f(3)]=f(1-3)=f(-2)=2-(-2)=4$.

4. 初等函数

由常数和基本初等函数经过有限次的四则运算和有限次的复合所构成，并可用一个式子表示的函数称为**初等函数**.

例如 $y=2x^2-1$，$y=\cos\dfrac{1}{x}$ 等都是初等函数. 初等函数的基本特征：在函数有定义的区间内，初等函数的图形是不间断的. 由符号函数 $y=\mathrm{sgn}\,x$、取整函数 $y=[x]$ 等分段函数的图像(图 1-1-4，图 1-1-5)可见它们均不是初等函数.

习题 1-1

1. 求下列函数的自然定义域：

(1) $y=\dfrac{1}{2x}-\sqrt{1-x^2}$；　　(2) $y=\arcsin\dfrac{x-1}{3}$；　　(3) $y=\sqrt{5-x}+\arctan\dfrac{1}{x}$；

(4) $y=\dfrac{\lg(3+x)}{\sqrt{|x|-1}}$；　　(5) $y=\log_{x-1}(16-x^2)$.

2. 下列各题中，函数是否相同？为什么？

(1) $f(x)=\lg x^2$ 与 $g(x)=2\lg x$；　　(2) $y=2x+1$ 与 $x=2y+1$.

3. 设 $\varphi(x) = \begin{cases} |\sin x|, & |x| < \dfrac{\pi}{3}, \\ 0, & |x| \geqslant \dfrac{\pi}{3}, \end{cases}$ 求 $\varphi\left(\dfrac{\pi}{4}\right)$，$\varphi\left(-\dfrac{\pi}{4}\right)$，$\varphi(-2)$，并作出函数 $y = \varphi(x)$ 的图形.

4. 试证：下列函数在指定区间内的单调性：

(1) $y = \dfrac{2x}{1-x}$，$(-\infty, 1)$；   (2) $y = 3x + \ln x$，$(0, +\infty)$.

5. 下列函数中哪些是偶函数，哪些是奇函数，哪些既非奇函数又非偶函数？

(1) $y = \tan x - \sec x + 2$；   (2) $y = \dfrac{e^x + e^{-x}}{2}$；   (3) $y = x(x-3)(x+3)$.

6. 下列各函数中哪些是周期函数？对于周期函数，指出其周期.

(1) $y = \sin(x-1)$；   (2) $y = x \tan x$；   (3) $y = \cos^2 x$.

7. 证明：$f(x) = x \sin x$ 在 $(0, +\infty)$ 上是无界函数.

8. 求下列函数的反函数：

(1) $y = \dfrac{x-1}{x+1}$；   (2) $y = \dfrac{3^x}{3^x + 1}$.

9. 设 $f(x) = \begin{cases} 1, & x < 0, \\ 0, & x = 0, \\ -1, & x > 0, \end{cases}$ 求 $f(x+1)$，$f(x^2 - 1)$.

10. 设 $f(x) = \dfrac{x}{1+x}$，求 $f[f(x)]$ 和 $f\{f[f(x)]\}$.

11. 设函数 $f(x) = x^3 - x$，$\varphi(x) = \sin 2x$，求 $f\left[\varphi\left(\dfrac{\pi}{6}\right)\right]$，$f\{f[f(1)]\}$.

12. 已知 $f(\varphi(x)) = 1 + \sin x$，$\varphi(x) = \cos\dfrac{x}{2}$，求 $f(x)$.

13. 设 $g(x) = \sqrt{x + 3\sqrt{x^2}}$，求：

(1) $g(x)$ 的定义域；   (2) $\dfrac{1}{4}\{g[g(x)]\}^2$.

14. 设 $g(x) = \cos x$，$g(\psi(x)) = x^2 - 1$，求 $\varphi(x)$ 及其定义域.

15. 设 $f(x)$ 的定义域是 $[0, 1]$，求下列函数的定义域：

(1) $f(x^2)$；   (2) $f(x+a) + f(x-a)$ $(0 < a)$；   (3) $f(\sin x)$；   (4) $f(\sqrt{1-x^2})$.

第二节　极　限

战国时期的哲学家庄子(约公元前 369—前 286)在《庄子·天下篇》中的一段名言

"一尺之棰,日取其半,万世不竭"是极限思想在几何学上的应用. 公元 3 世纪数学家刘徽提出了利用圆内接正多边形来推算圆面积的方法——割圆术: "割之弥细,所失弥少,割之又割,以至于不可割,则与圆周合体而无所失矣." 同时,他利用割圆术科学地求出了圆周率 $\pi = 3.1416$ 的结果. 这一计算圆周率的科学方法被视为中国古代极限观念的佳作,也奠定了此后千余年来中国圆周率计算在世界上的领先地位.

极限是由求某些实际问题的精确解而产生的. 高等数学中许多基本概念,例如,连续、导数、定积分、无穷级数等都是建立在极限的基础上的,极限方法也是研究函数的一种最基本的方法,本节将给出数列极限和函数极限的定义.

一、数列极限

1. 数列极限的定义

定义 1.2.1 按一定次序排列的无穷多个数 $x_1, x_2, \cdots, x_n, \cdots$ 称为无穷数列,简称**数列**,可简记为 $\{x_n\}$,其中的每个数称为数列的项,x_n 称为**通项**(一般项),n 称为 x_n 下标.

数列既可看作数轴上的一个动点,它在数轴上依次取值 $x_1, x_2, \cdots, x_n, \cdots$(图 1-2-1),也可看作自变量为正整数 n 的函数: $x_n = f(n)$,其定义域是全体正整数,当自变量 n 依次取 $1, 2, 3, \cdots$ 时,对应的函数值就排成数列 $\{x_n\}$(图 1-2-2).

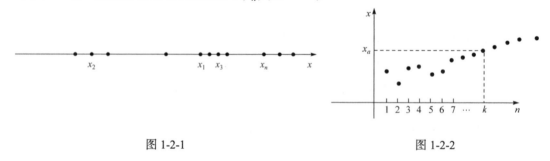

图 1-2-1　　　　　　　　　　图 1-2-2

定义 1.2.2 设有数列 $\{x_n\}$ 与常数 a,如果当 n 无限增大时,x_n 无限接近于 a,则称常数 a 为**数列** $\{x_n\}$ 的**极限**,或称**数列** $\{x_n\}$ **收敛**于 a,记为: $\lim\limits_{x \to \infty} x_n = a$ 或 $x_n \to a (n \to \infty)$. 如果一个数列没有极限,则称该数列是**发散**的.

注: 记号 $x_n \to a (n \to \infty)$ 常读作: 当 n 趋于无穷大时,x_n 趋于 a.

例 1.2.1 下列各数列是否收敛,若收敛,试指出其收敛于何值.

(1) $\left\{\dfrac{n-1}{n}\right\}$;　　(2) $\{2^n\}$.

解 (1) 数列 $\left\{\dfrac{n-1}{n}\right\}$ 即为

$$0, \frac{1}{2}, \frac{2}{3}, \frac{3}{4}, \cdots, \frac{n-1}{n}, \cdots.$$

易见,当 n 无限增大时,$\dfrac{n-1}{n}$ 无限接近于 1,故该数列收敛于 1.

(2) 数列 $\{2^n\}$ 即为

$$2, 4, 8, \cdots, 2^n, \cdots.$$

易见, 当 n 无限增大时, 2^n 也无限增大, 故该数列是发散的.

我们可以用数学语言给出数列极限的定量描述.

定义 1.2.3 (ε-N 定义) 设有数列 $\{x_n\}$ 与常数 a, 若对于任意给定的正数 ε (无论它多么小), 总存在正整数 N, 使得对于 $n > N$ 时的一切 x_n, 不等式

$$|x_n - a| < \varepsilon \quad \text{或} \quad a - \varepsilon < x_n < a + \varepsilon$$

都成立, 则称常数 a 为**数列 $\{x_n\}$ 的极限**, 或称**数列 $\{x_n\}$ 收敛于 a**, 记为

$$\lim_{n \to \infty} x_n = a \quad \text{或} \quad x_n \to a \quad (n \to \infty).$$

如果一个数列没有极限, 就称该数列是发散的.

注: 定义中 "对于任意给定的正数 ε……$|x_n - a| < \varepsilon$", 实际上表达了 x_n 无限接近于 a 的意思, 此外, 定义中的 N 与任意给定的正数 ε 有关.

数列极限的几何解释: 当 $n > N$ 时, 所有的点 x_n 都落在开区间 $(a - \varepsilon, a + \varepsilon)$ 内, 而落在这个区间之外的点至多只有 N 个. 将常数 a 及数列 $x_1, x_2, \cdots, x_n, \cdots$ 表示在数轴上, 并在数轴上作邻域 $U(a, \varepsilon)$ (图 1-2-3).

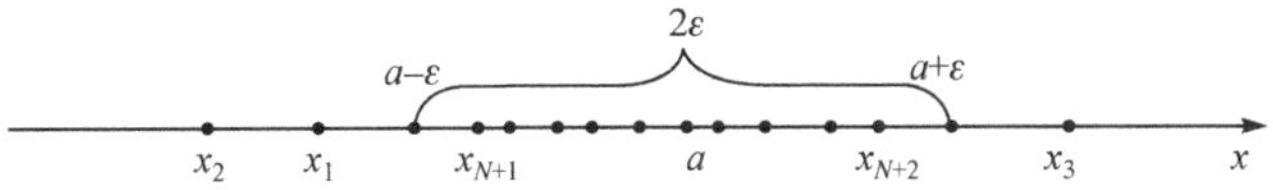

图 1-2-3

使用 ε-N 定义论证数列极限步骤为:

(1) 对于任意给定的正数 ε, 令 $|x_n - a| < \varepsilon$;
(2) 由上式开始分析倒推, 推出 $n > \varphi(\varepsilon)$;
(3) 取 $N \geq [\varphi(\varepsilon)]$, 再用 ε-N 语言叙述结论.

此方法并未给出求极限的方法.

例 1.2.2 用数列极限定义证明: $\lim\limits_{n \to \infty} \dfrac{n^2 - 2}{n^2 + n + 1} = 1$.

证 由于 $\left| \dfrac{n^2 - 2}{n^2 + n + 1} - 1 \right| = \dfrac{3 + n}{n^2 + n + 1} < \dfrac{n + n}{n^2} = \dfrac{2}{n}$ $(n > 3)$, 要使 $\left| \dfrac{n^2 - 2}{n^2 + n + 1} - 1 \right| < \varepsilon$, 只要 $\dfrac{2}{n} < \varepsilon$, 即 $n > \dfrac{2}{\varepsilon}$, 因此, 对任给的 $\varepsilon > 0$, 取 $N = \left[\dfrac{2}{\varepsilon} \right]$, 当 $n > N$ 时, 有

$$\left| \dfrac{n^2 - 2}{n^2 + n + 1} - 1 \right| < \varepsilon,$$

即 $\lim\limits_{n \to \infty} \dfrac{n^2 - 2}{n^2 + n + 1} = 1$.

2. 数列极限的性质

定义 1.2.4 对数列 $\{x_n\}$，若存在正数 M，使对一切自然数 n，恒有 $|x_n| \leq M$，则称数列 $\{x_n\}$ **有界**，否则，称其**无界**.

例如，数列 $x_n = \dfrac{n}{n+1}$ ($n=1,2,\cdots$) 是有界的，因为可取 $M=1$，使 $\left|\dfrac{n}{n+1}\right| \leq 1$ 对一切正整数 n 都成立. 数列 $x_n = 2^n$ ($n=1,2,\cdots$) 是无界的，因为当 n 无限增加时，2^n 可以超过任何正数.

几何上，若数列 $\{x_n\}$ 有界，则存在 $M>0$，使得数轴上对应于有界数列的点 x_n，都落在闭区间 $[-M, M]$ 上.

定理 1.2.1 (有界性) 收敛的数列必定有界.

证 设 $\lim\limits_{n\to\infty} x_n = a$，由定义，若取 $\varepsilon = 1$，则存在 $N > 0$，使当 $n > N$ 时，恒有
$$|x_n - a| < 1, \quad 即 \quad a-1 < x_n < a+1.$$
若记 $M = \max\{|x_1|, \cdots, |x_N|, |a-1|, |a+1|\}$，则对一切自然数 n，皆有 $|x_n| \leq M$，故 $\{x_n\}$ 有界.

推论 1.2.1 无界数列必定发散.

定理 1.2.2 (唯一性) 收敛数列的极限是唯一的.

例 1.2.3 证明：数列 $x_n = (-1)^{n+1}$ 是发散的.

证 设 $\lim\limits_{n\to\infty} x_n = a$，由定义，对于 $\varepsilon = \dfrac{1}{2}$，$\exists N > 0$，使得当 $n > N$ 时，恒有 $|x_n - a| < \dfrac{1}{2}$，即当 $n > N$ 时，$x_n \in \left(a - \dfrac{1}{2}, a + \dfrac{1}{2}\right)$，区间长度为 1. 而 x_n 无休止地反复取 1，-1 两个数，不可能同时位于长度为 1 的区间. 因此该数列是发散的.

注：此例同时也表明有界数列不一定收敛.

定理 1.2.3 (保号性) 若 $\lim\limits_{n\to\infty} x_n = a$ 且 $a > 0$ (或 $a < 0$)，则存在正整数 N，使得当 $n > N$ 时，恒有 $x_n > 0$ (或 $x_n < 0$).

推论 1.2.2 若数列 $\{x_n\}$ 从某项起有 $x_n \geq 0$ (或 $x_n \leq 0$)，且 $\lim\limits_{n\to\infty} x_n = a$，则 $a \geq 0$ (或 $a \leq 0$).

在数列 $\{x_n\}$ 中任意抽取无限多项并保持这些项在原数列中的先后次序，这样得到的一个数列称为原数列 $\{x_n\}$ 的**子数列**(或**子列**).

设在数列 $\{x_n\}$ 中，第一次抽取 x_{n_1}，第二次抽取 x_{n_2}，第三次抽取 x_{n_3}，如此反复抽取下去，就得到数列 $\{x_n\}$ 的一个子数列 $x_{n_1}, x_{n_2}, \cdots, x_{n_k}, \cdots$.

注：在子数列 $\{x_{n_k}\}$ 中，x_{n_k} 是 $\{x_{n_k}\}$ 中的第 k 项，是原数列 $\{x_n\}$ 中的第 n_k 项. 显然，$n_k \geq k$.

定理 1.2.4 (子数列的收敛性) 如果数列 $\{x_n\}$ 收敛于 a，那么它的任一子数列也收敛，且极限也是 a.

由定理 1.2.4 的逆否命题知,若数列 $\{x_n\}$ 有两个子数列收敛于不同的极限,则数列 $\{x_n\}$ 是发散的.

例如,考察的数列 $1,-1,1,\cdots,(-1)^{n+1},\cdots$ 的子数列 $\{x_{2k-1}\}$ 收敛于 1,而子数列 $\{x_{2k}\}$ 收敛于 -1,故数列 $x_n=(-1)^{n+1}(n=1,2,\cdots)$ 是发散的. 此例同时说明了,一个发散的数列也可能有收敛的子数列.

二、函数极限

数列极限可看作当自变量 n 取正整数且无限增大 $(n\to\infty)$ 时,对应的函数值 $f(n)$ 无限接近数 a. 可以由此引出函数极限的概念:在自变量 x 的某个变化过程中,如果对应的函数值 $f(x)$ 无限接近于某个确定的数 A,则 A 就称为 x 在该变化过程中函数 $f(x)$ 的极限. 显然,极限 A 是与自变量 x 的变化过程紧密相关的,自变量的变化过程不同,函数的极限就不同,分为两种情况来讨论:自变量趋于无穷大时函数的极限,自变量趋于有限值时函数的极限.

1. $x\to\infty$ 时函数的极限

观察函数 $f(x)=\dfrac{\sin x}{x}$ 当 $x\to\infty$ 时的变化趋势. 因为

$$|f(x)-0|=\left|\dfrac{\sin x}{x}\right|\leqslant \left|\dfrac{1}{x}\right|,$$

易见,当 $|x|$ 越来越大时, $f(x)$ 就越来越接近 0. 因为只要 $|x|$ 足够大, $\left|\dfrac{1}{x}\right|$ (从而 $\dfrac{\sin x}{x}$) 就可以小于任意给定的正数,或者说,当 $|x|$ 无限增大时, $\dfrac{\sin x}{x}$ 就无限接近于 0.

定义 1.2.5($\varepsilon\text{-}X$ 定义) 设 $|x|$ 大于某一正数时函数 $f(x)$ 有定义. 如果对任意给定的正数 ε(不论它多么小),总存在着正数 X,使得对一切满足不等式 $|x|>X$ 的 x,总有

$$|f(x)-A|<\varepsilon,$$

则称常数 A 为**函数 $f(x)$ 当 $x\to\infty$ 时的极限**,记作 $\lim\limits_{x\to\infty}f(x)=A$ 或 $f(x)\to A(x\to\infty)$.

注:定义中 ε 刻画了 $f(x)$ 与 A 的接近程度, X 刻画了 $|x|$ 充分大的程度, X 是随 ε 而确定的.

$\lim\limits_{x\to\infty}f(x)=A$ 的几何意义:作直线 $y=A-\varepsilon$ 和 $y=A+\varepsilon$,则总存在一个正数 X,使得当 $|x|>X$ 时,函数 $y=f(x)$ 的图形位于这两条直线之间 (图 1-2-4).

如果 $x>0$ 且无限增大,记作 $x\to+\infty$,那么只要把定义 1.2.5 中的 $|x|>X$ 改为 $x>X$ 就得到 $\lim\limits_{x\to+\infty}f(x)=A$ 的定义. 同样 $x<0$,而 $|x|$ 无限增大

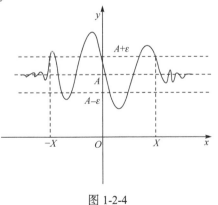

图 1-2-4

(记作 $x \to -\infty$), 那么只要把定义 1.2.5 中的 $|x| > X$ 改为 $x < -X$, 就得到 $\lim\limits_{x \to -\infty} f(x) = A$ 的定义.

极限 $\lim\limits_{x \to +\infty} f(x) = A$ 与 $\lim\limits_{x \to -\infty} f(x) = A$ 称为**单侧极限**.

定理 1.2.5 $\lim\limits_{x \to \infty} f(x) = A$ 的充要条件是 $\lim\limits_{x \to +\infty} f(x) = \lim\limits_{x \to -\infty} f(x) = A$.

例 1.2.4 用极限定义证明: $\lim\limits_{x \to \infty} \dfrac{\sin x}{x} = 0$.

证 因为 $\left|\dfrac{\sin x}{x} - 0\right| = \left|\dfrac{\sin x}{x}\right| \leqslant \dfrac{1}{|x|}$, 于是 $\forall \varepsilon > 0$, 取 $X = \dfrac{1}{\varepsilon}$, 则当 $|x| > X$ 时, 恒有 $\left|\dfrac{\sin x}{x} - 0\right| < \varepsilon$, 故 $\lim\limits_{x \to \infty} \dfrac{\sin x}{x} = 0$.

例 1.2.5 证明: $\lim\limits_{x \to +\infty} \left(\dfrac{1}{5}\right)^x = 0$.

证 对于任意给定的 $\varepsilon > 0$, 要使

$$\left|\left(\dfrac{1}{5}\right)^x - 0\right| = \left(\dfrac{1}{5}\right)^x < \varepsilon,$$

只要 $5^x > \dfrac{1}{\varepsilon}$, 即 $x > \dfrac{\ln \dfrac{1}{\varepsilon}}{\ln 5}$ (不妨设 $\varepsilon < 1$). 因此, $\forall \varepsilon > 0$, 取 $X = \dfrac{\ln \dfrac{1}{\varepsilon}}{\ln 5}$, 则当 $x > X$ 时, 恒有 $\left|\left(\dfrac{1}{5}\right)^x - 0\right| < \varepsilon$. 所以 $\lim\limits_{x \to +\infty} \left(\dfrac{1}{5}\right)^x = 0$.

2. $x \to x_0$ 时函数的极限

定义 1.2.6 ($\varepsilon\text{-}\delta$ 定义) 设函数 $f(x)$ 在点 x_0 的某一去心邻域内有定义. 若对任意给定的正数 ε, 总存在正数 δ, 使得对于满足不等式 $0 < |x - x_0| < \delta$ 的一切 x, 恒有 $|f(x) - A| < \varepsilon$, 则称常数 A 为**函数 $f(x)$ 当 $x \to x_0$ 时的极限**, 记作 $\lim\limits_{x \to x_0} f(x) = A$ 或 $f(x) \to A (x \to x_0)$.

注: (1) 函数极限与 $f(x)$ 在点 x_0 处是否有定义无关;

(2) δ 与任意给定的正数 ε 有关.

$\lim\limits_{x \to x_0} f(x) = A$ 的几何意义解释: 任意给定一正数 ε, 作平行于 x 轴的两条直线 $y = A + \varepsilon$ 和 $y = A - \varepsilon$. 根据定义, 对于给定的 ε, 存在点 x_0 的一个 δ 去心邻域 $0 < |x - x_0| < \delta$, 当 $y = f(x)$ 图形上的点的横坐标 x 落在该邻域内时, 这些点对应的纵坐标落在带形区域 $A - \varepsilon < f(x) < A + \varepsilon$ 内(图 1-2-5).

证明函数 $\varepsilon\text{-}\delta$ 极限的步骤:

(1) 对于任意给定的正数 ε, 由 $0 < |x - x_0| < \delta$ 开始分析倒推, 推出 $\delta < \varphi(\varepsilon)$;

(2) 取定 $\delta \leqslant \varphi(\varepsilon)$, 再用 $\varepsilon\text{-}\delta$ 语言叙述结论.

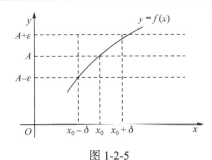

图 1-2-5

例 1.2.6 证明：$\lim\limits_{x \to 2} \dfrac{x^2-4}{x-2} = 4$.

证 函数在点 $x=2$ 处没有定义，因为

$$|f(x) - A| = \left|\dfrac{x^2-4}{x-2} - 4\right| = |x-2|,$$

$\forall \varepsilon > 0$, 要使 $|f(x) - A| < \varepsilon$，只要取 $\delta = \varepsilon$，则当 $0 < |x-2| < \delta$ 时，就有 $\left|\dfrac{x^2-4}{x-2} - 4\right| < \varepsilon$，所以

$$\lim_{x \to 2} \dfrac{x^2-4}{x-2} = 4.$$

3. 左、右极限

定义 1.2.7 当自变量 x 从 x_0 的左侧(或右侧)趋于 x_0 时，函数趋于常数 A，则称 A 为 $f(x)$ 在点 x_0 处的**左极限**(或右极限)，记为 $\lim\limits_{x \to x_0^-} f(x) = A$ (或 $\lim\limits_{x \to x_0^+} f(x) = A$)，有时也记为

$$\lim_{x \to x_0 - 0} f(x) = A \text{ (或 } \lim_{x \to x_0 + 0} f(x) = A \text{)}, \quad f(x_0 - 0) = A \text{ (或 } f(x_0 + 0) = A\text{)}.$$

注：注意到 $\{x \mid 0 < |x - x_0| < \delta\} = \{x \mid 0 < x - x_0 < \delta\} \cup \{x \mid -\delta < x - x_0 < 0\}$，易给出左、右极限的分析定义. 左极限(右极限)也是**单侧极限**.

图 1-2-6 和图 1-2-7 中给出了左极限和右极限的示意图.

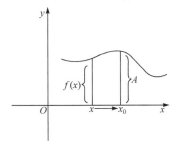

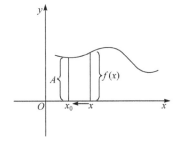

图 1-2-6　　　　　　　　　　　　　　　图 1-2-7

定理 1.2.6 $\lim\limits_{x \to x_0} f(x) = A$ 的充分必要条件为 $\lim\limits_{x \to x_0^-} f(x) = \lim\limits_{x \to x_0^+} f(x) = A$.

例 1.2.7 设 $f(x) = \begin{cases} 2x, & x \geq 0, \\ -2x+1, & x < 0, \end{cases}$ 求 $\lim\limits_{x \to 0} f(x)$.

解 因为
$$\lim_{x \to 0^-} f(x) = \lim_{x \to 0^-}(-2x+1) = 1,$$
$$\lim_{x \to 0^+} f(x) = \lim_{x \to 0^+} 2x = 0,$$
即有 $\lim\limits_{x \to 0^-} f(x) \neq \lim\limits_{x \to 0^+} f(x)$，所以 $\lim\limits_{x \to 0} f(x)$ 不存在(图 1-2-8).

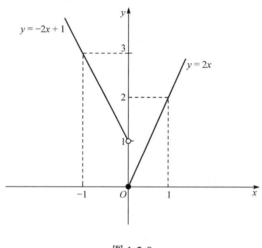

图 1-2-8

4. 函数极限的性质

下面仅以 $x \to x_0$ 的极限形式为代表给出函数极限的性质，其他形式的函数极限的性质只需作些修改即可得到.

性质 1 (唯一性)　若 $\lim\limits_{x \to x_0} f(x) = A$ 存在，则其极限是唯一的.

性质 2 (有界性)　若 $\lim\limits_{x \to x_0} f(x) = A$，则 $\exists M > 0$ 和 $\delta > 0$，使得当 $0 < |x - x_0| < \delta$ 时，有 $|f(x)| \leqslant M$.

性质 3 (保号性)　若 $\lim\limits_{x \to x_0} f(x) = A$，且 $A > 0$ (或 $A < 0$)，则 $\exists \delta > 0$，使得当 $0 < |x - x_0| < \delta$ 时，有 $f(x) > 0$ (或 $f(x) < 0$).

推论 1.2.3　若 $\lim\limits_{x \to x_0} f(x) = A$，且 x_0 在的某去心邻域内 $f(x) \geqslant 0$ (或 $f(x) \leqslant 0$)，则 $A \geqslant 0$ (或 $A \leqslant 0$).

5. 子序列的收敛性

定义 1.2.8　设 $x \to a$ 的过程中(a 可以是 x_0，x_0^+ 或 x_0^-)有数列 $\{x_n\}$ ($x_n \neq a$)，使 $n \to \infty$ 时得 $x_n \to a$，则称**数列** $\{f(x_n)\}$ **为函数** $f(x)$ **当** $x \to a$ **时的子序列**.

定理 1.2.7　若 $\lim\limits_{x \to x_0} f(x) = A$，数列 $\{f(x_n)\}$ 是当 $x \to x_0$ 时的一个子序列，则有
$$\lim_{n \to \infty} f(x_n) = A.$$

定理 1.2.8 函数极限存在的充要条件是它的任何子序列的极限都存在且相等.

例 1.2.8 证明: $\lim\limits_{x\to 0}\sin\dfrac{1}{x}$ 不存在.

证 取 $\{x_n\}=\left\{\dfrac{1}{n\pi}\right\}$, $\{x_n'\}=\left\{\dfrac{1}{\dfrac{4n+1}{2}\pi}\right\}$, 则

$$\lim_{n\to\infty}x_n=0 \text{ 且 } x_n\neq 0, \qquad \lim_{n\to\infty}x_n'=0 \text{ 且 } x_n'\neq 0,$$

而

$$\lim_{n\to\infty}\sin\dfrac{1}{x_n}=\lim_{n\to\infty}\sin n\pi=0, \qquad \lim_{n\to\infty}\sin\dfrac{1}{x_n'}=\lim_{n\to\infty}\sin\dfrac{4n+1}{2}\pi=\lim_{n\to\infty}1=1,$$

二者不相等, 故 $\lim\limits_{x\to 0}\sin\dfrac{1}{x}$ 不存在.

习题 1-2

1. 观察一般项 x_n 如下数列 $\{x_n\}$ 的变化趋势, 写出它们的极限:

(1) $x_n=\dfrac{1}{2^n}$; (2) $x_n=(-1)^n\dfrac{1}{n}$; (3) $x_n=3+\dfrac{1}{n^2}$;

(4) $x_n=\dfrac{n-2}{n+2}$; (5) $x_n=(-1)^n n$.

2. 利用数列极限的定义证明:

(1) $\lim\limits_{n\to\infty}\dfrac{1}{n^k}=0$ (k 为正常数); (2) $\lim\limits_{n\to\infty}\dfrac{3n+1}{2n+1}=\dfrac{3}{2}$;

(3) $\lim\limits_{n\to\infty}\dfrac{\sqrt{n^2+a^2}}{n}=1$.

3. 设数列 $\{x_n\}$ 的一般项 $x_n=\dfrac{1}{n}\cos\dfrac{n\pi}{2}$. 问 $\lim\limits_{n\to\infty}x_n=?$ 求出 N, 使得当 $n>N$ 时, x_n 与其极限之差的绝对值小于正数 ε. 当 $\varepsilon=0.001$ 时, 求出 N.

4. 设 $a_n=\left(1+\dfrac{1}{n}\right)\sin\dfrac{n\pi}{2}$, 证明: 数列 $\{a_n\}$ 没有极限.

5. 设数列 $\{x_n\}$ 有界, 又 $\lim\limits_{n\to\infty}y_n=0$, 证明: $\lim\limits_{n\to\infty}x_n y_n=0$.

6. 对数列 $\{x_n\}$, 若 $\lim\limits_{k\to\infty}x_{2k-1}=a$, $\lim\limits_{k\to\infty}x_{2k}=a$, 证明: $\lim\limits_{n\to\infty}x_n=a$.

7. 用函数的极限定义证明:

(1) $\lim\limits_{x\to +\infty}\dfrac{3x-2}{2x}=\dfrac{3}{2}$; (2) $\lim\limits_{x\to +\infty}\dfrac{\sin x}{\sqrt{x}}=0$;

(3) $\lim\limits_{x\to 2}(5x+2)=12$; (4) $\lim\limits_{x\to 1}\dfrac{x^2-1}{x^2-x}=2$.

8. 当 $x \to 3$ 时，$y = x^2 \to 9$. 问 δ 等于多少，使得当 $|x-3| < \delta$ 时，$|y-9| < 0.01$?

9. 讨论函数 $f(x) = \dfrac{x}{|x|}$ 当 $x \to 0$ 时的极限.

10. 证明：如果 $f(x)$ 当 $x \to \infty$ 时的极限存在，则存在 $X > 0$ 及 $M > 0$，使得当 $|x| > X$ 时，$|f(x)| < M$.

11. 判断 $\lim\limits_{x \to +\infty} e^{\frac{1}{x}}$ 是否存在，若将极限过程改为 $x \to 0$ 呢？

第三节　无穷小与无穷大

一、无穷小的定义

古希腊的阿基米德曾用无限小量方法得到许多重要的数学结果，到 1821 年，柯西在他的《分析教程》中才给出了对无限小(即无穷小)概念的明确回答. 有关无穷小的理论就是在柯西的理论基础上发展起来的.

定义 1.3.1　极限为零的变量(函数)称为**无穷小**.

例如，$\lim\limits_{x \to \infty} \dfrac{1}{x} = 0$，函数 $\dfrac{1}{x}$ 是当 $x \to \infty$ 时的无穷小.

注：(1) 无穷小本质上是一个变量(函数)：在某过程(如 $x \to x_0$ 或 $x \to \infty$)中，该变量的绝对值小于任意给定的正数 ε. 无穷小不能与很小的数(如千万分之一)混淆，但零是可以作为无穷小的唯一常数.

(2) 无穷小是相对于某个变化过程而言的. 例如，当 $x \to 2$ 时，$\dfrac{1}{x}$ 不是无穷小.

定理 1.3.1　$\lim\limits_{x \to x_0} f(x) = A$ 的充分必要条件是 $f(x) = A + \alpha$，其中 α 是当 $x \to x_0$ 时的无穷小.

此结论在今后的学习中有重要的应用，尤其是在理论推导或证明中，它将函数的极限运算问题转化为常数与无穷小的代数运算问题.

二、无穷小的运算性质

定理 1.3.2　有限个无穷小的代数和仍是无穷小.

无穷多个无穷小的代数和未必是无穷小.

例如，$n \to \infty$ 时，$\dfrac{1}{n}$ 是无穷小，但 n 个 $\dfrac{1}{n}$ 之和 $\dfrac{1}{n} + \dfrac{1}{n} + \cdots + \dfrac{1}{n}$ 不是无穷小，因为

$$\lim_{n \to \infty} \left(\dfrac{1}{n} + \dfrac{1}{n} + \cdots + \dfrac{1}{n} \right) = \lim_{n \to \infty} n \cdot \dfrac{1}{n} = 1.$$

定理 1.3.3　有界函数与无穷小的乘积是无穷小.

证　设函数 f 在 $0 < |x - x_0| < \delta_1$ 内有界，则 $\exists M > 0$，使得当 $0 < |x - x_0| < \delta_1$ 时，恒有

$|f| \leq M$.

再设 α 是当 $x \to x_0$ 时的无穷小,则 $\forall \varepsilon > 0$,$\exists \delta_2 > 0$,使得当 $0 < |x - x_0| < \delta_2$ 时,恒有 $\alpha < \dfrac{\varepsilon}{M}$.

取 $\delta = \min\{\delta_1, \delta_2\}$,则当 $0 < |x - x_0| < \delta$ 时,恒有

$$|f \cdot \alpha| = |f| \cdot |\alpha| < M \cdot \frac{\varepsilon}{M} = \varepsilon,$$

所以当 $x \to x_0$ 时,$f \cdot \alpha$ 为无穷小.

推论 1.3.1 常数与无穷小的乘积是无穷小.

推论 1.3.2 有限个无穷小的乘积也是无穷小.

例 1.3.1 求 $\lim\limits_{x \to \infty} \dfrac{\sin x}{x}$.

解 因为

$$\lim_{x \to \infty} \frac{\sin x}{x} = \lim_{x \to \infty} \frac{1}{x} \cdot \sin x,$$

而 $\sin x$ 是有界量($|\sin x| \leq 1$),且当 $x \to \infty$ 时,$\dfrac{1}{x}$ 是无穷小量,所以

$$\lim_{x \to \infty} \frac{\sin x}{x} = 0.$$

例 1.3.2 自变量 x 在怎样的变化过程中函数 $y = \dfrac{1}{x - 3}$,$y = x - 3$ 为无穷小.

解 因为 $\lim\limits_{x \to \infty} \dfrac{1}{x - 3} = 0$,所以 $y = \dfrac{1}{x - 3}$ 在 $x \to \infty$ 时为无穷小;
因为 $\lim\limits_{x \to 3}(x - 3) = 0$,所以 $y = x - 3$ 在 $x \to 3$ 时为无穷小.

三、无穷大

定义 1.3.2 如果 $\forall M > 0$(不论它多么大),$\exists \delta > 0$(或 $\exists X > 0$),使得满足不等式 $0 < |x - x_0| < \delta$(或 $|x| > X$)的一切 x 所对应的函数值 $f(x)$ 都满足不等式

$$|f(x)| > M,$$

则称函数 $f(x)$ 当 $x \to x_0$(或 $x \to \infty$)时为**无穷大**,记作 $\lim\limits_{x \to x_0} f(x) = \infty$(或 $\lim\limits_{x \to \infty} f(x) = \infty$).

注:当 $x \to x_0$(或 $x \to \infty$)时函数 $f(x)$ 趋于无穷大,按通常的意义来说,极限是不存在的,但为了叙述函数这一性态的方便,我们也说"函数的极限是无穷大".

如果在无穷大的定义中,把 $|f(x)| > M$ 换为 $f(x) > M$(或 $f(x) < -M$),则称函数 $f(x)$ 当 $x \to x_0$(或 $x \to \infty$)时为**正无穷大**(或**负无穷大**),记为

$$\lim_{\substack{x \to x_0 \\ (x \to \infty)}} f(x) = +\infty \quad (\text{或} \lim_{\substack{x \to x_0 \\ (x \to \infty)}} f(x) = -\infty).$$

例 1.3.3 证明: $\lim\limits_{x\to 3}\dfrac{1}{x-3}=\infty$.

证 $\forall M>0$, 要使 $\left|\dfrac{1}{x-3}\right|>M$, 只要 $|x-3|<\dfrac{1}{M}$, 取 $\delta=\dfrac{1}{M}$, 当 $0<|x-3|<\delta=\dfrac{1}{M}$ 时, 就有 $\left|\dfrac{1}{x-3}\right|>M$, 所以 $\lim\limits_{x\to 3}\dfrac{1}{x-3}=\infty$.

例 1.3.4 当 $x\to 0$ 时, $y=\dfrac{1}{x}\sin\dfrac{1}{x}$ 是一个无界变量, 但不是无穷大.

解 取 $x\to 0$ 的两个子数列

$$x'_k=\dfrac{1}{2k\pi+\pi/2},\quad x''_k=\dfrac{1}{2k\pi}\quad (k=1,2,\cdots),$$

则 $x'_k\to 0(k\to\infty), x''_k\to 0(k\to\infty)$, 且

$$y(x'_k)=2k\pi+\dfrac{\pi}{2}\quad (k=1,2,\cdots),$$

故 $\forall M>0$, $\exists K>0$, 使 $y(x'_k)>M$, 即 y 是无界的; 但

$$y(x''_k)=2k\pi\sin 2k\pi\quad (k=0,1,2,\cdots),$$

故 y 不是无穷大.

四、无穷小与无穷大的关系

定理 1.3.4 在自变量的同一变化过程中, 无穷大的倒数为无穷小; 恒不为零的无穷小的倒数为无穷大.

因此, 可将无穷大的讨论归结为关于无穷小的讨论.

例 1.3.5 求 $\lim\limits_{x\to\infty}\dfrac{x^4}{x^2+3}$.

解 因为 $\lim\limits_{x\to\infty}\dfrac{x^2+3}{x^4}=\lim\limits_{x\to\infty}\left(\dfrac{1}{x^2}+\dfrac{3}{x^4}\right)=0$, 根据无穷小与无穷大的关系有

$$\lim\limits_{x\to\infty}\dfrac{x^4}{x^2+3}=\infty.$$

习题 1-3

1. 判断下列说法是否正确.
(1) 非常小的数是无穷小; ( )
(2) 零是无穷小; ( )
(3) 无穷小是一个函数; ( )
(4) 两个无穷小的商是无穷小; ( )

(5) 两个无穷大的和一定是无穷大. ( )

2. 指出下列哪些是无穷小量, 哪些是无穷大量:

(1) $\dfrac{1+(-1)^n}{n}(n\to\infty)$; (2) $\dfrac{\sin x}{1+\cos x}(x\to 0)$; (3) $\dfrac{x+3}{x^2-4}(x\to 2)$.

3. 根据极限定义证明:

(1) $y=x\sin\dfrac{1}{x}$ 为 $x\to 0$ 时的无穷小; (2) $y=\dfrac{x^2-4}{x+2}$ 为 $x\to 2$ 时的无穷小.

4. 求下列极限并说明理由:

(1) $\lim\limits_{x\to\infty}\dfrac{2x+3}{x}$; (2) $\lim\limits_{x\to 0}\dfrac{x^2-9}{x+3}$; (3) $\lim\limits_{x\to 0}\dfrac{1}{1-\cos x}$.

5. 函数 $y=x\cos x$ 在 $(-\infty,+\infty)$ 内是否有界? 当 $x\to +\infty$ 时, 函数是否为无穷大? 为什么?

6. 设 $x\to x_0$ 时, $g(x)$ 是有界量, $f(x)$ 是无穷大量, 证明: $f(x)\pm g(x)$ 是无穷大量.

7. 设 $x\to x_0$ 时, $|g(x)|\geqslant M$ (M 是一个正的常数), $f(x)$ 是无穷大量, 证明: $f(x)g(x)$ 是无穷大.

8. 计算下列极限:

(1) $\lim\limits_{x\to +\infty}\dfrac{\cos x}{e^x+e^{-x}}$; (2) $\lim\limits_{x\to\infty}\dfrac{\arctan x}{x}$; (3) $\lim\limits_{x\to 2}\dfrac{x^3+x^2}{(x-2)^2}$.

第四节 极限运算法则

本节要建立极限的四则运算法则和复合函数的极限运算法则. 在下面的讨论中, 记号 "lim" 下面没有表明自变量的变化过程, 是指对 $x\to x_0$ 和 $x\to\infty$ 以及单侧极限均成立.

定理 1.4.1 设 $\lim f(x)=A,\lim g(x)=B$, 则

(1) $\lim[f(x)\pm g(x)]=A\pm B=\lim f(x)\pm\lim g(x)$;

(2) $\lim[f(x)\cdot g(x)]=A\cdot B=\lim f(x)\cdot\lim g(x)$;

(3) $\lim\dfrac{f(x)}{g(x)}=\dfrac{A}{B}=\dfrac{\lim f(x)}{\lim g(x)}$ $(B\neq 0)$.

证明略, 可用无穷小的运算性质进行证明.

注: 法则(1), (2)均可推广到有限个函数的情形. 例如, 若 $\lim f(x),\lim g(x),\lim h(x)$ 都存在, 则有

$$\lim[f(x)+g(x)-h(x)]=\lim f(x)+\lim g(x)-\lim h(x);$$
$$\lim[f(x)g(x)h(x)]=\lim f(x)\cdot\lim g(x)\cdot\lim h(x).$$

推论 1.4.1 如果 $\lim f(x)$ 存在, 而 C 为常数, 则 $\lim[Cf(x)]=C\lim f(x)$, 即常数因子可以移到极限符号外面.

推论 1.4.2 如果 $\lim f(x)$ 存在, 而 n 是正整数, 则
$$\lim[f(x)]^n = [\lim f(x)]^n.$$

注: 运用上述定理的前提是被运算的各个变量的极限必须存在, 并且在除法运算中还要求分母的极限不为零.

例 1.4.1 求 $\lim\limits_{x \to 2}(x^2 - 6x + 4)$.

解
$$\lim_{x \to 2}(x^2 - 6x + 4) = \lim_{x \to 2} x^2 - \lim_{x \to 2} 6x + \lim_{x \to 2} 4$$
$$= \left(\lim_{x \to 2} x\right)^2 - 6\lim_{x \to 2} x + \lim_{x \to 2} 4$$
$$= 2^2 - 6 \times 2 + 4 = -4.$$

例 1.4.2 求 $\lim\limits_{x \to 3}\dfrac{3x^2 - 9}{x^2 - 7x - 2}$.

解 $\lim\limits_{x \to 3}\dfrac{3x^2 - 9}{x^2 - 7x - 2} = \dfrac{\lim\limits_{x \to 3}(3x^2 - 9)}{\lim\limits_{x \to 3}(x^2 - 7x - 2)} = \dfrac{3 \times 3^2 - 9}{3^2 - 7 \times 3 - 2} = -\dfrac{9}{7}.$

注: 由以上两个例子可得到下面两个计算公式.

(1) 设 $f(x) = a_0 x^n + a_1 x^{n-1} + \cdots + a_n$, 则有
$$\lim_{x \to x_0} f(x) = a_0 \left(\lim_{x \to x_0} x\right)^n + a_1 \left(\lim_{x \to x_0} x\right)^{n-1} + \cdots + a_n = a_0 x_0^n + a_1 x_0^{n-1} + \cdots + a_n = f(x_0).$$

(2) 设 $f(x) = \dfrac{P(x)}{Q(x)}$, 且 $Q(x_0) \neq 0$, 则有
$$\lim_{x \to x_0} f(x) = \dfrac{\lim\limits_{x \to x_0} P(x)}{\lim\limits_{x \to x_0} Q(x)} = \dfrac{P(x_0)}{Q(x_0)} = f(x_0).$$

例 1.4.3 求 $\lim\limits_{x \to 1}\dfrac{2x - 1}{x^2 + 3x - 4}$.

解 因为 $\lim\limits_{x \to 1}(x^2 + 3x - 4) = 0$, 所以商的法则不能用. 又
$$\lim_{x \to 1}(2x - 1) = 1 \neq 0,$$
所以 $\lim\limits_{x \to 1}\dfrac{x^2 + 3x - 4}{2x - 1} = \dfrac{0}{1} = 0.$ 由无穷大与无穷小的关系, 得 $\lim\limits_{x \to 1}\dfrac{2x - 1}{x^2 + 3x - 4} = \infty.$

例 1.4.4 求 $\lim\limits_{x \to 1}\dfrac{x^2 - 1}{x^2 + 4x - 5}$.

解 (消去零因子法) $x \to 1$ 时, 分子和分母的极限都是零 $\left(\dfrac{0}{0}\text{型}\right)$. 先约去不为零的无穷小因子 $x - 1$ 后再求极限.

$$\lim_{x\to 1}\frac{x^2-1}{x^2+4x-5}=\lim_{x\to 1}\frac{(x+1)(x-1)}{(x+5)(x-1)}=\lim_{x\to 1}\frac{x+1}{x+5}=\frac{1}{3}.$$

无穷小因子分出法 以分母中自变量的最高次幂除分子和分母,以分离出无穷小,然后再求极限. 如例 1.4.5 至例 1.4.7.

例 1.4.5 计算 $\lim\limits_{x\to\infty}\dfrac{2x^5+3x^3+4}{6x^5+5x^2-1}$.

解 $x\to\infty$ 时,分子和分母的极限都是无穷大 $\left(\dfrac{\infty}{\infty}\text{型}\right)$,

$$\lim_{x\to\infty}\frac{2x^5+3x^3+4}{6x^5+5x^2-1}=\lim_{x\to\infty}\frac{2+\dfrac{3}{x^2}+\dfrac{4}{x^5}}{6+\dfrac{5}{x^3}-\dfrac{1}{x^5}}=\frac{1}{3}.$$

注:当 $a_0\neq 0, b_0\neq 0$, m 和 n 为非负整数时,有

$$\lim_{x\to\infty}\frac{a_0x^m+a_1x^{m-1}+\cdots+a_m}{b_0x^n+b_1x^{n-1}+\cdots+b_n}=\begin{cases}\dfrac{a_0}{b_0}, & n=m,\\ 0, & n>m,\\ \infty, & n<m.\end{cases}$$

例 1.4.6 计算 $\lim\limits_{x\to\infty}\dfrac{\sqrt[4]{16x^4+7x^2+5x+1}}{3x-2}$.

解 $x\to\infty$ 时,分子分母均趋于 ∞.

$$\lim_{x\to\infty}\frac{\sqrt[4]{16x^4+7x^2+5x+1}}{3x-2}=\lim_{x\to\infty}\frac{\sqrt[4]{16+\dfrac{7}{x^2}+\dfrac{5}{x^3}+\dfrac{1}{x^4}}}{3-\dfrac{2}{x}}=\frac{2}{3}.$$

例 1.4.7 求 $\lim\limits_{n\to\infty}\left(\dfrac{1}{n^2}+\dfrac{2}{n^2}+\cdots+\dfrac{n}{n^2}\right)$.

解 $\lim\limits_{n\to\infty}\left(\dfrac{1}{n^2}+\dfrac{2}{n^2}+\cdots+\dfrac{n}{n^2}\right)=\lim\limits_{n\to\infty}\dfrac{1+2+\cdots+n}{n^2}=\lim\limits_{n\to\infty}\dfrac{\dfrac{1}{2}n(n+1)}{n^2}$

$$=\lim_{n\to\infty}\frac{1}{2}\left(1+\frac{1}{n}\right)=\frac{1}{2}.$$

例 1.4.8 计算 $\lim\limits_{x\to+\infty}(\sin\sqrt{x+1}-\sin\sqrt{x})$.

解 $x\to+\infty$ 时, $\sin\sqrt{x+1}$ 与 $\sin\sqrt{x}$ 的极限均不存在,但不能认为它们差的极限也不存在,要先用三角公式变形:

$$\lim_{x\to+\infty}(\sin\sqrt{x+1}-\sin\sqrt{x})=\lim_{x\to+\infty}2\sin\frac{\sqrt{x+1}-\sqrt{x}}{2}\cos\frac{\sqrt{x+1}+\sqrt{x}}{2}$$

$$= \lim_{x \to +\infty} 2\sin\frac{1}{2(\sqrt{x+1}+\sqrt{x})} \cos\frac{\sqrt{x+1}+\sqrt{x}}{2} = 0.$$

最后这一步用了"有界量与无穷小的乘积为无穷小"的结论.

例 1.4.9 求 $\lim\limits_{x \to 1}\left(\dfrac{x}{x-1} - \dfrac{2}{x^2-1}\right)$.

解 $x \to 1$时，原式是"$\infty - \infty$"型，不能用差的极限运算法则，这时可恒等变形成"$\dfrac{0}{0}$"型或"$\dfrac{\infty}{\infty}$"型.

$$\lim_{x \to 1}\left(\frac{x}{x-1} - \frac{2}{x^2-1}\right) = \lim_{x \to 1}\frac{(x+2)(x-1)}{(x+1)(x-1)} = \frac{3}{2}.$$

例 1.4.10 已知 $f(x) = \begin{cases} x-1, & x < 0, \\ \dfrac{x^2+5x-1}{x^3+1}, & x \geqslant 0, \end{cases}$ 求 $\lim\limits_{x \to 0} f(x), \lim\limits_{x \to +\infty} f(x), \lim\limits_{x \to -\infty} f(x).$

解 先求 $\lim\limits_{x \to 0} f(x)$. 因为

$$\lim_{x \to 0^-} f(x) = \lim_{x \to 0^-}(x-1) = -1,$$

$$\lim_{x \to 0^+} f(x) = \lim_{x \to 0^+}\frac{x^2+5x-1}{x^3+1} = -1,$$

所以 $\lim\limits_{x \to 0} f(x) = -1$. 此外，易求得

$$\lim_{x \to +\infty} f(x) = \lim_{x \to +\infty}\frac{x^2+5x-1}{x^3+1} = \lim_{x \to +\infty}\frac{\dfrac{1}{x}+\dfrac{5}{x^2}-\dfrac{1}{x^3}}{1+\dfrac{1}{x^3}} = 0,$$

$$\lim_{x \to -\infty} f(x) = \lim_{x \to -\infty}(x-1) = -\infty.$$

定理 1.4.2（复合函数的极限运算法则） 设函数 $y = f[g(x)]$ 是由函数 $y = f(u)$ 与函数 $u = g(x)$ 复合而成的，$f[g(x)]$ 在 $\mathring{U}(x_0,\delta)$ 内有定义，若

$$\lim_{x \to x_0} g(x) = u_0, \quad \lim_{u \to u_0} f(u) = A,$$

且存在 $\delta_0 > 0$，当 $x \in \mathring{U}(x_0,\delta_0)$ 时，有 $g(x) \neq u_0$，则

$$\lim_{x \to x_0} f[g(x)] = \lim_{u \to u_0} f(u) = A.$$

注：(1) 对 u_0 或 x_0 为无穷大的情形，也可得到类似的定理；

(2) 定理 1.4.2 表明：若函数 $f(u)$ 和 $g(x)$ 满足该定理的条件，则作代换 $u = g(x)$，可把求 $\lim\limits_{x \to x_0} f[g(x)]$ 转化为求 $\lim\limits_{u \to u_0} f(u)$，其中 $u_0 = \lim\limits_{x \to x_0} g(x)$. 这种用代换求极限的方法在极限计算中是很重要的应用，特别是在连续函数极限的求解中应用很多.

例 1.4.11 求 $\lim\limits_{x\to 2}\ln\left[\dfrac{x^2-4}{2(x-2)}\right]$.

解法一 令 $u=\dfrac{x^2-4}{2(x-2)}$, 则当 $x\to 2$ 时,

$$u=\dfrac{x^2-4}{2(x-2)}=\dfrac{x+2}{2}\to 2,$$

故原式 $=\lim\limits_{u\to 2}\ln u=\ln 2.$

解法二 $\lim\limits_{x\to 2}\ln\left(\dfrac{x^2-4}{2(x-2)}\right)=\ln\lim\limits_{x\to 2}\left(\dfrac{x^2-4}{2(x-2)}\right)=\ln\lim\limits_{x\to 2}\left(\dfrac{x+2}{2}\right)=\ln 2.$

习题 1-4

1. 计算下列极限:

(1) $\lim\limits_{x\to\sqrt{2}}\dfrac{x^2-2}{x^2+1}$; (2) $\lim\limits_{x\to 3}\dfrac{x^2-6x+9}{x^2-9}$; (3) $\lim\limits_{x\to\infty}\left(1-\dfrac{1}{2x}+\dfrac{1}{x^2}\right)$;

(4) $\lim\limits_{x\to\infty}\dfrac{x^3+2x}{x^4-x^2+1}$; (5) $\lim\limits_{x\to 3}\dfrac{x^2-4x+3}{x^2-5x+6}$; (6) $\lim\limits_{x\to 0}\dfrac{5x^3-4x^2+x}{3x^2+2x}$;

(7) $\lim\limits_{h\to 0}\dfrac{(x+h)^2-x^2}{2h}$; (8) $\lim\limits_{x\to\infty}\left(1+\dfrac{1}{2x}\right)\left(1-\dfrac{3}{x^2}\right)$; (9) $\lim\limits_{x\to 1}\left(\dfrac{1}{1-x}-\dfrac{3}{1-x^3}\right)$;

(10) $\lim\limits_{x\to\infty}\dfrac{(2x-1)^{20}(3x-2)^{30}}{(3x+1)^{50}}$; (11) $\lim\limits_{x\to -8}\dfrac{\sqrt{1-x}-3}{2+\sqrt[3]{x}}$;

(12) $\lim\limits_{x\to +\infty}2x\left(\sqrt{1+x^2}-x\right)$; (13) $\lim\limits_{x\to +\infty}\left(\sqrt{x^2+x+1}-\sqrt{x^2-x+1}\right)$;

(14) $\lim\limits_{n\to\infty}\dfrac{(n+1)(n+2)(n+3)}{5n^3}$; (15) $\lim\limits_{n\to\infty}\dfrac{1+2+3+\cdots+(n-1)}{n^2}$;

(16) $\lim\limits_{n\to\infty}\left(1+\dfrac{1}{2}+\dfrac{1}{2^2}+\cdots+\dfrac{1}{2^n}\right)$.

2. 若 $\lim\limits_{x\to\infty}\left(5x-\sqrt{ax^2-bx+c}\right)=2$, 求 a,b 的值.

3. 设 $f(x)=\begin{cases}5x+2, & x\leqslant 0,\\ x^2+1, & 0<x\leqslant 1,\\ 2/x, & 1<x,\end{cases}$ 分别讨论 $x\to 0$ 及 $x\to 1$ 时 $f(x)$ 的极限是否存在.

4. 若 $\lim\limits_{x\to 3}\dfrac{x^2-2x+k}{x-3}=4$, 求 k 的值.

第五节　极限存在准则与两个重要极限

一、极限存在准则

1. 夹逼准则

如果:

(1) 当 $0<|x-x_0|<\delta$ (或 $|x|>M$) 时, 有 $g(x) \leqslant f(x) \leqslant h(x)$;

(2) $\lim\limits_{\substack{x\to x_0 \\ (x\to\infty)}} g(x)=A,\ \lim\limits_{\substack{x\to x_0 \\ (x\to\infty)}} h(x)=A,$

那么, 极限 $\lim\limits_{\substack{x\to x_0 \\ (x\to\infty)}} f(x)$ 存在, 且等于 A.

注: (1) 利用夹逼准则求极限, 关键是构造出 $g(x)$ 与 $h(x)$, 并且 $g(x)$ 与 $h(x)$ 的极限相同且容易求.

(2) 由于数列 $x_n = f(n), n=1,2,3,\cdots$, 故将上述准则中的三个函数替换成数列也成立类似结论.

例 1.5.1　求极限 $\lim\limits_{x\to 0}\cos x$.

解　因为 $0<1-\cos x=2\sin^2\dfrac{x}{2}<2\cdot\left(\dfrac{x}{2}\right)^2<\dfrac{x^2}{2}$, 且 $\lim\limits_{x\to 0}\dfrac{x^2}{2}=\lim\limits_{x\to 0}0=0$, 故由夹逼准则得

$$\lim_{x\to 0}(1-\cos x)=0,\ 即\ \lim_{x\to 0}\cos x=1.$$

例 1.5.2　求 $\lim\limits_{n\to\infty}\left(\dfrac{1}{\sqrt{n^2+1}}+\dfrac{1}{\sqrt{n^2+2}}+\cdots+\dfrac{1}{\sqrt{n^2+n}}\right)$.

解　因为 $\dfrac{n}{\sqrt{n^2+n}}<\dfrac{1}{\sqrt{n^2+1}}+\cdots+\dfrac{1}{\sqrt{n^2+n}}<\dfrac{n}{\sqrt{n^2+1}}$, 又

$$\lim_{n\to\infty}\dfrac{n}{\sqrt{n^2+n}}=\lim_{n\to\infty}\dfrac{1}{\sqrt{1+\dfrac{1}{n}}}=1,\quad \lim_{n\to\infty}\dfrac{n}{\sqrt{n^2+1}}=\lim_{n\to\infty}\dfrac{1}{\sqrt{1+\dfrac{1}{n^2}}}=1,$$

故由夹逼准则得

$$\lim_{n\to\infty}\left(\dfrac{1}{\sqrt{n^2+1}}+\dfrac{1}{\sqrt{n^2+2}}+\cdots+\dfrac{1}{\sqrt{n^2+n}}\right)=1.$$

定义 1.5.1　如果数列 $\{x_n\}$ 满足条件 $x_1 \leqslant x_2 \leqslant \cdots \leqslant x_n \leqslant x_{n+1} \leqslant \cdots$, 则称数列 $\{x_n\}$ 是**单调增加**的, 如果数列满足条件 $x_1 \geqslant x_2 \geqslant \cdots \geqslant x_n \geqslant x_{n+1} \geqslant \cdots$, 则称数列 $\{x_n\}$ 是**单调减少**的. 单调增加和单调减少的数列统称为**单调数列**.

2. 单调有界准则

单调有界数列必有极限.

图 1-5-1 可以帮助我们理解为什么一个单调增加且有界的数列 $\{x_n\}$ 必有极限：因为数列单调增加又不能大于 M，故某个时刻以后，数列的项必然集中在某数 $a(a \leqslant M)$ 的附近，即对任意给定的 $\varepsilon > 0$，必然存在 N 与数 a，使当 $n > N$ 时，恒有 $|x_n - a| < \varepsilon$，从而数列 $\{x_n\}$ 的极限存在.

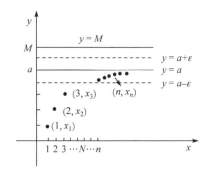

图 1-5-1

根据收敛数列的有界性，收敛的数列必定有界，但有界的数列不一定收敛，单调有界准则表明，如果一数列不仅有界而且单调，则该数列一定收敛.

例 1.5.3 设有数列

$$x_1 = \sqrt{3}, x_2 = \sqrt{3+\sqrt{3}}, \cdots, x_n = \sqrt{3+x_{n-1}}, \cdots,$$

求 $\lim_{n \to \infty} x_n$.

解 显然 $x_{n+1} > x_n$，因为 $\{x_n\}$ 是单调递增的. 下面利用数学归纳法证明 $\{x_n\}$ 有界.

因为 $x_1 = \sqrt{3} < 3$，假定 $x_k < 3$，则 $x_{k+1} = \sqrt{3+x_k} < \sqrt{3+3} < 3$，所以 $\{x_n\}$ 是有界的. 根据单调有界准则可知 $\lim_{n \to \infty} x_n = A$ 存在.

由 $x_{n+1} = \sqrt{3+x_n}$ 得 $x_{n+1}^2 = 3+x_n$，故

$$\lim_{n \to \infty} x_{n+1}^2 = \lim_{n \to \infty}(3+x_n), \text{ 即 } A^2 = 3+A,$$

解得 $A = \dfrac{1+\sqrt{13}}{2}$, $A = \dfrac{1-\sqrt{13}}{2}$ (舍去). 所以 $\lim_{n \to \infty} x_n = \dfrac{1+\sqrt{13}}{2}$.

*3. 柯西极限存在准则

单调有界准则是数列收敛的充分条件，而不是必要条件. 柯西极限存在准则给出了数列收敛的充分必要条件.

柯西极限存在准则 数列 $\{x_n\}$ 收敛的充分必要条件是：$\forall \varepsilon > 0$，$\exists N > 0$，使得当 $m > N, n > N$ 时，恒有 $|x_m - x_n| < \varepsilon$.

柯西极限存在准则又称柯西收敛原理，其几何意义是：$\forall \varepsilon > 0$，在数轴上一切具有足够大的下标的点 x_n 中，任意两点间的距离小于 ε.

二、两个重要极限

利用重要极限并通过函数的恒等变形与极限的运算法则可以解决数学中两类常用极限的计算问题.

1. $\lim\limits_{x \to 0} \dfrac{\sin x}{x} = 1$

证 由于 $\dfrac{\sin x}{x}$ 是偶函数，故只需讨论 $x \to 0^+$ 的情况．作单位圆(图 1-5-2)，设 $\angle AOB = x(0 < x < \pi/2)$，点 A 处的切线与 OB 的延长线相交于 D，因 $BC \perp OA$，故

$$\sin x = CB, \quad x = \overset{\frown}{AB}, \quad \tan x = AD,$$

易见，三角形 AOB 的面积<扇形 AOB 的面积<三角形 AOD 的面积，所以

$$\frac{1}{2}\sin x < \frac{1}{2}x < \frac{1}{2}\tan x,$$

即

$$\sin x < x < \tan x, \tag{1.5.1}$$

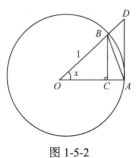

图 1-5-2

整理得

$$\cos x < \frac{\sin x}{x} < 1, \tag{1.5.2}$$

由 $\lim\limits_{x \to 0} \cos x = 1$ 及夹逼准则，即得

$$\lim_{x \to 0} \frac{\sin x}{x} = 1. \tag{1.5.3}$$

例 1.5.4 求 $\lim\limits_{x \to 0} \dfrac{1 - \cos x}{x^2}$．

解 原式 $= \lim\limits_{x \to 0} \dfrac{2\sin^2 \dfrac{x}{2}}{x^2} = \dfrac{1}{2} \lim\limits_{x \to 0} \dfrac{\sin^2 \dfrac{x}{2}}{\left(\dfrac{x}{2}\right)^2} = \dfrac{1}{2} \lim\limits_{x \to 0} \left(\dfrac{\sin \dfrac{x}{2}}{\dfrac{x}{2}}\right)^2 = \dfrac{1}{2} \cdot 1^2 = \dfrac{1}{2}$．

例 1.5.5 求 $\lim\limits_{x \to 0} \dfrac{\sin 5x}{\sin 3x}$．

解 $\lim\limits_{x \to 0} \dfrac{\sin 5x}{\sin 3x} = \lim\limits_{x \to 0} \left(\dfrac{5}{3} \cdot \dfrac{\sin 5x}{5x} \cdot \dfrac{3x}{\sin 3x}\right) = \dfrac{5}{3} \lim\limits_{x \to 0} \dfrac{\sin 5x}{5x} \cdot \lim\limits_{x \to 0} \dfrac{3x}{\sin 3x} = \dfrac{5}{3}$．

例 1.5.6 计算 $\lim\limits_{x \to 0} \dfrac{\tan x - \sin x}{x^3}$．

解 $\lim\limits_{x \to 0} \dfrac{\tan x - \sin x}{x^3} = \lim\limits_{x \to 0} \dfrac{\tan x(1 - \cos x)}{x^3} = \lim\limits_{x \to 0} \left(\dfrac{1}{\cos x} \cdot \dfrac{\sin x}{x} \cdot \dfrac{1 - \cos x}{x^2}\right)$

$= \lim\limits_{x \to 0} \dfrac{1}{\cos x} \cdot \lim\limits_{x \to 0} \dfrac{\sin x}{x} \cdot \lim\limits_{x \to 0} \dfrac{1 - \cos x}{x^2} = \dfrac{1}{2}$．

2. $\lim\limits_{x \to \infty}\left(1+\dfrac{1}{x}\right)^x = e$

观察 我们可以通过计算 $y = \left(1+\dfrac{1}{x}\right)^x$ 的函数值(表 1-5-1)来观察其变化趋势.

表 1-5-1

X	10	50	100	1000	10000	100000	1000000	⋯
Y	2.593742	2.691588	2.704814	2.716924	2.718146	2.718268	2.718280	⋯
X	−10	−50	−100	−1000	−10000	−100000	−1000000	⋯
Y	2.867972	2.745973	2.731999	2.719642	2.718418	2.718295	2.718283	⋯

从上表可见,$\left(1+\dfrac{1}{x}\right)^x$ 随着自变量 x 的增大而增大,但增大的速度越来越慢,且逐步接近一个常数.

证 先考虑 x 取正整数 n 且 $n \to +\infty$ 的情形.

设 $x_n = \left(1+\dfrac{1}{n}\right)^n$,下面先证明数列 $\{x_n\}$ 单调增加且有界.

$$\begin{aligned}x_n &= \left(1+\dfrac{1}{n}\right)^n \\ &= 1+\dfrac{n}{1!}\cdot\dfrac{1}{n}+\dfrac{n(n-1)}{2!}\cdot\dfrac{1}{n^2}+\dfrac{n(n-1)(n-2)}{3!}\cdot\dfrac{1}{n^3}+\cdots+\dfrac{n(n-1)\cdots(n-n+1)}{n!}\cdot\dfrac{1}{n^n} \\ &= 1+1+\dfrac{1}{2!}\left(1-\dfrac{1}{n}\right)+\dfrac{1}{3!}\left(1-\dfrac{1}{n}\right)\left(1-\dfrac{2}{n}\right)+\cdots+\dfrac{1}{n!}\left(1-\dfrac{1}{n}\right)\left(1-\dfrac{2}{n}\right)\cdots\left(1-\dfrac{n-1}{n}\right),\end{aligned}$$

又

$$\begin{aligned}x_{n+1} &= 1+1+\dfrac{1}{2!}\left(1-\dfrac{1}{n+1}\right)+\dfrac{1}{3!}\left(1-\dfrac{1}{n+1}\right)\left(1-\dfrac{2}{n+1}\right)+\cdots \\ &\quad +\dfrac{1}{n!}\left(1-\dfrac{1}{n+1}\right)\left(1-\dfrac{2}{n+1}\right)\cdots\left(1-\dfrac{n-1}{n+1}\right) \\ &\quad +\dfrac{1}{(n+1)!}\left(1-\dfrac{1}{n+1}\right)\left(1-\dfrac{2}{n+1}\right)\cdots\left(1-\dfrac{n}{n+1}\right),\end{aligned}$$

比较 x_n, x_{n+1} 的展开式的各项可知,除前两项相等外,从第三项起,x_{n+1} 的各项都大于 x_n 的各对应项,而且 x_{n+1} 还多了最后一个正项,因而

$$x_{n+1} > x_n \quad (n=1,2,3,\cdots),$$

即 $\{x_n\}$ 为单调增加数列.

再证 $\{x_n\}$ 有界. 因

$$x_n < 1+1+\frac{1}{2!}+\cdots+\frac{1}{n!} < 1+1+\frac{1}{2}+\cdots+\frac{1}{2^{n-1}} = 1+\frac{1-\frac{1}{2^n}}{1-\frac{1}{2}} = 3-\frac{1}{2^{n-1}} < 3,$$

故 $\{x_n\}$ 有上界. 根据单调有界准则, $\lim\limits_{n\to\infty} x_n$ 存在, 常用字母 e 表示该极限值, 即

$$\lim_{n\to\infty}\left(1+\frac{1}{n}\right)^n = e.$$

可以证明, 对一般的实数 x 有

$$\lim_{x\to\infty}\left(1+\frac{1}{x}\right)^x = e. \tag{1.5.4}$$

无理数 e 是数学中的一个重要常数, 其值为 e = 2.718281828459045….

若令 $y=\frac{1}{x}$, 则式(1.5.4)变为

$$\lim_{y\to 0}(1+y)^{1/y} = e. \tag{1.5.5}$$

利用复合函数的极限运用法则, (1.5.4)式和(1.5.5)式可分别推广为

$$\lim_{\varphi(x)\to\infty}\left(1+\frac{1}{\varphi(x)}\right)^{\varphi(x)} = e,$$

$$\lim_{\varphi(x)\to 0}(1+\varphi(x))^{\frac{1}{\varphi(x)}} = e.$$

例 1.5.7 求 $\lim\limits_{n\to\infty}\left(1+\frac{1}{n}\right)^{n+5}$.

解 $\lim\limits_{n\to\infty}\left(1+\frac{1}{n}\right)^{n+5} = \lim\limits_{n\to\infty}\left[\left(1+\frac{1}{n}\right)^n \cdot \left(1+\frac{1}{n}\right)^5\right] = \lim\limits_{n\to\infty}\left(1+\frac{1}{n}\right)^n \cdot \left(1+\frac{1}{n}\right)^5 = e \cdot 1 = e.$

例 1.5.8 求 $\lim\limits_{x\to 0}(1-2x)^{\frac{1}{x}}$.

解 $\lim\limits_{x\to 0}(1-2x)^{\frac{1}{x}} = \lim\limits_{x\to 0}\left[(1+(-2x))^{\frac{1}{-2x}}\right]^{-2} = e^{-2}.$

例 1.5.9 求 $\lim\limits_{x\to\infty}\left(\frac{3-x}{2-x}\right)^x$.

解法一 $\lim\limits_{x\to\infty}\left(\frac{3-x}{2-x}\right)^x = \lim\limits_{x\to\infty}\left(1+\frac{1}{2-x}\right)^x = \lim\limits_{x\to\infty}\left(1+\frac{1}{2-x}\right)^{x-2+2} = \lim\limits_{x\to\infty}\left(1+\frac{1}{2-x}\right)^{-(2-x)+2}$

$= \lim\limits_{x\to\infty}\left[\left(1+\frac{1}{2-x}\right)^{2-x}\right]^{-1} \cdot \left(1+\frac{1}{2-x}\right)^2$

$$= \lim_{(2-x)\to\infty}\left[\left(1+\frac{1}{2-x}\right)^{2-x}\right]^{-1}\cdot\lim_{x\to\infty}\left(1+\frac{1}{2-x}\right)^2$$

$$= e^{-1}\cdot 1$$

$$= e^{-1}.$$

解法二 令 $\frac{3-x}{2-x}=1+t$, 则 $x=2-\frac{1}{t}$, $x\to\infty$ 时 $t\to 0$, 从而

$$\lim_{x\to\infty}\left(\frac{3-x}{2-x}\right)^x=\lim_{t\to 0}(1+t)^{2-\frac{1}{t}}=\lim_{t\to 0}(1+t)^{\frac{1}{t}(2t-1)}=\left(\lim_{t\to 0}(1+t)^{\frac{1}{t}}\right)^{\lim_{t\to 0}(2t-1)}=e^{-1}.$$

习题 1-5

1. 计算下列极限:

(1) $\lim\limits_{x\to 0}\dfrac{\tan 3x}{x}$;

(2) $\lim\limits_{x\to 0} x\cot x$;

(3) $\lim\limits_{x\to 0}\dfrac{\tan x-\sin x}{x}$;

(4) $\lim\limits_{x\to 0}\dfrac{1-\cos 2x}{2x\sin x}$;

(5) $\lim\limits_{x\to 0^+}\dfrac{x}{\sqrt{1-\cos x}}$;

(6) $\lim\limits_{x\to a}\dfrac{\sin x-\sin a}{x-a}$;

(7) $\lim\limits_{x\to 0}\dfrac{3\arcsin x}{2x}$;

(8) $\lim\limits_{x\to 0}\dfrac{x-\sin x}{x+\sin x}$;

(9) $\lim\limits_{x\to 0}(1-3x)^{\frac{1}{x}}$;

(10) $\lim\limits_{x\to\infty}\left(1-\dfrac{1}{x}\right)^{kx}$ $(k\in \mathbf{N})$;

(11) $\lim\limits_{x\to\infty}\left(\dfrac{x+3}{x-3}\right)^x$;

(12) $\lim\limits_{x\to\infty}\left(\dfrac{1+x}{x}\right)^{2x}$;

(13) $\lim\limits_{x\to\infty}\left(\dfrac{x}{x+1}\right)^{x+5}$;

(14) $\lim\limits_{x\to 0}\dfrac{1}{x}\ln\sqrt{\dfrac{1+x}{1-x}}$;

(15) $\lim\limits_{x\to 0}(1+xe^x)^{\frac{1}{x}}$.

2. 证明: 数列 $\sqrt{2},\sqrt{2+\sqrt{2}},\sqrt{2+\sqrt{2+\sqrt{2}}},\cdots$ 极限存在并求该极限.

3. 求 $\lim\limits_{n\to\infty}(1+2^n+3^n)^{\frac{1}{n}}$.

4. 证明: 下列极限:

(1) $\lim\limits_{n\to\infty}n\left(\dfrac{1}{n^2+\pi}+\dfrac{1}{n^2+2\pi}+\cdots+\dfrac{1}{n^2+n\pi}\right)=1$;   (2) $\lim\limits_{x\to 0}\sqrt[n]{1+x}=1$.

第六节　无穷小的比较

一、无穷小比较的概念

有限个无穷小的和、差、积仍是无穷小. 但两个无穷小的商, 却会出现不同的情况, 例如, 当 $x \to 0$ 时, $x, x^2, \sin x$ 都是无穷小, 而

$$\lim_{x \to 0} \frac{x^2}{x} = 0, \quad \lim_{x \to 0} \frac{x}{x^2} = \infty, \quad \lim_{x \to 0} \frac{\sin x}{x} = 1,$$

这三个极限反映了无穷小趋于 0 的快慢程度: 当 $x \to 0$ 时, x^2 比 x 快些, x 比 x^2 慢些, $\sin x$ 与 x 大致相同. 即无穷小比的极限不同, 反映了无穷小趋向于零的**快慢**程度不同.

定义 1.6.1　设 α, β 是在自变量变化的同一过程中的两个无穷小, 且 $\alpha \neq 0$.

(1) 若 $\lim \dfrac{\beta}{\alpha} = 0$, 则称 β 是比 α **高阶**的无穷小, 记作 $\beta = o(\alpha)$;

(2) 若 $\lim \dfrac{\beta}{\alpha} = \infty$, 则称 β 是比 α **低阶**的无穷小;

(3) 若 $\lim \dfrac{\beta}{\alpha} = C(C \neq 0)$, 则称 β 与 α 是**同阶的无穷小**; 特别地, 如果 $\lim \dfrac{\beta}{\alpha} = 1$, 则称 β 与 α 是**等价无穷小**, 记作 $\alpha \sim \beta$;

(4) 若 $\lim \dfrac{\beta}{\alpha^k} = C(C \neq 0, k > 0)$, 则称 β 是 α 的 k **阶无穷小**.

如前述三个无穷小 $x, x^2, \sin x \ (x \to 0)$, 根据定义知道, x^2 是比 x 高阶的无穷小, x 是比 x^2 低阶的无穷小, 而 $\sin x$ 与 x 是等价无穷小.

例 1.6.1　证明: 当 $x \to 0$ 时, $4x\sin^3 x$ 为 x 的四阶无穷小.

解　因为

$$\lim_{x \to 0} \frac{4x\sin^3 x}{x^4} = 4\lim_{x \to 0} \left(\frac{\sin x}{x}\right)^3 = 4,$$

故当 $x \to 0$ 时, $4x\sin^3 x$ 为 x 的四阶无穷小.

例 1.6.2　当 $x \to 0$ 时, 求 $\tan x - \sin x$ 关于 x 的阶数.

解　因为

$$\lim_{x \to 0} \frac{\tan x - \sin x}{x^3} = \lim_{x \to 0} \left(\frac{\tan x}{x} \cdot \frac{1 - \cos x}{x^2}\right) = \lim_{x \to 0} \left(\frac{\sin x}{x} \cdot \frac{1}{\cos x} \cdot \frac{2\sin^2 \frac{x}{2}}{x^2}\right)$$

$$= \lim_{x \to 0} \frac{\sin x}{x} \cdot \lim_{x \to 0} \frac{1}{\cos x} \cdot \lim_{x \to 0} \frac{\frac{1}{2}\sin^2 \frac{x}{2}}{\left(\frac{x}{2}\right)^2} = 1 \times 1 \times \frac{1}{2} = \frac{1}{2},$$

所以当 $x \to 0$ 时，$\tan x - \sin x$ 为 x 的三阶无穷小.

二、等价无穷小

根据等价无穷小的定义，可以证明，当 $x \to 0$ 时，有下列常用等价无穷小：

$$\sin x \sim x, \quad \tan x \sim x, \quad \arcsin x \sim x,$$

$$\arctan x \sim x, \quad 1 - \cos x \sim \frac{1}{2}x^2, \quad \ln(1+x) \sim x,$$

$$e^x - 1 \sim x, \quad a^x - 1 \sim x \ln a \ (a > 0),$$

$$(1+x)^\alpha - 1 \sim \alpha x \ (\alpha \neq 0 是常数).$$

例 1.6.3 证明：当 $x \to 0$ 时，$e^x - 1 \sim x$.

证 令 $y = e^x - 1$，则 $x = \ln(1+y)$，且 $x \to 0$ 时，$y \to 0$，因此

$$\lim_{x \to 0} \frac{e^x - 1}{x} = \lim_{y \to 0} \frac{y}{\ln(1+y)} = \lim_{y \to 0} \frac{1}{\ln(1+y)^{1/y}} = 1,$$

即有等价关系 $e^x - 1 \sim x(x \to 0)$. 同时也证明了等价关系 $\ln(1+x) \sim x(x \to 0)$.

定理 1.6.1 设 $\alpha, \alpha', \beta, \beta'$ 是同一过程中的无穷小，且 $\alpha \sim \alpha'$，$\beta \sim \beta'$，$\lim \dfrac{\beta'}{\alpha'}$ 存在，则

$$\lim \frac{\beta}{\alpha} = \lim \frac{\beta'}{\alpha'}.$$

证 $\lim \dfrac{\beta}{\alpha} = \lim \left(\dfrac{\beta}{\beta'} \cdot \dfrac{\beta'}{\alpha'} \cdot \dfrac{\alpha'}{\alpha} \right) = \lim \dfrac{\beta}{\beta'} \cdot \lim \dfrac{\beta'}{\alpha'} \cdot \lim \dfrac{\alpha'}{\alpha} = \lim \dfrac{\beta'}{\alpha'}.$

定理 1.6.1 表明：(1) 在求两个无穷小之比的极限时，分子及分母都可以用等价无穷小替换. 因此，如果无穷小的替换运用得当，则可简化极限的计算.

(2) 当 $x \to 0$ 时，x 为无穷小. 在常用等价无穷小中，用任意一个无穷小 $\beta(x)$ 代替 x 后，上述等价关系依然成立. 例如，$x \to 1$ 时，有 $(x-1)^2 \to 0$，从而

$$\sin(x-1)^2 \sim (x-1)^2 \quad (x \to 1).$$

例 1.6.4 求 $\lim\limits_{x \to 0} \dfrac{\sin 3x}{\tan 5x}$.

解 当 $x \to 0$ 时，$\tan 5x \sim 5x$，$\sin 3x \sim 3x$，故 $\lim\limits_{x \to 0} \dfrac{\sin 3x}{\tan 5x} = \lim\limits_{x \to 0} \dfrac{3x}{5x} = \dfrac{3}{5}$.

例 1.6.5 求 $\lim\limits_{x \to 0} \dfrac{\tan x - \sin x}{\sin^3 2x}$.

错解 当 $x \to 0$ 时，$\tan x \sim x$，$\sin x \sim x$，所以原式 $= \lim\limits_{x \to 0} \dfrac{x - x}{(2x)^3} = 0$.

正解 当 $x \to 0$ 时，$\sin 2x \sim 2x$，$\tan x - \sin x = \tan x(1 - \cos x) \sim \dfrac{1}{2}x^3$，故

$$\lim_{x\to 0}\frac{\tan x-\sin x}{\sin^3 2x}=\lim_{x\to 0}\frac{\frac{1}{2}x^3}{(2x)^3}=\frac{1}{16}.$$

例 1.6.6 求 $\lim\limits_{x\to 0}\dfrac{(1-\cos x)\sin 3x}{(e^x-1)\ln(1+x^2)}$.

解 当 $x\to 0$ 时，$1-\cos x\sim\dfrac{x^2}{2}$，$\sin 3x\sim 3x$，$e^x-1\sim x$，$\ln(1+x^2)\sim x^2$，故

$$\lim_{x\to 0}\frac{(1-\cos x)\sin 3x}{(e^x-1)\ln(1+x^2)}=\lim_{x\to 0}\frac{\frac{x^2}{2}\cdot 3x}{x\cdot x^2}=\frac{3}{2}.$$

定理 1.6.2 β 与 α 是等价无穷小的充分必要条件是 $\beta=\alpha+o(\alpha)$.

证 必要性 设 $\alpha\sim\beta$，则

$$\lim\frac{\beta-\alpha}{\alpha}=\lim\left(\frac{\beta}{\alpha}-1\right)=\lim\frac{\beta}{\alpha}-1=0,$$

因此，$\beta-\alpha=o(\alpha)$，即 $\beta=\alpha+o(\alpha)$.

充分性 设 $\beta=\alpha+o(\alpha)$，则

$$\lim\frac{\beta}{\alpha}=\lim\frac{\alpha+o(\alpha)}{\alpha}=\lim\left(1+\frac{o(\alpha)}{\alpha}\right)=1,$$

因此，$\alpha\sim\beta$.

例如，当 $x\to 0$ 时，无穷小等价关系 $\sin x\sim x$，$1-\cos x\sim\dfrac{1}{2}x^2$ 可表述为

$$\sin x=x+o(x),\quad \cos x=1-\frac{x^2}{2}+o(x^2).$$

例 1.6.7 求 $\lim\limits_{x\to 0}\dfrac{\tan 5x-\cos x+1}{\sin 3x}$.

解 因为 $\tan 5x=5x+o(x)$，$\sin 3x=3x+o(x)$，$1-\cos x=\dfrac{x^2}{2}+o(x^2)$，所以

$$原式=\lim_{x\to 0}\frac{5x+o(x)+\frac{x^2}{2}+o(x^2)}{3x+o(x)}=\lim_{x\to 0}\frac{5+\frac{o(x)}{x}+\frac{x}{2}+\frac{o(x^2)}{x}}{3+\frac{o(x)}{x}}=\frac{5}{3}.$$

习题 1-6

1. 当 $x\to 0$ 时，$x-x^2$ 与 x^3-x^4 相比，哪一个是高阶无穷小？
2. 当 $x\to 0$ 时，$\sqrt{a+x^3}-\sqrt{a}$ $(a>0)$ 与 x 相比是几阶无穷小？
3. 利用等价无穷小的性质，求下列极限：

(1) $\lim\limits_{x\to 0}\dfrac{\arctan 5x}{3x}$; (2) $\lim\limits_{x\to 0}\dfrac{(\sin x^2)\tan^2 x}{1-\cos x^2}$; (3) $\lim\limits_{x\to 0}\dfrac{\ln(1+3x\sin x)}{\tan x^2}$;

(4) $\lim\limits_{x\to 0}\dfrac{\sqrt{1+x\sin x}-1}{x\arctan x}$; (5) $\lim\limits_{x\to 0}\dfrac{3x+\tan x-5x^3}{\sin x+2x^2}$; (6) $\lim\limits_{x\to 0}\dfrac{\mathrm{e}^{3x}-1}{x}$;

(7) $\lim\limits_{x\to 0}\dfrac{\sqrt{1+\tan x}-\sqrt{1+\sin x}}{x\sqrt{1+\sin^2 x}-x}$; (8) $\lim\limits_{x\to 0}\dfrac{\sec x-1}{\dfrac{1}{2}x^2}$.

第七节　函数的连续性与间断点

一、函数的连续性

客观世界的许多现象和事物的运动变化过程是连绵不断的, 比如自由落体运动、植物生长等, 反映在数学上就是函数的连续性. 连续函数作为微积分的研究对象, 20 世纪以来, 对连续性的讨论在实践中和理论上均有重大意义, 微积分中的主要概念、定理、公式法则等通常要求函数具有连续性. 本节以极限为基础, 引入刻画变量连续变化的数学模型——连续函数, 并介绍连续函数的运算及其性质.

定义 1.7.1　设函数 $y=f(x)$ 在点 x_0 的某一邻域内有定义. 如果
$$\lim_{x\to x_0}f(x)=f(x_0),$$
则称函数 $f(x)$ 在 x_0 处**连续**, x_0 称为 $f(x)$ 的**连续点**.

下面引入函数增量的概念.

定义 1.7.2　设变量 u 从它的一个初值 u_1 变到终值 u_2, 则称终值 u_2 与初值 u_1 的差 u_2-u_1 为变量 u 的**增量**(改变量), 记作 Δu, 即 $\Delta u=u_2-u_1$. 增量 Δu 可以是正的, 也可以是负的.

注: 记号 Δu 不是 Δ 与 u 的积, 而是一个不可分割的记号.

定义 1.7.3　设函数 $y=f(x)$ 在点 x_0 的某一邻域内有定义. 当自变量 x 在 x_0 处取得增量 Δx (即在这个邻域内从 x_0 变到 $x_0+\Delta x$)时, 相应地, 函数 $y=f(x)$ 从 $f(x_0)$ 变到 $f(x_0+\Delta x)$, 则称
$$\Delta y=f(x_0+\Delta x)-f(x_0)$$
为对应 $y=f(x)$ 的**函数增量**.

例如, 函数 $y=x^2$, 当 x 由 x_0 变到 $x_0+\Delta x$ 时, 函数的增量为
$$\Delta y=f(x_0+\Delta x)-f(x_0)=(x_0+\Delta x)^2-x_0^2=2x_0\Delta x+(\Delta x)^2.$$

借助函数增量的概念, 则函数连续的概念又可表示为如下形式.

定义 1.7.1'　设函数 $y=f(x)$ 在点 x_0 的某一邻域内有定义. 如果当自变量在点 x_0 的增量 Δx 趋于零时, 函数 $y=f(x)$ 对应的增量 Δy 也趋于零(图 1-7-1), 即
$$\lim_{\Delta x\to 0}\Delta y=0 \quad \text{或} \quad \lim_{\Delta x\to 0}\left[f(x_0+\Delta x)-f(x_0)\right]=0,$$

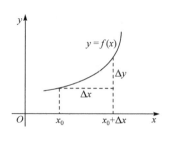

图 1-7-1

则称函数 $f(x)$ 在点 x_0 处**连续**，x_0 称为 $f(x)$ 的**连续点**.

例如，函数 $y=x^2$ 在点 $x_0=3$ 处是连续的，因为
$$\lim_{\Delta x \to 0} \Delta y = \lim_{\Delta x \to 0}[f(3+\Delta x)-f(3)]$$
$$= \lim_{\Delta x \to 0}[(3+\Delta x)^2 - 3^2]$$
$$= \lim_{\Delta x \to 0}[6\Delta x + (\Delta x)^2] = 0.$$

该定义表明，函数在一点连续的本质特征是：自变量变化很小时，对应的函数值的变化也很小.

例 1.7.1 试证：函数 $f(x)=\begin{cases} x\sin\dfrac{1}{x}, & x\neq 0, \\ 0, & x=0 \end{cases}$ 在 $x=0$ 处连续.

证 因为 $\lim\limits_{x\to 0} x\sin\dfrac{1}{x}=0$，又 $f(0)=0$，所以 $\lim\limits_{x\to 0} f(x)=f(0)$，由定义 1.7.1 知，函数 $f(x)$ 在 $x=0$ 处连续.

定义 1.7.4（单侧连续） 若函数 $f(x)$ 在 $(a, x_0]$ 内有定义，且 $f(x_0-0)=\lim\limits_{x\to x_0^-}f(x)=f(x_0)$，则称 $f(x)$ 在点 x_0 处**左连续**；

若函数 $f(x)$ 在 $[x_0, b)$ 内有定义，且 $f(x_0+0)=\lim\limits_{x\to x_0^+}f(x)=f(x_0)$，则称 $f(x)$ 在点 x_0 处**右连续**.

例 1.7.2 已知函数
$$f(x)=\begin{cases} x^2+1, & x<0, \\ x-2b, & x\geqslant 0 \end{cases}$$
在点 $x=0$ 处连续，求 b 的值.

解 由题意知
$$\lim_{x\to 0^-} f(x) = \lim_{x\to 0^-}(x^2+1)=1, \quad \lim_{x\to 0^+} f(x) = \lim_{x\to 0^+}(x-2b)=-2b.$$

因为 $f(x)$ 点 $x=0$ 处连续，则 $\lim\limits_{x\to 0^-}f(x)=\lim\limits_{x\to 0^+}f(x)$，即 $-2b=1$，所以 $b=-\dfrac{1}{2}$.

定理 1.7.1 函数 $f(x)$ 在 x_0 处连续的充要条件是函数 $f(x)$ 在 x_0 处既左连续又右连续.

二、连续函数与连续区间

定义 1.7.5 在区间 I 内每一点都连续的函数，叫做区间 I 内的**连续函数**，或者说函数在**区间 I 内连续**.

如果函数在开区间 (a,b) 内连续，记作 $f(x)\in C(a,b)$，并且在左端点 $x=a$ 处右连续，在右端点 $x=b$ 处左连续，则称函数 $f(x)$ **在闭区间 $[a,b]$ 上连续**，记作 $f(x)\in C[a,b]$.

连续函数的图形是一条不间断的曲线.

如由函数 $y=\sin x$ 图像可知在区间 $x\in(-\infty,+\infty)$ 内 $y=\sin x$ 连续，用定义也可证明.

三、函数的间断点

定义 1.7.6 如果函数 $f(x)$ 在 x_0 的某一个空心邻域内有定义,且在点 x_0 处不连续,则称在点 x_0 处间断,点 x_0 称为 $f(x)$ 的**间断点**.

由函数在某点连续的定义,可从下列三个条件之一来判断 $f(x)$ 的间断点 x_0:

(1) $f(x)$ 在点 x_0 处没有定义;

(2) $\lim\limits_{x \to x_0} f(x)$ 不存在;

(3) 在点 x_0 处 $f(x)$ 有定义,且 $\lim\limits_{x \to x_0} f(x)$ 存在,但 $\lim\limits_{x \to x_0} f(x) \neq f(x_0)$.

函数间断点常分为下面两类.

第一类间断点 设点 x_0 为 $f(x)$ 的间断点,但左极限 $f(x_0 - 0)$ 及右极限 $f(x_0 + 0)$ 都存在,则称 x_0 为 $f(x)$ 的第一类间断点.

当 $f(x_0 - 0) \neq f(x_0 + 0)$ 时,x_0 称为 $f(x)$ 的**跳跃间断点**.

若 $\lim\limits_{x \to x_0} f(x) = A \neq f(x_0)$ 或 $f(x)$ 在点 x_0 处无定义,则称 x_0 为 $f(x)$ 的**可去间断点**.

第二类间断点 如果 $f(x)$ 在点 x_0 处的左、右极限至少有一个不存在,则称点 x_0 为 $f(x)$ 的第二类间断点.

常见的第二类间断点有**无穷间断点**(如 $\lim\limits_{x \to x_0} f(x) = \infty$)和**振荡间断点**(在 $x \to x_0$ 的过程中,$f(x)$ 无限振荡,极限不存在). 如 $x = 0$ 是函数 $y = \sin\dfrac{1}{x}$ 的振荡间断点(图 1-7-2).

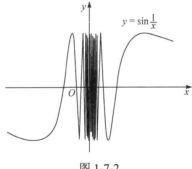

图 1-7-2

例 1.7.3 讨论 $f(x) = \begin{cases} x+1, & x > 0, \\ 0, & x = 0, \\ x-1, & x < 0 \end{cases}$ 在 $x = 0$ 处的连续性.

解 因为
$$\lim_{x \to 0^+} f(x) = \lim_{x \to 0^+} (x+1) = 1 \neq f(0),$$
$$\lim_{x \to 0^-} f(x) = \lim_{x \to 0^-} (x-1) = -1 \neq f(0),$$

函数 $f(x)$ 既不右连续也不左连续,故在点 $x = 0$ 处不连续,且 $x = 0$ 为 $f(x)$ 的跳跃间断点(图 1-7-3).

例 1.7.4 讨论函数 $f(x)=\begin{cases} x, & x\neq 1, \\ \dfrac{1}{2}, & x=1 \end{cases}$ 在 $x=1$ 处的连续性(图 1-7-4).

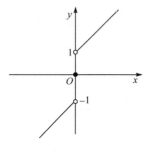

图 1-7-3

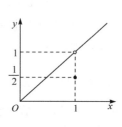

图 1-7-4

解 因为 $\lim\limits_{x\to 1}f(x)=1\neq f(1)$,所以 $x=1$ 为函数的可去间断点.

例 1.7.5 讨论函数 $y=\tan x$ 的连续性.

解 函数 $y=\tan x$ 在 $x=k\pi+\dfrac{\pi}{2}(k\in\mathbf{Z})$ 处无意义且 $\lim\limits_{x\to k\pi+\frac{\pi}{2}}\tan x=\infty$,因此 $x=k\pi+\dfrac{\pi}{2}(k\in\mathbf{Z})$ 为函数 $y=\tan x$ 的第二类间断点(无穷间断点).

例 1.7.6 研究 $f(x)=\begin{cases} x^{\alpha}\sin\dfrac{1}{x}, & x>0, \\ \mathrm{e}^{x}+\beta, & x\leqslant 0 \end{cases}$ 在 $x=0$ 处的连续性.

解 当且仅当 $f(0+0)=f(0-0)=f(0)$ 时, $f(x)$ 在 $x=0$ 处连续. 因为
$$f(0)=\mathrm{e}^{0}+\beta=1+\beta,$$
而
$$f(0-0)=\lim\limits_{x\to 0^{-}}f(x)=\lim\limits_{x\to 0^{-}}(\mathrm{e}^{x}+\beta)=1+\beta,$$
$$f(0+0)=\lim\limits_{x\to 0^{+}}f(x)=\lim\limits_{x\to 0^{+}}x^{\alpha}\sin\dfrac{1}{x}=\begin{cases} 0, & \alpha>0, \\ \text{不存在}, & \alpha\leqslant 0, \end{cases}$$

所以,当 $\alpha>0$ 且 $1+\beta=0$,即 $\beta=-1$ 时,$f(x)$ 在 $x=0$ 处连续,当 $\alpha\leqslant 0$ 或 $\beta\neq -1$ 时,$f(x)$ 在 $x=0$ 处间断.

习题 1-7

1. 研究下列函数的连续性,并画出函数的图形.

  (1) $f(x)=\begin{cases} x^{2}, & 0\leqslant x\leqslant 1, \\ 2-x, & 1<x\leqslant 2; \end{cases}$

  (2) $f(x)=\begin{cases} x, & -1\leqslant x\leqslant 1, \\ 1, & |x|>1. \end{cases}$

2. 判断下列函数 $f(x)$ 在 $x=0$ 处是否连续?

(1) $f(x)=\begin{cases} x^2\sin\dfrac{1}{x}, & x\neq 0, \\ 0, & x=0; \end{cases}$ (2) $f(x)=\begin{cases} e^x, & x\leqslant 0, \\ \dfrac{\sin x}{x}, & x>0; \end{cases}$

(3) $f(x)=\begin{cases} \dfrac{1}{1+e^{\frac{1}{x}}}, & x\neq 0, \\ 0, & x=0. \end{cases}$

3. 判断下列函数的指定点所属的间断点类型,如果是可去间断点,则请补充或改变函数的定义使它连续.

(1) $y=\begin{cases} x-1, & x\leqslant 1, \\ 3-x, & x>1, \end{cases}$ $x=1$；   (2) $y=\dfrac{x^2-1}{x^2-3x+2},\ x=1,\ x=2$;

(3) $y=\dfrac{1}{x}\ln(1-x),\ x=0$;   (4) $y=\cos^2\dfrac{1}{x},\ x=0$;

(5) $y=\dfrac{1}{(x+2)^2},\ x=-2$.

4. 证明:若 $f(x)$ 在点 x_0 连续且 $f(x_0)\neq 0$,则存在 x_0 的某一邻域 $U(x_0)$,当 $x\in U(x_0)$ 时,$f(x)\neq 0$.

5. 设 $f(x)=\begin{cases} e^x, & x<0, \\ a+x, & x\geqslant 0, \end{cases}$ 应当如何选择数 a,使得 $f(x)$ 成为 $(-\infty,+\infty)$ 内的连续函数.

6. 设 $f(x)=\begin{cases} a+x^2, & x<0, \\ 1, & x=0, \\ \ln(b+x+x^2), & 0<x, \end{cases}$ 已知 $f(x)$ 在 $x=0$ 处连续,试确定 a 及 b 的值.

7. 设 $f(x)=\lim\limits_{n\to\infty}\dfrac{x^{2n+1}+ax^2+bx}{x^{2n}+1}$,当 a,b 取何值时,$f(x)$ 在 $(-\infty,+\infty)$ 上连续.

第八节　连续函数的运算与性质

一、连续函数的运算

定理 1.8.1 若函数 $f(x),g(x)$ 在点 x_0 处连续,则 $Cf(x)$(C 为常数),$f(x)\pm g(x)$,$f(x)\cdot g(x)$,$\dfrac{f(x)}{g(x)}$($g(x_0)\neq 0$)在点 x_0 处也连续.

该定理易用连续性的定义证明.

例如,因为 $\sin x,\cos x$ 在 $(-\infty,+\infty)$ 内连续,故

$$\tan x=\dfrac{\sin x}{\cos x},\quad \cot x=\dfrac{\cos x}{\sin x},\quad \sec x=\dfrac{1}{\cos x},\quad \csc x=\dfrac{1}{\sin x}$$

在其定义域内连续.

二、反函数与复合函数的连续性

定理 1.8.2 若函数 $y=f(x)$ 在区间 I_x 上单调增加(或单调减少)且连续, 则它的反函数 $x=\varphi(y)$ 也在对应的区间 $I_y=\{y\mid y=f(x),\ x\in I_x\}$ 上单调增加(或单调减少)且连续.

例 1.8.1 证明反三角函数是连续函数.

证 由于 $y=\sin x$ 在闭区间 $\left[-\dfrac{\pi}{2},\dfrac{\pi}{2}\right]$ 上单调增加且连续, 所以它的反函数 $x=\arcsin y$ 在对应区间 $[-1,1]$ 上也是单调增加且连续. 从而反正弦函数 $y=\arcsin x$ 在区间 $[-1,1]$ 上连续.

同理可证, $y=\arccos x$ 在 $[-1,1]$ 上单调减少且连续; $y=\arctan x$ 在区间 $(-\infty,+\infty)$ 内单调增加且连续; $y=\text{arccot}\,x$ 在区间 $(-\infty,+\infty)$ 内单调减少且连续.

总之, 反三角函数 $\arcsin x, \arccos x, \arctan x, \text{arccot}\,x$ 在它们的定义域内都是连续的.

定理 1.8.3 若 $\lim\limits_{x\to x_0}\varphi(x)=a$, 函数 $f(u)$ 在点 a 处连续, 则有

$$\lim_{x\to x_0}f[\varphi(x)]=f(a)=f\left[\lim_{x\to x_0}\varphi(x)\right]. \tag{1.8.1}$$

证 因 $f(u)$ 在 $u=a$ 处连续, 故 $\forall\varepsilon>0$, $\exists\eta>0$, 使得当 $|u-a|<\eta$ 时, 恒有

$$|f(u)-f(a)|<\varepsilon.$$

又因 $\lim\limits_{x\to x_0}\varphi(x)=a$, 对上述 η, $\exists\delta>0$, 使得当 $0<|x-x_0|<\delta$ 时, 恒有

$$|\varphi(x)-a|=|u-a|<\eta.$$

结合上述两步得, $\forall\varepsilon>0$, $\exists\eta>0$, 使得当 $0<|x-x_0|<\delta$ 时, 恒有

$$|f(u)-f(a)|=|f[\varphi(x)]-f(a)|<\varepsilon,$$

所以 $\lim\limits_{x\to x_0}f[\varphi(x)]=f(a)=f\left[\lim\limits_{x\to x_0}\varphi(x)\right]$.

注意到式(1.8.1)可写成

$$\lim_{x\to x_0}f[\varphi(x)]=f\left[\lim_{x\to x_0}\varphi(x)\right], \tag{1.8.2}$$

$$\lim_{x\to x_0}f[\varphi(x)]=\lim_{u\to a}f(u). \tag{1.8.3}$$

式(1.8.2)表明: 在定理 1.8.3 的条件下, 求复合函数 $f[\varphi(x)]$ 的极限时, 极限符号与函数符号 f 可以交换次序.

式(1.8.3)表明: 在定理1.8.3的条件下, 若作代换 $u=\varphi(x)$, 则求 $\lim\limits_{x\to x_0}f[\varphi(x)]$ 就转化为 $\lim\limits_{u\to a}f(u)$, 这里 $\lim\limits_{x\to x_0}\varphi(x)=a$.

若在定理 1.8.3 的条件下, 假定 $\varphi(x)$ 在点 x_0 处连续, 即 $\lim\limits_{x\to x_0}\varphi(x)=\varphi(x_0)$, 则可得到下列结论.

定理 1.8.4 设函数 $u=\varphi(x)$ 在点 x_0 连续, 且 $\varphi(x_0)=u_0$, 而函数 $y=f(u)$ 在点 $u=u_0$ 连续, 则复合函数 $f[\varphi(x)]$ 在点 x_0 也连续.

例如，函数 $u = x^2$ 在实数集内连续. 函数 $y = \ln u$ 在 $u \geq 0$ 内连续，所以 $y = \ln x^2$ 在实数集内连续.

例 1.8.2 求 $\lim\limits_{x \to 0} \dfrac{\ln(1+x)}{x}$.

解 $\lim\limits_{x \to 0} \dfrac{\ln(1+x)}{x} = \lim\limits_{x \to 0} \ln(1+x)^{\frac{1}{x}} = \ln\left[\lim\limits_{x \to 0}(1+x)^{\frac{1}{x}}\right] = \ln e = 1$.

例 1.8.3 求 $\lim\limits_{x \to \infty} \cos\left(\pi \cdot \dfrac{x^2-1}{x^2+1}\right)$.

解 $\lim\limits_{x \to \infty} \cos\left(\pi \cdot \dfrac{x^2-1}{x^2+1}\right) = \cos\left(\pi \cdot \lim\limits_{x \to \infty} \dfrac{x^2-1}{x^2+1}\right) = \cos\left(\pi \cdot \lim\limits_{x \to \infty} \dfrac{1-\dfrac{1}{x^2}}{1+\dfrac{1}{x^2}}\right) = \cos \pi = -1$.

三、初等函数的连续性

定理 1.8.5 基本初等函数在其定义域内是连续的.

因初等函数是由基本初等函数经过有限次四则运算和复合运算所构成的，故有如下结论.

定理 1.8.6 一切初等函数在其定义区间内都是连续的.

根据该定理，求初等函数在其定义区间内某点的极限，只需求初等函数在该点的函数值，即 $\lim\limits_{x \to x_0} f(x) = f(x_0)$ ($x_0 \in$ 定义区间).

注：这里，**定义区间**是指包含在定义域内的区间，初等函数仅在其定义区间内连续，在其定义域内不一定连续.

例如，函数 $y = \sqrt{x^2(x-1)^3}$ 的定义域为 $\{0\} \cup [1, +\infty)$，在点 $x = 0$ 的邻域内没有定义，因而函数 y 在点 $x = 0$ 不连续，但在定义区间 $[1, +\infty)$ 上连续.

一般应用中所遇到的函数基本上是初等函数，由定理 1.8.6 可知，其连续性的条件总是满足的，微积分的研究对象主要是连续或分段连续的函数，从而微积分具有强大的生命力和广泛的应用.

例 1.8.4 求 $\lim\limits_{x \to 1} \cos\left(\pi x - \dfrac{\pi}{2}\right)$.

解 $\lim\limits_{x \to 1} \cos\left(\pi x - \dfrac{\pi}{2}\right) = \cos\left(\pi \cdot 1 - \dfrac{\pi}{2}\right) = \cos \dfrac{\pi}{2} = 0$.

例 1.8.5 求 $\lim\limits_{x \to 0} \dfrac{x^2}{\sqrt{1+x^2}-1}$.

解 因为 $f(x) = \dfrac{x^2}{\sqrt{1+x^2}-1}$ 是初等函数，且 $x = 0$ 是其间断点，定义域为 $D = (-\infty, 0) \cup (0, +\infty)$. 在 $x \to 0$ 时，原式是 "$\dfrac{0}{0}$" 型，可用有理化分母的方法，又 $x = 0$ 是初等函数

$\sqrt{1+x^2}+1$ 定义区间内的点, 所以

$$\lim_{x\to 0}\frac{x^2}{\sqrt{1+x^2}-1}=\lim_{x\to 0}\frac{x^2(\sqrt{1+x^2}+1)}{1+x^2-1}=\lim_{x\to 0}(\sqrt{1+x^2}+1)=\sqrt{1+0^2}+1=2.$$

定义 1.8.1 $f(x)=u(x)^{v(x)}(u(x)>0)$ 既不是幂函数, 也不是指数函数, 称其为**幂指函数**. 因为

$$u(x)^{v(x)}=e^{\ln u(x)^{v(x)}}=e^{v(x)\ln u(x)},$$

故幂指函数可化为复合函数.

定理 1.8.7 在计算幂指函数的极限时, 若

$$\lim_{x\to x_0}u(x)=a>0,\quad \lim_{x\to x_0}v(x)=b,$$

则有 $\lim\limits_{x\to x_0}u(x)^{v(x)}=\left[\lim\limits_{x\to x_0}u(x)\right]^{\lim\limits_{x\to x_0}v(x)}=a^b$.

例 1.8.6 求 $\lim\limits_{x\to 0}(x+2e^x)^{\frac{1}{x-1}}$.

解 $\lim\limits_{x\to 0}(x+2e^x)^{\frac{1}{x-1}}=\left[\lim\limits_{x\to 0}(x+2e^x)\right]^{\lim\limits_{x\to 0}\frac{1}{x-1}}=2^{-1}=\frac{1}{2}$.

四、闭区间上连续函数的性质

下面介绍闭区间上连续函数的几个基本性质, 由于它们的证明涉及严密的实数理论, 故略去其严格证明, 但我们可以借助几何直观地来理解.

定义 1.8.2 对于在区间 I 上有定义的函数 $f(x)$, 如果 $\exists x_0\in I$, 使得 $\forall x\in I$ 都有

$$f(x)\leqslant f(x_0)\quad (f(x)\geqslant f(x_0)),$$

则称 $f(x_0)$ 是函数 $f(x)$ 在区间 I 上的**最大值**(最小值).

定理 1.8.8 (最值定理) 闭区间上连续的函数一定有最大值和最小值.

定理 1.8.8 表明: 若函数 $f(x)$ 在闭区间 $[a,b]$ 上连续, 则至少存在一点 $\xi_1\in[a,b]$, 使 $f(\xi_1)$ 是 $f(x)$ 在闭区间 $[a,b]$ 上的最小值; 又至少存在一点 $\xi_2\in[a,b]$, 使 $f(\xi_2)$ 是在闭区间 $[a,b]$ 上的最大值(图 1-8-1).

注: 当定理中的"闭区间上连续"的条件不满足时, 定理的结论可能不成立.

例如, 函数 $f(x)=\dfrac{1}{x}$ 在开区间 $(0,1)$ 内没有最大值, 因为它在闭区间 $[0,1]$ 上不连续.

又如, 函数

$$f(x)=\begin{cases}-x+1, & 0\leqslant x<1,\\ 1, & x=1,\\ -x+3, & 1<x\leqslant 2\end{cases}$$

在闭区间 $[0,2]$ 上有间断点 $x=1$. 该函数在闭区间 $[0,2]$ 上既无最大值又无最小值(图 1-8-2).

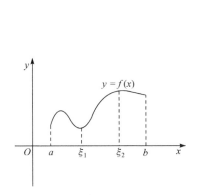
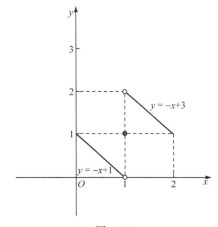

图 1-8-1　　　　　　　　　　　图 1-8-2

由定理 1.8.1 易得到下面的结论.

定理 1.8.9(有界性定理)　闭区间上连续的函数一定有界.

定义 1.8.3　如果 $f(x_0)=0$，则称 x_0 为函数 $f(x)$ 的**零点**(零值、根).

定理 1.8.10(零点定理)　设函数 $f(x)$ 在闭区间 $[a,b]$ 上连续，且 $f(a)$ 与 $f(b)$ 异号(即 $f(a) \cdot f(b) < 0$)，则在开区间 (a,b) 内至少有函数 $f(x)$ 的一个零点，即至少存在一点 $\xi(a<\xi<b)$，使 $f(\xi)=0$.

几何意义：连续曲线 $f(x)$ 的两个端点位于 x 轴的不同侧，则曲线与 x 轴至少有一个交点(图 1-8-3).

定理 1.8.11(介值定理)　设函数 $f(x)$ 在闭区间 $[a,b]$ 上连续，且在该区间的端点有不同函数值 $f(a)=A$ 及 $f(b)=B$，那么，对于 A 与 B 之间的任意一个数 C，在开区间 (a,b) 内至少有一点 ξ，使得 $f(\xi)=C(a<\xi<b)$.

几何意义：连续曲线 $f(x)$ 与水平直线 $y=C$ 至少有一个交点(图 1-8-4)，在闭区间 $[a,b]$ 上连续的曲线 $y=f(x)$ 与直线 $y=C$ 有三个交点 ξ_1,ξ_2,ξ_3，即
$$f(\xi_1)=f(\xi_2)=f(\xi_3)=C \quad (a<\xi_1,\xi_2,\xi_3<b).$$

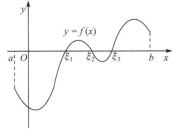
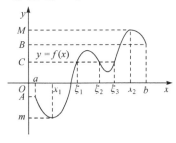

图 1-8-3　　　　　　　　　　　图 1-8-4

推论 1.8.1　在闭区间上连续的函数必取得介于最大值 M 与最小值 m 之间的任何值.

例 1.8.7　证明方程 $x^5-4x+2=0$ 在区间 $(0,1)$ 内至少有一个根.

证　令 $f(x)=x^5-4x+2$，则 $f(x)$ 在 $[0,1]$ 上连续. 又 $f(0)=2>0$，$f(1)=-1<0$，由零点定理，$\exists \xi \in (0,1)$，使 $f(\xi)=0$，即 $\xi^5-4\xi+2=0$. 所以方程 $x^5-4x+2=0$ 在 $(0,1)$ 内

至少有一个实根 ξ.

例 1.8.8 设函数 $f(x)$ 在区间 $[a,b]$ 上连续，且
$$f(a) < 2a, \quad f(b) > 2b,$$
证明：存在 $\xi \in (a,b)$，使得 $f(\xi) = 2\xi$.

证 令 $F(x) = f(x) - 2x$，则 $F(x)$ 在 $[a,b]$ 上连续. 而 $F(a) = f(a) - 2a < 0$，$F(b) = f(b) - 2b > 0$，由零点定理，$\exists \xi \in (a,b)$，使
$$F(\xi) = f(\xi) - 2\xi = 0,$$
即 $f(\xi) = 2\xi$.

习题 1-8

1. 求下列极限：

(1) $\lim\limits_{x \to 2} \sqrt{x^2 + 2x - 7}$；

(2) $\lim\limits_{x \to \frac{\pi}{6}} \ln(2\cos 2x)$；

(3) $\lim\limits_{\alpha \to \frac{\pi}{4}} (\sin 2\alpha)^3$；

(4) $\lim\limits_{x \to 0} \ln \dfrac{\sin x}{x}$；

(5) $\lim\limits_{x \to 0} \dfrac{x}{\sqrt{1+x} - 1}$；

(6) $\lim\limits_{x \to 0} \dfrac{\ln(1+2x)}{\sin(1+x)}$.

2. 求函数 $y = \dfrac{x^3 + 3x^2 - x - 3}{x^2 + x - 6}$ 的连续区间，并求 $\lim\limits_{x \to 0} f(x)$，$\lim\limits_{x \to -3} f(x)$，$\lim\limits_{x \to 2} f(x)$.

3. 证明：曲线 $y = x^4 - 3x^2 + 7x - 10$ 在 $x = 1$ 与 $x = 2$ 之间至少与 x 轴有一个交点.

4. 证明：方程 $\sin x + x + 1 = 0$ 在开区间 $\left(-\dfrac{\pi}{2}, \dfrac{\pi}{2}\right)$ 内至少有一个根.

5. 设 $f(x) = e^x - 2$，求证在区间 $(0,2)$ 内至少有一点 x_0，使得 $e^{x_0} - 2 = x_0$.

*第九节 数学模型应用

牛顿的万有引力定律、爱因斯坦的质能公式都是数学建模的典型范例，数学建模与数学科学有着同样悠久的历史. 数学一直和人们实际生活密切相关，20 世纪下半叶以来，数学正以空前的广度和深度向广大领域渗透，作为应用数学方法研究各领域中定量关系的关键与基础的数学建模越来越受到人们的重视.

在应用数学解决实际问题的过程中，数学建模要先根据具体问题建立函数关系. 先将该问题量化，然后分析哪些是常量，哪些是变量，确定选取哪些作为自变量，哪些作为因变量，最后要把实际问题中变量之间的函数关系正确地抽象出来，根据题意建立起它们之间的数学模型. 通过建立数学模型可以帮助人们利用已知的数学工具来探索隐藏在其中的内在规律，帮助我们把握现状，预测和规划未来. 上述过程简述如图 1-9-1 所示.

数学模型的建立是数学建模中最核心和最困难之处. 我们将在本书的学习中结合所学内容探讨不同的数学建模问题. 下面结合第一章的知识介绍几个数学建模的例子.

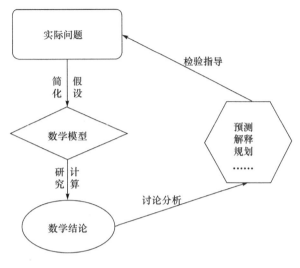

图 1-9-1

例 1.9.1 某工厂生产某型号车床,年产量为 a 台,分若干批进行生产,每批生产准备费为 b 元,设产品均匀投入市场,平均库存量为批量的一半. 设每年每台库存费为 c 元. 显然,生产批量大,则库存费高;生产批量少,则批数增多,因而生产准备费高. 为了选择最优批量,试求出一年中库存费与生产准备费的和与批量的函数关系.

解 设批量为 x,库存量与生产准备费的和为 $P(x)$. 因年产量为 a,所以每年生产的批数为 $\frac{a}{x}$(设其为整数),则生产准备费为 $b \cdot \frac{a}{x}$.

因库存量为 $\frac{x}{2}$,故库存费为 $c \cdot \frac{x}{2}$. 因此可得函数关系式

$$P(x) = b \cdot \frac{a}{x} + c \cdot \frac{x}{2} = \frac{ab}{x} + \frac{cx}{2}.$$

定义域为 $(0, a]$,x(台数)只取定义域中的正整数因子.

例 1.9.2 某运输公司规定货物的吨千米运价为:在 a km 以内,每千米 k 元,超过部分每千米为 $\frac{4}{5}k$ 元. 求运价 m 和里程 s 之间的函数关系.

解 根据题意可列出函数关系如下:

$$m = \begin{cases} ks, & 0 < s \leqslant a, \\ ka + \frac{4}{5}k(s-a), & a < s, \end{cases}$$

这里运价 m 和里程 s 的函数关系是用分段函数表示的,定义域为 $(0, +\infty)$.

一、回归模型

在实际应用中可以通过观测或试验获取反映变量特征的部分经验数据,再依据这些

数据来探索隐藏其中的某种模式或趋势. 若这种模式或趋势存在且又能找到近似表达它们的曲线方程 $y = f(x)$，则可以用该表达式来概括这些数据，以及以此预测其它 x 处的 y 值. 求这样一条拟合数据的特殊曲线的过程称为**回归分析**，该曲线方程称为**回归方程**.

回归模型作为一种重要的数学建模工具，常常利用幂函数曲线、多项式函数曲线、指数函数曲线、对数函数曲线和正弦函数曲线等作为回归曲线类型. 对实际问题进行数学建模，初学者可采用 Excel 软件进行回归分析. 一般可按以下四个步骤进行回归分析：

(1) 将实际问题量化，确定自变量和因变量；
(2) 根据已知数据作散点图，大致确定拟合数据的函数类型；
(3) 通过软件(如 Excel, MATLAB 等)计算，得到函数关系模型；
(4) 利用回归分析建立的近似函数关系来预测指定点 x 处的 y 值.

设有 n 组经验数据 $(x_i, y_i), i = 1, 2, \cdots, n$，大致呈线性关系，可大致确定其回归方程为 $y = ax + b$，其中 a, b 是由经验数据确定的待定系数：

$$a = \frac{n\left(\sum_{i=1}^{n} x_i y_i\right) - \left(\sum_{i=1}^{n} x_i\right)\left(\sum_{i=1}^{n} y_i\right)}{n\sum_{i=1}^{n} x_i^2 - \left(\sum_{i=1}^{n} x_i\right)^2},$$

$$b = \frac{\left(\sum_{i=1}^{n} x_i^2\right)\left(\sum_{i=1}^{n} y_i\right) - \left(\sum_{i=1}^{n} x_i y_i\right)\left(\sum_{i=1}^{n} x_i\right)}{n\sum_{i=1}^{n} x_i^2 - \left(\sum_{i=1}^{n} x_i\right)^2}.$$

(1.9.1)

例 1.9.3 为研究某国标准普通信件(重量不超过 50g)的邮资与时间的关系，得到如下数据(表 1-9-1).

表 1-9-1

年份	1978	1981	1984	1985	1987	1991	1995	1997	2001	2005	2008
邮资/分	6	8	10	13	15	20	22	25	29	32	33

试构建一个邮资作为时间函数的数学模型，在检验了这个模型是"合理"的之后，用这个模型来预测一下 2012 年的邮资.

解 (1) 先将实际问题量化，确定自变量 x 和因变量 y. 为方便计算，设起始年 1978 年为 0，并用 x 表示，用 y (单位：分)表示相应年份的信件的邮资，得到(表 1-9-2).

表 1-9-2

x	0	3	6	7	9	13	17	19	23	27	30
y	6	8	10	13	15	20	22	25	29	32	33

(2) 作散点图, 确定变量之间近似函数关系, 得到图 1-9-2.

观察得到的散点图可知, 邮资与时间大致呈线性关系. 设 y 与 x 之间的函数关系为
$$y = ax + b,\quad \text{其中}\ a, b\ \text{为待定常数}.$$

(3) 求待定常数项 a, b. 通过式(1.9.1)的计算或通过软件(使用 MATLAB 的方法详见第十节例题)计算得到
$$a = 0.9618,\quad b = 5.898.$$

从而得到回归直线为
$$y = 5.898 + 0.9618x.$$

(4) 在散点图中添加上述回归直线 $y = 5.898 + 0.9618x$, 见图 1-9-3.

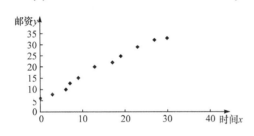

图 1-9-2 邮资与时间间散点图　　　图 1-9-3 邮资与时间间散点图与直线的拟合图

经观察发现直线模型 $y = 5.898 + 0.9618x$ 与散点图拟合得非常好, 说明线性模型是合理的.

(5) 预测 2012 年的邮资, 即 $x = 34$ 时 y 的取值. 由拟合图可以得到 $x = 34$ 时, $y \approx 39$, 即预测 2012 年的邮资约为 39 分.

实际上, 将 $x = 34$ 代入直线方程 $y = 5.898 + 0.9618x$ 可得 $y \approx 39$.

在该题中, 邮资与时间的数据对之间大致呈线性关系, 并且经回归分析所得到的回归曲线为一条直线, 此类回归问题又称为**线性回归问题**, 它是最简单的回归分析问题, 但却具有广泛的实际应用价值, 此外, 许多更加复杂的非线性的回归问题, 如幂函数、指数函数与对数函数回归等都可以通过适当的变量替换化为线性回归问题来研究. 下面以数学模型在医学中的应用实例来说明指数函数回归问题.

例 1.9.4 地高辛是用来治疗心脏病的. 医生必须开出处方用药量使之能保持血液中地高辛的浓度高于有效水平而不超过安全用药水平. 表 1-9-3 中给出了某个特定患者使用初始剂量 0.5(mg) 的地高辛后不同时间 x(天)的血液中剩余地高辛的含量 y(mg).

表 1-9-3

x	0	1	2	3	4	5	6	7	8
y	0.5000	0.345	0.238	0.164	0.113	0.078	0.054	0.037	0.026

(1) 试构建血液中地高辛含量和用药后天数间的近似函数关系;

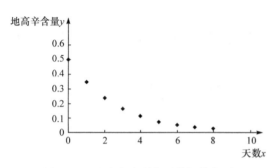

图 1-9-4 地高辛含量与天数间散点图

(2) 预测 12 天后血液中的地高辛含量.

解 (1) 所给数据作散点图(图 1-9-4). 由该图可见,y 与 x 之间大致呈指数函数关系,故设函数关系式为 $y = ae^{bx}$,其中 a,b 为待定常数. 在上式两端取对数,得
$$\ln y = \ln a + bx,$$
令 $u = \ln y, c = \ln a$,则指数函数 $y = ae^{bx}$ 转化为线性函数
$$u = c + bx.$$

利用题设数据表进一步计算得到表 1-9-4.

表 1-9-4

x	0	1	2	3	4	5	6	7	8
y	0.5000	0.345	0.238	0.164	0.113	0.078	0.054	0.037	0.026
$u = \ln y$	−0.693	−1.064	−1.435	−1.808	−2.180	−2.55	−2.919	−3.297	−3.650

采用与例 1.9.3 类似的步骤,计算得到 $c \approx -0.695$,$b \approx -0.371$.

再由关系式 $c = \ln a$,得 $a = e^{-0.695} \approx 0.5$,从而得到血液中地高辛含量和用药后天数间的近似函数关系为
$$y = 0.5e^{-0.371x}.$$

在散点图中添加上述回归曲线(图 1-9-5),可见该指数函数与散点图拟合得相当好,说明指数模型是合理的.

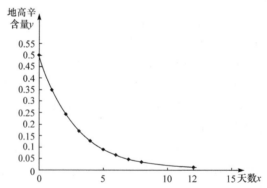

图 1-9-5 地高辛含量与天数间散点图和指数函数拟合图

(2) 根据上述函数关系,12 天后血液中地高辛的含量约为
$$y = 0.5e^{-0.371 \times 12} \approx 0.006 \text{ (mg)}.$$

在科学和工程技术领域中,初等函数有着极其重要、广泛的应用,下面将通过实例来考察指数函数和对数函数在储蓄存款增长、放射性物质衰减、地震强度计算等问题中的应用. 构成这些模型的数学基础是优美而深刻的.

二、指数模型

函数 $y = y_0 e^{kx}$，当 $k > 0$ 时称为**指数增长模型**，当 $k < 0$ 时称为**指数衰减模型**.

作为指数增长模型应用的一个例子，我们来考察投资公司在计算投资增值时常常利用的连续复利模型：$S = P e^{rt}$，其中 P 为初始投资，r 为年利率，t 是按年计算的时间. 我们知道，同样的问题，按年单利与按年复利计算，则 n 年后的投资增值情况分别为

$$S = P(1 + nr) \quad \text{与} \quad S = P(1 + r)^n.$$

例 1.9.5 某人在 2008 年欲用 1000 元投资 5 年，设年利率为 5%，试分别按年单利、年复利和连续复利计算到第 5 年末，该人应得的本利和 S.

解 按年单利计算

$$S = 1000(1 + 0.05 \times 5) = 1250\,(\text{元});$$

按年复利计算

$$S = 1000(1 + 0.05)^5 \approx 1276.28\,(\text{元});$$

按连续年复利计算

$$S = 1000 e^{5 \times 0.05} \approx 1284.03\,(\text{元}).$$

表 1-9-5 分别按年度的单利、复利和连续复利比较了从 2008 年到 2012 年的本利和，我们看到，当按连续年复利计算时，投资者赚钱最多；按年单利计算时，投资者赚钱最少.

表 1-9-5

年份	总额/元		
	年单利率	年复利率	连续年复利率
2008	1050.00	1050.00	1051.27
2009	1100.00	1102.50	1105.17
2010	1150.00	1157.63	1161.83
2011	1200.00	1215.51	1221.40
2012	1250.00	1276.28	1284.03

三、衰变模型

例 1.9.6 放射性元素的原子核有半数发生衰变时所需要的时间称为**半衰期**. 事实上，半衰期是一个常数，它只依赖于放射性物质本身，而不依赖于其初始所含放射性核的数量.

证 设 y_0 是放射性物质初始所含放射性核的数量，而表示任何以后时刻 x 的放射性核的数量为 $y = y_0 e^{-rx}$. 我们求出 x 使得此时的放射性核的数量等于初始数量的一半，即

$$y_0 e^{-rx} = \frac{1}{2} y_0,$$

从而

$$x = \frac{\ln 2}{r}.$$

x 的值就是该元素的半衰期. 它只依赖于 r 的值, 而与 y_0 无关.

钋-210 的放射性半衰期是如此之短以至于不能用年而只能用天来度量. 钋-210 的衰减率 $r = 5 \times 10^{-3}$, 所以该元素的半衰期为

$$\text{半衰期} \quad \frac{\ln 2}{r} = \frac{\ln 2}{5 \times 10^{-3}} \approx 139 \, (\text{天}).$$

例 1.9.7 具有放射性的原子核在放射出粒子及能量后可变得较为稳定, 这个过程称为**衰变**. 实验表明某些原子以辐射的方式发射其部分质量, 该原子用其剩余物重新组成新元素的原子. 例如, 放射性碳-14 衰变成氮; 镭最终衰变成铅. 若 y_0 是时刻 $x = 0$ 时放射性物质的数量, 在以后任何时刻 x 的数量为

$$y = y_0 e^{-rx}, \quad r > 0,$$

数 r 称为放射性物质的**衰减率**. 对碳-14 而言, 当 x 用年份来度量时, 其衰减率 $r = 1.2 \times 10^{-4}$. 试预测 886 年后的碳-14 所占的百分比.

解 设碳-14 原子核数量从 y_0 开始, 则 886 年后的剩余量是

$$y(886) = y_0 e^{(-1.2 \times 10^{-4}) \times 886} \approx 0.899 y_0,$$

即 886 年后的碳-14 中约有 89.9% 的留存, 约有 10.1% 的碳-14 衰减掉了.

例 1.9.8 地震的里氏震级用常用对数来刻画. 以下是它的公式

$$\text{里氏震级} \quad R = \lg\left(\frac{a}{T}\right) + B,$$

其中 a 是监听站以微米计的地面运动的幅度, T 是地震波以 s 计的周期, 而 B 是随离震中的距离增大时地震波减弱所允许的一个经验因子. 对监听站 10000km 处的地震来说, $B = 6.8$. 如果记录的垂直地面运动为 $a = 10\mu m$ 而周期 $T = 1s$, 那么震级为

$$R = \lg\left(\frac{a}{T}\right) + B = \lg\left(\frac{10}{1}\right) + 6.8 = 7.8,$$

这种强度的地震在其震中附近会造成极大的破坏.

事实上, 反映实际问题的数学模型大部分是很复杂的, 不容易甚至不可能得到精确解, 而从实际应用的角度出发, 在数学建模过程中则要对实际问题进行合理的简化, 分清主次. 在数学模型的建立及其求解过程中, 了解以下几点是重要的:

(1) 为描述一种特定现象而建立的数学模型是实际现象的理想化模型, 从而远非完全精确的表示.

(2) 反映实际问题的数学模型大多是很复杂的, 从实际应用的角度看, 人们通常不可能也没必要追求数学模型的精确解.

(3) 掌握优秀的数学软件工具并学会将其应用于解决相关领域的实际问题成为当代大学生必须具备的一项重要能力.

习题 1-9

1. x 小时后在某细菌培养溶液中的细菌数为 $B = 100 e^{0.693x}$.

(1) 一开始的细菌数是多少?

(2) 6 小时后有多少细菌?

(3) 近似计算一下什么时候细菌数为 200?

2. 收音机每台售价为 90 元, 成本为 60 元. 厂方为鼓励销售商大量采购, 决定凡是订购量超过 100 台的, 每多订购 1 台, 售价就降低 1 分, 但最低价为每台 75 元.

(1) 将每台的实际售价 p 表示为订购量 x 的函数;

(2) 将厂方所获的利润 P 表示成订购量 x 的函数;

(3) 某一销售商订购了 1000 台, 厂方可获利润多少?

*第十节 MATLAB 软件应用

一、函数作图

例 1.10.1 作出 $y = \sin x$ 在 $[-\pi, \pi]$ 上的图形.

解 输入命令:

ezplot(sin(x),[-pi,pi]);

结果输出如图 1-10-1 所示.

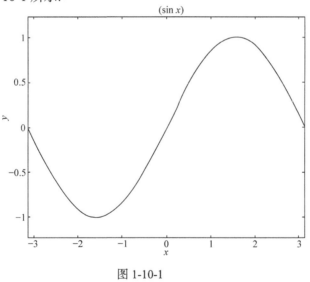

图 1-10-1

例 1.10.2 作出 $y = \arcsin x$ 在 $[-1,1]$ 上的图形.

解 输入命令:

ezplot(asin(x),[-1,1]);

结果输出如图 1-10-2 所示.

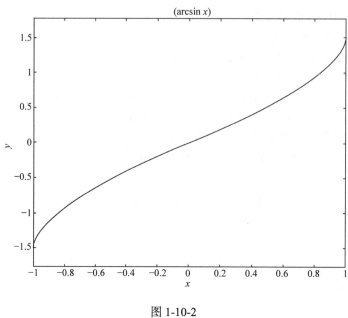

图 1-10-2

例 1.10.3 作出 $\begin{cases} x = t - \sin t, \\ y = 1 - \cos t \end{cases}$ 在 $[0, 2\pi]$ 上的图形.

解 输入命令：

```
ezplot(t-sin(t),1-cos(t),[0,2*pi]);
```

输出结果如图 1-10-3 所示.

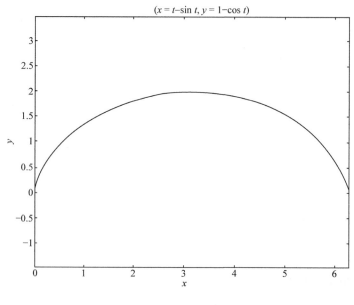

图 1-10-3

二、极限的计算

例 1.10.4 计算 $\lim\limits_{n\to\infty}\dfrac{1}{n}$.

解 输入命令:

```
syms n;
L=limit(1/n,n,inf);
```
输出结果: L=0.

例 1.10.5 计算 $\lim\limits_{x\to 1}\dfrac{x^2-1}{x-1}$.

解 输入命令:

```
syms x
L=limit((x^2-1)/(x-1),x,1);
```
输出结果: L=2.

例 1.10.6 计算 $\lim\limits_{x\to+\infty}\arctan x$.

解 输入命令:

```
syms x
L=limit(atan(x),x,inf);
```
输出结果: L=pi/2.

例 1.10.7 设 $f(x)=\dfrac{|x|}{x}$, 计算 $\lim\limits_{x\to\infty}f(x)$.

解 输入命令:

```
Lleft=limit(abs(x)/x,x,0,'left');
```
输出结果: Lleft=-1.

```
Lright=limit(abs(x)/x,x,0,'right');
```
输出结果: Lright=1.

由于函数 $f(x)$ 在 $x=0$ 处左、右极限不相等, 故 $f(x)$ 在点 $x=0$ 处极限不存在.

例 1.10.8 下面用 MATLAB 程序计算例 1.9.3 的系数 a,b, 并得到拟合结果, 如图 1-10-4 所示.

程序一:

```
clc,clear
x=[0;3;6;7;9;13;17;19;23;27;30];
y=[6;8;10;13;15;20;22;25;29;32;33];
fun=a(a,x)a(1)+a(2).*x;
a=lsqcurvefit(fun,[0,0],x,y);
b=a(2)
a=a(1)
xi=0:0.1:30;
```

```
yi=a+b.*xi;
plot(x,y,'o',xi,yi)
```

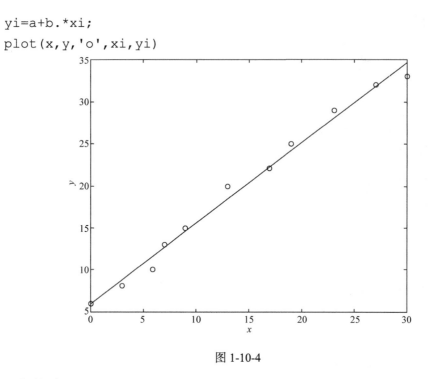

图 1-10-4

运行得到

b=5.898

a=0.9618

程序二：

```
x=[0;3;6;7;9;13;17;19;23;27;30];
y=[ 6;8;10;13;15;20;22;25;29;32;33];
p=polyfit(x,y,1)
```

结果

p = 0.9618 5.898

得

y=0.9618*x+5.898

第二章 导数与微分

微积分学包含微分学和积分学两部分,而导数和微分是微分学的核心概念. 导数反映了函数相对于自变量变化的快慢程度, 微分则指明了当自变量有微小变化时, 函数大体上变化了多少, 即函数的局部改变量的估值. 本章主要讨论导数和微分的概念、性质以及计算方法和应用.

第一节 导数概念

16 世纪的欧洲,生产力得到了很大的发展,生产实践的发展对自然科学提出了新的课题,迫切要求力学、天文学等基础学科的发展,而这些学科都深刻依赖于数学,在各类学科对数学提出的种种要求中,下列三类问题导致了微分学的产生:

(1) 求变速运动的瞬时速度;
(2) 求曲线上某一点处的切线;
(3) 求最大值和最小值.

这些实际问题的现实原型在数学上都可归结为函数相对于自变量变化而变化的快慢程度,即所谓的**函数的变化率**问题. 牛顿从求变速运动的瞬时速度问题出发,莱布尼茨从求曲线上某一点处的切线问题出发,分别给出了导数的概念.

一、引例

引例 1 变速直线运动的瞬时速度.

假设一物体做变速直线运动. 物体的运动路程 s 与运动时间 t 的函数关系式记为 $s = s(t)$, 求该物体在时刻 $t_0 \in [0, t]$ 的瞬时速度 $v(t_0)$.

首先考虑物体在 t_0 时刻附近很短一段时间内的运动. 设物体从 t_0 到 $t_0 + \Delta t$ 这段时间间隔内路程从 $s(t_0)$ 变到 $s(t_0 + \Delta t)$, 其改变量为

$$\Delta s = s(t_0 + \Delta t) - s(t_0),$$

在这段时间间隔内的平均速度为

$$\bar{v} = \frac{\Delta s}{\Delta t} = \frac{s(t_0 + \Delta t) - s(t_0)}{\Delta t}.$$

当时间间隔很小时, 可以认为物体在时间 $[t_0, t_0 + \Delta t]$ 内近似地做匀速运动. 因此, 可以用 $\bar{v}$ 作为 $v(t_0)$ 的近似值, 且 Δt 越小, 其近似程度越高. 当时间间隔 $\Delta t \to 0$ 时, 我们把平均速度 $\bar{v}$ 的极限称为时刻 t_0 的瞬时速度, 即

$$v(t_0) = \lim_{\Delta t \to 0} \frac{\Delta s}{\Delta t} = \lim_{\Delta t \to 0} \frac{s(t_0 + \Delta t) - s(t_0)}{\Delta t}.$$

引例 2 平面曲线的切线.

设曲线 C 是函数 $y = f(x)$ 的图形,求曲线 C 在 $M_0(x_0, y_0)$ 处的切线的斜率.

如图 2-1-1 所示,设点 $M(x_0 + \Delta x, y_0 + \Delta y)(\Delta x \neq 0)$ 为曲线 C 上的另一点,连接点 M 和点 M_0 的直线 MM_0 称为曲线 C 的割线,设割线 MM_0 的倾角为 φ,其斜率为

$$\tan \varphi = \frac{\Delta y}{\Delta x} = \frac{f(x_0 + \Delta x) - f(x_0)}{\Delta x},$$

所以当点 M 沿曲线 C 趋近于点 M_0 时,割线 MM_0 的倾角 φ 趋近于切线 M_0T 的倾角 α,故割线 MM_0 的斜率 $\tan \varphi$ 趋近于切线 M_0T 的斜率 $\tan \alpha$. 因此,曲线 C 在点 $M_0(x_0, y_0)$ 处的切线斜率为

$$\tan \alpha = \lim_{\Delta x \to 0} \tan \varphi = \lim_{\Delta x \to 0} \frac{\Delta y}{\Delta x} = \lim_{\Delta x \to 0} \frac{f(x_0 + \Delta x) - f(x_0)}{\Delta x}.$$

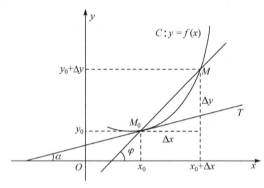

图 2-1-1

从抽象的数量关系来看,上面两个例子的实质都是函数的改变量与自变量的改变量之比在自变量趋于零时的极限. 在数学上把这种特定的极限叫做函数的导数.

二、导数的定义

定义 2.1.1 设函数 $y = f(x)$ 在点 x_0 的某个邻域内有定义,当自变量 x 在 x_0 处取得增量 Δx(点 $x_0 + \Delta x$ 仍在该领域内)时,相应地,函数 y 取得增量

$$\Delta y = f(x_0 + \Delta x) - f(x_0),$$

如果当 $\Delta x \to 0$ 时,极限

$$\lim_{\Delta x \to 0} \frac{\Delta y}{\Delta x} = \lim_{\Delta x \to 0} \frac{f(x_0 + \Delta x) - f(x_0)}{\Delta x} \tag{2.1.1}$$

存在,则称此极限值为函数 $y = f(x)$ 在点 x_0 处的**导数**,并称函数 $y = f(x)$ 在点 x_0 处**可导**,记为

$$f'(x_0), \quad y'\Big|_{x=x_0}, \quad \frac{dy}{dx}\Big|_{x=x_0} \quad 或 \quad \frac{df(x)}{dx}\Big|_{x=x_0}.$$

函数 $f(x)$ 在点 x_0 处可导有时也称为函数 $f(x)$ 在点 x_0 处具有导数或导数存在.

导数的定义也可采取不同的表达方式.

例如, 在式(2.1.1)中, 令 $h = \Delta x$, 则

$$f'(x_0) = \lim_{h \to 0} \frac{f(x_0 + h) - f(x_0)}{h}. \tag{2.1.2}$$

令 $x = x_0 + \Delta x$, 则

$$f'(x_0) = \lim_{x \to x_0} \frac{f(x) - f(x_0)}{x - x_0}. \tag{2.1.3}$$

如果极限式(2.1.1)不存在, 则称函数 $y = f(x)$ 在点 x_0 处**不可导**, 称 x_0 为 $y = f(x)$ 的**不可导点**. 如果不可导的原因是式(2.1.1)的极限为 ∞, 为方便起见, 有时也称函数 $y = f(x)$ 在点 x_0 处的导数为无穷大.

注: 导数概念是函数变化率这一概念的精确描述, 它撇开了自变量和因变量所代表的几何或物理等方面的特殊意义, 纯粹从数量方面来刻画函数变化率的本质: 函数增量与自变量增量的比值 $\frac{\Delta y}{\Delta x}$ 是函数 y 在以 x_0 和 $x_0 + \Delta x$ 为端点的区间上的平均变化率, 而导数 $y'|_{x=x_0}$ 则是函数 y 在点 x_0 处的变化率, 它反映了函数随自变量变化而变化的快慢程度.

如果函数 $y = f(x)$ 在开区间 I 内的每点处都可导, 则称函数 $f(x)$ 在开区间 I 内**可导**.

设函数 $y = f(x)$ 在开区间 I 内可导, 则对 I 内每一点 x, 都有一个导数值 $f'(x)$ 与之对应, 因此, $f'(x)$ 也是 x 的函数, 称其为 $f(x)$ 的**导函数**, 简称**导数**, 记作

$$y', \quad f'(x), \quad \frac{dy}{dx} \quad 或 \quad \frac{df(x)}{dx}.$$

根据导数的定义求导, 一般包含以下三个步骤:

(1) **求函数的增量** $\Delta y = f(x + \Delta x) - f(x)$;

(2) **求两增量的比值** $\frac{\Delta y}{\Delta x} = \frac{f(x + \Delta x) - f(x)}{\Delta x}$;

(3) **求极限** $y' = \lim\limits_{\Delta x \to 0} \frac{\Delta y}{\Delta x}$.

例 2.1.1 求函数 $f(x) = x^2$ 在 $x = 1$ 处的导数 $f'(x)$.

解 当 x 由 1 变到 $1 + \Delta x$ 时, 函数相应的增量为

$$\Delta y = (1 + \Delta x)^2 - 1^2 = 2\Delta x + (\Delta x)^2,$$

则

$$\frac{\Delta y}{\Delta x} = 2 + \Delta x,$$

所以

$$f'(1) = \lim_{\Delta x \to 0} \frac{\Delta y}{\Delta x} = \lim_{\Delta x \to 0} (2 + \Delta x) = 2.$$

注：函数 $f(x)$ 在点 x_0 处的导数 $f'(x_0)$ 就是其导函数 $f'(x)$ 在点 x_0 处的函数值，即
$$f'(x_0) = f'(x)\big|_{x=x_0}.$$

例 2.1.2 试按导数定义求下列各极限(假设各极限均存在).

(1) $\lim\limits_{x \to a} \dfrac{f(2x) - f(2a)}{x - a}$； (2) $\lim\limits_{x \to 0} \dfrac{f(x)}{x}$，其中 $f(0) = 0$.

解 (1) 由导数定义式(2.1.3)和极限的运算法则，有
$$\lim_{x \to a} \frac{f(2x) - f(2a)}{x - a} = \lim_{2x \to 2a} \frac{f(2x) - f(2a)}{\frac{1}{2} \cdot (2x - 2a)} = 2 \cdot \lim_{2x \to 2a} \frac{f(2x) - f(2a)}{2x - 2a} = 2 \cdot f'(2a).$$

(2) 因为 $f(0) = 0$，于是
$$\lim_{x \to 0} \frac{f(x)}{x} = \lim_{x \to 0} \frac{f(x) - f(0)}{x - 0} = f'(0).$$

三、左、右导数

定义 2.1.2 求函数 $y = f(x)$ 在点 x_0 处的导数时，$x \to x_0$ 的方式是任意的. 如果 x 仅从 x_0 的左侧趋于 x_0 (记为 $\Delta x \to 0^-$ 或 $x \to x_0^-$)时，极限
$$\lim_{\Delta x \to 0^-} \frac{\Delta y}{\Delta x} = \lim_{\Delta x \to 0^-} \frac{f(x_0 + \Delta x) - f(x_0)}{\Delta x}$$
存在，则称该极限值为函数 $y = f(x)$ 在点 x_0 处的**左导数**，记为 $f'_-(x_0)$，即
$$f'_-(x_0) = \lim_{\Delta x \to 0^-} \frac{\Delta y}{\Delta x} = \lim_{\Delta x \to 0^-} \frac{f(x_0 + \Delta x) - f(x_0)}{\Delta x}.$$

类似地，可定义函数在点 x_0 处的**右导数**:
$$f'_+(x_0) = \lim_{\Delta x \to 0^+} \frac{\Delta y}{\Delta x} = \lim_{\Delta x \to 0^+} \frac{f(x_0 + \Delta x) - f(x_0)}{\Delta x}.$$

函数在一点处的左、右导数与函数在该点处的导数有如下关系.

定理 2.1.1 函数 $y = f(x)$ 在点 x_0 处可导的充要条件是：函数 $y = f(x)$ 在点 x_0 处的左、右导数均存在且相等.

注：本定理常被用于判定分段函数在分段点处是否可导.

例 2.1.3 求函数 $f(x) = \begin{cases} \sin x, & x < 0, \\ x, & x \geq 0 \end{cases}$ 在 $x = 0$ 处的导数.

解 当 $\Delta x < 0$ 时，
$$\Delta y = f(0 + \Delta x) - f(0) = \sin \Delta x - 0 = \sin \Delta x,$$
故

$$f_-'(0) = \lim_{\Delta x \to 0^-} \frac{\Delta y}{\Delta x} = \lim_{\Delta x \to 0^-} \frac{\sin \Delta x}{\Delta x} = 1.$$

当 $\Delta x > 0$ 时,
$$\Delta y = f(0 + \Delta x) - f(0) = \Delta x - 0 = \Delta x,$$

故
$$f_+'(0) = \lim_{\Delta x \to 0^+} \frac{\Delta y}{\Delta x} = \lim_{\Delta x \to 0^+} \frac{\Delta x}{\Delta x} = 1.$$

由 $f_-'(0) = f_+'(0) = 1$,得
$$f'(0) = \lim_{\Delta x \to 0} \frac{\Delta y}{\Delta x} = 1.$$

定义 2.1.3 如果 $y = f(x)$ 在开区间内可导,且 $f_+'(a)$ 及 $f_-'(b)$ 都存在,则称 $y = f(x)$ 在闭区间 $[a, b]$ 上可导.

四、用定义计算导数

下面根据导数的定义来求部分初等函数的导数.

例 2.1.4 求函数 $f(x) = C$(C 为常数)的导数.

解
$$f'(x) = \lim_{h \to 0} \frac{f(x+h) - f(x)}{h} = \lim_{h \to 0} \frac{C - C}{h} = 0,$$

即
$$(C)' = 0.$$

例 2.1.5 设函数 $f(x) = \sin x$,求 $(\sin x)'$ 及 $(\sin x)'|_{x=\pi/4}$.

解
$$(\sin x)' = \lim_{h \to 0} \frac{\sin(x+h) - \sin x}{h} = \lim_{h \to 0} \cos\left(x + \frac{h}{2}\right) \cdot \frac{\sin \frac{h}{2}}{\frac{h}{2}} = \cos x,$$

所以
$$(\sin x)' = \cos x, \quad (\sin x)'|_{x=\pi/4} = \cos x|_{x=\pi/4} = \frac{\sqrt{2}}{2}.$$

注:同理可得 $(\cos x)' = -\sin x$.

例 2.1.6 求函数 $y = x^n$(n 为正整数)的导数.

解
$$(x^n)' = \lim_{h \to 0} \frac{(x+h)^n - x^n}{h} = \lim_{h \to 0} \left[nx^{n-1} + \frac{n(n-1)}{2!} x^{n-2} h + \cdots + h^{n-1} \right] = nx^{n-1},$$

即
$$(x^n)' = nx^{n-1}.$$

更一般地，
$$(x^\mu)' = \mu x^{\mu-1} \quad (\mu \in \mathbf{R}).$$

例如，
$$(\sqrt{x})' = \frac{1}{2}x^{\frac{1}{2}-1} = \frac{1}{2\sqrt{x}}.$$

$$\left(\frac{1}{x}\right)' = (x^{-1})' = (-1)x^{-1-1} = -\frac{1}{x^2}.$$

例 2.1.7 求函数 $f(x) = a^x (a > 0, a \neq 1)$ 的导数.

解 当 $a > 0$, $a \neq 1$ 时，有
$$(a^x)' = \lim_{h \to 0} \frac{a^{x+h} - a^x}{h} = a^x \lim_{h \to 0} \frac{a^h - 1}{h} = a^x \ln a,$$

即
$$(a^x)' = a^x \ln a.$$

特别地，当 $a = e$ 时，有
$$(e^x)' = e^x.$$

五、导数的几何意义

根据引例 2 的讨论可知，如果函数 $y = f(x)$ 在点 x_0 处可导，则 $f'(x_0)$ 就是曲线 $y = f(x)$ 在点 $M_0(x_0, y_0)$ 处的切线的斜率，即
$$k = \tan \alpha = f'(x_0),$$

其中 α 是曲线 $y = f(x)$ 在点 M_0 处的切线的倾角(图 2-1-2).

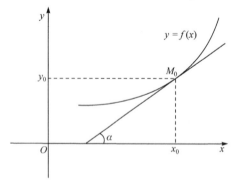

图 2-1-2

于是，由直线的点斜式方程，曲线 $y = f(x)$ 在点 $M_0(x_0, y_0)$ 处的切线方程为
$$y - y_0 = f'(x_0)(x - x_0). \tag{2.1.4}$$

法线方程为
$$y - y_0 = -\frac{1}{f'(x_0)}(x - x_0). \tag{2.1.5}$$

如果 $f'(x_0) = 0$，则切线方程为 $y = y_0$，即切线平行于 x 轴.

如果 $f'(x_0)$ 为无穷大，则切线方程为 $x = x_0$，即切线垂直于 x 轴.

例 2.1.8 求曲线 $y = \sqrt{x}$ 在点 $(4, 2)$ 处的切线方程.

解 因为
$$y' = (\sqrt{x})' = \frac{1}{2\sqrt{x}}, \quad y'\big|_{x=4} = \frac{1}{2\sqrt{4}} = \frac{1}{4},$$

故所求切线方程为

$$y - 2 = \frac{1}{4}(x - 4),$$

即

$$-x + 4y - 4 = 0.$$

六、函数的可导性与连续性的关系

我们知道，初等函数在其有定义域的区间上都是连续的，那么函数的连续性与可导性之间有什么联系呢？下面的定理回答了这个问题.

定理 2.1.2 如果函数 $y = f(x)$ 在点 x_0 处可导，则它在 x_0 处连续.

证 因为函数 $y = f(x)$ 在 x_0 处可导，故有

$$\lim_{\Delta x \to 0} \frac{\Delta y}{\Delta x} = f'(x_0),$$

即

$$\frac{\Delta y}{\Delta x} = f'(x_0) + \alpha，其中 \alpha \to 0 （当 \Delta x \to 0 时），\Delta y = f'(x_0)\Delta x + \alpha \Delta x,$$

从而

$$\lim_{\Delta x \to 0} \Delta y = \lim_{\Delta x \to 0} \left[f'(x_0)\Delta x + \alpha \Delta x \right] = 0,$$

所以，函数 $f(x)$ 在点 x_0 处连续.

注：该定理的逆命题不成立，即函数在某点连续，但在该点不一定可导.

例 2.1.9 讨论函数 $f(x) = |x| = \begin{cases} x, & x \geq 0, \\ -x, & x < 0 \end{cases}$ 在 $x = 0$ 处的连续性与可导性（图 2-1-3）.

解 易见函数 $f(x) = |x|$ 在 $x = 0$ 处是连续的，事实上，

$$\lim_{x \to 0^+} f(x) = \lim_{x \to 0^+} |x| = \lim_{x \to 0^+} x = 0,$$

$$\lim_{x \to 0^-} f(x) = \lim_{x \to 0^-} |x| = \lim_{x \to 0^-} (-x) = 0,$$

因为

$$\lim_{x \to 0^+} f(x) = \lim_{x \to 0^-} f(x) = 0 = f(0),$$

所以函数 $f(x) = |x|$ 在 $x = 0$ 处是连续的.

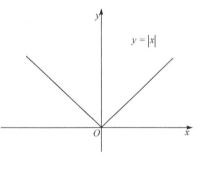

图 2-1-3

给 $x = 0$ 一个增量 Δx，则函数增量与自变量增量的比值为

$$\frac{\Delta y}{\Delta x} = \frac{f(0 + \Delta x) - f(0)}{\Delta x} = \frac{|\Delta x|}{\Delta x},$$

于是

$$f_+'(0) = \lim_{\Delta x \to 0^+} \frac{\Delta y}{\Delta x} = \lim_{\Delta x \to 0^+} \frac{|\Delta x|}{\Delta x} = \lim_{\Delta x \to 0^+} \frac{\Delta x}{\Delta x} = 1,$$

$$f_-'(0) = \lim_{\Delta x \to 0^-} \frac{\Delta y}{\Delta x} = \lim_{\Delta x \to 0^-} \frac{|\Delta x|}{\Delta x} = \lim_{\Delta x \to 0^-} \frac{-\Delta x}{\Delta x} = -1,$$

因为 $f_+'(0) \neq f_-'(0)$，所以函数 $f(x) = |x|$ 在 $x = 0$ 处不可导.

一般地，如果曲线 $y = f(x)$ 的图形在点 x_0 处出现"尖点"（图 2-1-4），则它在该点不可导. 因此，如果函数在一个区间内可导，则其图形不会出现"尖点"，或者说其图形是一条连续的光滑曲线.

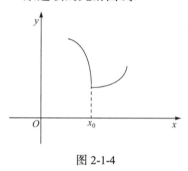

图 2-1-4

例 2.1.10 讨论 $f(x) = \begin{cases} x\sin\dfrac{1}{x}, & x \neq 0, \\ 0, & x = 0 \end{cases}$ 在 $x = 0$ 处的连续性与可导性.

解 注意到 $\sin\dfrac{1}{x}$ 是有界函数，则有

$$\lim_{x \to 0} x\sin\frac{1}{x} = 0,$$

由 $\lim_{x \to 0} f(x) = 0 = f(0)$ 知，函数 $f(x)$ 在 $x = 0$ 处连续，但在 $x = 0$ 处有

$$\frac{\Delta y}{\Delta x} = \frac{(0+\Delta x)\sin\dfrac{1}{0+\Delta x} - 0}{\Delta x} = \sin\frac{1}{\Delta x}.$$

因为极限 $\lim_{\Delta x \to 0} \dfrac{\Delta y}{\Delta x}$ 不存在，所以 $f(x)$ 在 $x = 0$ 处不可导.

注：上述两个例子说明，函数在某点处连续是函数在该点处可导的必要条件，但不是充分条件. 由定理 2.1.2 还知道，若函数在某点处不连续，则它在该点处一定不可导.

在微积分理论尚不完善的时候，人们普遍认为连续函数除个别点外都是可导的. 1872 年德国数学家魏尔斯特拉斯构造出一个处处连续但处处不可导的例子，震惊了数学界和思想界，这与人们的普遍认识大相径庭，从而使人们在微积分研究中由直观转向理性思维，大大促进了微积分逻辑基础的创建工作.

习题 2-1

1. 用定义求函数 $y = x^4$ 在 $x = 1$ 处的导数.

2. 设 $f'(x_0)$ 存在，试利用导数的定义求下列极限：

(1) $\lim\limits_{\Delta x \to 0} \dfrac{f(x_0 - \Delta x) - f(x_0)}{\Delta x}$；

(2) $\lim\limits_{h \to 0} \dfrac{f(x_0 + h) - f(x_0 - h)}{h}$;

(3) $\lim\limits_{\Delta x \to 0} \dfrac{f(x_0 + \Delta x) - f(x_0 - 2\Delta x)}{2\Delta x}$.

3. 给定抛物线 $y = x^2 - x + 2$，求过点 $(1,2)$ 的切线方程与法线方程.

4. 证明：$(\cos x)' = -\sin x$，并求曲线 $y = \cos x$ 在点 $\left(\dfrac{\pi}{3}, \dfrac{1}{2}\right)$ 处的切线方程和法线方程.

5. 函数 $f(x) = \begin{cases} x^2 + 1, & 0 \leqslant x < 1, \\ 4x - 2, & 1 \leqslant x \end{cases}$ 在点 $x = 1$ 处是否可导？

6. 用导数的定义求 $f(x) = \begin{cases} x, & x < 0, \\ \ln(1 + x), & x \geqslant 0 \end{cases}$ 在 $x = 0$ 处的导数.

7. 设 $f(x) = \begin{cases} \sin x, & x < 0, \\ x, & x \geqslant 0, \end{cases}$ 求 $f'(x)$.

8. 函数 $y = \begin{cases} x^2 \sin \dfrac{1}{x}, & x \neq 0, \\ 0, & x = 0 \end{cases}$ 在 $x = 0$ 处是否连续与可导？

9. 设 $f(x)$ 在 $x = 2$ 处连续，且 $\lim\limits_{x \to 2} \dfrac{f(x)}{x - 2} = 2$，求 $f'(2)$.

10. 已知物体的运动规律 $s = t^2 \text{(m)}$，求该物体在 $t = 2\text{(s)}$ 时的速度.

11. 当物体的温度高于周围介质的温度时，物体就不断冷却，若物体的温度 T 与时间 t 的函数关系为 $T = T(t)$，应怎样确定该物体在时刻 t 的冷却速度？

12. 设某工厂生产 x 单位产品所花费的成本是 $f(x)$ 元，此函数 $f(x)$ 称为成本函数，成本函数 $f(x)$ 的导数 $f'(x)$ 在经济学中称为边际成本. 试说明边际成本 $f'(x)$ 的实际意义.

13. 设函数 $f(x)$ 在其定义域上可导，若 $f(x)$ 是偶函数，证明：$f'(x)$ 是奇函数；若 $f(x)$ 是奇函数，则 $f'(x)$ 是偶函数（即求导改变奇偶性）.

第二节　函数的求导法则

在第一节中，利用导数的定义求得了一些基本初等函数的导数. 但对于一些复杂的函数，利用导数定义去求解，难度比较大. 因此本节将介绍几种常用的求导法则，利用这些法则和基本求导公式可以比较容易地求出一般初等函数的导数.

一、导数的四则运算法则

定理 2.2.1　若函数 $u(x), v(x)$ 在点 x 处可导，则它们的和、差、积、商（分母不为零）在点 x 处也可导，且

(1) $[u(x) \pm v(x)]' = u'(x) \pm v'(x)$;

(2) $[u(x) \cdot v(x)]' = u'(x)v(x) + u(x)v'(x)$;

(3) $\left[\dfrac{u(x)}{v(x)}\right]' = \dfrac{u'(x)v(x) - u(x)v'(x)}{v^2(x)} (v(x) \neq 0)$.

证 在此只证明(3), (1)和(2)请读者自己证明.

设 $f(x) = \dfrac{u(x)}{v(x)} (v(x) \neq 0)$，则

$$\begin{aligned}f'(x) &= \lim_{h \to 0} \frac{f(x+h) - f(x)}{h} = \lim_{h \to 0} \frac{\dfrac{u(x+h)}{v(x+h)} - \dfrac{u(x)}{v(x)}}{h} \\ &= \lim_{h \to 0} \frac{u(x+h)v(x) - u(x)v(x+h)}{v(x+h)v(x)h} \\ &= \lim_{h \to 0} \frac{[u(x+h) - u(x)]v(x) - u(x)[v(x+h) - v(x)]}{v(x+h)v(x)h} \\ &= \frac{u'(x)v(x) - u(x)v'(x)}{[v(x)]^2},\end{aligned}$$

从而所证结论成立.

注: 法则(1)和(2)均可推广到有限多个函数运算的情形.例如, 设 $u = u(x)$, $v = v(x)$, $w = w(x)$ 均可导, 则有

$$(u - v + w)' = u' - v' + w',$$

$$(uvw)' = [(uv)w]' = (uv)'w + (uv)w' = (u'v + uv')w + uvw',$$

即

$$(uvw)' = u'vw + uv'w + uvw'.$$

若在法则(2)中, 令 $v(x) = C$ (C 为常数), 则有

$$[Cu(x)]' = Cu'(x).$$

若在法则(3)中, 令 $u(x) = C$ (C 为常数), 则有

$$\left[\frac{C}{v(x)}\right]' = -\frac{Cv'(x)}{v^2(x)}.$$

例 2.2.1 求 $y = x^3 - 2x^2 + \sin x$ 的导数.

解 $y' = (x^3)' - (2x^2)' + (\sin x)' = 3x^2 - 4x + \cos x$.

例 2.2.2 求 $y = 2\sqrt{x} \sin x$ 的导数.

解 $y' = (2\sqrt{x}\sin x)' = 2(\sqrt{x}\sin x)' = 2\left[(\sqrt{x})'\sin x + \sqrt{x}(\sin x)'\right]$

$= 2\left(\dfrac{1}{2\sqrt{x}}\sin x + \sqrt{x}\cos x\right) = \dfrac{1}{\sqrt{x}}\sin x + 2\sqrt{x}\cos x.$

例 2.2.3 求 $y = \tan x$ 的导数.

解
$$y' = (\tan x)' = \left(\dfrac{\sin x}{\cos x}\right)' = \dfrac{(\sin x)'\cos x - \sin x(\cos x)'}{\cos^2 x}$$

$$= \dfrac{\cos^2 x + \sin^2 x}{\cos^2 x} = \dfrac{1}{\cos^2 x} = \sec^2 x,$$

即
$$(\tan x)' = \sec^2 x.$$

同理可得

$$(\cot x)' = -\csc^2 x, \quad (\sec x)' = \sec x \tan x, \quad (\csc x)' = -\csc x \cot x.$$

例 2.2.4 人体对一定剂量药物的反应有时可用方程：$R = M^2\left(\dfrac{C}{2} - \dfrac{M}{3}\right)$ 来刻画，其中，C 为一正常数，M 表示血液中吸收的药物量. 衡量反应 R 可以有不同的方式：若反应 R 是用血压的变化来衡量，则单位是 mmHg；若反应 R 用温度的变化衡量，则单位是 ℃. 求反应 R 关于血液中吸收的药物量 M 的导数.

解 $\dfrac{\mathrm{d}R}{\mathrm{d}M} = 2M\left(\dfrac{C}{2} - \dfrac{M}{3}\right) + M^2\left(-\dfrac{1}{3}\right) = MC - M^2.$

这个导数称为人体对药物的敏感性.

二、应用举例

1. 瞬时变化率

例 2.2.5 圆面积 A 和其直径 D 的关系方程为 $A = \dfrac{\pi}{4}D^2$，当 $D = 10\mathrm{m}$ 时，面积关于直径的变化率是多大？

解 面积关于直径的变化率是
$$\dfrac{\mathrm{d}A}{\mathrm{d}D} = \dfrac{\pi}{4} \times 2D = \dfrac{\pi D}{2},$$

当 $D = 10\mathrm{m}$ 时，面积的变化率是
$$\dfrac{\pi}{2} \times 10 = 5\pi,$$

即当直径 D 由 10m 增加 1m 变为 11m 后圆面积约增加 $5\pi\,\mathrm{m}^2$.

2. 质点的垂直运动模型

例 2.2.6 一质点以每秒 50m 的发射速度垂直射向空中，ts 后达到的高度为

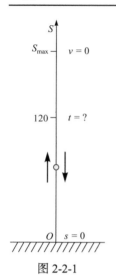

图 2-2-1

$s = 50t - 5t^2$ (图 2-2-1),假设在此运动过程中重力为唯一的作用力,试求:

(1) 该质点能达到的最大高度;
(2) 该质点离地面 120m 时的速度;
(3) 何时质点重新落回地面.

解 依题设及第一节引例 1 的讨论,易知时刻 t 的速度为

$$v = \frac{d}{dt}(50t - 5t^2) = -10(t-5) \text{ (m/s)}.$$

(1) 当 $t = 5$ s 时,v 变为 0,此时质点达到最大高度

$$s = 50 \times 5 - 5 \times 5^2 = 125 \text{ (m)}.$$

(2) 令 $s = 50t - 5t^2 = 120$,解得 $t = 4$ 或 6,故

$$v = 10 \text{ (m/s)} \quad \text{或} \quad v = -10 \text{ (m/s)}.$$

(3) 令 $s = 50t - 5t^2 = 0$,解得 $t = 10$ s,即质点 10s 后重新落回地面.

3. 经济学中的导数

在经济学中,函数在一点处的变化率称为**边际**. 例如,在工业生产的经营管理中,产品成本 $C(x)$ 和销售收入 $R(x)$ 均是所生产的单位产品的数量 x 的函数. 生产的**边际成本**就是成本函数关于生产水平的变化率,即 $C'(x)$;**边际收入**就是收入函数关于生产水平的变化率,即 $R'(x)$.

实际应用中,常把生产的边际成本近似定义为多生产一个单位产品的成本:

$$\frac{\Delta C}{\Delta x} = \frac{C(x + \Delta x) - C(x)}{1},$$

并用 $C'(x)$ 的值作为其近似值. 对边际收入亦然.

显然,如果 $C(x)$ 的图形(图 2-2-2)的斜率在 x 附近变化不是很快的话,这种近似是可以接受的.

例 2.2.7 某产品在生产 8 到 20 件的情况下,生产 x 件的成本(单位:元)与销售 x 件的收入分别为

$$C(x) = x^3 - 2x^2 + 12x \quad \text{与} \quad R(x) = x^3 - 3x^2 + 10x,$$

某工厂目前每天生产 10 件,试问每天多生产一件产品的成本为多少?每天多销售一件产品而获得的收入为多少?

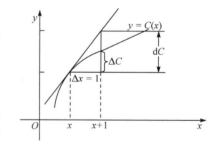

图 2-2-2

解 在每天生产 10 件的基础上再多生产一件的成本大约为 $C'(10)$:

$$C'(x) = \frac{d}{dx}(x^3 - 2x^2 + 12x) = 3x^2 - 4x + 12, \quad C'(10) = 272 \text{ (元)},$$

即多生产一件的附加成本为 272 元. 边际收入为

$$R'(x) = \frac{\mathrm{d}}{\mathrm{d}x}(x^3 - 3x^2 + 10x) = 3x^2 - 6x + 10, \quad R'(10) = 250(\text{元}),$$

即多销售一件产品而增加的收入为 250 元.

三、反函数的导数

定理 2.2.2 设函数 $x = \varphi(y)$ 在某区间 I_y 内单调、可导且 $\varphi'(y) \neq 0$，则其反函数 $y = f(x)$ 在对应区间 I_x 内也可导，且

$$f'(x) = \frac{1}{\varphi'(y)} \quad \text{或} \quad \frac{\mathrm{d}y}{\mathrm{d}x} = \frac{1}{\frac{\mathrm{d}x}{\mathrm{d}y}},$$

即**反函数的导数等于直接函数导数的倒数**.

证 因函数 $x = \varphi(y)$ 在区间 I_y 内单调、可导且 $\varphi'(y) \neq 0$（从而连续），由定理 1.8.2 知，其反函数 $y = f(x)$ 在对应区间 I_x 内也单调、连续.

任取 $x \in I_x$，给 x 以增量 $\Delta x (\Delta x \neq 0, x + \Delta x \in I_x)$，由 $y = f(x)$ 的单调性可知 $\Delta y \neq 0$，于是

$$\frac{\Delta y}{\Delta x} = \frac{1}{\frac{\Delta x}{\Delta y}},$$

因为 $y = f(x)$ 连续，所以 $\lim\limits_{\Delta x \to 0} \Delta y = 0$，从而

$$[f(x)]' = \lim_{\Delta x \to 0} \frac{\Delta y}{\Delta x} = \lim_{\Delta y \to 0} \frac{1}{\frac{\Delta x}{\Delta y}} = \frac{1}{\varphi'(y)}.$$

例 2.2.8 求函数 $y = \arcsin x$ 的导数.

解 因为 $y = \arcsin x$ 的反函数 $x = \sin y$ 在 $I_y = \left(-\frac{\pi}{2}, \frac{\pi}{2}\right)$ 内单调、可导，且

$$(\sin y)' = \cos y > 0,$$

所以在对应区间 $I_x = (-1, 1)$ 内，有

$$(\arcsin x)' = \frac{1}{(\sin y)'} = \frac{1}{\cos y} = \frac{1}{\sqrt{1 - \sin^2 y}} = \frac{1}{\sqrt{1 - x^2}},$$

即

$$(\arcsin x)' = \frac{1}{\sqrt{1 - x^2}}.$$

同理可得

$$(\arccos x)' = -\frac{1}{\sqrt{1 - x^2}}, \quad (\arctan x)' = \frac{1}{1 + x^2}, \quad (\operatorname{arccot} x)' = -\frac{1}{1 + x^2}.$$

例 2.2.9 求函数 $y = \log_a x$（$a > 0$，且 $a \neq 1$）的导数.

解 因为 $x = a^y$ 在 $I_y = (-\infty, +\infty)$ 内单调、可导，且 $(a^y)' = a^y \ln a \neq 0$，所以在对应区间 $I_x = (0, +\infty)$ 内有

$$(\log_a x)' = \frac{1}{(a^y)'} = \frac{1}{a^y \ln a} = \frac{1}{x \ln a},$$

即

$$(\log_a x)' = \frac{1}{x \ln a}.$$

特别地，当 $a = e$ 时，$(\ln x)' = \dfrac{1}{x}$.

四、复合函数的求导法则

定理 2.2.3 若函数 $u = g(x)$ 在点 x 处可导，而 $y = f(u)$ 在点 $u = g(x)$ 处可导，则复合函数 $y = f[g(x)]$ 在点 x 处可导，且其导数为

$$\frac{dy}{dx} = f'(u) \cdot g'(x) \quad \text{或} \quad \frac{dy}{dx} = \frac{dy}{du} \cdot \frac{du}{dx}.$$

证 因为 $y = f(u)$ 在点 u 处可导，所以

$$\lim_{\Delta u \to 0} \frac{\Delta y}{\Delta u} = f'(u).$$

根据极限与无穷小的关系，有

$$\frac{\Delta y}{\Delta u} = f'(u) + \alpha,$$

其中 α 是 $\Delta u \to 0$ 时的无穷小. 上式中若 $\Delta u \neq 0$，则有

$$\Delta y = f'(u) \Delta u + \alpha \Delta u.$$

当 $\Delta u = 0$ 时，规定 $\alpha = 0$，此时 $\Delta y = f(u + \Delta u) - f(u) = 0$，而上式的右端亦为零，故上式对 $\Delta u = 0$ 也成立. 从而

$$\lim_{\Delta x \to 0} \frac{\Delta y}{\Delta x} = \lim_{\Delta x \to 0} \left(f'(u) \frac{\Delta u}{\Delta x} + \alpha \frac{\Delta u}{\Delta x} \right)$$

$$= f'(u) \lim_{\Delta x \to 0} \frac{\Delta u}{\Delta x} + \lim_{\Delta x \to 0} \alpha \lim_{\Delta x \to 0} \frac{\Delta u}{\Delta x} = f'(u) g'(x),$$

即

$$\frac{dy}{dx} = f'(u) \cdot g'(x).$$

复合函数的求导法则可叙述为：**复合函数的导数，等于函数对中间变量的导数乘以中间变量对自变量的导数**. 这一法则又称为**链式法则**.

复合函数求导法则可推广到多个中间变量的情形. 例如，设

$$y = f(u), \quad u = \varphi(v), \quad v = \psi(x),$$

则复合函数 $y = f\{\varphi[\psi(x)]\}$ 的导数为

$$\frac{dy}{dx} = \frac{dy}{du} \cdot \frac{du}{dv} \cdot \frac{dv}{dx}.$$

例 2.2.10 求函数 $y = \ln \sin x$ 的导数.

解 设 $y = \ln u$，$u = \sin x$，则

$$\frac{dy}{dx} = \frac{dy}{du} \cdot \frac{du}{dx} = \frac{1}{u} \cdot \cos x = \frac{\cos x}{\sin x} = \cot x.$$

例 2.2.11 求函数 $y = (x^2 + 1)^{10}$ 的导数.

解 设 $y = u^{10}, u = x^2 + 1$，则

$$\frac{dy}{dx} = \frac{dy}{du} \cdot \frac{du}{dx} = 10u^9 \cdot 2x = 10(x^2 + 1)^9 \cdot 2x = 20x(x^2 + 1)^9.$$

注：复合函数求导既是重点又是难点. 在求复合函数的导数时，首先要分清函数的复合层次，然后从外向里，逐层推进求导，不要遗漏，也不要重复. 在求导的过程中，始终要明确所求的导数是哪个函数对哪个变量(不管是自变量还是中间变量)的导数. 在开始时可以先设中间变量，一步一步去做. 熟练之后，中间变量可以省略不写，只把中间变量看在眼里，记在心上，直接把表示中间变量的部分写出来，整个过程一气呵成.

比如，例 2.2.10 可以这样做:

$$y' = (\ln \sin x)' = \frac{1}{\sin x} \cdot (\sin x)' = \frac{\cos x}{\sin x} = \cot x.$$

例 2.2.11 可以这样做:

$$y' = [(x^2+1)^{10}]' = 10(x^2+1)^9 \cdot (x^2+1)' = 20x(x^2+1)^9.$$

例 2.2.12 求函数 $y = \ln \dfrac{\sqrt{x^2+1}}{\sqrt[3]{x-2}}$ $(x > 2)$ 的导数.

解 因为

$$y = \frac{1}{2} \ln(x^2 + 1) - \frac{1}{3} \ln(x - 2),$$

所以

$$\begin{aligned} y' &= \frac{1}{2} \cdot \frac{1}{x^2+1} \cdot (x^2+1)' - \frac{1}{3} \cdot \frac{1}{x-2} \cdot (x-2)' \\ &= \frac{1}{2} \cdot \frac{1}{x^2+1} \cdot 2x - \frac{1}{3(x-2)} = \frac{x}{x^2+1} - \frac{1}{3(x-2)}. \end{aligned}$$

例 2.2.13 求函数 $y = (x + \sin^2 x)^3$ 的导数.

解 $y' = [(x + \sin^2 x)^3]' = 3(x + \sin^2 x)^2 (x + \sin^2 x)'$
$= 3(x + \sin^2 x)^2 [1 + 2\sin x \cdot (\sin x)'] = 3(x + \sin^2 x)^2 (1 + \sin 2x).$

例 2.2.14 求函数 $y = x^{a^a} + a^{x^a} + a^{a^x}$ $(a > 0)$ 的导数.

解 $y' = a^a x^{a^a - 1} + a^{x^a} \ln a \cdot (x^a)' + a^{a^x} \cdot \ln a \cdot (a^x)'$
$= a^a x^{a^a - 1} + ax^{a-1} a^{x^a} \ln a + a^x a^{a^x} \ln^2 a.$

例 2.2.15 求函数 $f(x)=\begin{cases}2x, & 0<x\leqslant 1,\\ x^2+1, & 1<x<2\end{cases}$ 的导数.

解 求分段函数的导数时, 在每一段内的导数可按一般求导法则求之, 但在分段点处的导数要用左、右导数的定义求之.

当 $0<x<1$ 时, $f'(x)=2(x)'=2$;

当 $1<x<2$ 时, $f'(x)=(x^2+1)'=2x$;

当 $x=1$ 时,

$$f'_-(1)=\lim_{x\to 1^-}\frac{f(x)-f(1)}{x-1}=\lim_{x\to 1^-}\frac{2x-2}{x-1}=2,$$

$$f'_+(1)=\lim_{x\to 1^+}\frac{f(x)-f(1)}{x-1}=\lim_{x\to 1^+}\frac{x^2+1-2}{x-1}$$

$$=\lim_{x\to 1^+}\frac{x^2-1}{x-1}=\lim_{x\to 1^+}(x+1)=2.$$

由 $f'_+(1)=f'_-(1)=2$ 知, $f'(1)=2$. 所以

$$f'(x)=\begin{cases}2, & 0<x\leqslant 1,\\ 2x, & 1<x<2.\end{cases}$$

例 2.2.16 已知 $f(u)$ 可导, 求函数 $y=f(\sec x)$ 的导数.

解 $y'=[f(\sec x)]'=f'(\sec x)\cdot(\sec x)'=f'(\sec x)\cdot\sec x\cdot\tan x.$

注: 求此类含抽象函数的导数时, 应特别注意记号表示的真实含义, 此例中, $f'(\sec x)$ 表示对 $\sec x$ 求导, 而 $[f(\sec x)]'$ 表示对 x 求导.

五、初等函数的求导法则

为方便查阅, 我们把导数基本公式和导数运算法则汇集如下.

1. 基本求导公式

(1) $(C)'=0;$

(2) $(x^\mu)'=\mu x^{\mu-1};$

(3) $(\sin x)'=\cos x;$

(4) $(\cos x)'=-\sin x;$

(5) $(\tan x)'=\sec^2 x;$

(6) $(\cot x)'=-\csc^2 x;$

(7) $(\sec x)'=\sec x\tan x;$

(8) $(\csc x)'=-\csc x\cot x;$

(9) $(a^x)'=a^x\ln a;$

(10) $(e^x)'=e^x;$

(11) $(\log_a x)'=\dfrac{1}{x\ln a};$

(12) $(\ln x)'=\dfrac{1}{x};$

(13) $(\arcsin x)'=\dfrac{1}{\sqrt{1-x^2}};$

(14) $(\arccos x)'=-\dfrac{1}{\sqrt{1-x^2}};$

(15) $(\arctan x)' = \dfrac{1}{1+x^2}$; (16) $(\operatorname{arccot} x)' = -\dfrac{1}{1+x^2}$.

2. 函数的和、差、积、商的求导法则

设 $u = u(x), v = v(x)$ 可导，则

(1) $(u \pm v)' = u' \pm v'$; (2) $(Cu)' = Cu'$ (C 是常数);

(3) $(uv)' = u'v + uv'$; (4) $\left(\dfrac{u}{v}\right)' = \dfrac{u'v - uv'}{v^2}$ ($v \neq 0$).

3. 反函数的求导法则

若函数 $x = \varphi(y)$ 在某区间 I_y 内单调、可导且 $\varphi'(y) \neq 0$，则它的反函数 $y = f(x)$ 在对应区间 I_x 内也可导，且

$$f'(x) = \dfrac{1}{\varphi'(y)} \quad \text{或} \quad \dfrac{dy}{dx} = \dfrac{1}{\dfrac{dx}{dy}}.$$

4. 复合函数的求导法则

设 $y = f(u)$，而 $u = g(x)$，则 $y = f[g(x)]$ 的导数为

$$\dfrac{dy}{dx} = \dfrac{dy}{du} \cdot \dfrac{du}{dx} \quad \text{或} \quad y'(x) = f'(u) \cdot g'(x).$$

习题 2-2

1. 计算下列函数的导数:
(1) $y = 2x + 3\sqrt{x}$; (2) $y = 5x^3 - 2^x + 4e^x$;
(3) $y = \tan x + 2\sec x - 3$; (4) $y = \sin x \cdot \cos x$;
(5) $y = x^2 \ln x$; (6) $y = e^x \sin x$;
(7) $y = \dfrac{\ln x}{x}$; (8) $y = (x-5)(x-6)(x-7)$;
(9) $s = \dfrac{1 + \sin t}{1 + \cos t}$; (10) $y = \sqrt[3]{x} \cos x + 5^x e^x$;
(11) $y = x \log_3 x + \ln 2$; (12) $y = \dfrac{5x^2 - 2x + 3}{x^2 - 1}$.

2. 计算下列函数在指定点处的导数:
(1) $y = \dfrac{25}{5-x} + \dfrac{x^2}{2}$，求 $y'(0)$;

(2) $y = e^x(x^2 - x + 3)$，求 $y'(0)$；

(3) $\rho = \theta\sin\theta + \dfrac{1}{2}\cos\theta$，求 $\left.\dfrac{d\rho}{d\theta}\right|_{\theta=\frac{\pi}{4}}$.

3. 求曲线 $y = 2\sin x + x^2$ 上横坐标为 $x = 0$ 的点处的切线方程与法线方程.

4. 写出曲线 $y = x - \dfrac{1}{x}$ 与 x 轴交点处的切线方程.

5. 求下列函数的导数:

(1) $y = \cos(3 - 2x)$；

(2) $y = e^{-2x^3}$；

(3) $y = \sqrt{a^2 - x^2}$；

(4) $y = \tan(x^3)$；

(5) $y = \arctan(e^x)$；

(6) $y = (3x + 5)^4$；

(7) $y = \arccos\dfrac{1}{x}$；

(8) $y = \ln(\sec x - \tan x)$；

(9) $y = \ln(\csc x + \cot x)$；

(10) $y = (5 + 2x^3)\sqrt{1 + 3x^2}$；

(11) $y = \ln\ln\ln x$；

(12) $y = \arcsin\sqrt{\dfrac{1-x}{1+x}}$；

(13) $y = \ln\dfrac{1 + \sqrt{x}}{1 - \sqrt{x}}$；

(14) $y = \ln\tan\dfrac{x}{3}$；

(15) $y = \left(\arcsin\dfrac{x}{2}\right)^2$；

(16) $y = x\sqrt{1 - x^2} + \arcsin x$；

(17) $y = \sqrt{1 + \ln^2 x}$；

(18) $y = e^{\arctan\sqrt{x}}$；

(19) $y = 10^{x\tan 2x}$；

(20) $y = e^{-\sin^2\frac{1}{x}}$.

6. 设 $f(x)$ 可导，求 $\dfrac{dy}{dx}$：

(1) $y = f\left(\dfrac{x^3}{3}\right)$；

(2) $y = f(\sin^2 x) + f(\cos^2 x)$；

(3) $y = f\left(\arccos\dfrac{1}{x}\right)$.

7. 设 $f(1 - x) = xe^{-x}$，且 $f(x)$ 可导，求 $f'(x)$.

8. 已知 $f\left(\dfrac{1}{x}\right) = \dfrac{x}{1+x}$，求 $f'(x)$.

9. 设 $f(u)$ 为可导函数，且 $f(x + 3) = x^5$，求 $f'(x + 3), f'(x)$.

第三节　高　阶　导　数

根据第一节的引例 1，物体做变速直线运动，其瞬时速度 $v(t)$ 就是路程函数 $s = s(t)$ 对

时间 t 的导数,即
$$v(t) = s'(t).$$
根据物理学知识,速度函数 $v(t)$ 对于时间 t 的变化率就是加速度 $a(t)$,即 $a(t)$ 是 $v(t)$ 对于时间 t 的导数,
$$a(t) = v'(t) = [s'(t)]'.$$
于是,加速度 $a(t)$ 就是路程函数 $s(t)$ 对时间 t 的导数的导数,称为 $s(t)$ 对 t 的**二阶导数**,记为 $s''(t)$. 因此,变速直线运动的加速度就是路程函数 $s(t)$ 对 t 的二阶导数,即
$$a(t) = s''(t).$$

定义 2.3.1 如果函数 $f(x)$ 的导数 $f'(x)$ 在点 x 处可导,即
$$(f'(x))' = \lim_{\Delta x \to 0} \frac{f'(x + \Delta x) - f'(x)}{\Delta x}$$
存在,则称 $(f'(x))'$ 为函数 $f(x)$ 在点 x 处的**二阶导数**,记为
$$f''(x), \quad y'', \quad \frac{\mathrm{d}^2 y}{\mathrm{d} x^2} \quad \text{或} \quad \frac{\mathrm{d}^2 f(x)}{\mathrm{d} x^2}.$$

类似地,二阶导数的导数称为**三阶导数**,记为
$$f'''(x), \quad y''', \quad \frac{\mathrm{d}^3 y}{\mathrm{d} x^3}, \quad \text{或} \frac{\mathrm{d}^3 f(x)}{\mathrm{d} x^3}.$$

一般地, $f(x)$ 的 $n-1$ 阶导数的导数称为 $f(x)$ 的 **n 阶导数**,记为
$$f^{(n)}(x), \quad y^{(n)}, \quad \frac{\mathrm{d}^n y}{\mathrm{d} x^n} \quad \text{或} \quad \frac{\mathrm{d}^n f(x)}{\mathrm{d} x^n}.$$

注:二阶和二阶以上的导数统称为**高阶导数**.相应地, $f(x)$ 称为**零阶导数**; $f'(x)$ 称为**一阶导数**.

由此可见,求函数的高阶导数,就是利用基本求导公式及导数的运算法则,对函数逐阶求导.

例 2.3.1 设 $y = ax + b$,求 y'' .

解 $y' = a, y'' = 0$.

例 2.3.2 设 $y = \arctan x$,求 $f'''(0)$.

解 因为
$$y' = \frac{1}{1+x^2}, \quad y'' = \left(\frac{1}{1+x^2}\right)' = \frac{-2x}{(1+x^2)^2}, \quad y''' = \left(\frac{-2x}{(1+x^2)^2}\right)' = \frac{2(3x^2-1)}{(1+x^2)^3},$$
所以
$$f'''(0) = \left.\frac{2(3x^2-1)}{(1+x^2)^3}\right|_{x=0} = -2.$$

例 2.3.3 求指数函数 $y = \mathrm{e}^x$ 的 n 阶导数.

解 $y' = e^x$, $y'' = e^x$, $y''' = e^x$, $y^{(4)} = e^x$.

一般地，可得 $y^{(n)} = e^x$，即有

$$(e^x)^{(n)} = e^x. \tag{2.3.1}$$

例 2.3.4 求幂函数 $y = x^a (a \in \mathbf{R})$ 的 n 阶求导公式.

解 $y' = ax^{a-1}$, $y'' = (ax^{a-1})' = a(a-1)x^{a-2}$, $y''' = (a(a-1)x^{a-2})' = a(a-1)(a-2)x^{a-3}$.

一般地，可得

$$y^{(n)} = a(a-1)\cdots(a-n+1)x^{a-n} \quad (n \geqslant 1),$$

即

$$(x^a)^{(n)} = a(a-1)\cdots(a-n+1)x^{a-n}, \tag{2.3.2}$$

特别地，若 $a = -1$，则有

$$\left(\frac{1}{x}\right)^{(n)} = (-1)^n \frac{n!}{x^{n+1}}.$$

若 a 为自然数 n，则有

$$(x^n)^{(n)} = n(n-1)(n-2)\cdots 3 \cdot 2 \cdot 1 = n!, \quad (x^n)^{(n+1)} = (n!)' = 0.$$

例 2.3.5 求对数函数 $y = \ln(1+x)$ 的 n 阶导数.

解 $y' = \dfrac{1}{1+x}$, $y'' = -\dfrac{1}{(1+x)^2}$, $y''' = \dfrac{2!}{(1+x)^3}$, $y^{(4)} = -\dfrac{3!}{(1+x)^4}$.

一般地，可得

$$y^{(n)} = (-1)^{n-1} \frac{(n-1)!}{(1+x)^n} \quad (n \geqslant 1, 0! = 1). \tag{2.3.3}$$

例 2.3.6 求 $y = \sin kx$ 的 n 阶导数.

解 $y' = k\cos kx = k\sin\left(kx + \dfrac{\pi}{2}\right)$,

$y'' = (y')' = k^2\cos\left(kx + \dfrac{\pi}{2}\right) = k^2\sin\left(kx + \dfrac{\pi}{2} + \dfrac{\pi}{2}\right) = k^2\sin\left(kx + 2 \cdot \dfrac{\pi}{2}\right)$,

$y''' = k^3\cos\left(kx + 2 \cdot \dfrac{\pi}{2}\right) = k^3\sin\left(kx + 3 \cdot \dfrac{\pi}{2}\right)$.

一般地，可得

$$y^{(n)} = k^n\sin\left(kx + n \cdot \frac{\pi}{2}\right),$$

即

$$(\sin kx)^{(n)} = k^n\sin\left(kx + n \cdot \frac{\pi}{2}\right). \tag{2.3.4}$$

同理可得

$$(\cos kx)^{(n)} = k^n \cos\left(kx + n \cdot \frac{\pi}{2}\right). \tag{2.3.5}$$

求函数的高阶导数时, 除直接按定义逐阶求出指定的高阶导数外(**直接法**), 还常常利用已知的高阶导数公式, 通过导数的四则运算、变量代换等方法, 间接求出指定的高阶导数(**间接法**).

例 2.3.7 设函数 $y = \dfrac{1}{x^2 - 1}$, 求 $y^{(100)}$.

解 因为 $y = \dfrac{1}{x^2 - 1} = \dfrac{1}{(x-1)(x+1)} = \dfrac{1}{2}\left(\dfrac{1}{x-1} - \dfrac{1}{x+1}\right)$, 所以

$$y^{(100)} = \frac{1}{2}\left[\frac{100!}{(x-1)^{101}} - \frac{100!}{(x+1)^{101}}\right] = \frac{100!}{2}\left[\frac{1}{(x-1)^{101}} - \frac{1}{(x+1)^{101}}\right].$$

如果函数 $u = u(x)$ 及 $v = v(x)$ 都在点 x 处具有 n 阶导数, 则显然有

$$[u(x) + v(x)]^{(n)} = u^{(n)}(x) \pm v^{(n)}(x). \tag{2.3.6}$$

利用复合函数求导法则, 还可证得下列常用结论:

$$[Cu(x)]^{(n)} = Cu^{(n)}(x); \tag{2.3.7}$$

$$[u(ax+b)]^{(n)} = a^n u^{(n)}(ax+b) \quad (a \neq 0). \tag{2.3.8}$$

例如, 由幂函数的 n 阶导数公式, 可得

$$\left(\frac{1}{ax+b}\right)^{(n)} = (-1)^n \frac{n! a^n}{(ax+b)^{n+1}}.$$

但是乘积 $u(x) \cdot v(x)$ 的 n 阶导数却比较复杂, 由 $(uv)' = u'v + uv'$ 可得到

$$(uv)'' = u''v + 2u'v' + uv'',$$
$$(uv)''' = u'''v + 3u''v' + 3u'u'' + uv'''.$$

一般地, 可用数学归纳法证明

$$(u \cdot v)^{(n)} = u^{(n)}v + nu^{(n-1)}v' + \frac{n(n-1)}{2!}u^{(n-2)}v'' + \cdots$$
$$+ \frac{n(n-1)\cdots(n-k+1)}{k!}u^{(n-k)}v^{(k)} + \cdots + uv^{(n)}.$$

上式称为**莱布尼茨公式**. 注意, 这个公式中的各项系数与下列二项展开式的系数相同:

$$(u+v)^n = u^n + nu^{n-1}v + \frac{n(n-1)}{2!}u^{n-2}v^2 + \cdots + \frac{n(n-1)\cdots(n-k+1)}{k!}u^{n-k}v^k + \cdots + v^n$$
$$= \sum_{k=0}^{n} C_n^k u^{n-k} v^k.$$

如果把其中的 k 次幂换成 k 阶导数(零阶导数理解为函数本身), 再把左端的 $u + v$ 换

成 uv，则莱布尼茨公式可记为

$$(uv)^{(n)} = \sum_{k=0}^{n} C_n^k u^{(n-k)} v^{(k)}. \tag{2.3.9}$$

例 2.3.8 设 $y = \ln(1 + 2x - 3x^2)$，求 $y^{(n)}$.

解 因为

$$y = \ln(1 + 2x - 3x^2) = \ln(1 - x) + \ln(1 + 3x),$$

所以

$$y^{(n)} = [\ln(1-x)]^{(n)} + [\ln(1+3x)]^{(n)}.$$

利用式(2.3.3)，式(2.3.8)得

$$y^{(n)} = (-1)^{n-1} \cdot (-1)^n \cdot \frac{(n-1)!}{(1-x)^n} + (-1)^{n-1} \cdot 3^n \cdot \frac{(n-1)!}{(1+3x)^n}$$

$$= (n-1)! \cdot \left[\frac{(-1)^{n-1} \cdot 3^n}{(1+3x)^n} - \frac{1}{(1-x)^n} \right].$$

例 2.3.9 设 $y = x^2 e^{2x}$，求 $y^{(20)}$.

解 设 $u = e^{2x}$，$v = x^2$，则由莱布尼茨公式，得

$$y^{(20)} = (e^{2x})^{(20)} \cdot x^2 + 20(e^{2x})^{(19)} \cdot (x^2)' + \frac{20(20-1)}{2!}(e^{2x})^{18} \cdot (x^2)'' + 0$$

$$= 2^{20} e^{2x} \cdot x^2 + 20 \cdot 2^{19} e^{2x} \cdot 2x + \frac{20 \cdot 19}{2!} 2^{18} e^{2x} \cdot 2$$

$$= 2^{20} e^{2x} (x^2 + 20x + 95).$$

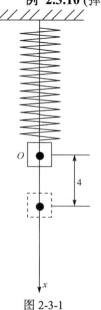

图 2-3-1

例 2.3.10 (弹簧的无阻尼振动) 设有一弹簧，它的一端固定，另一端系有一重物，然后从静止位置 O(记作原点)沿 x 轴向下(记为正方向) 把重物拉长到 4 个单位，之后松开，如图 2-3-1 所示，若运动过程中忽略阻尼介质(如空气、水、油等)的阻力作用，则重物的位置 x 与时间 t 的关系式为：$x = 4\cos t$. 试求 t 时刻的速度和加速度，并尝试分析弹簧整个运动过程的详细情况：

(1) 物体会在某个时刻停止下来还是会做永不停止的周期运动？

(2) 何时离点 O 最远，最近？

(3) 何时速度最快，最慢？

(4) 何时速度变化最快，最慢？

(5) 据前面问题再加以分析，对无阻尼振动的运动性态作一详细阐述.

解 位移：$x = 4\cos t$；速度：$v = \dfrac{dx}{dt} = -4\sin t$；加速度：$a = \dfrac{d^2 x}{dt^2} = -4\cos t$.

(1) 弹簧和重物构成的系统在整个运动过程中可认为不存在能量的损耗，而只是势能(弹性势能和重力势能)与动能的互相转化，所以物体

的运动会永不停止，并据其位移、速度、加速度公式分析知重物做 $T=2\pi$ 的周期运动.

(2) 由 $x=4\cos t$ 易知：

当 $t=k\pi\geq 0$ (k 为非负整数，本题中的 k 同此说明)时，质点达到离原点 O 的最远位置 $x=\pm 4$ 处，正负表示运动的方向(以下同)，且正值表示与初始位移方向一致，负值表示与初始位移方向相反；

当 $t=\dfrac{\pi}{2}+k\pi\geq 0$ 时，质点达到离原点 O 的最近位置 $x=\pm 0$ 处，即原点 O 处.

(3) 由速度公式 $v=\dfrac{\mathrm{d}x}{\mathrm{d}t}=-4\sin t$ 知：

当 $t=\dfrac{\pi}{2}+k\pi\geq 0$ 时，达到最大绝对速度 $v=\pm 4$；

当 $t=k\pi\geq 0$ 时，达到最小绝对速度 $v=\pm 0$.

(4) 由加速度公式 $a=\dfrac{\mathrm{d}^2 x}{\mathrm{d}t^2}=-4\cos t$ 知：

当 $t=k\pi\geq 0$ 时，达到最大绝对加速度 $a=\pm 4$；

当 $t=\dfrac{\pi}{2}+k\pi\geq 0$ 时，达到最小绝对加速度 $a=\pm 0$.

(5) 根据上面的计算再加以分析知道：当重物在原点 O 时，其速度达到最大值，加速度为 0，再往上或下继续振动时，速度减慢，且减慢的程度越来越快，这表示加速度的方向与瞬间速度的方向相反且大小越来越大，当到达最大绝对位移处时，加速度达到最大值，同时其速度减为 0，这之前的过程可视为四分之一个周期 $T/4=\pi/2$，紧接着瞬间速度方向即将发生改变，但注意此时加速度方向不发生改变也即与瞬间速度方向一致，也就是说，此时加速度反方向给重物加速，直到再回到原点 O 处使重物获得瞬间最大绝对速度，这之间的过程又可视为 $T/4=\pi/2$. 剩下的半个周期相仿于前半个周期，故不再重述并请读者自述.

习题 2-3

1. 求下列函数的二阶导数：

(1) $y=2x^5+3x^2+4x$；　　(2) $y=\mathrm{e}^{2x-3}$；　　(3) $y=x\cos x$；

(4) $y=\mathrm{e}^{-t}\sin t$；　　(5) $y=\sqrt{9-x^2}$；　　(6) $y=\ln(1+x^2)$；

(7) $y=\tan x$；　　(8) $y=\dfrac{1}{x^3+2}$；　　(9) $y=x\mathrm{e}^{x^2}$；

(10) $y=(1+x^2)\arctan x$；　　(11) $y=\ln(x+\sqrt{1+x^2})$.

2. 设 $f(x)=(3x+2)^5$，求 $f'''(0)$.

3. 若 $f''(x)$ 存在，求下列函数的二阶导数 $\dfrac{\mathrm{d}^2 y}{\mathrm{d}x^2}$：

(1) $y = f(x^5)$; (2) $y = \ln[f(x)]$.

4. 已知 $f(x) = \begin{cases} ax^2 + bx + c, & x < 0, \\ \ln(1+x), & x \geq 0 \end{cases}$ 在 $x = 0$ 处有二阶导数，试确定参数 a, b, c 的值.

5. 求下列函数所指定阶的导数:

(1) $y = e^x \cos x$，求 $y^{(4)}$； (2) $y = x \ln x$，求 $y^{(n)}$；

(3) $y = \dfrac{1}{x^2 - 3x + 2}$，求 $y^{(n)}$； (4) $y = \sin^4 x + \cos^4 x$，求 $y^{(n)}$；

(5) $y = xe^x$，求 $y^{(n)}$； (6) $y = x^2 \sin 2x$，求 $y^{(50)}$.

6. 已知物体的运动规律为 $s = A\sin \omega t$ (A, ω 是常数)，求物体运动的加速度，并验证：
$$\dfrac{d^2 s}{dt^2} + \omega^2 s = 0.$$

7. 证明：函数 $y = C_1 e^{\lambda x} + C_2 e^{-\lambda x}$ (λ, C_1, C_2 是常数)满足关系式： $y'' - \lambda^2 y = 0$.

8. 证明：函数 $y = e^x \sin x$ 满足关系式：$y'' - 2y' + 2y = 0$.

第四节　隐函数求导法

一、隐函数的导数

本章前面几节所讨论的求导法则适用于因变量 y 与自变量 x 之间的函数关系是显函数 $y = y(x)$ 的形式. 但是，有时变量 y 与 x 之间的函数关系是以隐函数 $F(x, y) = 0$ 的形式出现，并且在此类情况下，往往从方程 $F(x, y) = 0$ 中是不易或无法解出 y 的，即隐函数不易或无法显化. 例如，$y - x - \varepsilon \sin y = 0$ (ε 为常数，且 $0 < \varepsilon < 1$)，$e^x - e^y - xy = 0$ 等，都无法从中解出 y 来.

假设由方程 $F(x, y) = 0$ 所确定的函数为 $y = f(x)$，则把它代回方程 $F(x, y) = 0$ 中，得到恒等式
$$F(x, f(x)) \equiv 0.$$

利用复合函数求导法则，在上式两边同时对自变量 x 求导，再解出所求导数 $\dfrac{dy}{dx}$，这就是**隐函数求导法**.

例 2.4.1　求由下列方程所确定的函数的导数.
$$y \sin x - \cos(x - y) = 0.$$

解　在题设方程两边同时对自变量 x 求导，得
$$y \cos x + \sin x \cdot \dfrac{dy}{dx} + \sin(x - y) \cdot \left(1 - \dfrac{dy}{dx}\right) = 0.$$

整理得

$$[\sin(x-y)-\sin x]\frac{\mathrm{d}y}{\mathrm{d}x} = \sin(x-y)+y\cos x,$$

解得

$$\frac{\mathrm{d}y}{\mathrm{d}x} = \frac{\sin(x-y)+y\cos x}{\sin(x-y)-\sin x}.$$

注：从本例可见，求隐函数的导数时，只需将确定隐函数的方程两边对自变量 x 求导，凡遇到含有因变量 y 的项时，把 y 当作中间变量看待，即 y 是 x 的函数，再按复合函数求导法则求之，然后从所得等式中解出 $\dfrac{\mathrm{d}y}{\mathrm{d}x}$.

例 2.4.2 求由方程 $xy+\ln y=1$ 所确定的函数 $y=f(x)$ 在点 $M(1,1)$ 处的切线方程.

解 在题设方程两边同时对自变量 x 求导，得

$$y+xy'+\frac{1}{y}y'=0,$$

解得

$$y'=-\frac{y^2}{xy+1}.$$

在点 $M(1,1)$ 处

$$y'\bigg|_{\substack{x=1\\y=1}} = -\frac{1^2}{1\times 1+1} = -\frac{1}{2}.$$

于是，在点 $M(1,1)$ 处的切线方程为

$$y-1=-\frac{1}{2}(x-1),$$

即

$$x+2y-3=0.$$

例 2.4.3 求由下列方程所确定的函数的二阶导数.

$$y-2x=(x-y)\ln(x-y).$$

解 在题设方程两边同时对自变量 x 求导，得

$$y'-2=(1-y')\ln(x-y)+(x-y)\frac{1-y'}{x-y}, \tag{2.4.1}$$

解得

$$y'=1+\frac{1}{2+\ln(x-y)}. \tag{2.4.2}$$

而

$$y'' = (y')' = \left(\frac{1}{2+\ln(x-y)}\right)' = -\frac{[2+\ln(x-y)]'}{[2+\ln(x-y)]^2}$$

$$= -\frac{1-y'}{(x-y)[2+\ln(x-y)]^2} \quad (\text{代入 } y')$$

$$= \frac{1}{(x-y)[2+\ln(x-y)]^3}. \tag{2.4.3}$$

注：求隐函数的二阶导数时，先求出一阶导数的表达式后，再求二阶导数的表达式，此时，要注意将一阶导数的表达式代入其中，如本例的式(2.4.3).

二、对数求导法

形如 $y = u(x)^{v(x)}$ 的函数称为**幂指函数**. 直接使用前面介绍的求导法则不能求出幂指函数的导数，对于这类函数，可以先在函数两边取对数，然后在等式两边同时对自变量 x 求导，最后解出所求导数. 我们把这种方法称为**对数求导法**.

例 2.4.4 设 $y = x^{\sin x}$ $(x > 0)$，求 y'.

解 在题设等式两边取对数得

$$\ln y = \sin x \cdot \ln x.$$

等式两边对 x 求导，得

$$\frac{1}{y}y' = \cos x \cdot \ln x + \sin x \cdot \frac{1}{x},$$

所以

$$y' = y\left(\cos x \cdot \ln x + \sin x \cdot \frac{1}{x}\right) = x^{\sin x}\left(\cos x \cdot \ln x + \frac{\sin x}{x}\right).$$

一般地，设 $y = u(x)^{v(x)}$ $(u(x) > 0)$，在等式两边取对数，得

$$\ln y = v(x) \cdot \ln u(x), \tag{2.4.4}$$

在等式两边同时对自变量 x 求导，得

$$\frac{y'}{y} = v'(x) \cdot \ln u(x) + \frac{v(x)u'(x)}{u(x)},$$

从而

$$y' = u(x)^{v(x)}\left[v'(x) \cdot \ln u(x) + \frac{v(x)u'(x)}{u(x)}\right]. \tag{2.4.5}$$

例 2.4.5 设 $(\cos y)^x = (\sin x)^y$，求 y'.

解 在题设等式两边取对数，得

$$x \ln \cos y = y \ln \sin x.$$

等式两边对 x 求导, 得

$$\ln\cos y - x\frac{\sin y}{\cos y}\cdot y' = y'\ln\sin x + y\cdot\frac{\cos x}{\sin x}.$$

所以

$$y' = \frac{\ln\cos y - y\cot x}{x\tan y + \ln\sin x}.$$

此外, 对数求导法还常用于求多个函数乘积的导数.

例 2.4.6 设 $y = \dfrac{(x+1)\sqrt[3]{x-1}}{(x+4)^2 \mathrm{e}^x}(x>1)$, 求 y'.

解 在题设等式两边取对数, 得

$$\ln y = \ln(x+1) + \frac{1}{3}\ln(x-1) - 2\ln(x+4) - x,$$

上式两边对 x 求导得

$$\frac{y'}{y} = \frac{1}{x+1} + \frac{1}{3(x-1)} - \frac{2}{x+4} - 1,$$

所以

$$y' = \frac{(x+1)\sqrt[3]{x-1}}{(x+4)^2 \mathrm{e}^x}\left[\frac{1}{x+1} + \frac{1}{3(x-1)} - \frac{2}{x+4} - 1\right].$$

有时, 也可直接利用指数对数恒等式 $x = \mathrm{e}^{\ln x}$ 化简求导.

例 2.4.7 求函数 $y = x + x^x + x^{x^x}$ 的导数.

解 因为

$$y = x + \mathrm{e}^{x\ln x} + \mathrm{e}^{x^x \ln x},$$

所以

$$\begin{aligned} y' &= 1 + \mathrm{e}^{x\ln x}\cdot(x\ln x)' + \mathrm{e}^{x^x \ln x}\cdot(x^x \ln x)' \\ &= 1 + x^x(\ln x + 1) + x^{x^x}[(x^x)'\cdot\ln x + x^x\cdot(\ln x)'] \\ &= 1 + x^x(\ln x + 1) + x^{x^x}[x^x(\ln x + 1)\ln x + x^{x-1}]. \end{aligned}$$

三、参数方程表示的函数的导数

若由参数方程

$$\begin{cases} x = \varphi(t), \\ y = \psi(t) \end{cases} \tag{2.4.6}$$

确定 y 与 x 之间的函数关系, 则称此函数关系所表示的函数为**参数方程表示的函数**.

在实际问题中,有时要计算由参数方程(2.4.6)所表示的函数的导数. 但要从方程(2.4.6)中消去 t 有时会很困难. 因此,希望有一种能直接由参数方程出发计算出它所表示的函数导数的方法. 下面我们具体讨论之.

一般地,设 $x = \varphi(t)$ 具有单调连续的反函数 $t = \varphi^{-1}(x)$, 则变量 y 与 x 构成复合函数关系 $y = \psi[\varphi^{-1}(x)]$. 现在, 要计算这个复合函数的导数. 为此, 假定函数 $x = \varphi(t)$, $y = \psi(t)$ 都可导, 且 $\varphi'(t) \neq 0$, 则由复合函数与反函数的求导法则, 就有

$$\frac{dy}{dx} = \frac{dy}{dt} \cdot \frac{dt}{dx} = \frac{dy}{dt} \cdot \frac{1}{\frac{dx}{dt}} = \frac{\psi'(t)}{\varphi'(t)},$$

即

$$\frac{dy}{dx} = \frac{\psi'(t)}{\varphi'(t)} \quad \text{或} \quad \frac{dy}{dx} = \frac{\frac{dy}{dt}}{\frac{dx}{dt}}. \tag{2.4.7}$$

如果函数 $x = \varphi(t)$, $y = \psi(t)$ 二阶可导, 则可进一步求出函数的二阶导数:

$$\frac{d^2 y}{dx^2} = \frac{d}{dx}\left(\frac{dy}{dx}\right) = \frac{d}{dx}\left[\frac{\psi'(t)}{\varphi'(t)}\right] = \frac{d}{dt}\left[\frac{\psi'(t)}{\varphi'(t)}\right]\frac{dt}{dx}$$

$$= \frac{\psi''(t)\varphi'(t) - \psi'(t)\varphi''(t)}{\varphi'^2(t)} \cdot \frac{1}{\varphi'(t)},$$

即

$$\frac{d^2 y}{dx^2} = \frac{\psi''(t)\varphi'(t) - \psi'(t)\varphi''(t)}{\varphi'^3(t)}. \tag{2.4.8}$$

例 2.4.8 求由参数方程 $\begin{cases} x = \arctan t, \\ y = \ln(1 + t^2) \end{cases}$ 所表示的函数 $y = y(x)$ 的导数.

解 $\dfrac{dy}{dx} = \dfrac{\frac{dy}{dt}}{\frac{dx}{dt}} = \dfrac{\frac{2t}{1+t^2}}{\frac{1}{1+t^2}} = 2t.$

例 2.4.9 求由摆线(图 2-4-1)的参数方程

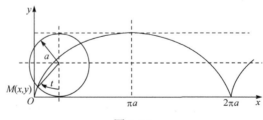

图 2-4-1

所表示的函数 $y = y(x)$ 的二阶导数.

解 $\dfrac{\mathrm{d}y}{\mathrm{d}x} = \dfrac{\dfrac{\mathrm{d}y}{\mathrm{d}t}}{\dfrac{\mathrm{d}x}{\mathrm{d}t}} = \dfrac{a\sin t}{a - a\cos t} = \dfrac{\sin t}{1 - \cos t}$ $(t \neq 2n\pi, n \in \mathbf{Z})$,

$\dfrac{\mathrm{d}^2 y}{\mathrm{d}x^2} = \dfrac{\mathrm{d}}{\mathrm{d}x}\left(\dfrac{\mathrm{d}y}{\mathrm{d}x}\right) = \dfrac{\mathrm{d}}{\mathrm{d}x}\left(\dfrac{\sin t}{1 - \cos t}\right) = \dfrac{\mathrm{d}}{\mathrm{d}t}\left(\dfrac{\sin t}{1 - \cos t}\right)\dfrac{1}{\dfrac{\mathrm{d}x}{\mathrm{d}t}}$

$= -\dfrac{1}{1 - \cos t} \cdot \dfrac{1}{a(1 - \cos t)} = -\dfrac{1}{a(1 - \cos t)^2}$ $(t \neq 2n\pi, n \in \mathbf{Z})$.

四、极坐标表示的曲线的切线

极坐标也是描述点和曲线的有效工具,有些特殊形状的曲线(星形线、双纽线等)用极坐标描述更为简便.

设曲线的极坐标方程为

$$r = r(\theta).$$

利用直角坐标与极坐标的关系 $x = r\cos\theta$,$y = r\sin\theta$ 可写出其参数方程为

$$\begin{cases} x = r(\theta)\cos\theta, \\ y = r(\theta)\sin\theta, \end{cases}$$

其中参数为极角 θ. 按参数方程的求导法则,可得到曲线 $r = r(\theta)$ 的切线斜率为

$$y' = \dfrac{\mathrm{d}y}{\mathrm{d}x} = \dfrac{y'_\theta}{x'_\theta} = \dfrac{r'(\theta)\sin\theta + r(\theta)\cos\theta}{r'(\theta)\cos\theta - r(\theta)\sin\theta}. \tag{2.4.9}$$

例 2.4.10 求心形线 $r = a(1 - \cos\theta)$ 在 $\theta = \dfrac{\pi}{2}$ 处的切线方程.

解 将极坐标方程化为参数方程,得

$$\begin{cases} x = r(\theta)\cos\theta = a(1 - \cos\theta)\cos\theta, \\ y = r(\theta)\sin\theta = a(1 - \cos\theta)\sin\theta. \end{cases}$$

于是

$$\dfrac{\mathrm{d}y}{\mathrm{d}x} = \dfrac{\mathrm{d}y}{\mathrm{d}\theta} \bigg/ \dfrac{\mathrm{d}x}{\mathrm{d}\theta} = \dfrac{\cos\theta - \cos 2\theta}{-\sin\theta + \sin 2\theta},$$

$$\left.\dfrac{\mathrm{d}y}{\mathrm{d}x}\right|_{\theta = \frac{\pi}{2}} = -1.$$

又当 $\theta = \dfrac{\pi}{2}$ 时,$x = 0, y = a$,所以曲线上对应于参数 $\theta = \dfrac{\pi}{2}$ 的点处的切线方程为

$$y - a = -x,$$

即

$$x + y = a.$$

下面进一步讨论**切线**与**切点和极点连线间的夹角**的计算. 设曲线在点 $P(r,\theta)$ 的切线与切点和极点的连线 OP 间的夹角为 ψ (图 2-4-2), 因 $\psi = \alpha - \theta$, 故有

$$\tan\psi = \tan(\alpha - \theta) = \frac{y' - \tan\theta}{1 + y'\tan\theta}.$$

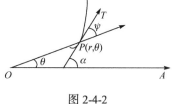

图 2-4-2

将表达式(2.4.9)代入上式, 整理即得

$$\tan\psi = \frac{r(\theta)}{r'(\theta)}. \tag{2.4.10}$$

读者也可自己尝试使用式(2.4.10)解答例 2.4.10.

五、相关变化率

设 $x = x(t)$ 及 $y = y(t)$ 都是可导函数, 如果变量 x 与 y 之间存在某种关系, 则它们的变化率 $\dfrac{\mathrm{d}x}{\mathrm{d}t}$ 与 $\dfrac{\mathrm{d}y}{\mathrm{d}t}$ 之间也存在一定关系, 这样两个相互依赖的变化率称为**相关变化率**. 相关变化率问题就是研究这两个变化率之间的关系, 以便从其中一个变化率求出另一个变化率.

例 2.4.11 正在追逐一辆超速行驶的汽车的巡警车由正北向正南驶向一个垂直的十字路口, 超速汽车已经拐过路口向正东方向驶去, 当它离路口东向 1.2km 时, 巡警车离路口北向 1.6km, 此时警察用雷达确定两车间的距离正以 40km/h 的速率增长(图 2-4-3). 若此刻巡警车的车速为 100km/h, 试问此刻超速车辆的速度是多少?

解 以路口为原点, 设在 t 时刻超速汽车和巡警车与路口的距离分别为 $x$km, $y$km, 则两车的直线距离 s 为 $\sqrt{x^2 + y^2}$ km, 易知 x, y, s 均为时间 t 的函数, 且知 $\dfrac{\mathrm{d}x}{\mathrm{d}t}, \dfrac{\mathrm{d}y}{\mathrm{d}t}$ 分别表示超速汽车、巡警车在 t 时刻的瞬间速度, $\dfrac{\mathrm{d}s}{\mathrm{d}t}$ 表示两车在 t 时刻的相对速度, 将提问中的时刻记为 t_0.

现对 $s^2 = x^2 + y^2$ 的两边对 t 进行求导, 得

$$2s\frac{\mathrm{d}s}{\mathrm{d}t} = 2x\frac{\mathrm{d}x}{\mathrm{d}t} + 2y\frac{\mathrm{d}y}{\mathrm{d}t}.$$

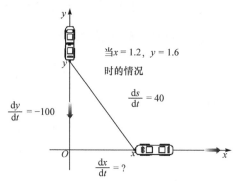

图 2-4-3

将 t_0 时刻的数据

$$x = 1.2, \quad y = 1.6, \quad s = \sqrt{x^2 + y^2} = 2,$$

$$\frac{ds}{dt} = 40, \quad \frac{dy}{dt} = -100 \text{ (符号取负, 是因为 } y \text{ 值逐渐变小)}$$

代入上式, 得

$$\frac{dx}{dt} = 200 \text{(km/h)}.$$

故所求时刻超速车辆的速度为 200km/h.

例 2.4.12 现以 18L/min 的速度往一圆锥形水箱注水(图 2-4-4), 水箱尖点朝下, 底半径为 0.5m, 高为 1m. 求注水高度为 0.3m 时水位上升的速度有多快.

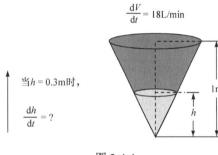

图 2-4-4

解 所求问题可归纳为求 $\dfrac{dh}{dt}$, h 表示注水 th 后水箱内水位高度, 此时水表面为一半径为 $h/2$m 的圆, 故我们可求得此时水箱内水的体积

$$V = \frac{1}{3}\pi\left(\frac{h}{2}\right)^2 h.$$

从水的注入体积的角度考虑也可得到 t 分钟后往水箱注入了 $0.018t\text{m}^3$ 的水, 于是可得 h 和 t 的函数关系式:

$$V = \frac{1}{3}\pi\left(\frac{h}{2}\right)^2 h = 0.018t,$$

化简得

$$\pi h^3 = 0.216t,$$

对等式的两边关于 t 求导, 得

$$\pi h^2 \frac{dh}{dt} = 0.072.$$

将 $h = 0.3$m 代入, 解得

$$\frac{dh}{dt} = \frac{8}{10\pi},$$

故注水高度为 0.3m 时水位上升的速度为 $\dfrac{8}{10\pi}$ m/min.

习题 2-4

1. 求下列方程所确定的隐函数 y 的导数 $\dfrac{dy}{dx}$:

(1) $xy - \cos(\pi y^2) = 0$;

(2) $xy = e^{x+y}$;

(3) $e^{xy} + y^2 - 5x = 0$; (4) $y = 3 + xe^y$;

(5) $\arctan \dfrac{y}{x} = \ln \sqrt{x^2 + y^2}$.

2. 求下列方程所确定的隐函数 y 的二阶导数 $\dfrac{d^2 y}{dx^2}$:

(1) $b^2 x^2 + a^2 y^2 = a^2 b^2$; (2) $\cos y = \ln(x + y)$;

(3) $y = \tan(x + y)$; (4) $x^2 - y^2 = -1$.

3. 用对数求导法则求下列函数的导数:

(1) $y = (3 + x^2)^{\tan x}$; (2) $y = \dfrac{\sqrt[5]{2x - 3} \sqrt[3]{x - 2}}{\sqrt{x + 2}}$;

(3) $y = \dfrac{\sqrt{x + 3}(5 - x)^4}{(x + 2)^5}$.

4. 求下列参数方程所确定的函数导数 $\dfrac{dy}{dx}$ 及在相应点处的导数值:

(1) $\begin{cases} x = at^3, \\ y = bt^5, \end{cases}$ 在 $t = 2$ 处. (2) $\begin{cases} x = e^t \sin t, \\ y = e^t \cos t, \end{cases}$ 在 $t = \dfrac{\pi}{3}$ 处.

5. 求下列参数方程所确定的函数的二阶导数 $\dfrac{d^2 y}{dx^2}$:

(1) $\begin{cases} x = t^2, \\ y = t - t^3; \end{cases}$ (2) $\begin{cases} x = 2e^{-t}, \\ y = 3e^t; \end{cases}$

(3) $\begin{cases} x = \ln(1 + t^2), \\ y = t - \arctan t; \end{cases}$ (4) $\begin{cases} x = 2\cos t, \\ y = 3\sin t. \end{cases}$

6. 设函数 $y = y(x)$ 由方程 $y - xe^y = 10$ 确定，求 $y'(0)$，并求曲线上其横坐标 $x = 0$ 处点的切线方程与法线方程.

7. 求曲线 $\begin{cases} x = \ln(1 + t^2), \\ y = \arctan t \end{cases}$ 在 $t = 1$ 对应点处的切线方程和法线方程.

8. 落在平静水面上的石头，产生同心波纹，若最外一圈波纹半径的增大率总是 $6 \, \text{m/s}$，问在 $2 \, \text{s}$ 末扰动水面面积的增大率为多少?

9. 在中午十二点整甲船以 $6 \, \text{km/h}$ 的速率向东行驶，乙船在甲船之北 $16 \, \text{km}$ 处，以 $8 \, \text{km/h}$ 的速率向南行驶，问下午一点整两船相距的速率为多少?

第五节　函数的微分

在理论研究和实际应用中，常常会遇到这样的问题：当自变量 x 有微小变化时，求函数 $y = f(x)$ 的微小改变量

$$\Delta y = f(x + \Delta x) - f(x).$$

这个问题初看起来似乎只要做减法运算就可以了,然而,对于较复杂的函数 $f(x)$,差值 $f(x+\Delta x)-f(x)$ 却是一个更复杂的表达式,不易求出其值. 一个想法是:我们设法将 Δy 表示成 Δx 的线性函数,即**线性化**,从而把复杂问题化为简单问题. 微分就是实现这种线性化的一种数学模型.

一、微分的定义

先分析一个具体问题. 设有一块边长为 x_0 的正方形金属薄片,由于受到温度变化的影响,边长从 x_0 变到 $x_0+\Delta x$,问此薄片的面积改变了多少?

如图 2-5-1 所示,此薄片原面积 $A=x_0^2$. 薄片受到温度变化的影响后,面积变为 $(x_0+\Delta x)^2$,故面积 A 的改变量为

$$\Delta A=(x_0+\Delta x)^2-x_0^2=2x_0\Delta x+(\Delta x)^2.$$

上式包含两部分,第一部分 $2x_0\Delta x$ 是 Δx 的线性函数,即图 2-5-1 中带有斜线的两个矩形面积之和;第二部分 $(\Delta x)^2$ 是图中带有交叉斜线的小正方形的面积. 当 $\Delta x \to 0$ 时,$(\Delta x)^2$ 是比 Δx 高阶的无穷小,即 $(\Delta x)^2=o(\Delta x)(\Delta x\to 0)$. 由此可见,如果边长有微小改变时(即 $|\Delta x|$ 很小时),我们可以将第二部分 $(\Delta x)^2$ 这个高阶无穷小忽略,而用第一部分 $2x_0\Delta x$ 近似地表示 ΔA,即 $\Delta A\approx 2x_0\Delta x$. 我们把 $2x_0\Delta x$ 称为 $A=x^2$ 在点 x_0 处的微分.

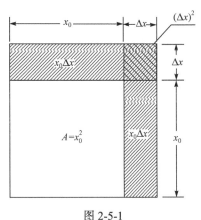

图 2-5-1

是否所有函数的改变量都能在一定的条件下表示为一个线性函数(改变量的主要部分)与一个高阶无穷小的和呢?这个线性部分是什么?如何求?本节将具体讨论这些问题.

定义 2.5.1 设函数 $y=f(x)$ 在某区间内有定义,x_0 及 $x_0+\Delta x$ 在该区间内,如果函数的增量 $\Delta y=f(x_0+\Delta x)-f(x_0)$ 可表示为

$$\Delta y=A\cdot\Delta x+o(\Delta x), \tag{2.5.1}$$

其中 A 是与 Δx 无关的常数,则称函数 $y=f(x)$ 在点 x_0 **可微**,并且称 $A\cdot\Delta x$ 为函数 $y=f(x)$ 在点 x_0 处相应于自变量改变量 Δx 的**微分**,记作 $\mathrm{d}y$,即

$$\mathrm{d}y=A\cdot\Delta x. \tag{2.5.2}$$

注:由定义可见,如果函数 $y=f(x)$ 在点 x_0 处可微,则

(1) 函数 $y=f(x)$ 在点 x_0 处的微分 $\mathrm{d}y$ 是自变量的改变量 Δx 的线性函数;

(2) 由式(2.5.1),得

$$\Delta y-\mathrm{d}y=o(\Delta x), \tag{2.5.3}$$

即 $\Delta y-\mathrm{d}y$ 是比自变量的改变量 Δx 更高阶的无穷小;

(3) 当 $A\neq 0$ 时,$\mathrm{d}y$ 与 Δy 是等价无穷小,事实上

$$\frac{\Delta y}{\mathrm{d}y} = \frac{\mathrm{d}y + o(\Delta x)}{\mathrm{d}y} = 1 + \frac{o(\Delta x)}{A \cdot \Delta x} \to 1 \quad (\Delta x \to 0),$$

由此得到

$$\Delta y = \mathrm{d}y + o(\Delta x), \tag{2.5.4}$$

我们称 $\mathrm{d}y$ 是 Δy 的**线性主部**. 式(2.5.4)还表明,以微分 $\mathrm{d}y$ 近似代替函数的增量 Δy 时,其误差为 $o(\Delta x)$,因此,当 $|\Delta x|$ 很小时,有近似等式

$$\Delta y \approx \mathrm{d}y. \tag{2.5.5}$$

根据定义仅知道微分 $\mathrm{d}y = A \cdot \Delta x$ 中的 A 与 Δx 无关,那么 A 是怎样的量?什么样的函数才可以微分呢? 下面回答这些问题.

二、函数可微的条件

设 $y = f(x)$ 在点 x_0 处可微,即有

$$\Delta y = A \cdot \Delta x + o(\Delta x),$$

两边除以 Δx,得

$$\frac{\Delta y}{\Delta x} = A + \frac{o(\Delta x)}{\Delta x},$$

于是,当 $\Delta x \to 0$ 时,由上式就可得到

$$A = \lim_{\Delta x \to 0} \frac{\Delta y}{\Delta x} = f'(x_0).$$

即函数 $y = f(x)$ 在点 x_0 处可导,且 $A = f'(x_0)$.

反之,若函数 $y = f(x)$ 在点 x_0 处可导,即有

$$\lim_{\Delta x \to 0} \frac{\Delta y}{\Delta x} = f'(x_0),$$

根据极限与无穷小的关系,得

$$\frac{\Delta y}{\Delta x} = f'(x_0) + \alpha,$$

其中 $\alpha \to 0$(当 $\Delta x \to 0$),由此得到

$$\Delta y = f'(x_0) \cdot \Delta x + \alpha \Delta x.$$

因 $\alpha \Delta x = o(\Delta x)$,且 $f'(x_0)$ 不依赖于 Δx,由微分的定义知,函数 $y = f(x)$ 在点 x_0 处可微.

综合上述讨论,我们得到如下定理.

定理 2.5.1 函数 $y = f(x)$ 在点 x_0 处可微的充分必要条件是函数 $y = f(x)$ 在点 x_0 处可导,并且函数的微分等于函数的导数与自变量的改变量的乘积,即

$$\mathrm{d}y = f'(x_0)\Delta x.$$

函数 $y = f(x)$ 在任意点 x 上的微分,称为**函数的微分**,记为 $\mathrm{d}y$ 或 $\mathrm{d}f(x)$,即有

$$\mathrm{d}y = f'(x)\Delta x. \tag{2.5.6}$$

如果 $y=x$，则 $\mathrm{d}x = x'\Delta x = \Delta x$ (即自变量的微分等于自变量的改变量)，所以
$$\mathrm{d}y = f'(x)\mathrm{d}x, \tag{2.5.7}$$
从而有
$$\frac{\mathrm{d}y}{\mathrm{d}x} = f'(x), \tag{2.5.8}$$
即函数的导数等于函数的微分与自变量的微分的商. 因此，导数又称为"**微商**".

由于求微分的问题归结为求导数的问题，因此，求导数与求微分的方法统称为**微分法**.

例 2.5.1 求函数 $y = x^2$ 当 x 由 1 改变到 1.01 的微分.

解 因为 $\mathrm{d}y = 2x\mathrm{d}x$，由题设条件知，
$$x=1, \quad \mathrm{d}x = \Delta x = 1.01 - 1 = 0.01,$$
所以
$$\mathrm{d}y = 2 \times 1 \times 0.01 = 0.02.$$

例 2.5.2 求函数 $y = x^3$ 在 $x = 2$ 处的微分.

解 函数 $y = x^3$ 在 $x = 2$ 处的微分为
$$\mathrm{d}y = (x^3)'\big|_{x=2} \mathrm{d}x = (3x^2)\big|_{x=2} \mathrm{d}x = 12\mathrm{d}x.$$

三、微分的几何意义

函数的微分有明显的几何意义. 在直角坐标系中，函数 $y = f(x)$ 的图形是一条曲线，设 $M(x_0, y_0)$ 是该曲线上的一个定点，当自变量 x 在点 x_0 处取改变量 Δx 时，就得到曲线上另一个点 $N(x_0 + \Delta x, y_0 + \Delta y)$. 由图 2-5-2 可见：
$$MQ = \Delta x, \quad QN = \Delta y.$$
过点 M 作曲线的切线 MT，它的倾角为 α，则 $QP = MQ \cdot \tan\alpha = \Delta x \cdot f'(x_0)$，即
$$\mathrm{d}y = QP = f'(x_0)\mathrm{d}x.$$

由此可知，对于可微函数 $y = f(x)$ 而言，当 Δy 是曲线 $y = f(x)$ 上点的纵坐标的增量时，$\mathrm{d}y$ 就是曲线的切线上点的纵坐标的增量. 当 $|\Delta x|$ 很小时，$|\Delta y - \mathrm{d}y|$ 比 $|\Delta x|$ 小得多，因此在点 M 的邻近，我们可以用切线段来近似代替曲线段.

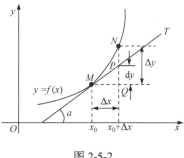

图 2-5-2

四、基本初等函数的微分公式与微分运算法则

根据函数微分的表达式
$$\mathrm{d}y = f'(x)\mathrm{d}x,$$
函数的微分等于函数的导数乘以自变量的微分(改变量). 由此可以得到基本初等函数的

微分公式和微分运算法则.

1. 基本初等函数的微分公式

(1) $d(C) = 0$ (C 为常数);
(2) $d(x^\mu) = \mu x^{\mu-1} dx$;
(3) $d(\sin x) = \cos x dx$;
(4) $d(\cos x) = -\sin x dx$;
(5) $d(\tan x) = \sec^2 x dx$;
(6) $d(\cot x) = -\csc^2 x dx$;
(7) $d(\sec x) = \sec x \tan x dx$;
(8) $d(\csc x) = -\csc x \cot x dx$;
(9) $d(a^x) = a^x \ln a dx$;
(10) $d(e^x) = e^x dx$;
(11) $d(\log_a x) = \dfrac{1}{x \ln a} dx$;
(12) $d(\ln x) = \dfrac{1}{x} dx$;
(13) $d(\arcsin x) = \dfrac{1}{\sqrt{1-x^2}} dx$;
(14) $d(\arccos x) = -\dfrac{1}{\sqrt{1-x^2}} dx$;
(15) $d(\arctan x) = \dfrac{1}{1+x^2} dx$;
(16) $d(\text{arccot}\, x) = -\dfrac{1}{1+x^2} dx$.

2. 微分的四则运算

(1) $d(Cu) = C du$;
(2) $d(u \pm v) = du \pm dv$;
(3) $d(uv) = v du + u dv$;
(4) $d\left(\dfrac{u}{v}\right) = \dfrac{v du - u dv}{v^2}$.

我们以乘积的微分运算法则为例加以证明:

$$d(uv) = (uv)' dx = (u'v + uv') dx = u'v dx + uv' dx$$
$$= v(u' dx) + u(v' dx) = v du + u dv,$$

即有

$$d(uv) = v du + u dv.$$

其他运算法则可以类似地证明.

例 2.5.3 求函数 $y = x^3 e^{2x}$ 的微分.

解 因为

$$y' = (x^3 e^{2x})' = 3x^2 e^{2x} + 2x^3 e^{2x} = x^2 e^{2x}(3 + 2x),$$

所以

$$dy = y' dx = x^2 e^{2x}(3 + 2x) dx$$

或

$$dy = e^{2x} d(x^3) + x^3 d(e^{2x}) = e^{2x} \cdot 3x^2 dx + x^3 \cdot 2e^{2x} dx = x^2 e^{2x}(3 + 2x) dx.$$

例 2.5.4 求函数 $y = \dfrac{\sin x}{x}$ 的微分.

解 因为

$$y' = \left(\frac{\sin x}{x}\right)' = \frac{x\cos x - \sin x}{x^2},$$

所以

$$dy = y'dx = \frac{x\cos x - \sin x}{x^2}dx.$$

3. 微分形式不变性

设 $y = f(u), u = \varphi(x)$，现在我们进一步来推导复合函数

$$y = f[\varphi(x)]$$

的微分法则.

如果 $y = f(u)$ 及 $u = \varphi(x)$ 都可导，则 $y = f[\varphi(x)]$ 的微分为

$$dy = y'_x dx = f'(u)\varphi'(x)dx.$$

由于 $\varphi'(x)dx = du$，故 $y = f[\varphi(x)]$ 的微分公式也可写成

$$dy = f'(u)du \quad \text{或} \quad dy = y'_u du.$$

由此可见，无论 u 是自变量还是复合函数的中间变量，函数 $y = f(u)$ 的微分形式总是可以按公式(2.5.7)的形式来写，即有

$$dy = f'(u)du.$$

这一性质称为微分形式的不变性，利用这一特性，可以简化微分的有关运算.

例 2.5.5 设 $y = \sin(2x+1)$，求 dy.

解 设 $y = \sin u, u = 2x+1$，则

$$dy = d(\sin u) = \cos u\, du = \cos(2x+1)d(2x+1)$$
$$= \cos(2x+1) \cdot 2dx = 2\cos(2x+1)dx.$$

注：与复合函数求导类似，求复合函数的微分也可不写出中间变量，这样更加直接和方便.

例 2.5.6 设 $y = \ln(x+\sqrt{x^2+1})$，求 dy.

解 $dy = d\ln(x+\sqrt{x^2+1}) = \dfrac{1}{x+\sqrt{x^2+1}}d(x+\sqrt{x^2+1})$

$$= \frac{1}{x+\sqrt{x^2+1}}\left(1+\frac{x}{\sqrt{x^2+1}}\right)dx = \frac{1}{\sqrt{x^2+1}}dx.$$

例 2.5.7 已知 $y = \dfrac{e^{2x}}{x^2}$，求 dy.

解 $dy = \dfrac{x^2 d(e^{2x}) - e^{2x} d(x^2)}{(x^2)^2} = \dfrac{x^2 e^{2x} \cdot 2dx - e^{2x} \cdot 2xdx}{x^4} = \dfrac{2e^{2x}(x-1)}{x^3}dx.$

例 2.5.8 在下列等式的括号中填入适当的函数，使等式成立.

(1) $d(\quad) = \cos\omega t\, dt$； (2) $d(\sin x^2) = (\quad)d(\sqrt{x})$.

解 (1) 因为

$$d(\sin \omega t) = \omega \cos \omega t dt,$$

所以

$$\cos \omega t dt = \frac{1}{\omega} d(\sin \omega t) = d\left(\frac{1}{\omega} \sin \omega t\right).$$

一般地,有

$$d\left(\frac{1}{\omega} \sin \omega t + C\right) = \cos \omega t dt.$$

(2) 因为

$$\frac{d(\sin x^2)}{d(\sqrt{x})} = \frac{2x \cos x^2 dx}{\frac{1}{2\sqrt{x}} dx} = 4x\sqrt{x} \cos x^2,$$

所以

$$d(\sin x^2) = (4x\sqrt{x} \cos x^2) d(\sqrt{x}).$$

例 2.5.9 求由方程 $e^{xy} = 2x + y^3$ 所确定的隐函数 $y = f(x)$ 的微分 dy.

解 对方程两边求微分,得

$$d(e^{xy}) = d(2x + y^3), \quad e^{xy} d(xy) = d(2x) + d(y^3), \quad e^{xy}(ydx + xdy) = 2dx + 3y^2 dy,$$

于是

$$dy = \frac{2 - ye^{xy}}{xe^{xy} - 3y^2} dx.$$

五、微分在近似计算中的应用

1. 函数的近似计算

在工程问题上,经常会遇到一些复杂的计算公式. 如果直接用这些公式进行计算,那是很费力的. 利用微分往往可以把一些复杂的计算公式用简单的近似公式来代替.

从前面的讨论已知,当函数 $y = f(x)$ 在点 x_0 处的导数 $f'(x_0) \neq 0$ 且 $|\Delta x|$ 很小时(在下面的讨论中我们假定这两个条件均得到满足),有

$$\Delta y \approx dy, \tag{2.5.9}$$

即

$$f(x_0 + \Delta x) - f(x_0) \approx f'(x_0) \Delta x.$$

令 $x = x_0 + \Delta x$,则 $\Delta x = x - x_0$,从而

$$f(x) - f(x_0) \approx f'(x_0)(x - x_0),$$

即

$$f(x) \approx f(x_0) + f'(x_0)(x-x_0). \tag{2.5.10}$$

如果 $f(x_0)$ 与 $f'(x_0)$ 都容易计算，那么利用式(2.5.9)来近似计算 $f(x_0+\Delta x)$，或利用式(2.5.10)来近似计算 $f(x)$. 这种近似计算的实质就是用 x 的线性函数 $f(x_0)+f'(x_0)(x-x_0)$ 来近似表达函数 $f(x)$. 从导数的几何意义可知，这也就是利用曲线 $y=f(x)$ 在点 $(x_0,f(x_0))$ 处的切线来近似代替该曲线(就切点邻近部分来说).

例 2.5.10 半径 10cm 的金属圆片加热后，半径伸长了 0.05cm, 问面积增大了多少？

解 圆面积 $A=\pi r^2$ (r 为半径), 令 $r=10$, $\Delta r=0.05$. 因为 Δr 相对于 r 较小，所以可用微分 $\mathrm{d}A$ 近似代替 ΔA. 由

$$\Delta A \approx \mathrm{d}A = (\pi r^2)' \cdot \mathrm{d}r,$$

当 $\mathrm{d}r=\Delta r=0.05$ 时，得

$$\Delta A \approx 2\pi \times 10 \times 0.05 = \pi(\mathrm{cm}^2).$$

例 2.5.11 计算 $\cos 60°30'$ 的近似值.

解 设 $f(x)=\cos x$, 则 $f'(x)=-\sin x$ (x 为弧度). 取 $x_0=\dfrac{\pi}{3}$, $\Delta x=\dfrac{\pi}{360}$, 所以

$$f\left(\frac{\pi}{3}\right)=\frac{1}{2}, \quad f'\left(\frac{\pi}{3}\right)=-\frac{\sqrt{3}}{2}.$$

因此

$$\cos 60°30' = \cos\left(\frac{\pi}{3}+\frac{\pi}{360}\right) \approx \cos\frac{\pi}{3}-\sin\frac{\pi}{3}\cdot\frac{\pi}{360} = \frac{1}{2}-\frac{\sqrt{3}}{2}\cdot\frac{\pi}{360} \approx 0.4924.$$

下面我们来推导一些常用的近似公式. 为此, 在式(2.5.10)中取 $x_0=0$, 于是

$$f(x) \approx f(0)+f'(0)x. \tag{2.5.11}$$

应用式(2.5.11)可以推得以下几个在工程上常用的近似公式(下面都假定 $|x|$ 是较小的数值):

(1) $\sqrt[n]{1+x} \approx 1+\dfrac{1}{n}x$;

(2) $\sin x \approx x$ (x 为弧度);

(3) $\tan x \approx x$ (x 为弧度);

(4) $\mathrm{e}^x \approx 1+x$;

(5) $\ln(1+x) \approx x$.

证 我们在此证明公式(1). 读者可以根据相关知识证明剩余的公式. 取 $f(x)=\sqrt[n]{1+x}$, 那么 $f(0)=1$, $f'(0)=\dfrac{1}{n}(1+x)^{\frac{1}{n}-1}\bigg|_{x=0}=\dfrac{1}{n}$, 代入式(2.5.11)便得

$$\sqrt[n]{1+x} \approx 1+\frac{1}{n}x.$$

例 2.5.12　计算 $\sqrt[3]{998.5}$ 的近似值：

解　$\sqrt[3]{998.5} = 10\sqrt[3]{1-0.0015}$，利用公式(2.5.11)进行计算，这里取 $x = -0.0015$ 时，其值相对很小，故有

$$\sqrt[3]{998.5} = 10\sqrt[3]{1-0.0015} \approx 10\left(1 - \frac{1}{3} \times 0.0015\right) = 9.995.$$

2. 误差计算

在生产实践中，经常要测量各种数据．由于测量仪器的精度、测量的条件和测量的方法等各种因素的影响，测得的数据往往带有误差，而根据带有误差的数据计算所得的结果也会有误差，我们把它叫做**间接测量误差**．下面讨论如何利用微分来估量这种间接测量误差．

首先要介绍绝对误差和相对误差的概念．

如果某个量的精确值为 A，它的近似值为 a，那么 $|A-a|$ 叫做 a 的**绝对误差**，而绝对误差与 $|a|$ 的比值 $\dfrac{|A-a|}{|a|}$ 叫做 a 的**相对误差**．

在实际工作中，某个量的精确值往往是无法知道的．于是，绝对误差与相对误差也就无法精确地求得．但是根据测量仪器的精确度等因素，有时能够将误差限制在某一个范围内．如果某个量的精确值是 A，测得它的近似值是 a，又知道它的误差不超过 δ_A，即

$$|A-a| \leqslant \delta_A,$$

那么 δ_A 叫做测量 A 的**绝对误差限**，$\dfrac{\delta_A}{|a|}$ 叫做测量 A 的**相对误差限**．

通常把绝对误差限和相对误差限简称为**绝对误差**与**相对误差**．

对于函数 $y = f(x)$，当自变量 x 因测量误差从值 x_0 偏移到 $x_0 + dx$ 时，我们可以用以下三种方式来估量函数在点 x_0 发生的误差(表 2-5-1)．

表 2-5-1

	精确误差	估计误差
绝对误差	$\Delta f = f(x_0 + dx) - f(x_0)$	$df = f'(x_0)dx$
相对误差	$\dfrac{\Delta f}{f(x_0)}$	$\dfrac{df}{f(x_0)}$
百分比误差	$\dfrac{\Delta f}{f(x_0)} \times 100\%$	$\dfrac{df}{f(x_0)} \times 100\%$

例 2.5.13　正方形边长为 2.41 ± 0.005 m，求出它的面积，并估计绝对误差与相对误差．

解　设正方形的边长为 x，面积为 y，则 $y = x^2$．当 $x = 2.41$ 时，

$$y = (2.41)^2 = 5.8081(\mathrm{m}^2). \qquad y'|_{x=2.41} = 2x|_{x=2.41} = 4.82.$$

因为边长的绝对误差为 $\delta_x = 0.005$, 所以面积的绝对误差为

$$\delta_x = 4.82 \times 0.005 = 0.0241(\text{m}^2).$$

因此面积的相对误差为

$$\frac{\delta_y}{|y|} = \frac{0.0241}{5.8081} \approx 0.4\%.$$

习题 2-5

1. 已知 $y = x^2 - 3$, 当 Δx 分别为 $1, 0.1, 0.01$ 时, 计算在点 $x = 2$ 处的 Δy 及 dy 之值.

2. 将适当的函数填入下列括号内, 使等式成立:

(1) $d(\quad) = 6x dx$; (2) $d(\quad) = \sin \omega x dx$;

(3) $d(\quad) = \dfrac{1}{x+3} dx$; (4) $d(\quad) = e^{-3x} dx$;

(5) $d(\quad) = \dfrac{1}{\sqrt{x}} dx$; (6) $d(\quad) = \sec^2 5x dx$.

3. 求下列函数的微分:

(1) $y = \ln(x+1) + 2\sqrt{x}$; (2) $y = x\cos 2x$;

(3) $y = x^2 e^{2x}$; (4) $y = \arcsin\sqrt{1-x^3}$;

(5) $y = (e^x - e^{-x})^2$; (6) $y = \sqrt{x - \sqrt{x}}$;

(7) $y = \arctan\dfrac{1-x^2}{1+x^2}$; (8) $y = \sqrt{1-9^x} \arccos(3^x)$;

(9) $y = 2\sin(3t + 5)$; (10) $y = \tan^2(1+3x^2)$.

4. 求下列方程所确定的函数 $y = y(x)$ 的微分 dy:

(1) $x + 2y = (x - y)\ln(x - y)$; (2) $\sin(xy) = x^2 y^2$.

5. 计算下列函数值的近似值:

(1) $\sqrt[100]{1.003}$; (2) $\sin 29°$; (3) $\arccos 0.5002$.

6. 当 $|x|$ 较小时, 证明下列近似公式:

(1) $e^x \approx 1 + x$; (2) $\sqrt[n]{1+x} \approx 1 + \dfrac{x}{n}$; (3) $\ln(1+x) \approx x$.

7. 为了计算出球的体积(精确到 1%), 问度量球的直径 D 所允许的最大相对误差是多少?

8. 某厂生产一扇形板, 半径 $R = 200\text{mm}$, 要求中心角 α 为 $55°$, 产品检测时, 一般用测量弦长 L 的方法来间接测量中心角 α. 如果测量弦长 L 时的误差 $\delta_L = 0.1\text{mm}$, 问由此而引起的中心角测量误差是多少?

*第六节　MATLAB 软件应用

MATLAB 符号工具箱中提供的函数 diff 可以求取一般函数的导数及高阶导数，也可求隐函数和由参数方程确定的函数的导数．

函数 diff 的调用格式如下：

`D = diff (fun, x, n)`

参数说明：D 是求得的导数，fun 是函数的符号表达式，x 是符号变量，n 是求导阶数，若 n 缺省，其默认值为 1．

在 MATLAB 中还可以使用函数 subs 来计算函数在某一点的导数值．

函数 subs 的调用格式如下：

`Z = subs (fun, old, new)`

参数说明：fun 是函数的符号表达式，old 是符号变量，Z 是在函数 fun 中用变量 new 替换 old 后所求得的导数值．

例 2.6.1　求 $y=\ln(x+\sqrt{a^2+x^2})$ 的导数．

解　输入命令：

```
syms a, x;
daoshu = diff(log(x + sqrt(a^2 + x^2)),'x');
daoshu = simplify(daoshu)%使输出的结果简单化
```

输出结果：

`daoshu=1/(a^2 + x^2)^(1/2)`

例 2.6.2　求 $y=e^{2x}$ 的五阶导数．

解　输入命令：

```
syms x;
daoshu5 = diff(exp(2*x), x, 5)
```

输出结果：

`daoshu5 = 32*exp(2*x)`

例 2.6.3　求由方程 $e^y+xy-e=0$ 所确定的隐函数的导数 $\dfrac{dy}{dx}$．

解　输入命令：

```
syms x, y;
z = exp(y)+ x*y - exp(1);
dydx = -diff(z, x)/diff(z, y)
```

输出结果：

`dydx = -y/(x + exp(y))`

例 2.6.4　求由参数方程 $x=e^t\cos t$，$y=e^t\sin t$ 所确定的函数的导数．

解　输入命令：

```
syms t;
x = exp(t)*cos(t);
y=exp(t)*sin(t);
daoshu=diff(y, t)/diff(x, t);
daoshu=simplify(daoshu)
```
输出结果:
Daoshu = (cos(t)+sin(t))/(cos(t)- sin(t))

例 2.6.5 求 $y = \cos(3x+2)$ 的微分.

解 输入命令:
```
syms x;
y = cos(3*x + 2);
dy =[char(diff(y)), = 'dx']
```
输出结果:
Dy = -3*sin(3*x + 2)dx

例 2.6.6 求函数 $f(x) = x^3 + 4\sin x$ 在 $x = \pi$ 处的导数值.

解 输入命令:
```
syms x;
f = x^3+4*sin(x);
dfdx = diff(f, x);
f_pi = subs(dfdx, x, pi)
```
输出结果:
f_pi = 3 * pi^2 - 4

第三章 微分中值定理与导数的应用

作为函数的变化率的导数, 在研究函数变化的性态中有着十分重要的意义, 在自然科学、工程技术以及社会科学等领域中得到广泛的应用."求最大值和最小值"在当时的生产实践中具有深刻的应用背景, 例如, 在天文学中, 求行星离开太阳的最远和最近距离等. 本章以微分学基本定理——微分中值定理为基础, 进一步介绍应用导数研究函数的单调性和凹凸性, 求函数的极值、最大(小)值等性态以及函数作图的方法.

第一节 微分中值定理

中值定理揭示了函数在某区间的整体性质与该区间内部某一点的导数之间的关系, 既是用微分学知识解决应用问题的理论基础, 又是解决微分学自身发展的一种理论性模型, 因而称为微分中值定理.

一、罗尔定理

观察图 3-1-1, 设函数 $y = f(x)$ 在区间 $[a,b]$ 上的图像是一条连续光滑曲线弧, 这条曲线在区间 (a,b) 内每一点都存在不垂直于 x 轴的切线, 且区间 $[a,b]$ 的两个端点的函数值相等, 即 $f(a) = f(b)$, 则可以发现在曲线弧上的最高点处或最低点处, 曲线有水平切线, 即有 $f'(\xi) = 0$. 如果用数学分析的语言把这几种几何现象描述出来, 就可得到下面的罗尔定理. 在介绍罗尔定理之前, 先介绍费马定理.

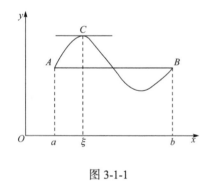

图 3-1-1

费马定理: 函数 $f(x)$ 在点 x_0 处取得极值, 若 $f(x)$ 在点 x_0 处可导, 则
$$f'(x_0) = 0.$$

读者可自己证明.

定理 3.1.1 (罗尔定理) 如果函数 $y = f(x)$ 满足:
(1) 在闭区间 $[a,b]$ 上连续;
(2) 在开区间 (a,b) 内可导;
(3) 在区间端点的函数值相等, 即 $f(a) = f(b)$,
则在 (a,b) 内至少存在一点 $\xi (a < \xi < b)$, 使得 $f'(\xi) = 0$.

证 由于 $f(x)$ 在闭区间 $[a,b]$ 上连续, 根据闭区间上连续函数的最大值和最小值定理, $f(x)$ 在 $[a,b]$ 上必有最大值 M 和最少值 m. 现分两种可能来讨论.

若 $M = m$, 则对任一 $x \in (a,b)$, 都有 $f(x) = m(M)$, 这时对任意的 $\xi \in (a,b)$, 都有 $f'(\xi) = 0$.

若 $M > m$，由条件(3)知，M 和 m 中至少有一个不等于 $f(a)(f(b))$，不妨设 $M \neq f(a)$，则在开区间 (a,b) 内有一点 ξ 使得 $f(\xi) = M$。下面来证明 $f'(\xi) = 0$。

由条件(2)知，$f'(\xi)$ 存在。由于 $f(\xi)$ 为最大值，所以不论 Δx 为正或为负，只要 $\xi + \Delta x \in [a,b]$，总有 $f(\xi + \Delta x) - f(\xi) \leqslant 0$，因此，当 $\Delta x > 0$ 时，有

$$\frac{f(\xi + \Delta x) - f(\xi)}{\Delta x} \leqslant 0.$$

根据函数极限的保号知

$$f'_+(\xi) = \lim_{\Delta x \to 0^+} \frac{f(\xi + \Delta x) - f(\xi)}{\Delta x} \leqslant 0.$$

同样，当 $\Delta x < 0$ 时，有 $\dfrac{f(\xi + \Delta x) - f(\xi)}{\Delta x} \geqslant 0$，所以

$$f'_-(\xi) = \lim_{\Delta x \to 0^-} \frac{f(\xi + \Delta x) - f(\xi)}{\Delta x} \geqslant 0.$$

因为 $f'(\xi) = f'_+(\xi) = f'_-(\xi)$，故 $f'(\xi) = 0$。

罗尔定理的假设并不要求在 a 和 b 处可导，只要满足在 a 和 b 处的连续性就可以了。

例如，函数 $f(x) = \sqrt{1 - x^2}$ 在 $[-1,1]$ 上满足罗尔定理的假设(和结论)，即使 f 在 $x = -1$ 和 $x = 1$ 处不可导。若取 $\xi = 0 \in (-1,1)$，则仍有 $f'(\xi) = 0$ (图 3-1-2)。

但要注意，在一般情形下，罗尔定理只给出了导函数的零点的存在性，通常这样的零点是不易具体求出的。

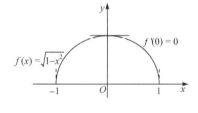

图 3-1-2

例 3.1.1 不求导数，判断函数 $f(x) = (x-1) \cdot (x-2) \cdot (x-3)$ 的导数有几个零点及这些零点所在的范围。

解 因为 $f(1) = f(2) = f(3) = 0$，所以 $f(x)$ 在闭区间 $[1,2]$，$[2,3]$ 上满足罗尔定理的三个条件，从而，在 $(1,2)$ 内至少存在一点 ξ_1，使 $f'(\xi_1) = 0$，即 ξ_1 是 $f'(x)$ 的一个零点；又在 $(2,3)$ 内至少存在一点 ξ_2，使 $f'(\xi_2) = 0$，即 ξ_2 也是 $f'(x)$ 的一个零点；

又因为 $f'(x)$ 为二次多项式，最多只能有两个零点，故 $f'(x)$ 恰好有两个零点，分别在区间 $(1,2)$ 和 $(2,3)$ 内。

例 3.1.2 证明：方程 $x^5 - 5x + 1 = 0$ 有且仅有一个小于 1 的正实根。

证 设 $f(x) = x^5 - 5x + 1$，则 $f(x)$ 在 $[0,1]$ 上连续，且 $f(0) = 1, f(1) = -3$。由零点定理知，存在 $x_0 \in (0,1)$，使 $f(x_0) = 0$，即 x_0 为题设方程小于 1 的正实根。

再来证明 x_0 为题设方程的小于 1 的唯一正实根。用反证法，设另有 $x_1 \in (0,1), x_1 \neq x_0$，使 $f(x_1) = 0$。易见函数 $f(x)$ 在以 x_0, x_1 为端点的区间上满足罗尔定理的条件，故至少存在一点 ξ (介于 x_0, x_1 之间)，使得 $f'(\xi) = 0$。但

$$f'(x) = 5(x^4 - 1) < 0, \quad x \in (0,1),$$

矛盾，所以 x_0 即为题设方程小于 1 的为唯一正实根。

二、拉格朗日中值定理

罗尔定理中 $f(a)=f(b)$ 这个条件是相当特殊的，它使罗尔定理的应用受到限制．拉格朗日在罗尔定理的基础上作了进一步的研究，取消了罗尔定理中这个条件的限制，但仍保留了其余两个条件，得到了在微分学中具有重要地位的拉格朗日中值定理．

定理 3.1.2 (拉格朗日中值定理) 如果函数 $y=f(x)$ 满足：

(1) 在闭区间$[a,b]$上连续；

(2) 在开区间(a,b)内可导，

则在(a,b)内至少存在一点$\xi(a<\xi<b)$，使得

$$f(b)-f(a)=f'(\xi)(b-a). \tag{3.1.1}$$

在证明之前，先看一下定理的几何意义，式(3.1.1)可改写为

$$\frac{f(b)-f(a)}{b-a}=f'(\xi). \tag{3.1.2}$$

从图 3-1-3 可见，$\dfrac{f(b)-f(a)}{b-a}$ 为弦 AB 的斜率，而 $f'(\xi)$ 为曲线在点 C 处的切线的斜率．

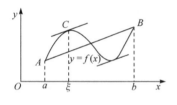

图 3-1-3

拉格朗日中值定理表明，在满足定理条件的情况下，曲线 $y=f(x)$ 上至少有一点 C，使曲线在点 C 处的切线平行于弦 AB．

由图 3-1-3 亦可看出，罗尔定理是拉格朗日中值定理在 $f(a)=f(b)$ 时的特殊情形．通过这种特殊关系，还可进一步联想到利用罗尔定理来证明拉格朗日中值定理．事实上，因为弦 AB 的方程为

$$y=f(a)+\frac{f(b)-f(a)}{b-a}(x-a),$$

而曲线 $y=f(x)$ 与弦 AB 在区间端点 a,b 处相交，故若用曲线 $y=f(x)$ 与弦 AB 的方程的差构成一个新函数，则这个新函数在端点 a,b 处的函数值相等．由此即可证明拉格朗日中值定理．

证 构造辅助函数

$$F(x)=f(x)-\left[f(a)+\frac{f(b)-f(a)}{b-a}(x-a)\right].$$

容易验证 $F(x)$ 满足罗尔定理的条件，从而在(a,b)内至少存在一点 ξ，使得 $F'(\xi)=0$，即

$$f'(\xi)-\frac{f(b)-f(a)}{b-a}=0 \quad 或 \quad f(b)-f(a)=f'(\xi)(b-a).$$

注：式(3.1.1)和式(3.1.2)均称为**拉格朗日中值公式**．式(3.1.2)的左端 $\dfrac{f(b)-f(a)}{b-a}$ 表示函数在闭区间$[a,b]$上整体变化的平均变化率，右端 $f'(\xi)$ 表示开区间 (a,b) 内某点 ξ 处函数的局部变化率．于是，拉格朗日中值公式反映了可导函数在$[a,b]$上整体平均变化率与在(a,b)内某点 ξ 处函数的局部变化率的关系．若从力学角度看，式(3.1.2)表示整

体上的平均速度等于某一内点处的瞬时速度. 因此, 拉格朗日中值定理是连接局部与整体的纽带.

设 $x, x+\Delta x \in (a,b)$, 在以 $x, x+\Delta x$ 为端点的区间上应用式(3.1.1), 则有
$$f(x+\Delta x) - f(x) = f'(x+\theta \Delta x) \cdot \Delta x \quad (0 < \theta < 1),$$
即
$$\Delta y = f'(x_0 + \theta \Delta x) \cdot \Delta x \quad (0 < \theta < 1). \tag{3.1.3}$$

式(3.1.3)精确地表达了函数在一个区间上的增量与函数在该区间内某点处的导数之间的关系, 这个公式又称为**有限增量公式**.

拉格朗日中值定理在微分学中占有重要地位, 有时也称这个定理为微分中值定理. 在某些问题中, 当自变量 x 取得有限增量 Δx 而需要函数增量的准确表达式时, 拉格朗日中值定理就突显出其重要价值.

例如, 函数 $f(x) = x^2$ 在 $[0,2]$ 上连续且在 $(0,2)$ 内可导, 如图 3-1-4 所示. 因为 $f(0) = 0$ 和 $f(2) = 4$, 拉格朗日中值定理的导函数 $f'(x) = 2x$ 在区间中的某点 ξ 一定取值为 $\dfrac{f(b)-f(a)}{b-a} = \dfrac{4-0}{2-0} = 2 = f'(\xi) = 2\xi$, 通过解方程 $2\xi = 2$ 得到 $\xi = 1$, 从而具体确定了点 ξ.

拉格朗日中值定理的物理解释 把数 $\dfrac{f(b)-f(a)}{b-a}$ 设想为 f 在 $[a,b]$ 上的平均变化率而 $f'(\xi)$ 是 $x = \xi$ 的瞬时变化率. 拉格朗日中值定理是说, 在整个区间上的平均变化率一定等于某个点处的瞬时变化率.

我们知道, 常数的导数等于零; 但反过来, 导数为零的函数是否是常数呢? 回答是肯定的, 现在就用拉格朗日中值定理来证明其正确性.

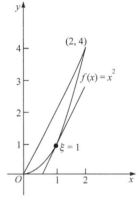

图 3-1-4

推论 3.1.1 如果函数 $f(x)$ 在区间 I 上的导数恒为零, 那么 $f(x)$ 在区间 I 上是一个常数.

证 在区间 I 上任取两点 $x_1, x_2 (x_1 < x_2)$, 在区间 $[x_1, x_2]$ 上应用拉格朗日中值定理, 由式(3.1.1)得
$$f(x_1) - f(x_2) = f'(\xi)(x_1 - x_2) \quad (x_1 < \xi < x_2).$$
由假设 $f'(\xi) = 0$, 于是
$$f(x_1) = f(x_2).$$
再由 x_1, x_2 的任意性知, $f(x)$ 在区间 I 上任意点处的函数值都相等, 即 $f(x)$ 在区间 I 上是一个常数.

注: 推论 3.1.1 表明, 导数为零的函数就是常数函数, 这一结论以后在积分学中将会用到. 由推论 3.1.1 立即可得推论 3.1.2.

推论 3.1.2 如果函数 $f(x)$ 与 $g(x)$ 在区间 I 上恒有 $f'(x) = g'(x)$, 则在区间 I 上
$$f(x) = g(x) + C \quad (C \text{ 为常数}).$$

例 3.1.3 证明：$\arcsin x + \arccos x = \dfrac{\pi}{2} (-1 \leqslant x \leqslant 1)$.

证 设 $f(x) = \arcsin x + \arccos x, x \in [-1,1]$，则

$$f'(x) = \dfrac{1}{\sqrt{1-x^2}} + \left(-\dfrac{1}{\sqrt{1-x^2}}\right) = 0, \quad x \in (-1,1),$$

从而 $f(x) \equiv C, x \in (-1,1)$，又因为

$$f(0) = \arcsin 0 + \arccos 0 = 0 + \dfrac{\pi}{2} = \dfrac{\pi}{2}, \quad x \in (-1,1),$$

而

$$f(-1) = \arcsin(-1) + \arccos(-1) = \dfrac{\pi}{2}, \quad f(1) = \arcsin 1 + \arccos 1 = \dfrac{\pi}{2},$$

故

$$f(x) = \arcsin x + \arccos x = \dfrac{\pi}{2}, \quad x \in [-1,1].$$

例 3.1.4 证明：当 $x > 0$ 时，$\dfrac{x}{1+x} < \ln(1+x) < x$.

证 设 $f(x) = \ln(1+x)$，显然，$f(x)$ 在 $[0,x]$ 上满足拉格朗日中值定理的条件，由式 (3.1.1) 有

$$f(x) - f(0) = f'(\xi)(x - 0) \quad (0 < \xi < x).$$

因为 $f(0) = 0, f'(x) = \dfrac{1}{1+x}$，故上式即为

$$\ln(1+x) = \dfrac{x}{1+\xi} \quad (0 < \xi < x).$$

由于 $0 < \xi < x$，所以 $\dfrac{x}{1+x} < \dfrac{x}{1+\xi} < x$，即

$$\dfrac{x}{1+x} < \ln(1+x) < x.$$

三、柯西中值定理

拉格朗日中值定理表明：如果连续曲线弧 $\overset{\frown}{AB}$ 上除端点外处处具有不垂直于横轴的切线，则这段弧上至少有一点 C，使曲线在点 C 处的切线平行于弦 AB. 设弧 $\overset{\frown}{AB}$ 的参数方程为 $\begin{cases} X = g(x), \\ Y = f(x) \end{cases}$ $(a \leqslant x \leqslant b)$ (图 3-1-5)，其中 x 是参数，那么曲线上点 (X,Y) 处的切线斜率为

$$\dfrac{\mathrm{d}Y}{\mathrm{d}X} = \dfrac{f'(x)}{g'(x)},$$

弦 AB 的斜率为

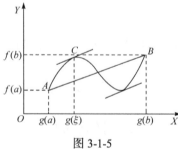

图 3-1-5

$$\frac{f(b)-f(a)}{g(b)-g(a)}.$$

假设点 C 对应于参数 $x=\xi$，那么曲线上点 C 处的切线平行于弦 AB，即

$$\frac{f(b)-f(a)}{g(b)-g(a)}=\frac{f'(\xi)}{g'(\xi)}.$$

与这一事实相应的是定理 3.1.3.

定理 3.1.3 (柯西中值定理)　如果函数 $f(x)$ 及 $g(x)$ 满足：
(1) 在闭区间 $[a,b]$ 上连续；
(2) 在开区间 (a,b) 内可导；
(3) 在 (a,b) 内每一点处，$g'(x)\neq 0$，

则在 (a,b) 内至少存在一点 $\xi(a<\xi<b)$，使得

$$\frac{f(b)-f(a)}{g(b)-g(a)}=\frac{f'(\xi)}{g'(\xi)}.$$

证　构造辅助函数

$$\varphi(x)=f(x)-f(a)-\frac{f(b)-f(a)}{g(b)-g(a)}[g(x)-g(a)].$$

易知 $\varphi(x)$ 满足罗尔定理的条件，故在 (a,b) 内至少存在一点 ξ，使得 $\varphi'(\xi)=0$，即

$$f'(\xi)-\frac{f(b)-f(a)}{g(b)-g(a)}\cdot g'(\xi)=0.$$

从而

$$\frac{f(b)-f(a)}{g(b)-g(a)}=\frac{f'(\xi)}{g'(\xi)}.$$

注：在拉格朗日中值定理和柯西中值定理的证明中，我们都采用了构造辅助函数的方法．这种方法是高等数学中证明数学命题的一种常用方法，它是根据命题的特征与需要，经过推敲与不断修正而构造出来的，并且不是唯一的．

显然，若取 $g(x)=x$，则 $g(b)-g(a)=b-a, g'(x)=1$，因而柯西中值定理就变成拉格朗日中值定理(微分中值定理)了，所以柯西中值定理又称为**广义中值定理**.

例 3.1.5　设函数 $f(x)$ 在 $[0,1]$ 上连续，在 $(0,1)$ 内可导．试证明：至少存在一点 $\xi\in(0,1)$，使

$$f'(\xi)=2\xi[f(1)-f(0)].$$

证　题设结论可变形为

$$\frac{f(1)-f(0)}{1-0}=\frac{f'(\xi)}{2\xi}=\frac{f'(x)}{(x^2)'}\bigg|_{x=\xi}.$$

因此，可设 $g(x)=x^2$，则 $f(x),g(x)$ 在 $[0,1]$ 上满足柯西中值定理的条件，所以在 $(0,1)$ 内至少存在一点 ξ，使 $\dfrac{f(1)-f(0)}{1-0}=\dfrac{f'(\xi)}{2\xi}$，即

$$f'(\xi)=2\xi[f(1)-f(0)].$$

例 3.1.6 验证柯西中值定理对函数 $f(x) = x^3 + 1, g(x) = x^2$ 在区间 $[1, 2]$ 上的正确性.

解 函数 $f(x) = x^3 + 1, g(x) = x^2$ 在区间 $[1, 2]$ 上连续, 在开区间 $(1, 2)$ 内可导, 且 $g'(x) = 2x \neq 0$. 于是 $f(x), g(x)$ 满足柯西中值定理的条件. 由

$$\frac{f(2) - f(1)}{g(2) - g(1)} = \frac{(2^3 + 1) - (1^3 + 1)}{2^2 - 1} = \frac{7}{3}, \quad \frac{f'(x)}{g'(x)} = \frac{3}{2}x,$$

令 $\frac{3}{2}x = \frac{7}{3}$ 得 $x = \frac{14}{9}$. 取 $\xi = \frac{14}{9} \in (1, 2)$, 则等式 $\frac{f(2) - f(1)}{g(2) - g(1)} = \frac{f'(x)}{g'(x)}$ 成立.

这就验证了柯西中值定理对所给函数在所给区间上的正确性.

习题 3-1

1. 函数 $f(x) = x(5 + x)$ 在区间 $[-5, 0]$ 上是否满足罗尔定理的所有条件? 如满足, 请求出满足定理的数值 ξ.

2. 不用求出函数 $f(x) = (x-1)(x-2)(x-3)(x-4)$ 的导数, 说明方程 $f'(x) = 0$ 有几个实根, 并指出它们所在的区间.

3. 证明: 方程 $x^5 + 2x - 1 = 0$ 只有一个正根.

4. 若函数 $f(x)$ 在 (a, b) 内具有二阶导函数, 且

$$f(x_1) = f(x_2) = f(x_3) \quad (a < x_1 < x_2 < x_3 < b),$$

证明: 在 (x_1, x_3) 内至少有一点 ξ, 使得 $f''(\xi) = 0$.

5. 验证拉格朗日中值定理对函数 $f(x) = 5x^2 - x + 2$ 在区间 $[0, 1]$ 上的正确性.

6. 证明: 对函数 $y = px^2 + qx + r$ 应用拉格朗日中值定理时所求得的点 ξ 是区间的中点.

7. 证明下列不等式:

(1) $|\arctan a - \arctan b| \leq |a - b|$; (2) 当 $x > 1$ 时, $e^x > ex$;

(3) 当 $x > 0$ 时, $\ln\left(1 + \frac{1}{x}\right) > \frac{1}{1+x}$; (4) 当 $a > b > 0$ 时, $\frac{a-b}{a} < \ln\frac{a}{b} < \frac{a-b}{b}$.

8. 函数 $f(x) = 5x^2 + 2$ 与 $g(x) = x^3$ 在区间 $[1, 2]$ 上是否满足柯西定理的所有条件? 如满足, 请求出满足定理的数值 ξ.

9. 证明恒等式: $2\arctan x + \arcsin \frac{2x}{1+x^2} = \pi (x \geq 1)$.

10. 证明: 若函数 $f(x)$ 在 $(-\infty, +\infty)$ 内满足关系式 $f'(x) = f(x)$, 且 $f(0) = 1$, 则 $f(x) = e^x$.

11. 设 $f(x)$ 在闭区间 $[a, b]$ 上满足 $f''(x) > 0$, 试证明: 存在唯一的 $c, a < c < b$, 使得

$$f'(c) = \frac{f(b) - f(a)}{b - a}.$$

第二节 洛必达法则

如果当 $x \to a$(或 $x \to \infty$) 时，两个函数 $f(x)$ 与 $g(x)$ 都趋于零或都趋于无穷大，则极限 $\lim\limits_{x \to a}\dfrac{f(x)}{g(x)}\left(\text{或}\lim\limits_{x \to \infty}\dfrac{f(x)}{g(x)}\right)$ 可能存在，也可能不存在，通常把这种极限称为**未定式**，并分别记为 $\dfrac{0}{0}$ 或 $\dfrac{\infty}{\infty}$．

例如，$\lim\limits_{x \to 0}\dfrac{\sin x}{x}$，$\lim\limits_{x \to 0}\dfrac{1-\cos x}{x^2}$，$\lim\limits_{x \to \infty}\dfrac{x^3}{\mathrm{e}^x}$ 等就是未定式．

在第一章中，曾通过适当的变形将函数转化成可利用极限运算法则或重要极限的形式来计算两个无穷小之比以及两个无穷大之比的未定式的极限. 这种变形属于特定的方法，需视具体问题而定. 本节将以导数为工具，给出计算未定式极限的一般方法——洛必达法则. 本节的几个定理所给出的求极限的方法统称为**洛必达法则**.

一、未定式的基本类型：$\dfrac{0}{0}$ 型与 $\dfrac{\infty}{\infty}$ 型

下面，我们以 $x \to a$ 时的未定式 $\dfrac{0}{0}$ 的情形为例进行讨论．

定理 3.2.1 设

(1) 当 $x \to a$ 时，函数 $f(x)$ 及 $g(x)$ 都趋于零；

(2) 在点 a 的某去心邻域内，$f'(x)$ 及 $g'(x)$ 都存在且 $g'(x) \neq 0$；

(3) $\lim\limits_{x \to a}\dfrac{f'(x)}{g'(x)}$ 存在(或为无穷大)，

则

$$\lim_{x \to a}\frac{f(x)}{g(x)} = \lim_{x \to a}\frac{f'(x)}{g'(x)}.$$

证 因为极限 $\lim\limits_{x \to a}\dfrac{f(x)}{g(x)}$ 是否存在与 $f(a)$ 和 $g(a)$ 取何值无关，故可补充定义

$$f(a) = g(a) = 0,$$

于是，由(1)和(2)可知，函数 $f(x)$ 及 $g(x)$ 在点 a 的某一邻域内是连续的. 设 x 是该邻域内任意一点 $(x \neq a)$，则 $f(x)$ 及 $g(x)$ 在以 x 及 a 为端点的区间上，满足柯西中值定理的条件，从而存在 ξ(ξ 介于 x 与 a 之间)，使得

$$\frac{f(x)}{g(x)} = \frac{f(x) - f(a)}{g(x) - g(a)} = \frac{f'(\xi)}{g'(\xi)}.$$

当 $x \to a$ 时，有 $\xi \to a$，所以

$$\lim_{x \to a} \frac{f(x)}{g(x)} = \lim_{\xi \to a} \frac{f'(\xi)}{g'(\xi)} = A \quad (\text{或} \infty).$$

上述定理给出的这种在一定条件下通过对分子分母分别求导再求极限来确定未定式的值的方法称为**洛必达法则**.

例 3.2.1 求 $\lim\limits_{x \to 0} \dfrac{\sin kx}{x} (k \neq 0)$.

解 这是 $\dfrac{0}{0}$ 型未定式,由洛必达法则,可得

$$\lim_{x \to 0} \frac{\sin kx}{x} = \lim_{x \to 0} \frac{(\sin kx)'}{(x)'} = \lim_{x \to 0} \frac{k \cos kx}{1} = k.$$

例 3.2.2 求 $\lim\limits_{x \to 1} \dfrac{x^3 - 3x + 2}{x^3 - x^2 - x + 1}$.

解 这是 $\dfrac{0}{0}$ 型未定式,连续应用洛必达法则两次,可得

$$\lim_{x \to 1} \frac{x^3 - 3x + 2}{x^3 - x^2 - x + 1} = \lim_{x \to 1} \frac{3x^2 - 3}{3x^2 - 2x - 1} = \lim_{x \to 1} \frac{6x}{6x - 2} = \frac{3}{2}.$$

注: 上式中, $\lim\limits_{x \to 1} \dfrac{6x}{6x - 2}$ 已不是未定式,不能再对它应用洛必达法则,否则会导致错误.

例 3.2.3 求 $\lim\limits_{x \to 0} \dfrac{e^x - e^{-x} - 2x}{x - \sin x}$.

解 $\lim\limits_{x \to 0} \dfrac{e^x - e^{-x} - 2x}{x - \sin x} = \lim\limits_{x \to 0} \dfrac{e^x + e^{-x} - 2}{1 - \cos x} = \lim\limits_{x \to 0} \dfrac{e^x - e^{-x}}{\sin x} = \lim\limits_{x \to 0} \dfrac{e^x + e^{-x}}{\cos x} = 2.$

注: 我们指出,对 $x \to \infty$ 时的未定式 $\dfrac{0}{0}$,以及 $x \to a$ 或 $x \to \infty$ 时的未定式 $\dfrac{\infty}{\infty}$,也有相应的洛必达法则. 例如,对 $x \to \infty$ 时的未定式 $\dfrac{0}{0}$,有如下定理.

定理 3.2.2 设

(1) 当 $x \to \infty$ 时,函数 $f(x)$ 及 $g(x)$ 都趋于零;

(2) 对充分大的 $|x|$, $f'(x)$ 及 $g'(x)$ 都存在且 $g'(x) \neq 0$;

(3) $\lim\limits_{x \to \infty} \dfrac{f'(x)}{g'(x)}$ 存在(或为无穷大),

则

$$\lim_{x \to \infty} \frac{f(x)}{g(x)} = \lim_{x \to \infty} \frac{f'(x)}{g'(x)}.$$

例 3.2.4 求 $\lim\limits_{x \to +\infty} \dfrac{\dfrac{\pi}{2} - \arctan x}{\dfrac{1}{x}}$.

解 $\lim\limits_{x\to+\infty}\dfrac{\dfrac{\pi}{2}-\arctan x}{\dfrac{1}{x}}=\lim\limits_{x\to+\infty}\dfrac{-\dfrac{1}{1+x^2}}{-\dfrac{1}{x^2}}=\lim\limits_{x\to+\infty}\dfrac{x^2}{1+x^2}=1.$

注：若求 $\lim\limits_{n\to+\infty}\dfrac{\dfrac{\pi}{2}-\arctan n}{\dfrac{1}{n}}$（$n$ 为自然数），则可利用上面求出的函数极限，得

$$\lim_{n\to+\infty}\dfrac{\dfrac{\pi}{2}-\arctan n}{\dfrac{1}{n}}=1.$$

例 3.2.5 求 $\lim\limits_{x\to0^+}\dfrac{\ln\cot x}{\ln x}$.

解 $\lim\limits_{x\to0^+}\dfrac{\ln\cot x}{\ln x}=\lim\limits_{x\to0^+}\dfrac{\dfrac{1}{\cot x}\cdot\left(-\dfrac{1}{\sin^2 x}\right)}{\dfrac{1}{x}}=-\lim\limits_{x\to0^+}\dfrac{x}{\sin x\cos x}$

$=-\lim\limits_{x\to0^+}\dfrac{x}{\sin x}\cdot\lim\limits_{x\to0^+}\dfrac{1}{\cos x}=-1.$

例 3.2.6 求 $\lim\limits_{x\to+\infty}\dfrac{\ln x}{x^n}\,(n>0)$.

解 $\lim\limits_{x\to+\infty}\dfrac{\ln x}{x^n}=\lim\limits_{x\to+\infty}\dfrac{\dfrac{1}{x}}{nx^{n-1}}=\lim\limits_{x\to+\infty}\dfrac{1}{nx^n}=0.$

例 3.2.7 求 $\lim\limits_{x\to+\infty}\dfrac{x^n}{e^{\lambda x}}$（$n$ 为正整数，$\lambda>0$）.

解 $\dfrac{\infty}{\infty}$ 型，反复应用洛必达法则 n 次，得

$$\lim_{x\to+\infty}\dfrac{x^n}{e^{\lambda x}}=\lim_{x\to+\infty}\dfrac{nx^{n-1}}{\lambda e^{\lambda x}}=\lim_{x\to+\infty}\dfrac{n(n-1)x^{n-2}}{\lambda^2 e^{\lambda x}}=\cdots=\lim_{x\to+\infty}\dfrac{n!}{\lambda^n e^{\lambda x}}=0.$$

注：对数函数 $\ln x$、幂函数 x^n、指数函数 $e^{\lambda x}(\lambda>0)$ 均为当 $x\to+\infty$ 时的无穷大，但它们增大的速度很不一样，其增大速度比较：对数函数 < 幂函数 < 指数函数.

使用洛必达法则时能化简应先化简，若能将该法则与其他求极限的方法结合使用会使效果更好，例如，应用等价无穷小替换或重要极限.

例 3.2.8 求 $\lim\limits_{x\to0}\dfrac{\tan x-x}{x^2\tan x}$.

解 注意到 $\tan x\sim x$，则有

$$\lim_{x\to 0}\frac{\tan x - x}{x^2 \tan x} = \lim_{x\to 0}\frac{\tan x - x}{x^3} = \lim_{x\to 0}\frac{\sec^2 x - 1}{3x^2}$$

$$= \lim_{x\to 0}\frac{2\sec^2 x \tan x}{6x} = \frac{1}{3}\lim_{x\to 0}\sec^2 x \cdot \lim_{x\to 0}\frac{\tan x}{x}$$

$$= \frac{1}{3}\lim_{x\to 0}\frac{\tan x}{x} = \frac{1}{3}.$$

例 3.2.9 求 $\lim\limits_{x\to 0}\dfrac{3x - \sin 3x}{(1-\cos x)\ln(1+2x)}$.

解 当 $x\to 0$ 时，$1-\cos x \sim \dfrac{1}{2}x^2$，$\ln(1+2x) \sim 2x$，所以

$$\lim_{x\to 0}\frac{3x - \sin 3x}{(1-\cos x)\ln(1+2x)} = \lim_{x\to 0}\frac{3x - \sin 3x}{x^3}$$

$$= \lim_{x\to 0}\frac{3 - 3\cos 3x}{3x^2} = \lim_{x\to 0}\frac{3\sin 3x}{2x} = \frac{9}{2}.$$

注：应用洛必达法则求极限 $\lim\dfrac{f(x)}{g(x)}$ 时，如果 $\lim\dfrac{f'(x)}{g'(x)}$ 不存在且不等于 ∞，只表明洛必达法则失效，并不意味着 $\lim\limits_{x\to\infty}\dfrac{f(x)}{g(x)}$ 不存在，此时应改用其他方法求之.

例 3.2.10 求 $\lim\limits_{x\to 0}\dfrac{x^2 \sin\dfrac{1}{x}}{\sin x}$.

解 所求极限属于 $\dfrac{0}{0}$ 的未定式. 但分子分母分别求导数后，将其化为

$$\lim_{x\to 0}\frac{2x\sin\dfrac{1}{x} - \cos\dfrac{1}{x}}{\cos x},$$

此式振荡无极限，故洛必达法则失效，不能使用. 但原极限是存在的，可用下法求得：

$$\lim_{x\to 0}\frac{x^2\sin\dfrac{1}{x}}{\sin x} = \lim_{x\to 0}\left(\frac{x}{\sin x}\cdot x\sin\frac{1}{x}\right) = \frac{\lim\limits_{x\to 0}x\sin\dfrac{1}{x}}{\lim\limits_{x\to 0}\dfrac{\sin x}{x}} = \frac{0}{1} = 0.$$

二、未定式的其他类型：$0\cdot\infty$ 型，$\infty-\infty$ 型，0^0，1^∞，∞^0 型

(1) 对于 $0\cdot\infty$ 型，可将乘积化为除的形式，即化为 $\dfrac{0}{0}$ 或 $\dfrac{\infty}{\infty}$ 型的未定式来计算.

例 3.2.11 求 $\lim\limits_{x\to +\infty}x^{-2}e^x$.

解 $\lim\limits_{x\to +\infty}x^{-2}e^x = \lim\limits_{x\to +\infty}\dfrac{e^x}{x^2} = \lim\limits_{x\to +\infty}\dfrac{e^x}{2x} = \lim\limits_{x\to +\infty}\dfrac{e^x}{2} = +\infty$.

(2) 对于 $\infty-\infty$ 型，可利用通分化为 $\dfrac{0}{0}$ 型的未定式来计算.

例 3.2.12 求 $\lim\limits_{x\to\frac{\pi}{2}}(\sec x - \tan x)$.

解 $\lim\limits_{x\to\frac{\pi}{2}}(\sec x - \tan x) = \lim\limits_{x\to\frac{\pi}{2}}\left(\dfrac{1}{\cos x} - \dfrac{\sin x}{\cos x}\right)$

$= \lim\limits_{x\to\frac{\pi}{2}}\dfrac{1-\sin x}{\cos x} = \lim\limits_{x\to\frac{\pi}{2}}\dfrac{-\cos x}{-\sin x} = \dfrac{0}{1} = 0.$

(3) 对于 0^0, 1^∞, ∞^0 型, 可先化以 e 为底的指数函数的极限, 再利用指数函数的连续性, 化为直接求指数的极限, 一般地, 有

$$\lim\limits_{x\to a}\ln f(x) = A \Rightarrow \lim\limits_{x\to a}\mathrm{e}^{\ln f(x)} = \mathrm{e}^{\lim\limits_{x\to a}\ln f(x)} = \mathrm{e}^A,$$

其中 a 是有限数或无穷.

下面我们用洛必达法则来重新求第一章第五节中的第二个重要极限.

例 3.2.13 求 $\lim\limits_{x\to\infty}\left(1+\dfrac{1}{x}\right)^x$.

解 这是 1^∞ 型未定式, 将它变形为

$$\ln\left(1+\dfrac{1}{x}\right)^x = \dfrac{\ln\left(1+\dfrac{1}{x}\right)}{\dfrac{1}{x}},$$

由于

$$\lim\limits_{x\to\infty}\ln\left(1+\dfrac{1}{x}\right)^x = \lim\limits_{x\to\infty}\dfrac{\ln\left(1+\dfrac{1}{x}\right)}{\dfrac{1}{x}} = \lim\limits_{x\to\infty}\dfrac{\left(1+\dfrac{1}{x}\right)^{-1}\left(-\dfrac{1}{x^2}\right)}{-\dfrac{1}{x^2}} = \lim\limits_{x\to\infty}\left(1+\dfrac{1}{x}\right)^{-1} = 1,$$

故

$$\lim\limits_{x\to\infty}\left(1+\dfrac{1}{x}\right)^x = \mathrm{e}.$$

例 3.2.14 求 $\lim\limits_{x\to 0^+}x^{\tan x}$.

解 这是 0^0 型未定式, 将它变形为 $\lim\limits_{x\to 0^+}x^{\tan x} = \mathrm{e}^{\lim\limits_{x\to 0^+}\tan x \ln x}$, 由于

$$\lim\limits_{x\to 0^+}\tan x \ln x = \lim\limits_{x\to 0^+}\dfrac{\ln x}{\cot x} = \lim\limits_{x\to 0^+}\dfrac{\dfrac{1}{x}}{-\csc^2 x}$$

$$= \lim\limits_{x\to 0^+}\dfrac{-\sin^2 x}{x} = \lim\limits_{x\to 0^+}\dfrac{-2\sin x\cos x}{1} = 0,$$

故 $\lim\limits_{x\to 0^+}x^{\tan x} = \mathrm{e}^0 = 1.$

例 3.2.15 求 $\lim\limits_{x\to 0^+}(\cot x)^{\frac{1}{\ln x}}$.

解 这是 ∞^0 型未定式,类似例 3.2.14,有

$$\lim_{x\to 0^+}(\cot x)^{\frac{1}{\ln x}}=\lim_{x\to 0^+}e^{\frac{\ln\cot x}{\ln x}}=e^{\lim\limits_{x\to 0^+}\frac{\ln\cot x}{\ln x}}$$

$$=e^{\lim\limits_{x\to 0^+}\frac{-\tan x\cdot\csc^2 x}{\frac{1}{x}}}=e^{\lim\limits_{x\to 0^+}\frac{-1}{\cos x}\cdot\frac{x}{\sin x}}=e^{-1}.$$

习题 3-2

1. 求下列极限:

(1) $\lim\limits_{x\to 1}\dfrac{3x-\dfrac{3}{2}x^2}{x^3-x^2-x-1}$;

(2) $\lim\limits_{x\to 1}\dfrac{x^3-1+\ln x}{e^x-e}$;

(3) $\lim\limits_{x\to a}\dfrac{\sin x-\sin a}{x-a}$;

(4) $\lim\limits_{x\to 0}\dfrac{e^x-e^{-x}}{\sin x}$;

(5) $\lim\limits_{x\to 0}x\cot 2x$;

(6) $\lim\limits_{x\to 0}\dfrac{\tan x-x}{x-\sin x}$;

(7) $\lim\limits_{x\to\frac{\pi}{2}}\dfrac{\ln\sin x}{(\pi-2x)^2}$;

(8) $\lim\limits_{x\to+\infty}\dfrac{\ln\left(1+\dfrac{1}{x}\right)}{\operatorname{arccot} x}$;

(9) $\lim\limits_{x\to 0^+}\dfrac{\ln\tan 5x}{\ln\tan 3x}$;

(10) $\lim\limits_{x\to 0}x^2 e^{\frac{1}{x^2}}$;

(11) $\lim\limits_{x\to\infty}x\left(e^{\frac{1}{x}}-1\right)$;

(12) $\lim\limits_{x\to 0}\left(\dfrac{1}{x}-\dfrac{1}{e^x-1}\right)$;

(13) $\lim\limits_{x\to 1}\left(\dfrac{x}{x-1}-\dfrac{1}{\ln x}\right)$;

(14) $\lim\limits_{x\to 0}\dfrac{e^x+\ln(1-x)-1}{x-\arctan x}$;

(15) $\lim\limits_{x\to 0}(1+\sin x)^{\frac{1}{x}}$;

(16) $\lim\limits_{x\to\infty}\left(1+\dfrac{a}{x}\right)^x$;

(17) $\lim\limits_{x\to 0^+}\left(\dfrac{1}{x}\right)^{\tan x}$;

(18) $\lim\limits_{x\to+\infty}(x+\sqrt{1+x^2})^{\frac{1}{x}}$.

2. 验证下列极限存在,但不能用洛必达法则求解.

(1) $\lim\limits_{x\to 0}\dfrac{x^2\sin\dfrac{1}{x}}{\sin x}$;

(2) $\lim\limits_{x\to\infty}\dfrac{x+\sin x}{x}$.

3. 讨论函数 $f(x)=\begin{cases}\left[\dfrac{(1+x)^{\frac{1}{x}}}{e}\right]^{\frac{1}{x}}, & x>0,\\ e^{-\frac{1}{2}}, & x\leqslant 0\end{cases}$ 在点 $x=0$ 处的连续性.

4. 若 $f(x)$ 有二阶导数,证明: $f''(x)=\lim\limits_{h\to 0}\dfrac{f(x+h)-2f(x)+f(x-h)}{h^2}$.

第三节 泰勒公式

为了便于研究,往往希望用简单的函数来近似表达一些比较复杂的函数. 多项式函数是最为简单的一类函数,经常被用于**逼近**(近似地表达)函数. 英国数学家泰勒(Taylor, 1685—1731)在这方面的研究表明:具有直到 $n+1$ 阶导数的函数在一个点的邻域内的值可以用函数在该点的函数值及各阶导数值组成的 n 次多项式近似表达. 本节介绍泰勒公式及其在极限计算的简单应用.

在微分的应用中我们已经知道,当 $|x|$ 很小时,有下列近似等式

$$e^x \approx 1+x, \quad \ln(1+x) \approx x.$$

这些都是用一次多项式来近似表达函数的例子. 但是这种近似表达式存在明显的不足,首先是精度不高,所产生的误差仅是关于 x 的高阶无穷小;其次是用它来做近似计算时,不能具体估算出误差的大小. 因此,当精确度要求较高且需要估计误差的时候,就必须用高次的多项式来近似表达函数,同时给出误差估计式.

一、问题

设函数 $f(x)$ 在含有 x_0 的开区间 (a,b) 内具有直到 $n+1$ 阶导数,问是否存在一个 n 次多项式函数

$$p_n(x) = a_0 + a_1(x-x_0) + a_2(x-x_0)^2 + \cdots + a_n(x-x_0)^n, \tag{3.3.1}$$

使得

$$f(x) \approx p_n(x), \tag{3.3.2}$$

且误差 $R_n(x) = f(x) - p_n(x)$ 是比 $(x-x_0)^n$ 高阶的无穷小,并给出误差估计的具体表达式.

这个问题的回答是肯定的.

下面先来考虑这样一种情形:设 $p_n(x)$ 在点 x_0 处的函数值及它直到 n 阶的导数在点 x_0 处的值依次与 $f(x_0), f'(x_0), f''(x_0), \cdots, f^{(n)}(x_0)$ 相等,即有

$$p_n(x_0) = f(x_0), \quad p_n^{(k)}(x_0) = f^{(k)}(x_0) \quad (k=1,2,\cdots,n). \tag{3.3.3}$$

要按这些等式来确定多项式(3.3.1)的系数 $a_0, a_1, a_2, \cdots, a_n$. 为此,对式(3.3.1)求各阶导数,并分别代入等式(3.3.3)中,得

$$a_0 = f(x_0), 1 \cdot a_1 = f'(x_0), 2! \cdot a_2 = f''(x_0), \cdots, n! \cdot a_n = f^{(n)}(x_0),$$

即

$$a_0 = f(x_0), \quad a_k = \frac{1}{k!} f^{(k)}(x_0) \quad (k=1,2,\cdots,n). \tag{3.3.4}$$

将所求系数 $a_0, a_1, a_2, \cdots, a_n$ 代入式(3.3.1),有

$$p_n(x) = f(x_0) + f'(x_0)(x-x_0) + \frac{f''(x_0)}{2!}(x-x_0)^2 + \cdots + \frac{f^{(n)}(x_0)}{n!}(x-x_0)^n. \tag{3.3.5}$$

下面的定理表明，多项式(3.3.5)就是我们要寻找的 n 次多项式.

二、泰勒中值定理

泰勒中值定理 如果函数 $f(x)$ 在含有 x_0 的某个开区间 (a,b) 内具有直到 $n+1$ 阶的导数，则对任一 $x \in (a,b)$，有

$$f(x) = f(x_0) + f'(x_0)(x-x_0) + \frac{f''(x_0)}{2!}(x-x_0)^2 + \cdots + \frac{f^{(n)}(x_0)}{n!}(x-x_0)^n + R_n(x), \quad (3.3.6)$$

其中

$$R_n(x) = \frac{f^{(n+1)}(\xi)}{(n+1)!}(x-x_0)^{n+1}, \quad (3.3.7)$$

这里 ξ 是介于 x_0 与 x 之间的某个值.

证 由 $R_n(x) = f(x) - p_n(x)$，根据题意，我们只需证明式(3.3.7)成立. 从题设条件知，$R_n(x)$ 在 (a,b) 内具有直到 $n+1$ 阶导数，且

$$R_n(x_0) = R_n'(x_0) = R_n''(x_0) = \cdots = R_n^{(n)}(x_0) = 0,$$

函数 $R_n(x)$ 及 $(x-x_0)^{n+1}$ 在以 x_0 及 x 为端点的区间上满足柯西中值定理的条件，所以

$$\frac{R_n(x)}{(x-x_0)^{n+1}} = \frac{R_n(x) - R_n(x_0)}{(x-x_0)^{n+1} - 0} = \frac{R_n'(\xi_1)}{(n+1)(\xi_1-x_0)^n} \quad (\xi_1 \text{在} x_0 \text{与} x \text{之间}),$$

又函数 $R_n'(x)$ 及 $(n+1)(x-x_0)^n$ 在以 x_0 及 ξ_1 为端点的区间上满足柯西中值定理的条件，所以

$$\frac{R_n'(\xi_1)}{(n+1)(\xi_1-x_0)^n} = \frac{R_n'(\xi_1) - R_n'(x_0)}{(n+1)(\xi_1-x_0)^n - 0} = \frac{R_n''(\xi_2)}{n(n+1)(\xi_2-x_0)^{n-1}} \quad (\xi_2 \text{在} x_0 \text{与} \xi_1 \text{之间}).$$

按此方法继续做下去，经过 $n+1$ 次后，可得

$$\frac{R_n(x)}{(x-x_0)^{n+1}} = \frac{R_n^{(n+1)}(\xi)}{(n+1)!},$$

其中 ξ 在 x_0 与 ξ_n 之间(也在 x_0 与 x 之间). 因为 $p_n^{(n+1)}(x) = 0$，所以

$$R_n^{(n+1)}(x) = f^{(n+1)}(x),$$

从而证得

$$R_n(x) = \frac{f^{(n+1)}(\xi)}{(n+1)!}(x-x_0)^{n+1} \quad (\xi \text{在} x_0 \text{与} x \text{之间}).$$

多项式(3.3.5)称为函数 $f(x)$ 按 $(x-x_0)$ 的幂展开的 n **阶泰勒多项式**，公式(3.3.6)称为 $f(x)$ 按 $(x-x_0)$ 的幂展开的 n **阶泰勒公式**，$R_n(x)$ 的表达式(3.3.7)称为**拉格朗日型余项**.

当 $n=0$ 时，泰勒公式变成拉格朗日中值公式:

$$f(x) = f(x_0) + f'(\xi)(x-x_0) \quad (\xi \text{在} x_0 \text{与} x \text{之间}),$$

因此，泰勒中值定理是拉格朗日中值定理的推广.

如果对于固定的 n, 当 $x \in (a,b)$ 时, $\left|f^{(n+1)}(x)\right| \leqslant M$, 则有

$$|R_n(x)| = \left|\frac{f^{(n+1)}(\xi)}{(n+1)!}(x-x_0)^{n+1}\right| \leqslant \frac{M}{(n+1)!}|x-x_0|^{n+1}, \quad (3.3.8)$$

从而

$$\lim_{x \to x_0} \frac{R_n(x)}{(x-x_0)^n} = 0.$$

故当 $x \to x_0$ 时, 误差 $R_n(x)$ 是比 $(x-x_0)^n$ 高阶的无穷小, 即

$$R_n(x) = o[(x-x_0)^n]. \quad (3.3.9)$$

$R_n(x)$ 的表达式(3.3.9)称为**佩亚诺型余项**.

至此, 我们提出的问题全部得到解决.

在不需要余项的精确表达式时, n 阶泰勒公式也可写成

$$f(x) = f(x_0) + f'(x_0)(x-x_0) + \frac{f''(x_0)}{2!}(x-x_0)^2 + \cdots$$
$$+ \frac{f^{(n)}(x_0)}{n!}(x-x_0)^n + o[(x-x_0)^n]. \quad (3.3.10)$$

公式(3.3.10)称为 $f(x)$ 按 $(x-x_0)$ 的幂展开的**带有佩亚诺型余项的 n 阶泰勒公式**.

在泰勒公式(3.3.6)中, 取 $x_0 = 0$, 则 ξ 在 0 与 x 之间, 因此, 可令 $\xi = \theta x (0 < \theta < 1)$, 由式(3.3.6)、式(3.3.7), 得

$$f(x) = f(0) + f'(0)x + \frac{f''(0)}{2!}x^2 + \cdots + \frac{f^{(n)}(0)}{n!}x^n + \frac{f^{(n+1)}(\theta x)}{(n+1)!}x^{n+1} \quad (0 < \theta < 1). \quad (3.3.11)$$

式(3.3.11)称为**带有拉格朗日型余项的麦克劳林公式**.

在泰勒公式(3.3.10)中, 取 $x_0 = 0$, 则得到带有佩亚诺型余项的麦克劳林公式

$$f(x) = f(0) + f'(0)x + \frac{f''(0)}{2!}x^2 + \cdots + \frac{f^{(n)}(0)}{n!}x^n + o(x^n). \quad (3.3.12)$$

从公式(3.3.11)或(3.3.12)可得近似公式

$$f(x) \approx f(0) + f'(0)x + \frac{f''(0)}{2!}x^2 + \cdots + \frac{f^{(n)}(0)}{n!}x^n. \quad (3.3.13)$$

误差估计式(3.3.8)相应变成

$$|R_n(x)| \leqslant \frac{M}{(n+1)!}|x|^{n+1}. \quad (3.3.14)$$

例 3.3.1 求 $f(x) = e^x$ 的 n 阶麦克劳林公式.

解 因为 $f'(x) = f''(x) = \cdots = f^{(n)}(x) = e^x$, 所以 $f(0) = f'(0) = f''(0) = \cdots = f^{(n)}(0) = 1$, 注意到 $f^{(n+1)}(\theta x) = e^{\theta x}$, 代入泰勒公式, 得

$$e^x = 1 + x + \frac{x^2}{2!} + \cdots + \frac{x^n}{n!} + \frac{e^{\theta x}}{(n+1)!}x^{n+1} \quad (0 < \theta < 1),$$

由公式可知

$$e^x \approx 1 + x + \frac{x^2}{2!} + \cdots + \frac{x^n}{n!},$$

其误差

$$|R_n(x)| = \left|\frac{e^{\theta x}}{(n+1)!} x^{n+1}\right| < \frac{e^{|x|}}{(n+1)!}|x|^{n+1} \quad (0 < \theta < 1).$$

取 $x = 1$, 得

$$e \approx 1 + 1 + \frac{1}{2!} + \cdots + \frac{1}{n!},$$

其误差

$$|R_n| < \frac{e}{(n+1)!} < \frac{3}{(n+1)!}.$$

例 3.3.2 写出函数 $f(x) = x^3 \ln x$ 在 $x_0 = 1$ 处的四阶泰勒公式.

解 因为

$$\begin{aligned}
f(x) &= x^3 \ln x, & f(1) &= 0, \\
f'(x) &= 3x^2 \ln x + x^2, & f'(1) &= 1, \\
f''(x) &= 6x \ln x + 5x, & f''(1) &= 5, \\
f'''(x) &= 6 \ln x + 11, & f'''(1) &= 11, \\
f^{(4)}(x) &= \frac{6}{x}, & f^{(4)}(1) &= 6, \\
f^{(5)}(x) &= -\frac{6}{x^2}, & f^{(5)}(\xi) &= -\frac{6}{\xi^2},
\end{aligned}$$

所以

$$x^3 \ln x = (x-1) + \frac{5}{2!}(x-1)^2 + \frac{11}{3!}(x-1)^3 + \frac{6}{4!}(x-1)^4 - \frac{6}{5!\xi^2}(x-1)^5,$$

其中 ξ 在 1 与 x 之间.

常用初等函数的麦克劳林公式:

$$e^x = 1 + x + \frac{x^2}{2!} + \cdots + \frac{x^n}{n!} + \frac{e^{\theta x}}{(n+1)!}x^{n+1};$$

$$\sin x = x - \frac{x^3}{3!} + \frac{x^5}{5!} - \cdots + (-1)^n \frac{x^{2n+1}}{(2n+1)!} + o(x^{2n+2});$$

$$\cos x = 1 - \frac{x^2}{2!} + \frac{x^4}{4!} - \frac{x^6}{6!} + \cdots + (-1)^n \frac{x^{2n}}{(2n)!} + o(x^{2n});$$

$$\ln(1+x) = x - \frac{x^2}{2} + \frac{x^3}{3} - \cdots + (-1)^{n-1} \frac{x^n}{n} + o(x^n);$$

$$\frac{1}{1-x} = 1 + x + x^2 + \cdots + x^n + o(x^n);$$

$$(1+x)^m = 1 + mx + \frac{m(m-1)}{2!}x^2 + \cdots + \frac{m(m-1)\cdots(m-n+1)}{n!}x^n + o(x^n).$$

例 3.3.3 求函数 $f(x) = xe^x$ 的 n 阶麦克劳林公式.

解法一 利用求积的高阶导数的莱布尼茨公式, 得

$$f^{(n)}(x) = (e^x)^{(n)} x + n(e^x)^{(n-1)} x' + 0 = e^x(x+n),$$

于是

$$f(0) = 0, \quad f^{(n)}(0) = n,$$

$$a_0 = 0, \quad a_n = \frac{f^{(n)}(0)}{n!} = \frac{1}{(n-1)!} \quad (n = 1, 2, \cdots),$$

余项

$$R_n(x) = \frac{f^{(n+1)}(\theta x)}{(n+1)!} x^{n+1} = \frac{e^{\theta x}(\theta x + n + 1)}{(n+1)!} x^{n+1} \quad (0 < \theta < 1),$$

因此, $f(x)$ 的 n 阶麦克劳林公式为

$$f(x) = x + x^2 + \frac{x^3}{2!} + \cdots + \frac{x^n}{(n-1)!} + \frac{e^{\theta x}(\theta x + n + 1)}{(n+1)!} x^{n+1} \quad (0 < \theta < 1),$$

或具有佩亚诺型余项的 n 阶麦克劳林公式为

$$f(x) = x + x^2 + \frac{x^3}{2!} + \cdots + \frac{x^n}{(n-1)!} + o(x^n).$$

解法二 利用 e^x 的 $n-1$ 阶麦克劳林公式, 可间接得到函数 xe^x 的 n 阶麦克劳林公式

$$xe^x = x\left[1 + x + \frac{x^2}{2!} + \cdots + \frac{x^{n-1}}{(n-1)!} + o(x^{n-1})\right] = x + x^2 + \frac{x^3}{2!} + \cdots + \frac{x^n}{(n-1)!} + o(x^n).$$

例 3.3.4 计算 $\lim\limits_{x \to 0} \dfrac{e^{x^2} + 2\cos x - 3}{x^4}$.

解 因为 $e^{x^2} = 1 + x^2 + \dfrac{1}{2!}x^4 + o(x^4)$, $\cos x = 1 - \dfrac{x^2}{2!} + \dfrac{x^4}{4!} + o(x^4)$, 所以

$$e^{x^2} + 2\cos x - 3 = \left(\frac{1}{2!} + 2 \cdot \frac{1}{4!}\right)x^4 + o(x^4),$$

从而

$$\lim_{x \to \infty} \frac{e^{x^2} + 2\cos x - 3}{x^4} = \lim_{x \to 0} \frac{\frac{7}{12}x^4 + o(x^4)}{x^4} = \frac{7}{12}.$$

例 3.3.5 求 $y = \dfrac{1}{3-x}$ 在 $x = 1$ 的泰勒展开式.

解 $y = \dfrac{1}{3-x} = \dfrac{1}{2-(x-1)} = \dfrac{1}{2} \cdot \dfrac{1}{1-\dfrac{x-1}{2}}$

$= \dfrac{1}{2} \cdot \left[1 + \dfrac{x-1}{2} + \left(\dfrac{x-1}{2}\right)^2 + \cdots + \left(\dfrac{x-1}{2}\right)^n + o\left(\dfrac{x-1}{2}\right)^n \right]$

$= \dfrac{1}{2} + \dfrac{x-1}{2^2} + \dfrac{(x-1)^2}{2^3} + \cdots + \dfrac{(x-1)^n}{2^{n+1}} + o[(x-1)^n].$

习题 3-3

1. 按 $(x-1)$ 的幂展开多项式 $f(x) = x^4 + 3x^2 - 5$.
2. 求函数 $f(x) = \sqrt{x-2}$ 按 $(x-4)$ 的幂展开的带有拉格朗日型余项的三阶泰勒公式.
3. 应用麦克劳林公式, 按 x 的幂展开函数 $f(x) = (x^2 - 3x + 1)^3$.
4. 把 $f(x) = \dfrac{1+x+x^2}{1-x+x^2}$ 在 $x = 0$ 点展开到含 x^4 项, 并求 $f^{(3)}(0)$.
5. 求函数 $f(x) = \ln x$ 按 $(x-2)$ 的幂展开的带有佩亚诺型余项的 n 阶泰勒公式.
6. 求函数 $f(x) = \dfrac{1}{x}$ 按 $(x+1)$ 的幂展开的带有拉格朗日型余项的 n 阶泰勒公式.
7. 求函数 $y = xe^x$ 带有佩亚诺型余项的 n 阶麦克劳林展开式.
8. 验证: 当 $0 < x \leqslant \dfrac{1}{2}$ 时, 按公式 $e^x \approx 1 + x + \dfrac{x^2}{2} + \dfrac{x^3}{6}$ 计算 e^x 的近似值时, 所产生的误差小于 0.01, 并求 $\sqrt{e}$ 的近似值, 使误差小于 0.01.
9. 利用函数的泰勒展开式求下列极限:

(1) $\lim\limits_{x \to +\infty} (\sqrt[3]{x^3 + 3x^2} - \sqrt[4]{x^4 - 2x^3})$;

(2) $\lim\limits_{x \to 0} \dfrac{\cos x - e^{-\frac{x^2}{2}}}{x^2[x + \ln(1-x)]}$.

10. 设 $x > 0$, 证明: $x - \dfrac{x^2}{2} < \ln(1+x)$.

第四节 函数单调性、凹凸性与极值

利用初等数学的方法研究函数的单调性和某些简单函数的性质使用范围狭小, 有些还需要借助某些特殊的技巧, 比较困难. 本节以导数为工具, 讨论判断函数单调性和凹凸性的较简便的方法.

一、函数的单调性

如何利用导数研究函数的单调性呢? 我们先考察图 3-4-1, 函数 $y = f(x)$ 的图像在区

间 (a,b) 内沿 x 轴的正向上升，除点 $(\xi,f(\xi))$ 的切线平行于 x 轴外，曲线上其余点处的切线与 x 轴的夹角均为锐角，即曲线 $y=f(x)$ 在区间 (a,b) 内除个别点外切线的斜率为正；再考察图 3-4-2，函数 $y=f(x)$ 的图像在区间 (a,b) 内沿 x 轴的正向下降，除个别点外，曲线上其余点处的切线与 x 轴的夹角均为钝角，即曲线 $y=f(x)$ 在区间 (a,b) 内除个别点外切线的斜率为负.

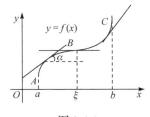 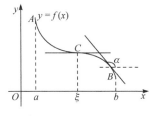

图 3-4-1　　　　　　　　　　　图 3-4-2

一般地，根据拉格朗日中值定理，有下定理.

定理 3.4.1　设函数 $y=f(x)$ 在 $[a,b]$ 上连续，在 (a,b) 内可导.

(1) 若在 (a,b) 内 $f'(x)>0$，则函数 $y=f(x)$ 在 $[a,b]$ 上单调增加；

(2) 若在 (a,b) 内 $f'(x)<0$，则函数 $y=f(x)$ 在 $[a,b]$ 上单调减少.

证　任取两点 $x_1,x_2\in(a,b)$，设 $x_1<x_2$，由拉格朗日中值定理知，存在 $\xi(x_1<\xi<x_2)$，使得
$$f(x_2)-f(x_1)=f'(\xi)(x_2-x_1).$$

(1) 若在 (a,b) 内，$f'(x)>0$，则 $f'(\xi)>0$，所以
$$f(x_2)>f(x_1),$$
即 $y=f(x)$ 在 $[a,b]$ 上单调增加；

(2) 若在 (a,b) 内，$f'(x)<0$，则 $f'(\xi)<0$，所以
$$f(x_2)<f(x_1),$$
即 $y=f(x)$ 在 $[a,b]$ 上单调减少.

注：将此定理中的闭区间换成其他各种区间(包括无穷区间)，结论仍成立.

函数的单调性是一个区间上的性质，要用导数在这一区间上的符号来判定，而不能用导数在一点处的符号来判别函数在一个区间上的单调性，区间内个别点导数为零并不影响函数在该区间上的单调性.

例如，函数 $y=x^3$ 在其定义域 $(-\infty,+\infty)$ 内是单调增加的(图 3-4-3)，但其导数 $y'=3x^2$ 在 $x=0$ 处为零.

如果函数在其定义域的某个区间内是单调的，则该区间为函数的**单调区间**.

例 3.4.1　讨论函数 $y=e^x-x-1$ 的单调性.

解　由题意知 $D:(-\infty,+\infty)$，
$$y'=e^x-1.$$
在 $(-\infty,0)$ 内，$y'<0$，所以函数单调减少；在 $(0,+\infty)$ 内，$y'>0$，所以函数单调增加.

例 3.4.2　讨论函数 $y=\sqrt[3]{x^2}$ 的单调区间(图 3-4-4).

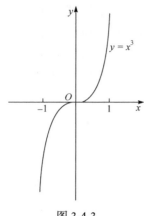
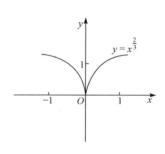

图 3-4-3　　　　　　　　　　　　　图 3-4-4

解　由题意知 $D:(-\infty,+\infty)$,
$$y'=\frac{2}{3\sqrt[3]{x}}\quad (x\neq 0).$$

当 $x=0$ 时，导数不存在.
当 $-\infty<x<0$ 时，$y'<0$，所以函数在 $(-\infty,0]$ 上单调减少；
当 $0<x<+\infty$ 时，$y'>0$，所以函数在 $[0,+\infty)$ 上单调增加；
单调区间为 $(-\infty,0]$，$[0,+\infty)$.

注：(1) 区间内个别点导数为零不影响区间的单调性. 例如，$y=x^3$，$y'|_{x=0}=0$，但是它在 $(-\infty,+\infty)$ 上单调增加.

(2) 从上述两例可见，对函数 $y=f(x)$ 单调性的讨论，应先求出使导数等于零的点或使导数不存在的点，并用这些点将函数的定义域划分为若干个子区间，然后逐个判断函数的导数 $f'(x)$ 在各子区间的符号，从而确定出函数 $y=f(x)$ 在各子区间上的单调性，每个使得 $f'(x)$ 的符号保持不变的子区间都是函数 $y=f(x)$ 的单调区间.

例 3.4.3　确定函数 $f(x)=2x^3-9x^2+12x-3$ 的单调区间.

解　由题意知 $D:(-\infty,+\infty)$,
$$f'(x)=6x^2-18x+12=6(x-1)(x-2).$$
解方程 $f'(x)=0$ 得 $x_1=1, x_2=2$.
当 $-\infty<x<1$ 时，$f'(x)>0$，所以 $f(x)$ 在 $(-\infty,1]$ 上单调增加；
当 $1<x<2$ 时，$f'(x)<0$，所以 $f(x)$ 在 $[1,2]$ 上单调减少；
当 $2<x<+\infty$ 时，$f'(x)>0$，所以 $f(x)$ 在 $[2,+\infty)$ 上单调增加.

单调区间为 $(-\infty,1]$，$[1,2]$，$[2,+\infty)$. 如图 3-4-5 所示.

例 3.4.4　当 $x>0$ 时，试证：$x>\ln(1+x)$ 成立.

证　设 $f(x)=x-\ln(1+x)$，则 $f'(x)=\dfrac{x}{1+x}$.

因为 $f(x)$ 在 $[0,+\infty]$ 上连续，且在 $(0,+\infty)$ 内可导，$f'(x)>0$，

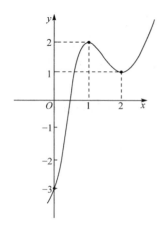

图 3-4-5

所以 $f(x)$ 在 $[0,+\infty]$ 上单调增加.

因为 $f(0)=0$, 所以当 $x>0$ 时, $x-\ln(1+x)>0$, 即 $x>\ln(1+x)$.

二、曲线的凹凸性

函数的单调性反映在图形上, 就是曲线的上升或下降, 但如何上升, 如何下降? 如图 3-4-6 中的两条曲线弧, 虽然都是单调上升的, 图形却有明显的不同, $\overset{\frown}{ACB}$ 是向上凸的, $\overset{\frown}{ADB}$ 则是向下凹的, 即它们的凹凸性是不同的. 下面我们就来研究曲线的凹凸性及其判定方法.

关于曲线凹凸性的定义, 我们先从几何直观来分析. 在图 3-4-7 中, 如果任取两点 x_1, x_2, 则连接这两点间的弦总位于这两点间的弧段上方; 而在图3-4-8中, 则正好相反. 因此, 曲线的凹凸性可以用连接曲线弧上任意两点的弦的中点与曲线上相应点的位置关系来描述.

定义 3.4.1 设 $f(x)$ 在区间 I 内连续, 如果对 I 上任意两点 x_1, x_2, 恒有

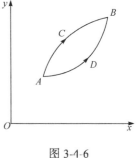

图 3-4-6

$$f\left(\frac{x_1+x_2}{2}\right)<\frac{f(x_1)+f(x_2)}{2},$$

则称 $f(x)$ 在 I 上的图形是**(向下)凹的**(或凹弧);

如果恒有

$$f\left(\frac{x_1+x_2}{2}\right)>\frac{f(x_1)+f(x_2)}{2},$$

则称 $f(x)$ 在 I 上的图形是**(向上)凸的**(或凸弧).

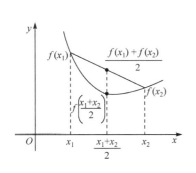

图 3-4-7

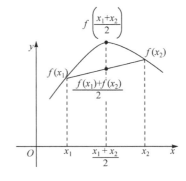

图 3-4-8

曲线的凹凸具有明显的几何意义, 对于凹曲线, 当 x 逐渐增加时, 其上每一点切线的斜率是逐渐增加的, 即导函数 $f'(x)$ 是单调增加函数(图 3-4-9); 而对于凸曲线, 其上每一点切线的斜率是逐渐减少的, 即导函数 $f'(x)$ 是单调减少函数(图 3-4-10). 于是有下述判断曲线凹凸性的定理.

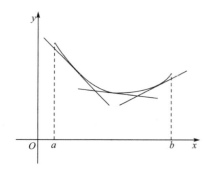
图 3-4-9

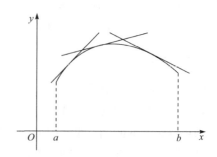
图 3-4-10

定理 3.4.2 设 $f(x)$ 在 $[a,b]$ 上连续，在 (a,b) 内具有一阶和二阶导数，则
(1) 若在 (a,b) 内，$f''(x) > 0$，则 $f(x)$ 在 $[a,b]$ 上的图形是凹的；
(2) 若在 (a,b) 内，$f''(x) < 0$，则 $f(x)$ 在 $[a,b]$ 上的图形是凸的.

证 我们就情形(1)给出证明.

设 x_1 和 x_2 为 (a,b) 内任意两点，且 $x_1 < x_2$，记 $\dfrac{x_1+x_2}{2} = x_0$，并记 $x_2 - x_0 = x_0 - x_1 = h$，则由拉格朗日中值定理，得

$$f(x_0) - f(x_1) = f'(\xi_1)h, \quad \xi_1 \in (x_1, x_0),$$
$$f(x_2) - f(x_0) = f'(\xi_2)h, \quad \xi_2 \in (x_0, x_2),$$

两式相减，得

$$f(x_2) + f(x_1) - 2f(x_0) = [f'(\xi_2) - f'(\xi_1)]h. \tag{3.4.1}$$

在 (ξ_1, ξ_2) 上对 $f'(x)$ 再次应用拉格朗日中值定理，得

$$f'(\xi_2) - f'(\xi_1) = f''(\xi)(\xi_2 - \xi_1).$$

将上式代入式(3.4.1)，得

$$f(x_2) + f(x_1) - 2f(x_0) = f''(\xi)(\xi_2 - \xi_1)h.$$

由题设条件知 $f''(\xi) > 0$，并注意到 $\xi_2 - \xi_1 > 0$，则有

$$f(x_2) + f(x_1) - 2f(x_0) > 0,$$

亦即 $\dfrac{f(x_1)+f(x_2)}{2} > f\left(\dfrac{x_1+x_2}{2}\right)$，所以 $f(x)$ 在 (a,b) 上的图形是凹的.

类似地可证明情形(2).

定义 3.4.2 连续曲线下凹弧与凸弧的分界点称为曲线的**拐点**.

图 3-4-11 是一条假设的上海证券交易所股票价格综合指数(简称上证指数)曲线. 上证指数是一种能反映具有局部下跌和上涨的股票市场总体的股票指数. 投资股票

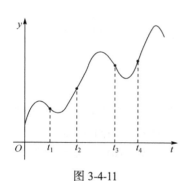
图 3-4-11

市场的目标无疑是低买(在局部最低处买进)高卖(在局部最高处卖出). 但是, 这种对股票时机的把握是难以捉摸的, 因为我们不可能准确预测股市的趋势. 当投资人刚意识到股市确实在上涨(或下跌)时, 局部最低点(或局部最高点)早已过去了.

拐点为投资者提供了在逆转趋势发生之前预测它的方法, 因为拐点标志着函数增长率的根本改变. 在拐点(或接近拐点)的价格购进股票能使投资者待在较长期的上扬趋势中(拐点预警了趋势的改变), 降低了因股市的浮动给投资者带来的风险, 这种方法使投资者能在长时间的过程中抓住股指上扬的趋势.

如何来寻找曲线 $y = f(x)$ 的拐点呢?

根据定理 3.4.2, 二阶导数 $f''(x)$ 的符号是判断曲线凹凸性的依据. 因此, 若 $f''(x)$ 在点 x_0 的左、右两侧邻近处异号, 则点 $(x_0, f(x_0))$ 就是曲线的一个拐点, 所以, 要寻找拐点, 只要找出使 $f''(x)$ 符号发生变化的分界点即可. 如果函数 $f(x)$ 在区间 (a,b) 内具有二阶连续导数, 则在这样的分界点处必有 $f''(x) = 0$; 此外, 使 $f(x)$ 的二阶导数不存在的点, 也可能是使 $f''(x)$ 符号发生变化的分界点.

综上所述, 判定曲线的凹凸性与求曲线的拐点的一般步骤为:

(1) 求函数的二阶导数 $f''(x)$;

(2) 令 $f''(x) = 0$, 解出全部实根, 并求出所有使二阶导数不存在的点;

(3) 对步骤(2)中求出的每一个点, 检查其邻近左、右两侧 $f''(x)$ 的符号, 确定曲线的凹凸区间和拐点.

三、函数的极值

定义 3.4.3 设函数 $f(x)$ 在点 x_0 的某邻域内有定义, 如果对该邻域内任意一点 $x(x \neq x_0)$, 恒有

$$f(x) < f(x_0) \quad (或 f(x) > f(x_0)),$$

则称 $f(x)$ 在点 x_0 处取得**极大值**(或**极小值**), 而 x_0 称为函数 $f(x)$ 的**极大值点**(或**极小值点**).

极大值与极小值统称为函数的**极值**, 极大值点与极小值点统称为函数的**极值点**.

例如, 余弦函数 $y = \cos x$ 在点 $x = 0$ 处取得极大值 1, 在 $x = \pi$ 处取得极小值 -1.

函数的极值的概念是局部性的. 如果 $f(x_0)$ 是函数 $f(x)$ 的一个极大值(或极小值), 只是就 x_0 邻近的一个局部范围内, $f(x_0)$ 是最大的(或最小的), 对函数 $f(x)$ 的整个定义域来说就不一定是最大的(或最小的)了.

在图 3-4-12 中, 函数 $f(x)$ 有两个极大值 $f(x_1)$, $f(x_4)$, 两个极小值 $f(x_3)$, $f(x_5)$, 其中极大值 $f(x_1)$ 比极小值 $f(x_5)$ 还小. 就整个区间 $[a,b]$ 而言, 只有一个极小值 $f(x_3)$ 同时也是最小值, 而没有一个极大值是最大值.

从图 3-4-12 中还可看到, 在函数取得极值处, 曲线的切线是水平的, 即函数在极值点处的导数等于零. 但曲线上有水平切线的地方(如 $x = x_3$ 处), 函数却不一定取得极值.

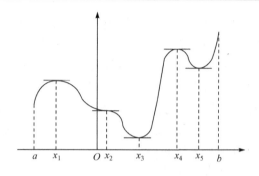

图 3-4-12

定理 3.4.3(必要条件) 如果 $f(x)$ 在点 x_0 处可导,且在 x_0 处取得极值,则
$$f'(x_0) = 0.$$

证 不妨设 x_0 是 $f(x)$ 的极小值点,由定义可知,$f(x)$ 在点 x_0 的某个邻域内有定义,且当 $|\Delta x|$ 很小时,恒有
$$\Delta y = f(x_0 + \Delta x) - f(x_0) \geqslant 0,$$
于是
$$f'_-(x_0) = \lim_{\Delta x \to 0^-} \frac{\Delta y}{\Delta x} \leqslant 0, \quad f'_+(x_0) = \lim_{\Delta x \to 0^+} \frac{\Delta y}{\Delta x} \geqslant 0.$$
因为 $f(x)$ 在点 x_0 处可导,所以
$$f'(x_0) = f'_-(x_0) = f'_+(x_0),$$
从而 $f'(x_0) = 0$.

使 $f'(x_0) = 0$ 的点,称为函数 $f(x)$ 的**驻点**. 根据定理 3.4.3,可导函数 $f(x)$ 的极值点必定是它的驻点,但函数的驻点却不一定是极值点. 例如,$y = x^3$ 在点 $x = 0$ 处的导数等于零,但显然 $x = 0$ 不是 $y = x^3$ 的极值点.

此外,函数在它的导数不存在的点处也可能取得极值. 例如,函数 $f(x) = |x|$ 在点 $x = 0$ 处不可导,但函数在该点取得极小值.

当我们求出函数的驻点或不可导点后,还要从这些点中判断哪些是极值点,以及进一步对极值点判断是极大值点还是极小值点. 回想函数极值的定义和函数单调性的判定法易知,函数在其极值点的邻近两侧单调性改变(及函数一阶导数的符号改变),由此可导出关于函数极值点判定的一个充分条件.

定理 3.4.4(第一充分条件) 设函数 $f(x)$ 在点 x_0 的某个邻域内连续并且可导(导数 $f'(x_0)$ 也可以不存在),

(1) 如果在点 x_0 的左邻域内,$f'(x) > 0$;在点 x_0 的右邻域内,$f'(x) < 0$,则 $f(x)$ 在 x_0 处取得极大值 $f(x_0)$;

(2) 如果在点 x_0 的左邻域内,$f'(x) < 0$;在点 x_0 的右邻域内,$f'(x) > 0$,则 $f(x)$ 在 x_0 处取得极小值 $f(x_0)$;

(3) 如果在点 x_0 的邻域内,$f'(x)$ 不变号,则 $f(x)$ 在 x_0 处没有极值.

证 (1) 由题设条件, 函数 $f(x)$ 在点 x_0 的左邻域内单调增加, 在点 x_0 的右邻域内单调减少, 且 $f(x)$ 在点 x_0 处连续, 故由定义可知 $f(x)$ 在 x_0 处取得极大值 $f(x_0)$ (图 3-4-13(a)).

(2) (图 3-4-13(b)), (3) (图 3-4-13(c), (d))同理可证.

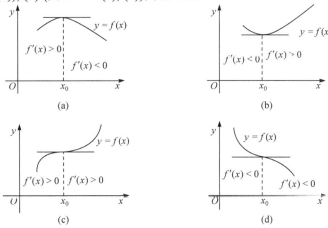

图 3-4-13

根据定理 3.4.3 和定理 3.4.4, 如果函数 $f(x)$ 在所讨论的区间内连续, 除个别点外处处可导, 则可按下列步骤来求函数的极值点和极值:

(1) 确定函数 $f(x)$ 的定义域, 并求其导数 $f'(x)$;

(2) 解方程 $f'(x) = 0$ 求出 $f(x)$ 的全部驻点与不可导点;

(3) 讨论 $f'(x)$ 在驻点和不可导点左、右两侧邻近符号变化的情况, 确定函数的极值点;

(4) 求出各极值点的函数值, 就得到函数 $f(x)$ 的全部极值.

定理 3.4.5 (第二充分条件) 设 $f(x)$ 在 x_0 处具有二阶导数, 且
$$f'(x_0) = 0, \quad f''(x_0) \neq 0,$$
则

(1) 当 $f''(x_0) < 0$ 时, 函数 $f(x)$ 在 x_0 处取得极大值;

(2) 当 $f''(x_0) > 0$ 时, 函数 $f(x)$ 在 x_0 处取得极小值.

证 对情形(1), 由于 $f''(x_0) < 0$, 按二阶导数的定义
$$f''(x_0) = \lim_{\Delta x \to 0} \frac{f'(x_0 + \Delta x) - f'(x_0)}{\Delta x} < 0,$$
根据函数极限的局部保号性, 当 x 在 x_0 的足够小的去心邻域内时, 有
$$\frac{f'(x_0 + \Delta x) - f'(x_0)}{\Delta x} < 0,$$
即 $f'(x_0 + \Delta x) - f'(x_0)$ 与 Δx 异号, 故当 $\Delta x < 0$ 时, 有
$$f'(x_0 + \Delta x) > f'(x_0) = 0,$$
当 $\Delta x > 0$ 时, 有

$$f'(x_0+\Delta x) < f'(x_0) = 0.$$

所以 $f(x)$ 在 x_0 处取得极大值.

类似地可证明情形(2).

例 3.4.5 求曲线 $y = 3x^4 - 4x^3 + 1$ 的拐点及凹、凸区间.

解 易见函数的定义域为 $(-\infty, +\infty)$,

$$y' = 12x^3 - 12x^2, \quad y'' = 36x\left(x - \frac{2}{3}\right).$$

令 $y''= 0$,得 $x_1 = 0$,$x_2 = \dfrac{2}{3}$.

列表 3-4-1 讨论如下.

表 3-4-1

x	$(-\infty, 0)$	0	$\left(0, \dfrac{2}{3}\right)$	$\dfrac{2}{3}$	$\left(\dfrac{2}{3}, +\infty\right)$
$f''(x)$	$+$	0	$-$	0	$+$
$f(x)$	凹的	拐点 $(0,1)$	凸的	拐点 $\left(\dfrac{2}{3}, \dfrac{11}{27}\right)$	凹的

所以,曲线的凹区间为 $(-\infty, 0]$,$\left[\dfrac{2}{3}, +\infty\right)$;凸区间为 $\left[0, \dfrac{2}{3}\right]$,拐点为 $(0,1)$ 和 $\left(\dfrac{2}{3}, \dfrac{11}{27}\right)$.

例 3.4.6 求曲线 $y = \sin x + \cos x (x \in (0, 2\pi))$ 的拐点.

解 $y' = \cos x - \sin x$,$y'' = -\sin x - \cos x$,$y''' = -\cos x + \sin x$.

令 $y''= 0$,得 $x_1 = \dfrac{3\pi}{4}$,$x_2 = \dfrac{7\pi}{4}$.

$$f'''\left(\frac{3\pi}{4}\right) = \sqrt{2} \neq 0, \quad f'''\left(\frac{7\pi}{4}\right) = -\sqrt{2} \neq 0,$$

所以在 $[0, 2\pi]$ 内曲线有拐点为 $\left(\dfrac{3\pi}{4}, 0\right)$,$\left(\dfrac{7\pi}{4}, 0\right)$.

此题的详细步骤如下:

解 $y' = \cos x - \sin x$,$y'' = -\sin x - \cos x$,$y''' = -\cos x + \sin x$.

令 $y'' = 0$,得 $x_1 = \dfrac{3\pi}{4}$,$x_2 = \dfrac{7\pi}{4}$.

$f'''\left(\dfrac{3\pi}{4}\right) = \sqrt{2} > 0 \Rightarrow f'(x)$ 在 $\dfrac{3\pi}{4}$ 处取极小值

$$\Rightarrow \begin{cases} f''(x) < 0, x \in \left(0, \dfrac{3}{4}\pi\right) \Rightarrow f(x) \text{为凸函数}, x \in \left(0, \dfrac{3}{4}\pi\right); \\ f''(x) > 0, x \in \left(\dfrac{3}{4}\pi, \dfrac{7}{4}\pi\right) \Rightarrow f(x) \text{为凹函数}, x \in \left(\dfrac{3}{4}\pi, \dfrac{7}{4}\pi\right). \end{cases}$$

$f'''\left(\dfrac{7\pi}{4}\right) = -\sqrt{2} < 0 \Rightarrow f'(x)$ 在 $\dfrac{7\pi}{4}$ 处取极大值

$\Rightarrow \begin{cases} f''(x) < 0, x \in \left(\dfrac{7}{4}\pi, 2\pi\right) \Rightarrow f(x) \text{为凸函数}, x \in \left(\dfrac{7}{4}\pi, 2\pi\right); \\ f''(x) > 0, x \in \left(\dfrac{3}{4}\pi, \dfrac{7}{4}\pi\right) \Rightarrow f(x) \text{为凹函数}, x \in \left(\dfrac{3}{4}\pi, \dfrac{7}{4}\pi\right). \end{cases}$

所以在 $[0, 2\pi]$ 内曲线有拐点为 $\left(\dfrac{3\pi}{4}, 0\right)$, $\left(\dfrac{7\pi}{4}, 0\right)$.

注: 若 $f''(x_0)$ 不存在，点 $(x_0, f(x_0))$ 也可能是连续曲线 $y = f(x)$ 的拐点.

例 3.4.7 求函数 $y = a^2 - \sqrt[3]{x-b}$ 的凹凸区间及拐点.

解 $y' = -\dfrac{1}{3} \cdot \dfrac{1}{\sqrt[3]{(x-b)^2}}, \quad y'' = \dfrac{2}{9\sqrt[3]{(x-b)^5}}.$

函数 y 在 $x = b$ 处不可导，但 $x < b$ 时，$y'' < 0$, 曲线是凸的; $x > b$ 时，$y'' > 0$, 曲线是凹的. 故点 (b, a^2) 为曲线 $y = a^2 - \sqrt[3]{x-b}$ 的拐点.

例 3.4.8 求出函数 $f(x) = x^3 - 3x^2 - 9x + 5$ 的极值.

解 $f'(x) = 3x^2 - 6x - 9 = 3(x+1)(x-3)$.

令 $f'(x) = 0$, 得驻点 $x_1 = -1, x_2 = 3$.

列表 3-4-2 讨论如下.

表 3-4-2

x	$(-\infty, -1)$	-1	$(-1, 3)$	3	$(3, +\infty)$
$f'(x)$	+	0	−	0	+
$f(x)$	↑	极大值	↓	极小值	↑

所以，极大值 $f(-1) = 10$, 极小值 $f(3) = -22$.

习题 3-4

1. 判定下列函数的单调性:

(1) $f(x) = x + \sin x \ (0 \leqslant x \leqslant 2\pi)$; (2) $y = x - \ln(1+x^2)$; (3) $f(x) = \arctan x - x$.

2. 求下列函数的单调区间:

(1) $y = (x-1)(x+1)^3$; (2) $y = 2x^3 - 6x^2 - 18x - 7$; (3) $y = \dfrac{2}{3}x - \sqrt[3]{x^2}$;

(4) $y = \dfrac{10}{4x^3 - 9x^2 + 6x}$; (5) $y = 2x^2 - \ln x$.

3. 证明下列不等式:

(1) $0 < x < \dfrac{\pi}{2}$ 时，$\tan x > x + \dfrac{1}{3}x^3$;

(2) 当 $x \geq 0$ 时, $(1+x)\ln(1+x) \geq \arctan x$;

(3) 当 $x > 0$ 时, $1 + \dfrac{1}{2}x > \sqrt{1+x}$.

4. 讨论下列方程有几个实根:

(1) $\ln x = ax \ (a > 0)$; (2) $\sin x = x$.

5. 通过研究 $f(x) = x + \sin x$ 讨论单调函数的导函数是否必为单调函数?

6. 求下列函数图形的拐点及凹凸区间:

(1) $y = 4x - x^2$; (2) $y = x + \dfrac{x}{x^2 - 1}$;

(3) $y = x \arctan x$; (4) $y = \ln(x^2 + 1)$.

7. 利用凹凸性证明不等式:

(1) $\cos\dfrac{x+y}{2} > \dfrac{\cos x + \cos y}{2}, \forall x, y \in \left(-\dfrac{\pi}{2}, \dfrac{\pi}{2}\right)$;

(2) $x \ln x + y \ln y > (x+y)\ln\dfrac{x+y}{2} \quad (x > 0, y > 0, x \neq y)$.

8. 问 a 及 b 为何值时, 点 $(1, 3)$ 为曲线 $y = ax^3 + bx^2$ 的拐点?

9. 试确定曲线 $y = ax^3 + bx^2 + cx + d$ 中的 a, b, c, d, 使得在 $x = -2$ 处曲线有水平切线, $(1, -10)$ 为拐点, 且点 $(-2, 44)$ 在曲线上.

10. 试确定 $y = k(x^2 - 3)^2$ 中 k 的值, 使曲线拐点处的法线通过原点.

11. 求下列函数的极值:

(1) $y = x^3 - 3x^2 - 9x + 1$; (2) $y = \dfrac{\ln^2 x}{x}$; (3) $y = x + \sqrt{1-x}$;

(4) $y = e^x \cos x$; (5) $y = x + \tan x$; (6) $f(x) = (x-2)x^{\frac{2}{3}}$.

12. 试证: 当 $a + b + 1 > 0$ 时, $f(x) = \dfrac{x^2 + ax + b}{x - 1}$ 取得极值.

13. 试问 a 为何值时, 函数 $f(x) = a\sin x + \dfrac{1}{3}\sin 3x$ 在 $x = \dfrac{\pi}{3}$ 处取得极值, 并求出极值.

*第五节 数学模型应用

一、求函数的最大值与最小值

在实际应用中, 常常会遇到求最大值和最小值的问题. 如用料最省、容量最大、花钱最少、效率最高、利润最大等. 此类问题在数学上往往可归结为求某一函数(通常称为**目标函数**)的最大值或最小值问题.

假定函数在闭区间 $[a, b]$ 上连续, 则函数在该区间上必取得最大值和最小值. 函数的最大(小)值与函数的极值是有区别的, 前者是指在整个闭区间 $[a, b]$ 上的所有函数值中最大(小)的, 因而最大(小)值是全局性的概念. 但是, 如果函数的最大(小)值在 (a, b) 内取得,则最大(小)值同时也是极大(小)值. 此外, 函数的最大(小)值也可能在区间的端点处取得.

综上所述, 求函数在 $[a,b]$ 上的最大(小)值的步骤如下:

(1) 计算函数 $f(x)$ 在一切可能极值点的函数值, 并将它们与 $f(a)$, $f(b)$ 相比较, 这些值中最大的就是最大值, 最小的就是最小值;

(2) 对于闭区间 $[a,b]$ 上的连续函数 $f(x)$, 如果在这个区间内只有一个可能的极值点, 并且函数在该点确有极值, 则该点就是函数在所给区间上的最大值(或最小值)点. 图 3-5-1 给出了极大(小)值与最大(小)值分布的一种典型情况.

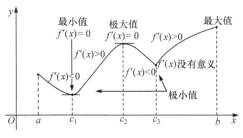

图 3-5-1

例 3.5.1 求 $y = 2x^3 + 3x^2 - 12x + 14$ 在 $[-3,4]$ 上的最大值与最小值.

解 $f'(x) = 6(x+2)(x-1)$, 解方程 $f'(x) = 0$, 得 $x_1 = -2, x_2 = 1$.

计算得 $f(-3) = 23$; $f(-2) = 34$; $f(1) = 7$; $f(4) = 142$;

比较得 最大值 $f(4) = 142$, 最小值 $f(1) = 7$.

例 3.5.2 求函数 $y = \sin 2x - x$ 在 $\left[-\dfrac{\pi}{2}, \dfrac{\pi}{2}\right]$ 上的最大值及最小值.

解 函数 $y = \sin 2x - x$ 在 $\left[-\dfrac{\pi}{2}, \dfrac{\pi}{2}\right]$ 上连续, $f'(x) = y' = 2\cos 2x - 1$.

令 $y' = 0$, 得 $x = \pm\dfrac{\pi}{6}$. 由于

$$f\left(-\dfrac{\pi}{2}\right) = \dfrac{\pi}{2}, \quad f\left(\dfrac{\pi}{2}\right) = -\dfrac{\pi}{2}, \quad f\left(\dfrac{\pi}{6}\right) = \dfrac{\sqrt{3}}{2} - \dfrac{\pi}{6}, \quad f\left(-\dfrac{\pi}{6}\right) = -\dfrac{\sqrt{3}}{2} + \dfrac{\pi}{6},$$

故 y 在 $\left[-\dfrac{\pi}{2}, \dfrac{\pi}{2}\right]$ 上的最大值为 $\dfrac{\pi}{2}$, 最小值为 $-\dfrac{\pi}{2}$.

例 3.5.3 设工厂 A 到铁路线的垂直距离为 20km, 垂足为 B. 铁路线上距离 B 为 100km 处有一原料供应站 C, 如图 3-5-2 所示. 现在要在铁路 BC 中间某处 D 修建一个原料中转车站, 再由车站 D 向工厂修一条公路. 如果已知每千米的铁路运费与公路运费之比为 3∶5, 那么, D 应选在何处, 才能使原料供应站 C 运货到工厂 A 所需运费最省?

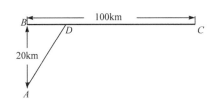

图 3-5-2

解 设 $BD = x$, $CD = 100 - x$, $AD = \sqrt{20^2 + x^2}$. 铁路每千米运费 $3k$, 公路每千米 $5k$, 记**目标函数**(总运费) y 的函数关系式:

$$y = 5k \cdot AD + 3k \cdot CD,$$

即

$$y = 5k \cdot \sqrt{400 + x^2} + 3k(100 - x) \quad (0 \leqslant x \leqslant 100).$$

问题归结为：x 取何值时目标函数 y 最小.

求导得 $y' = k\left(\dfrac{5x}{\sqrt{400+x^2}} - 3\right)$，令 $y' = 0$ 得 $x = 15$.

由于 $y(0) = 400k$, $y(15) = 380k$, $y(100) = 100\sqrt{26}k$. 从而当 $BD = 15$ km 时，总运费最省.

二、对抛射体运动建模

我们将要为理想抛射体运动建模. 所谓理想抛射体是指抛射体在运动过程中不计空气阻力，仅受到唯一的作用力：总指向正下方的重力，其运动轨迹呈抛物线状.

假设抛体在时刻 $t=0$ 以初速度 v 被发射到第一象限(图 3-5-3)，若 v 和水平线成角 α (即抛射角)，则抛射体的运动轨迹由参数方程

$$x(t) = (v\cos\alpha)t,$$
$$y(t) = (v\sin\alpha)t - \dfrac{1}{2}gt^2$$

给出，其中 g 是重力加速度 9.8m/s^2. 上面第一个方程描述了抛射体在时刻 $t \geq 0$ 的水平位置，而第二个方程描述了抛射体在时刻 $t \geq 0$ 的竖直位置.

例 3.5.4 在地面上以 400m/s 的初速度和 $\pi/3$ 的抛射角发射一个抛射体. 求发射 10s 后抛射体的位置.

解 由 $v = 400$m/s, $\alpha = \pi/3$, $t = 10$s, 则

$$x(10) = \left(400\cos\dfrac{\pi}{3}\right) \times 10 = 2000(\text{m}),$$

$$y(10) = \left(400\sin\dfrac{\pi}{3}\right) \times 10 - \dfrac{1}{2} \times 9.8 \times 10^2 \approx 2974(\text{m}),$$

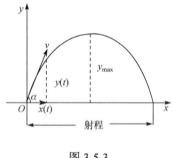

图 3-5-3

即发射 10s 后抛射体离开发射点的水平距离为 2000m, 在空中的高度为 2974m.

虽然由参数方程确定的运动轨迹能够解决理想抛射体的大部分问题，但是有时我们还需要知道关于它的飞行时间、射程(即从发射点到水平地面的碰撞点的距离)和最大高度.

由抛射体在时刻 $t \geq 0$ 的竖直位置解出 t.

$$t\left(v\sin\alpha - \dfrac{1}{2}gt\right) = 0 \Rightarrow t = 0, \ t = \dfrac{2v\sin\alpha}{g}.$$

因为抛射体在时刻 $t=0$ 发射，故 $t = \dfrac{2v\sin\alpha}{g}$ 必然是抛射体碰到地面的时刻. 此时抛射体的水平距离，即射程为

$$x(t)\bigg|_{t=\frac{2v\sin\alpha}{g}} = (v\cos\alpha)t\bigg|_{t=\frac{2v\sin\alpha}{g}} = \dfrac{v^2}{g}\sin 2\alpha.$$

当 $\sin 2\alpha = 1$,即 $\alpha = \dfrac{\pi}{4}$ 时射程最大.

抛射体在它的竖直速度为零时取得最大高度,即
$$y'(t) = v\sin\alpha - gt = 0,$$
从而 $t = \dfrac{v\sin\alpha}{g}$,故最大高度
$$y(t)\bigg|_{t=\frac{v\sin\alpha}{g}} = (v\sin\alpha)\left(\dfrac{v\sin\alpha}{g}\right) - \dfrac{1}{2}g\left(\dfrac{v\sin\alpha}{g}\right)^2 = \dfrac{(v\sin\alpha)^2}{2g}.$$

根据以上分析,不难求得该题中的抛射体的飞行时间、射程和最大高度:

$$\text{飞行时间 } t = \dfrac{2v\sin\alpha}{g} = \dfrac{2\times 400}{9.8}\sin\dfrac{\pi}{3} \approx 70.70\,(\text{s}),$$

$$\text{射程 } x_{\max} = \dfrac{v^2}{g}\sin 2\alpha = \dfrac{400^2}{9.8}\sin\dfrac{2\pi}{3} \approx 14139\,(\text{m}),$$

$$\text{最大高度 } y(t)_{\max} = \dfrac{(v\sin\alpha)^2}{2g} = \dfrac{\left(400\sin\dfrac{\pi}{3}\right)^2}{2\times 9.8} \approx 6122\,(\text{m}).$$

例 3.5.5 1992 年巴塞罗那夏季奥运会开幕式上的奥运火炬是由射箭铜牌获得者安东尼奥·雷波罗用一枝燃烧的箭点燃的,奥运火炬位于高约 21m 的火炬台顶端的圆盘中,假定雷波罗在地面以上 2m 距火炬台顶端圆盘约 70m 处的位置射出火箭,若火箭恰好在达到其最大飞行高度 1s 后落入火炬圆盘中,试确定火箭的发射角 α 和初速度 v_0(假定火箭射出后在空中的运动过程中受到的阻力为零,且 $g = 10\text{m/s}^2$,$\arctan\dfrac{21.91}{21.11} \approx 46.06°$,$\sin 46.06° \approx 0.72$).

解 建立如图 3-5-4 所示坐标系,设火箭被射向空中的初速度为 v_0 m/s,即 $v_0 = (v_0\cos\alpha,\ v_0\sin\alpha)$,则火箭在空中运动 ts 后的位移方程为
$$s(t) = (x(t), y(t)) = ((v_0\cos\alpha)t,\ 2 + (v_0\sin\alpha)t - 5t^2).$$

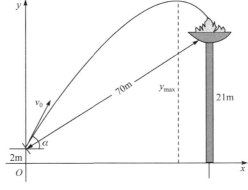

图 3-5-4

火箭在其速度的竖直分量为零时达到最高点，故有

$$\frac{dy(t)}{dt} = (2 + (v_0 \sin\alpha)t - 5t^2)' = v_0 \sin\alpha - 10t = 0 \Rightarrow t = \frac{v_0}{10}\sin\alpha,$$

于是可得出当火箭达到最高点 1s 后的时刻其水平位移和竖直位移分别为

$$x(t)\bigg|_{t=\frac{v_0 \sin\alpha}{10}+1} = v_0 \cos\alpha\left(\frac{v_0}{10}\sin\alpha + 1\right) = \sqrt{70^2 - 19^2},$$

$$y(t)\bigg|_{t=\frac{v_0 \sin\alpha}{10}+1} = \frac{v_0^2 \sin^2\alpha}{20} - 3 = 21,$$

解得：$v_0 \sin\alpha \approx 21.91$，$v_0 \cos\alpha \approx 21.11$，从而

$$\tan\alpha = \frac{21.91}{21.11} \Rightarrow \alpha \approx 46.06°$$

又

$$v_0 \sin\alpha \approx 21.91, \quad \alpha \approx 46.06° \Rightarrow v_0 \approx 30.43 \text{ (m/s)}$$

所以，火箭的发射角 α 和初速度 v_0 分别约为 46.06° 和 30.43 m/s。

三、光的折射原理

下面我们再来介绍最大值与最小值方法在推导光的折射定律中的应用。我们知道，光速依赖于光所经过的介质，在稠密介质中光速会慢下来。在真空中，光行进的速度 $c = 3 \times 10^8$ m/s，但在地球的大气层中它进行的速度只有 c 的 2/3 左右。

光学中的费马定理表明：光永远以速度最快(时间最短)的路径行进。这个结果使我们能预测光从一种介质(如空气)中的一点进入到另一种介质(如玻璃和水)中一点的路径。

例 3.5.6 求一条光线从光速为 c_1 的介质中的点 A 穿过水平界面射入到光速为 c_2 的介质中点 B 的路径。如图 3-5-5 所示，点 A 和 B 位于 xOy 平面且两种介质的分界线为 x 轴，点 P 在介质分界线上，$(0,a),(l,-b)$ 和 $(x,0)$ 分别表示点 A、点 B 和点 P 的坐标，θ_1 和 θ_2 分别表示入射角和折射角。

解 因为光线从 A 到 B 会以最快的路径行进，所以我们要寻求使行进时间最短的路径。

光线从点 A 到点 P 所需要的时间为 $t_1 = \dfrac{AP}{c_1}$，从点 P 到点 B 所需要的时间为 $t_2 = \dfrac{PB}{c_2}$，故光线从点 A 到点 B 所需要的时间 t (目标函数)为

$$t = t_1 + t_2 = \frac{AP}{c_1} + \frac{PB}{c_2} = \frac{\sqrt{a^2 + x^2}}{c_1} + \frac{\sqrt{b^2 + (l-x)^2}}{c_2}.$$

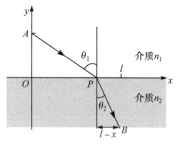

图 3-5-5

函数 t 是 x 的一个可微函数，其定义区间为 $[0,l]$。下面我们要求的是函数 t 在该闭区

间上的最小值.

$$t' = \frac{x}{c_1\sqrt{a^2+x^2}} - \frac{l-x}{c_2\sqrt{b^2+(l-x)^2}} = \frac{\sin\theta_1}{c_1} - \frac{\sin\theta_2}{c_2}.$$

由上式可知,在 $x=0$ 处, $t'<0$,在 $x=l$ 处, $t'>0$.因为 t' 在 $[0,l]$ 上连续,所以在 $x=0$ 和 $x=l$ 之间必存在一点 x_0 使 $t'=0$.又因 t' 是增函数,所以这样的点唯一.故在 $x=x_0$ 处,有

$$\frac{\sin\theta_1}{c_1} = \frac{\sin\theta_2}{c_2}.$$

这个方程描述的就是**光的折射定律**.

习题 3-5

1. 求下列函数的最大值、最小值:

(1) $y = x + \sqrt{1-x}, -5 \leqslant x \leqslant 1$;

(2) $y = \frac{1}{4}x^4 - 2x^2 + 3, -1 \leqslant x \leqslant 3$;

(3) $y = \sin x + \cos x, [0, 2\pi]$;

(4) $y = \frac{x}{x^2+1} (x \geqslant 0)$.

2. 从一个边长为 a 的正方形铁皮的四角上截去同样大小的正方形,然后按虚线把四边折起来做成一个无盖的盒子(图 3-5-6),问要截去多大的小方块,才能使盒子的容量最大?

3. 欲制造一个容积为 V 的圆柱形有盖油罐,问如何设计可使材料最省?

4. 设有重量为 5kg 的物体,置于水平面上,受力 F 的作用而开始移动(图 3-5-7),设摩擦系数 $\mu = 0.25$,问力 F 与水平线的交角 α 为多少时,才可使力 F 的大小为最小?

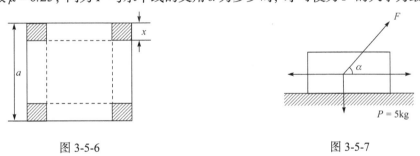

图 3-5-6 　　　　　　　　图 3-5-7

5. 有一杠杆,支点在它的一端,在距支点 0.1m 处挂一重量为 49kg 的物体,加力于杠杆的另一端使杠杆保持水平(图 3-5-8),如果杠杆的线密度为 5kg/m,求最省力的杆长.

6. 光源 S 的光线射到平面镜 Ox 的哪一点再反射到点 A,光线所走的路径最短(图 3-5-9)?

7. 甲船以每小时 20 里(1 里=500m)的速度向东行驶,同一时间乙船在甲船正北 82 里处以每小时 16 里的速度向南行驶,问经过多少时间两船距离最近?

图 3-5-8　　　　　　　　　　　图 3-5-9

8. 一房地产公司有 50 套公寓要出租. 当月租金定为 1000 元时, 公寓会全部租出去. 当月租金每增加 50 元时, 就会多一套公寓租不出去, 而租出去的公寓每月需花费 100 元的维修费. 试问房租定为多少可获最大收入?

9. 某商店每年销售某种商品 a 件, 每次购进的手续费为 b 元, 而每件的库存费为 c 元/年, 若该商品均匀销售, 且上批销售完后, 立即进下一批货, 问商店应分几批购进此种商品, 能使所用的手续费及库存费总和最少?

10. 以汽船拖载重相等的小船若干只, 在两港之间来回运送货物. 已知每次拖 4 只小船一日能来回 16 次, 每次拖 7 只小船则一日能来回 10 次. 如果小船增多的只数与来回减少的次数成正比, 问每日来回多少次, 每次拖多少只小船能使运货总量达到最大?

第六节　函数图形的描绘

为了确定函数图形的形状, 我们需要知道当沿图形往前走时它是上升或下降以及图形是如何弯曲的. 本节中, 我们将看到函数的一阶和二阶导数是如何为确定图形的形状提供所需要的信息的. 即借助于一阶导数可以确定函数图形的单调性和极值的位置; 借助于二阶导数可以确定函数的凹凸性及拐点. 由此, 可以掌握函数的形态, 并把函数的图形画得比较准确.

在第四节中, 我们以函数的一阶导数和二阶导数讨论了函数的单调性、凹凸性及拐点、极值与极值点等问题, 这些信息有助于我们通过函数的导数粗略地了解函数的图形, 为方便起见, 总结如表 3-6-1 所示.

表 3-6-1

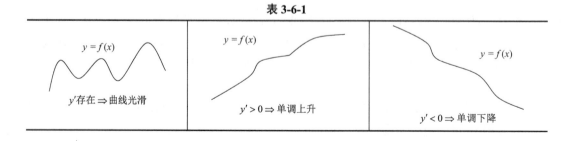

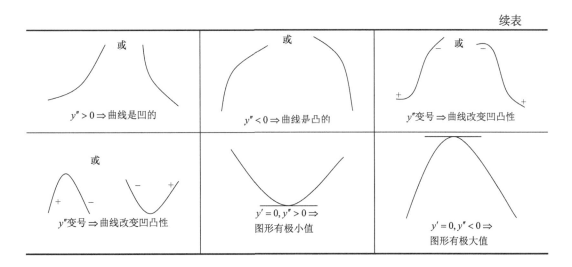

一、渐近线的概念

有些函数的定义域和值域都是有限区间,其图形仅局限于一定的范围之内,如圆、椭圆等. 有些函数的定义域或值域是无穷区间,其图形向无穷远处延伸,如双曲线、抛物线等,为了把握曲线在无限变化中的趋势,我们先介绍曲线的渐近线概念.

定义 3.6.1 如果曲线 $y=f(x)$ 上的一动点沿着曲线移向无穷远时,该点与某条定直线 L 的距离趋向于零,则直线 L 就称为曲线 $y=f(x)$ 的一条**渐近线**(图 3-6-1).

渐近线分为水平渐近线、铅直渐近线和斜渐近线三种.

1. 水平渐近线

若函数 $y=f(x)$ 的定义域是无穷区间,且
$$\lim_{x\to\infty}f(x)=C,$$
则称直线 $y=C$ 为曲线 $y=f(x)$ 的**水平渐近线**.

2. 铅直渐近线

若函数 $y=f(x)$ 在点 x_0 处间断,且
$$\lim_{x\to x_0}f(x)=\infty,$$

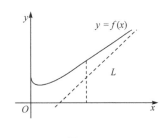

图 3-6-1

则称直线 $x=x_0$ 为曲线 $y=f(x)$ 的**铅直渐近线**,也称**垂直渐近线**.

例如,对函数 $y=\dfrac{1}{x-1}$,因为 $\lim\limits_{x\to\infty}\dfrac{1}{x-1}=0$,所以直线 $y=0$ 为 $y=\dfrac{1}{x-1}$ 的水平渐近线;又因为 $\lim\limits_{x\to 1}\dfrac{1}{x-1}=\infty$,所以 $x=1$ 是 $y=\dfrac{1}{x-1}$ 的铅直渐近线(图 3-6-2).

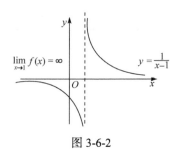

图 3-6-2

3. 斜渐近线

设函数 $y = f(x)$，如果
$$\lim_{x \to \infty}[f(x) - (ax + b)] = 0,$$
则称直线 $y = ax + b$ 为 $y = f(x)$ 的**斜渐近线**，其中
$$a = \lim_{x \to \infty}\frac{f(x)}{x}(a \neq 0), \qquad b = \lim_{x \to \infty}[f(x) - ax].$$

注：如果 $\lim\limits_{x \to \infty}\dfrac{f(x)}{x}$ 不存在，或虽然它存在但 $\lim\limits_{x \to \infty}[f(x) - ax]$ 不存在，则可以断定 $y = f(x)$ 不存在斜渐近线.

例 3.6.1 求 $f(x) = \dfrac{2(x-2)(x+3)}{x-1}$ 的渐近线.

解 易见函数 $f(x)$ 的定义域为 $(-\infty, 1) \cup (1, +\infty)$. 因为
$$\lim_{x \to 1^+} f(x) = -\infty, \qquad \lim_{x \to 1^-} f(x) = +\infty,$$
所以 $x = 1$ 是曲线的铅直渐近线. 又
$$\lim_{x \to \infty}\frac{f(x)}{x} = \lim_{x \to \infty}\frac{2(x-2)(x+3)}{x(x-1)} = 2,$$
$$\lim_{x \to \infty}\left[\frac{2(x-2)(x+3)}{x-1} - 2x\right] = \lim_{x \to \infty}\frac{2(x-2)(x+3) - 2x(x-1)}{x-1} = 4,$$
所以 $y = 2x + 4$ 是曲线的一条斜渐近线(图 3-6-3).

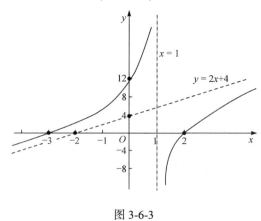

图 3-6-3

二、函数图形的描绘

对于一个函数，若能作出其图形，就能从直观上了解该函数的性态特征，并可从其图形清楚地看出因变量与自变量之间的相互依赖关系. 在中学阶段，我们利用描点法来作函数的图形. 这种方法常会遗漏曲线的一些关键点，如极值点、拐点等，使得曲线的单调

性、凹凸性等一些函数的重要性态难以准确显示出来.

例 3.6.2 按照以下步骤作出函数 $f(x) = x^4 - 4x^3 + 10$ 的图形.

(1) 求 $f'(x)$ 和 $f''(x)$;

(2) 分别求 $f'(x)$ 和 $f''(x)$ 的零点;

(3) 确定函数的增减性、凹凸性、极值点和拐点;

(4) 作出函数 $f(x) = x^4 - 4x^3 + 10$ 的图形.

解 (1) $f'(x) = 4x^3 - 12x^2$, $f''(x) = 12x^2 - 24x$.

(2) 由 $f'(x) = 4x^3 - 12x^2 = 0$, 得到 $x = 0$ 和 $x = 3$.

由 $f''(x) = 12x^2 - 24x = 0$, 得到 $x = 0$ 和 $x = 2$.

(3) 列表 3-6-2 确定函数升降区间、凹凸区间及极值和拐点.

表 3-6-2

x	$(-\infty, 0)$	0	$(0, 2)$	2	$(2, 3)$	3	$(3, +\infty)$
$f'(x)$	−	0	−	0	−	0	+
$f''(x)$	+	0	−	0	+	0	+
$f(x)$	↘	拐点	↘	拐点	↘	极值点	↗

(4) 算出 $x = 0$, $x = 2$, $x = 3$ 处的函数值

$$f(0) = 10, \quad f(2) = -6, \quad f(3) = -17.$$

根据以上结论, 用平滑曲线连接这些点, 就可以描绘函数的图形(图 3-6-4).

本节我们要利用导数描绘函数 $y = f(x)$ 的图形, 其一般步骤如下:

第一步 确定函数 $f(x)$ 的定义域, 研究函数特性如: 奇偶性、周期性、有界性等, 求出函数的一阶导数 $f'(x)$ 和二阶导数 $f''(x)$;

第二步 求出一阶导数 $f'(x)$ 和二阶导数 $f''(x)$ 在函数定义域内的全部零点, 并求出函数 $f(x)$ 的间断点和导数 $f'(x)$ 和 $f''(x)$ 不存在的点, 用这些点把函数定义域划分成若干个部分区间;

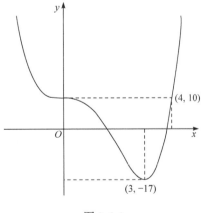

图 3-6-4

第三步 确定在这些部分区间内 $f'(x)$ 和 $f''(x)$ 的符号, 并由此确定函数的增减性和凹凸性、极值点和拐点;

第四步 确定函数图形的水平渐近线、铅直渐近线以及其他变化趋势;

第五步 算出 $f'(x)$ 和 $f''(x)$ 的零点以及不存在的点所对应的函数值, 并在坐标平面上定出图形上相应的点; 有时还需适当补充一些辅助作图点(如与坐标轴的交点和曲线的

端点等); 然后根据第三、四步中得到的结果, 用平滑曲线连接而画出函数的图形.

例 3.6.3 作函数 $f(x) = \dfrac{4(x+1)}{x^2} - 2$ 的图形.

解 (1) 根据题意定义域为 $(-\infty, 0) \cup (0, +\infty)$, 非奇非偶函数, 且无对称性.

$$f'(x) = -\frac{4(x+2)}{x^3}, \quad f''(x) = \frac{8(x+3)}{x^4}.$$

(2) 令 $f'(x) = 0$, 得 $x = -2$; 令 $f''(x) = 0$, 得 $x = -3$. 导数不存在的点为 $x = 0$. 用这三点把定义域划分成下列四个部分区间:

$$(-\infty, -3), \quad (-3, -2), \quad (-2, 0), \quad (0, +\infty).$$

(3) 列表 3-6-3 确定函数增减区间、凹凸区间及极值点和拐点:

表 3-6-3

x	$(-\infty,-3)$	-3	$(-3,-2)$	-2	$(-2,0)$	0	$(0,+\infty)$
$f'(x)$	$-$		$-$	0	$+$	不存在	$-$
$f''(x)$	$-$	0	$+$		$+$		$+$
$f(x)$	↘	拐点 $\left(-3, -\dfrac{26}{9}\right)$	↘	极值点 -3	↘	间断点	↘

(4) 因为

$$\lim_{x \to \infty} f(x) = \lim_{x \to \infty}\left[\frac{4(x+1)}{x^2} - 2\right] = -2,$$

得水平渐近线 $y = -2$; 因为

$$\lim_{x \to 0} f(x) = \lim_{x \to 0}\left[\frac{4(x+1)}{x^2} - 2\right] = +\infty,$$

得铅直渐近线 $x = 0$.

(5) 算出 $x = -2, x = -3$ 处的函数值

$$f(-3) = -\frac{26}{9}, \quad f(-2) = -3,$$

得到题设函数图形上的两个点 $\left(-3, -\dfrac{26}{9}\right), (-2, -3)$. 再补充下列辅助作图点:

$$(1-\sqrt{3}, 0), \quad (1+\sqrt{3}, 0), \quad A(-1, -2), \quad B(1, 6), \quad C(2, 1).$$

根据(3)和(4)中得到的结果, 用平滑曲线连接这些点, 就可描绘出题设函数的图形.

习题 3-6

1. 求下列曲线的渐近线:

(1) $y = \mathrm{e}^{-\frac{1}{x}}$; (2) $y = \dfrac{\mathrm{e}^x}{1+x}$; (3) $y = x + \mathrm{e}^{-x}$.

2. 描绘下列函数的图形:

(1) $y = \dfrac{x}{1+x^2}$;　　(2) $y = 2 - \dfrac{2}{1-x^2}$;　　(3) $y = \dfrac{(x-3)^2}{4(x-1)}$;

(4) $y = x\sqrt{3-x}$;　　(5) $y = \dfrac{1}{x}\ln x$;　　(6) $y = \dfrac{\cos x}{\cos 2x}$.

*第七节　MATLAB 软件应用

为求一元函数 $f(x)$ 的极值,可以先用 MATLAB 的绘图函数绘制出 $f(x)$ 的图形,结合图形再利用求导函数 diff 等求解 $f(x)$ 的极值,也可以讨论 $f(x)$ 在给定区间上的最值.

除了上述方法外,MATLAB 符号工具箱中也提供了函数 fminbnd 用来求一元函数的极小值点和极小值.

函数 fminbnd 的常用格式如下:

[xmin,fmin]=fminbnd(f,x1,x2)

参数说明: f 是目标函数的符号表达式, x1 和 x2 是区间端点, xmin 是[x1,x2]内的极小值点, fmin 是函数 f 在 xmin 处取得的极小值.

例 3.7.1　求函数 $f(x) = x^3 - 6x^2 + 9x + 3$ 在区间(0, 4)内的极值.

解　输入命令:

```
syms x
f=x.^3-6*x.^2+9*x+3;
ezplot(f,[0,4]);   %绘制 f 的图形
grid on   %添加网格
```

输出结果: 如图 3-7-1 所示.

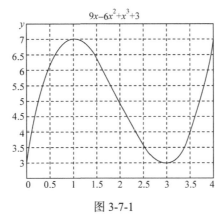

图 3-7-1

由图 3-7-1 可知,函数 $f(x)$ 在 $x=1$ 附近存在极大值,在 $x=3$ 附近存在极小值.

继续输入命令:

```
df=diff(f);   %利用函数 diff 求导
```

```
s=solve(df)     %求 f 的驻点
jz=subs(f,s)    %求 f 的极值
```
输出结果:
```
s=
   1
   3
jz=
   7
   3
```
由此可得, 函数 $f(x)$ 在区间[0,4]上的极小值点为 $x_1=3$, 极小值为 $f(3)=3$, 极大值点为 $x_2=1$, 极大值为 $f(1)=7$.

例 3.7.2 求函数 $f(x)=\dfrac{\sin x}{x^2}+x\cos x$ 在区间$(1,9)$内的极值.

解 输入命令:
```
f=a(x)sin(x)./x.^2+x.*cos(x);
f1=a(x)-f(x);              %给出-f
[xmin,fmin]=fminbnd(f,1,9)  %求 f 的极小值点和极小值
[xmax,fmax]=fminbnd(f1,1,9) %利用 f1 求 f 的极大值点和极大值
```
输出结果:
```
xmin=
   3.4427
fmin=
   -3.3128
xmax=
   6.4407
fmax=
   -6.3647
```
由此可得, 函数 $f(x)$ 在区间$(1,9)$内的极小值为 $f(3.4427)=-3.3128$, 将 $f(x)$ 的极小值转化为 $f(x)$ 的极大值, 即 $f(6.4407)=-6.3647$.

第四章 不定积分

古希腊人曾用穷竭法求出了某些图形的面积和体积,我国南北朝时期的祖冲之、祖暅也曾推导出某些图形的面积和体积.微积分的创立首先是为了解决当时数学面临的四类核心问题中的第四类问题,即求曲线的长度、曲线围成的面积和体积、物体的重心和引力,等等.对此类问题的研究兴起于17世纪的欧洲,具有久远的研究历史.

由求运动速度、曲线的切线和极值等问题产生了导数和微分,构成了微积分学的微分学部分;同时由已知速度求路程、已知切线求曲线以及上述求面积与体积等问题,产生了不定积分和定积分,构成了微积分学的积分学部分.本节将介绍不定积分的概念及其计算方法.

第一节 不定积分的概念与性质

前面已经介绍已知函数求导数的问题,现在我们要考虑其反问题:已知导数求其原函数,即求一个未知函数,使其导数恰好是某一已知函数.这种由导数或微分求原函数的逆运算称为不定积分.本节将介绍不定积分的概念及其性质.

一、原函数的概念

从微积分学知道:若已知曲线方程 $y = f(x)$,则可求出该曲线在任意一点 x 处切线的斜率 $k = f'(x)$.例如,曲线 $y = x^2$ 在点 x 处切线的斜率 $k = 2x$.

现在要解决其**逆问题**:

已知曲线上任意一点 x 处切线的斜率,要求该曲线的方程.为此,我们引进原函数的概念.

定义 4.1.1 设 $f(x)$ 是定义在区间 I 上的函数,若存在函数 $F(x)$,使得对任意 $x \in I$ 均有

$$F'(x) = f(x) \quad \text{或} \quad dF(x) = f(x)dx,$$

则称函数 $F(x)$ 为 $f(x)$ 在区间 I 上的**原函数**.

例如,因为 $(\sin x)' = \cos x$,故 $\sin x$ 是 $\cos x$ 的一个原函数.

因为 $(x^2)' = 2x$,故 x^2 是 $2x$ 的一个原函数.

因为 $(x^2 + 1)' = 2x$,故 $x^2 + 1$ 是 $2x$ 的一个原函数.

……

从上述后两个例子可见:**一个函数的原函数不是唯一的**.

事实上,若 $F(x)$ 为 $f(x)$ 在区间 I 上的原函数,则有

$$F'(x) = f(x), \quad [F(x) + C]' = f(x) \quad (C\text{为任意常数}).$$

从而，$F(x) + C$ 也是 $f(x)$ 在区间 I 上的原函数.

一个函数的任意两个原函数之间相差一个常数.

事实上，设 $F(x)$ 和 $G(x)$ 都是 $f(x)$ 的原函数，则

$$[F(x) - G(x)]' = F'(x) - G'(x) = f(x) - f(x) = 0,$$

即 $F(x) - G(x) = C$ (C为任意常数).

由此可知，若 $F(x)$ 为 $f(x)$ 在区间 I 上的一个原函数，则函数 $f(x)$ 的**全体原函数**为 $F(x) + C$ (C为数任意常为数).

原函数的存在性将在下一章讨论，这里先介绍一个结论.

定理 4.1.1 区间 I 上的连续函数一定有原函数.

注：求函数 $f(x)$ 的原函数，实质上就是问它是由什么函数求导得来的. 而一旦求得 $f(x)$ 的一个原函数 $F(x)$，则其全体原函数为 $F(x) + C$ (C为任意常数).

二、不定积分的概念

定义 4.1.2 在某区间 I 上的函数 $f(x)$，若存在原函数，则称 $f(x)$ 为**可积函数**，并将 $f(x)$ 的全体原函数记为

$$\int f(x) \mathrm{d}x,$$

称它是函数 $f(x)$ 在区间 I 内的**不定积分**，其中 $\int$ 称为**积分符号**，$f(x)$ 称为**被积函数**，x 称为**积分变量**.

由定义知，若 $F(x)$ 为 $f(x)$ 的原函数，则

$$\int f(x) \mathrm{d}x = F(x) + C \quad (C\text{称为积分常数}).$$

注：函数 $f(x)$ 的原函数 $F(x)$ 的图形称为 $f(x)$ 的**积分曲线**.

由定义知，求函数 $f(x)$ 的不定积分，就是求 $f(x)$ 的全体原函数，在 $\int f(x) \mathrm{d}x$ 中，积分号 $\int$ 表示对函数 $f(x)$ 实行求原函数的运算，故求不定积分的运算实质上就是求导(或求微分)运算的逆运算.

例 4.1.1 问 $\dfrac{\mathrm{d}}{\mathrm{d}x}\left(\int f(x) \mathrm{d}x\right)$ 与 $\int f'(x) \mathrm{d}x$ 是否相等？

解 不相等.

设 $F'(x) = f(x)$，则

$$\frac{\mathrm{d}}{\mathrm{d}x}\left(\int f(x) \mathrm{d}x\right) = (F(x) + C)' = F'(x) + 0 = f(x),$$

而由不定积分定义

$$\int f'(x) \mathrm{d}x = f(x) + C \quad (C\text{为任意常数}),$$

所以

$$\frac{d}{dx}\left(\int f(x)dx\right) \neq \int f'(x)dx.$$

例 4.1.2 求下列不定积分

(1) $\int x^3 dx$;　　　　(2) $\int \frac{1}{x^2} dx$;　　　　(3) $\int \frac{1}{1+x^2} dx$.

解 (1) 因为 $\left(\frac{x^4}{4}\right)' = x^3$, 所以 $\frac{x^4}{4}$ 是 x^3 的一个原函数, 从而

$$\int x^3 dx = \frac{x^4}{4} + C \quad (C \text{ 为任意常数}).$$

(2) 因为 $\left(-\frac{1}{x}\right)' = \frac{1}{x^2}$, 所以 $-\frac{1}{x}$ 是 $\frac{1}{x^2}$ 的一个原函数, 从而

$$\int \frac{1}{x^2} dx = -\frac{1}{x} + C \quad (C \text{ 为任意常数}).$$

(3) 因为 $(\arctan x)' = \frac{1}{1+x^2}$, 所以 $\arctan x$ 是 $\frac{1}{1+x^2}$ 的一个原函数, 从而

$$\int \frac{1}{1+x^2} dx = \arctan x + C \quad (C \text{ 为任意常数}).$$

例 4.1.3 检验下列不定积分的正确性:

(1) $\int x\cos x dx = x\sin x + C$;　　　　(2) $\int x\cos x dx = x\sin x + \cos x + C$.

解 (1) 错误. 因为对等式的右端求导, 其导函数不是被积函数:

$$(x\sin x + C)' = x\cos x + \sin x + 0 \neq x\cos x.$$

(2) 正确. 因为

$$(x\sin x + \cos x + C)' = x\cos x + \sin x - \sin x + 0 = x\cos x.$$

例 4.1.4 已知曲线 $y = f(x)$ 在任一点 x 处的切线斜率为 $2x$, 且曲线通过点 $(1, 2)$, 求此曲线的方程.

解 根据题意知 $f'(x) = 2x$, 即 $f(x)$ 是 $2x$ 的一个原函数(图 4-1-1), 从而

$$f(x) = \int 2x dx = x^2 + C.$$

现在要在上述积分曲线中选出通过点 $(1, 2)$ 的那条曲线. 由曲线通过点 $(1, 2)$ 得

$$2 = 1^2 + C, \quad \text{即 } C = 1,$$

故所求曲线方程为 $y = x^2 + 1$.

例 4.1.5 质点以初速 v_0 铅直上抛, 不计阻力, 求它的运动规律.

解 所求质点的运动规律, 实质上就是求其位置关于时间 t 的函数关系. 为此, 按如下方式取一坐标系: 将质点所在的铅垂线取作坐标轴, 指向朝上, 轴与地面的交点取作坐标原点. 设质点抛出时刻为 $t = 0$, 且此时质点所在位置为 x_0, 质点在时刻 t 时坐标为 x (图 4-1-2), 于是, $x = x(t)$ 就是要求的函数.

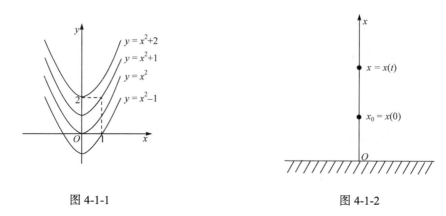

图 4-1-1　　　　　　　图 4-1-2

由导数的物理意义知，质点在时刻 t 时向上运动的速度为 $v(t)=\dfrac{\mathrm{d}x}{\mathrm{d}t}$（如果 $v(t)<0$，则运动方向实际朝下）．又 $\dfrac{\mathrm{d}^2x}{\mathrm{d}t^2}=\dfrac{\mathrm{d}v}{\mathrm{d}t}=\alpha(t)$ 为质点在时刻 t 时向上运动的加速度，按题意，有 $\alpha(t)=-g$，即

$$\frac{\mathrm{d}v}{\mathrm{d}t}=-g \quad \text{或} \quad \frac{\mathrm{d}^2x}{\mathrm{d}t^2}=-g.$$

先求 $v(t)$．由 $\dfrac{\mathrm{d}v}{\mathrm{d}t}=-g$，即 $v(t)$ 是 $(-g)$ 的原函数，故

$$v(t)=\int(-g)\mathrm{d}t=-gt+C_1.$$

由 $v(0)=v_0$，得 $v_0=C_1$，于是 $v(t)=-gt+v_0$．

再求 $x(t)$．由 $\dfrac{\mathrm{d}x}{\mathrm{d}t}=v(t)$，即 $x(t)$ 是 $v(t)$ 的原函数，故

$$x(t)=\int v(t)\mathrm{d}t=\int(-gt+v_0)\mathrm{d}t=-\frac{1}{2}gt^2+v_0t+C_2.$$

由 $x(0)=x_0$，得 $x_0=C_2$，于是，所求运动规律为

$$x=-\frac{1}{2}gt^2+v_0t+x_0, \quad t\in[0,T],$$

其中 T 表示质点落地的时刻．

三、不定积分的性质

由不定积分的定义知，若 $F(x)$ 为 $f(x)$ 在区间 I 上的原函数，即

$$F'(x)=f(x) \quad \text{或} \quad \mathrm{d}F(x)=f(x)\mathrm{d}x,$$

则 $f(x)$ 在区间 I 内的不定积分为

$$\int f(x)\mathrm{d}x=F(x)+C.$$

易见 $\int f(x)dx$ 是 $f(x)$ 的原函数, 故有如下性质.

性质 1 $\dfrac{d}{dx}\left[\int f(x)dx\right] = f(x)$ 或 $d\left[\int f(x)dx\right] = f(x)dx$.

又由于 $F(x)$ 是 $F'(x)$ 的原函数, 故有如下性质.

性质 2 $\int F'(x)dx = F(x) + C$ 或 $\int dF(x) = F(x) + C$.

注: 从上可见**微分运算与积分运算是互逆的**.

利用微分运算法则和不定积分的定义, 可得下列运算性质.

性质 3 两函数代数和的不定积分, 等于它们各自积分的代数和, 即
$$\int [f(x) \pm g(x)]dx = \int f(x)dx \pm \int g(x)dx.$$

证 $\left[\int f(x)dx \pm \int g(x)dx\right]' = \left[\int f(x)dx\right]' \pm \left[\int g(x)dx\right]' = f(x) \pm g(x).$

注: 此性质可推广到有限多个函数之和的情形.

性质 4 求不定积分时, 非零常数因子可提到积分号外面, 即
$$\int kf(x)dx = k\int f(x)dx \quad (k \neq 0).$$

证 $\left[k\int f(x)dx\right]' = k\left[\int f(x)dx\right]' = kf(x) = \left[\int kf(x)dx\right]'.$

四、基本积分表

根据不定积分的定义, 由导数或微分基本公式, 即可得到不定积分的基本公式. 这里我们列出**基本积分表**, 请读者务必熟记. 因为许多不定积分最终将归结为这些基本积分公式.

(1) $\int k dx = kx + C$ (k 是常数);

(2) $\int x^\mu dx = \dfrac{x^{\mu+1}}{\mu+1} + C (\mu \neq -1)$;

(3) $\int \dfrac{dx}{x} = \ln|x| + C$;

(4) $\int \dfrac{1}{1+x^2} dx = \arctan x + C$;

(5) $\int \dfrac{1}{\sqrt{1-x^2}} dx = \arcsin x + C$;

(6) $\int \cos x dx = \sin x + C$;

(7) $\int \sin x dx = -\cos x + C$;

(8) $\int \dfrac{dx}{\cos^2 x} = \int \sec^2 x dx = \tan x + C$;

(9) $\int \dfrac{dx}{\sin^2 x} = \int \csc^2 x dx = -\cot x + C$;

(10) $\int \sec x \tan x dx = \sec x + C$;

(11) $\int \csc x \cot x dx = -\csc x + C$;

(12) $\int e^x dx = e^x + C$;

(13) $\int a^x dx = \dfrac{a^x}{\ln a} + C$;

五、直接积分法

从前面的例题知道,利用不定积分的定义来计算不定积分是非常不方便的. 为解决不定积分的计算问题,这里介绍一种利用不定积分的运算性质和基本积分公式,直接求出不定积分的方法,即**直接积分法**.

例如,计算不定积分 $\int (x^2 + 2x - 7)dx$,有

$$\int (x^2 + 2x - 7)dx = \int x^2 dx + \int 2x dx - \int 7 dx = \frac{x^3}{3} + x^2 - 7x + C.$$

注:每个积分号都含有任意常数,但由于这些任意常数之和仍是任意常数,因此,只要总的写出一个任意常数 C 即可.

例 4.1.6 计算不定积分 $\int (1 - \sqrt[3]{x^2})^2 dx$.

解 $\int (1 - \sqrt[3]{x^2})^2 dx = \int (1 - 2x^{\frac{2}{3}} + x^{\frac{4}{3}})dx = \int 1 dx - 2\int x^{\frac{2}{3}} dx + \int x^{\frac{4}{3}} dx$

$$= x - 2 \cdot \frac{1}{\frac{2}{3}+1} x^{\frac{2}{3}+1} + \frac{1}{\frac{4}{3}+1} x^{\frac{4}{3}+1} + C$$

$$= x - \frac{6}{5} x^{\frac{5}{3}} + \frac{3}{7} x^{\frac{7}{3}} + C.$$

例 4.1.7 求不定积分 $\int 2^x e^x dx$.

解 $\int 2^x e^x dx = \int (2e)^x dx = \int d \frac{(2e)^x}{\ln(2e)} = \frac{2^x e^x}{1 + \ln 2} + C.$

例 4.1.8 求不定积分 $\int \frac{1 + x + x^2}{x(1 + x^2)} dx$.

解 $\int \frac{1 + x + x^2}{x(1 + x^2)} dx = \int \frac{x + (1 + x^2)}{x(1 + x^2)} dx = \int \left(\frac{1}{1 + x^2} + \frac{1}{x} \right) dx$

$$= \int \frac{1}{1 + x^2} dx + \int \frac{1}{x} dx = \arctan x + \ln |x| + C.$$

例 4.1.9 求不定积分 $\int \frac{\sqrt{1 + x^2}}{\sqrt{1 - x^4}} dx$.

解 $\int \frac{\sqrt{1 + x^2}}{\sqrt{1 - x^4}} dx = \int \frac{\sqrt{1 + x^2}}{\sqrt{1 - x^2} \sqrt{1 + x^2}} dx = \int \frac{1}{\sqrt{1 - x^2}} dx = \arcsin x + C.$

例 4.1.10 求不定积分 $\int \frac{x^4}{1 + x^2} dx$.

解 $\int \dfrac{x^4}{1+x^2} dx = \int \dfrac{x^4-1+1}{1+x^2} dx = \int \dfrac{(x^2+1)(x^2-1)+1}{1+x^2} dx = \int \left(x^2-1+\dfrac{1}{1+x^2}\right) dx$

$= \int x^2 dx - \int 1 dx + \int \dfrac{1}{1+x^2} dx = \dfrac{x^3}{3} - x + \arctan x + C.$

例 4.1.11 求下列不定积分:

(1) $\int \tan^2 x dx$; (2) $\int \sin^2 \dfrac{x}{2} dx.$

解 (1) $\int \tan^2 x dx = \int (\sec^2 x - 1) dx = \int \sec^2 x dx - \int 1 dx = \tan x - x + C;$

(2) $\int \sin^2 \dfrac{x}{2} dx = \int \dfrac{1}{2}(1-\cos x) dx = \dfrac{1}{2} \int (1-\cos x) dx$

$= \dfrac{1}{2} \left[\int dx - \int \cos x dx\right] = \dfrac{1}{2}(x - \sin x) + C.$

例 4.1.12 求满足下列条件的 $F(x)$, 其中

$$F'(x) = \dfrac{1+x}{1+\sqrt[3]{x}}, \quad F(0) = 1.$$

解 根据题设条件, 有

$$F(x) = \int F'(x) = \int \dfrac{1+x}{1+\sqrt[3]{x}} dx = \int (1-\sqrt[3]{x}+\sqrt[3]{x^2}) dx$$

$$= \int 1 dx - \int \sqrt[3]{x} dx + \int \sqrt[3]{x^2} dx = x - \dfrac{3}{4} x^{\frac{4}{3}} + \dfrac{3}{5} x^{\frac{5}{3}} + C.$$

又 $F(0) = 1$, 得 $C = 1$. 所以

$$F(x) = x - \dfrac{3}{4} x^{\frac{4}{3}} + \dfrac{3}{5} x^{\frac{5}{3}} + 1.$$

例 4.1.13 求满足下列条件的 $F(x)$, 其中

$$F'(x) = \dfrac{\cos 2x}{\sin^2 2x}, \quad F\left(\dfrac{\pi}{4}\right) = -1.$$

解 根据题设条件, 有

$$F(x) = \int F'(x) dx = \int \dfrac{\cos 2x}{\sin^2 2x} dx = \int \dfrac{\cos^2 x - \sin^2 x}{4\sin^2 x \cos^2 x} dx$$

$$= \dfrac{1}{4} \int \left(\dfrac{1}{\sin^2 x} - \dfrac{1}{\cos^2 x}\right) dx = -\dfrac{1}{4}(\tan x + \cot x) + C.$$

由 $F\left(\dfrac{\pi}{4}\right) = 1$, 得 $-\dfrac{1}{4}\left(\tan \dfrac{\pi}{4} + \cot \dfrac{\pi}{4}\right) + C = -1$, 即

$$C = -\dfrac{1}{2}.$$

所以 $F(x) = -\dfrac{1}{4}(\tan x + \cot x) - \dfrac{1}{2}$.

例 4.1.14 已知 $f'(\ln x) = \begin{cases} 1, & 0 < x \leqslant 1, \\ x, & 1 < x < +\infty, \end{cases}$ 且 $f(0) = 0$，求 $f(x)$.

解 设 $t = \ln x$，则当 $0 < x \leqslant 1$ 时，$-\infty < t \leqslant 0$，$f'(t) = 1$. 于是，

$$f(t) = \int f'(t) \mathrm{d}t = t + C_1, \quad f(x) = x + C_1.$$

当 $1 < x < +\infty$ 时，$0 < t < +\infty$，$f'(t) = \mathrm{e}^t$，于是

$$f(t) = \int f'(t) \mathrm{d}t = \mathrm{e}^t + C_2, \quad 即 f(x) = \mathrm{e}^x + C_2.$$

所以

$$f(x) = \begin{cases} x + C_1, & -\infty < x \leqslant 0, \\ \mathrm{e}^x + C_2, & 0 < x < +\infty. \end{cases}$$

又 $f(0) = 0$，得 $C_1 = 0$，再由 $f(x)$ 在 $x = 0$ 处连续，故有

$$f(0) = \lim_{x \to 0^+} f(x), \quad 得 C_2 = -1.$$

所以

$$f(x) = \begin{cases} x, & -\infty < x \leqslant 0, \\ \mathrm{e}^x - 1, & 0 < x < +\infty. \end{cases}$$

习题 4-1

1. 求下列不定积分：

(1) $\displaystyle\int \dfrac{\mathrm{d}x}{x^3 \sqrt{x}}$;

(2) $\displaystyle\int x^2 \sqrt[3]{x} \, \mathrm{d}x$;

(3) $\displaystyle\int \sqrt{x\sqrt{x\sqrt{x}}} \, \mathrm{d}x$;

(4) $\displaystyle\int \left(\sqrt[3]{x} - \dfrac{1}{\sqrt{x}} \right) \mathrm{d}x$;

(5) $\displaystyle\int \sqrt{x}(x-3) \mathrm{d}x$;

(6) $\displaystyle\int \dfrac{x^2}{1+x^2} \mathrm{d}x$;

(7) $\displaystyle\int \dfrac{2x^5 + 2x^3 + 1}{x^2 + 1} \mathrm{d}x$;

(8) $\displaystyle\int \dfrac{1}{x^2(1+x^2)} \mathrm{d}x$;

(9) $\displaystyle\int \dfrac{\mathrm{e}^{2x} - 1}{\mathrm{e}^x - 1} \mathrm{d}x$;

(10) $\displaystyle\int \left(\dfrac{x}{2} - \dfrac{1}{x} + \dfrac{3}{x^3} - \dfrac{4}{x^4} \right) \mathrm{d}x$;

(11) $\displaystyle\int (3^x + x^2) \mathrm{d}x$;

(12) $\displaystyle\int \left(\dfrac{5}{1+x^2} - \dfrac{3}{\sqrt{1-x^2}} \right) \mathrm{d}x$;

(13) $\int 5^x e^x dx$;

(14) $\int \dfrac{2\cdot 3^x - 5\cdot 2^x}{3^x} dx$;

(15) $\int \cos^2 \dfrac{x}{2} dx$;

(16) $\int \dfrac{1}{1+\cos 2x} dx$;

(17) $\int \cot^2 x dx$;

(18) $\int \dfrac{\cos 2x}{\cos^2 x \cdot \sin^2 x} dx$;

(19) $\int \dfrac{\cos 2x}{\cos x - \sin x} dx$;

(20) $\int \dfrac{1+\cos^2 x}{1+\cos 2x} dx$;

(21) $\int \sec x(\sec x - \tan x) dx$;

(22) $\int \left(\sqrt{\dfrac{1-x}{1+x}} + \sqrt{\dfrac{1+x}{1-x}}\right) dx$.

2. 设 $\int xf(x)dx = \arcsin x + C$，求 $f(x)$.

3. 设 $f(x)$ 的导函数为 $\cos x$，求 $f(x)$ 的原函数全体.

4. 一曲线通过点 $(e^2, 3)$，且在任意点处切线的斜率都等于该点横坐标的倒数，求此曲线的方程.

5. 一物体由静止开始运动，经 ts 后的速度是 $3t^2$ (单位: m/s)，问:

(1) 在 3 s 后物体离开出发点的距离是多少?

(2) 物体走完 360 m 需要多少时间?

第二节　换元积分法

能用直接积分法计算的不定积分是十分有限的. 本节介绍的换元积分法，是将复合函数的求导法则反过来用于不定积分，通过适当的变量替换(换元)，把某些不定积分化为基本积分公式表中所列的形式，再计算出所求的不定积分.

一、第一类换元法(凑微分法)

如果不定积分 $\int f(x)dx$ 用直接积分法不易求得，但被积函数可分解为

$$f(x) = g[\varphi(x)]\varphi'(x),$$

作变量代换 $u = \varphi(x)$，并注意到 $\varphi'(x)dx = d\varphi(x)$，则可将关于变量 x 的积分转化为关于变量 u 的积分，于是有

$$\int f(x)dx = \int g[\varphi(x)]\varphi'(x)dx = \int g(u)du,$$

如果 $\int g(u)du$ 可以求出，不定积分 $\int f(x)dx$ 的计算问题就解决了，这就是**第一类换元(积分)法**(凑微分法).

定理 4.2.1 (第一类换元法)　设 $g(u)$ 的原函数为 $F(u)$，$u = \varphi(x)$ 可导，则有换元公式

$$\int g[\varphi(x)]\varphi'(x)dx = \int g(u)du = F(u) + C = F[\varphi(x)] + C.$$

注：上述公式中，第一个等号表示换元 $\varphi(x)=u$，最后一个等号表示回代 $u=\varphi(x)$.

例 4.2.1 求不定积分 $\int \dfrac{1}{3+2x}\mathrm{d}x$.

解
$$\int \dfrac{1}{3+2x}\mathrm{d}x = \dfrac{1}{2}\int \dfrac{1}{3+2x}\cdot(3+2x)'\mathrm{d}x$$
$$= \dfrac{1}{2}\int \dfrac{1}{3+2x}\mathrm{d}(3+2x) \xlongequal{3+2x=u} \dfrac{1}{2}\int \dfrac{1}{u}\mathrm{d}u$$
$$= \dfrac{1}{2}\ln|u|+C \xlongequal{u=3+2x} \dfrac{1}{2}\ln|3+2x|+C.$$

注：一般情形：
$$\int f(ax+b)\mathrm{d}x \xlongequal{ax+b=u} \dfrac{1}{a}\int f(u)\mathrm{d}u.$$

例 4.2.2 求不定积分 $\int (2x+1)^{10}\mathrm{d}x$.

解 利用凑微分公式 $\mathrm{d}x=\dfrac{1}{a}\mathrm{d}(ax+b)$，所以
$$\int (2x+1)^{10}\mathrm{d}x = \dfrac{1}{2}\int (2x+1)^{10}(2x+1)'\mathrm{d}x = \dfrac{1}{2}\int (2x+1)^{10}\mathrm{d}(2x+1)$$
$$\xlongequal[\text{换元}]{2x+1=u} \dfrac{1}{2}\int u^{10}\mathrm{d}u = \dfrac{1}{2}\cdot\dfrac{u^{11}}{11}+C \xlongequal[\text{回代}]{u=2x+1} \dfrac{1}{22}(2x+1)^{11}+C.$$

例 4.2.3 计算不定积分 $\int x\mathrm{e}^{x^2}\mathrm{d}x$.

解
$$\int x\mathrm{e}^{x^2}\mathrm{d}x = \dfrac{1}{2}\int \mathrm{e}^{x^2}(x^2)'\mathrm{d}x = \dfrac{1}{2}\int \mathrm{e}^{x^2}\mathrm{d}(x^2)$$
$$\xlongequal[\text{换元}]{x^2=u} \dfrac{1}{2}\int \mathrm{e}^u\mathrm{d}u = \dfrac{1}{2}\mathrm{e}^u+C \xlongequal[\text{回代}]{u=x^2} \dfrac{1}{2}\mathrm{e}^{x^2}+C.$$

注：一般情形：
$$\int x^{n-1}f(x^n)\mathrm{d}x \xlongequal{x^n=u} \dfrac{1}{n}\int f(u)\mathrm{d}u.$$

例 4.2.4 计算不定积分 $\int x\sqrt{1-x^2}\mathrm{d}x$.

解
$$\int x\sqrt{1-x^2}\mathrm{d}x = \int (1-x^2)^{\frac{1}{2}}\left[-\dfrac{1}{2}(1-x^2)\right]'\mathrm{d}x$$
$$= -\dfrac{1}{2}\int (1-x^2)^{\frac{1}{2}}\mathrm{d}(1-x^2)$$
$$= -\dfrac{1}{3}(1-x^2)^{\frac{3}{2}}+C.$$

第四章 不定积分

注: 对变量代换比较熟练后, 可省去书写中间变量的换元和回代过程.

例 4.2.5 求不定积分 $\int \dfrac{1}{x(1+2\ln x)}dx$.

解 $\int \dfrac{1}{x(1+2\ln x)}dx = \int \dfrac{1}{1+2\ln x}(\ln x)'dx = \int \dfrac{1}{2}\cdot\dfrac{1}{1+2\ln x}(1+2\ln x)'dx$

$= \dfrac{1}{2}\int \dfrac{1}{1+2\ln x}d(1+2\ln x) \xrightarrow[\text{换元}]{1+2\ln x = u} \dfrac{1}{2}\int \dfrac{1}{u}du = \dfrac{1}{2}\ln|u|+C$

$\xrightarrow[\text{回代}]{u = 1+2\ln x} \dfrac{1}{2}\ln|1+2\ln x|+C.$

注: 一般情形:
$$f(\ln x)\dfrac{1}{x}dx = f(\ln x)d(\ln x).$$

例 4.2.6 求下列不定积分:

(1) $\int \dfrac{e^{3\sqrt{x}}}{\sqrt{x}}dx$; (2) $\int \dfrac{\tan\sqrt{x}}{\sqrt{x}}dx.$

解 (1) $\int \dfrac{e^{3\sqrt{x}}}{\sqrt{x}}dx = 2\int e^{3\sqrt{x}}d(\sqrt{x}) = \dfrac{2}{3}\int e^{3\sqrt{x}}d(3\sqrt{x}) = \dfrac{2}{3}e^{3\sqrt{x}}+C;$

(2) $\int \dfrac{\tan\sqrt{x}}{\sqrt{x}}dx = 2\int \tan\sqrt{x}\,d(\sqrt{x}) = 2\int \dfrac{\sin\sqrt{x}}{\cos\sqrt{x}}d(\sqrt{x})$

$= -2\int \dfrac{1}{\cos\sqrt{x}}d(\cos\sqrt{x}) = -2\ln|\cos\sqrt{x}|+C.$

注: 一般情形:
$$\int f(\sqrt{x})\dfrac{1}{\sqrt{x}}dx = 2\int f(\sqrt{x})d(\sqrt{x}).$$

例 4.2.7 求下列不定积分:

(1) $\int \dfrac{1}{a^2+x^2}dx$; (2) $\int \dfrac{1}{x^2-8x+25}dx.$

解 (1) 原式 $= \int \dfrac{1}{a^2}\cdot\dfrac{1}{1+\left(\dfrac{x}{a}\right)^2}dx = \dfrac{1}{a}\int \dfrac{1}{1+\left(\dfrac{x}{a}\right)^2}d\left(\dfrac{x}{a}\right) = \dfrac{1}{a}\arctan\dfrac{x}{a}+C;$

(2) 原式 $= \int \dfrac{1}{(x-4)^2+9}dx = \dfrac{1}{3^2}\int \dfrac{1}{\left(\dfrac{x-4}{3}\right)^2+1}dx$

$= \dfrac{1}{3}\int \dfrac{1}{\left(\dfrac{x-4}{3}\right)^2+1}d\left(\dfrac{x-4}{3}\right) = \dfrac{1}{3}\arctan\dfrac{x-4}{3}+C.$

我们把一些常用的凑微分公式归纳如表 4-2-1 所示.

表 4-2-1　常用凑微分公式

	积分类型	换元公式
第一类换元法	1. $\int f(ax+b)dx = \dfrac{1}{a}\int f(ax+b)d(ax+b)$　$(a \neq 0)$	$u = ax+b$
	2. $\int f(x^{\mu})x^{\mu-1}dx = \dfrac{1}{\mu}\int f(x^{\mu})d(x^{\mu})$　$(\mu \neq 0)$	$u = x^{\mu}$
	3. $\int f(\ln x) \cdot \dfrac{1}{x}dx = \int f(\ln x)d(\ln x)$	$u = \ln x$
	4. $\int f(e^x) \cdot e^x dx = \int f(e^x)de^x$	$u = e^x$
	5. $\int f(a^x) \cdot a^x dx = \dfrac{1}{\ln a}\int f(a^x)da^x$	$u = a^x$
	6. $\int f(\sin x) \cdot \cos x dx = \int f(\sin x)d\sin x$	$u = \sin x$
	7. $\int f(\cos x) \cdot \sin x dx = -\int f(\cos x)d\cos x$	$u = \cos x$
	8. $\int f(\tan x)\sec^2 x dx = \int f(\tan x)d\tan x$	$u = \tan x$
	9. $\int f(\cot x)\csc^2 x dx = -\int f(\cot x)d\cot x$	$u = \cot x$
	10. $\int f(\arctan x)\dfrac{1}{1+x^2}dx = \int f(\arctan x)d(\arctan x)$	$u = \arctan x$
	11. $\int f(\arcsin x)\dfrac{1}{\sqrt{1-x^2}}dx = \int f(\arcsin x)d(\arcsin x)$	$u = \arcsin x$

例 4.2.8　求下列不定积分:

(1) $\int \dfrac{1}{1+e^x}dx$;　　　　　　　　(2) $\int \dfrac{\sin\dfrac{1}{x}}{x^2}dx$.

解　(1) 原式 $= \int \dfrac{1+e^x-e^x}{1+e^x}dx = \int \left(1 - \dfrac{e^x}{1+e^x}\right)dx$

$= \int dx - \int \dfrac{e^x}{1+e^x}dx = \int dx - \int \dfrac{1}{1+e^x}d(1+e^x)$

$= x - \ln(1+e^x) + C;$

(2) $\int \dfrac{\sin \dfrac{1}{x}}{x^2} dx = \int \sin\left(\dfrac{1}{x}\right) \cdot \left(-\dfrac{1}{x}\right)' dx = -\int \sin\left(\dfrac{1}{x}\right) \cdot d\left(\dfrac{1}{x}\right) = \cos\left(\dfrac{1}{x}\right) + C.$

注：一般情形：

$$\int f(e^x) e^x dx = \int f(e^x) d(e^x);$$

$$\int f\left(\dfrac{1}{x}\right) \dfrac{1}{x^2} dx = -\int f\left(\dfrac{1}{x}\right) d\left(\dfrac{1}{x}\right).$$

例 4.2.9 求不定积分 $\int \sin 2x dx$.

解法一 原式 $= \dfrac{1}{2} \int \sin 2x d(2x) = -\dfrac{1}{2} \cos 2x + C;$

解法二 原式 $= 2\int \sin x \cos x dx = 2\int \sin x d(\sin x) = (\sin x)^2 + C;$

解法三 原式 $= 2\int \sin x \cos x dx = -2\int \cos x d(\cos x) = -(\cos x)^2 + C.$

注：一般情形：

$$f(\sin x) \cos x dx = f(\sin x) d(\sin x);$$

$$f(\cos x) \sin x dx = -f(\cos x) d(\cos x).$$

注：检验积分结果是否正确，只要把结果求导，如果导数等于被积函数，则结果正确，否则结果错误.

例 4.2.10 求下列不定积分：

(1) $\int \sin^3 x dx$； (2) $\int \sin^2 x \cdot \cos^5 x dx.$

解 (1) $\int \sin^3 x dx = \int \sin^2 x \sin x dx = -\int (1 - \cos^2 x) d(\cos x)$

$= -\int d(\cos x) + \int \cos^2 x d(\cos x)$

$= -\cos x + \dfrac{1}{3} \cos^3 x + C;$

(2) 原式 $= \int \sin^2 x \cdot \cos^4 x d(\sin x) = \int \sin^2 x \cdot (1 - \sin^2 x)^2 d(\sin x)$

$= \int (\sin^2 x - 2\sin^4 x + \sin^6 x) d(\sin x).$

$= \dfrac{1}{3} \sin^3 x - \dfrac{2}{5} \sin^5 x + \dfrac{1}{7} \sin^7 x + C.$

注：当被积函数是三角函数的乘积时，拆开奇次项去凑微分；当被积函数是三角函数的偶数次幂时，常用半角公式通过降低幂次的方法来计算.

例 4.2.11 求下列不定积分：

(1) $\int \cos^2 x dx$； (2) $\int \cos^4 x dx.$

解 (1) $\int \cos^2 x \, dx = \int \frac{1+\cos 2x}{2} dx = \frac{1}{2}\left(\int dx + \int \cos 2x \, dx\right)$

$$= \frac{1}{2}\int dx + \frac{1}{4}\int \cos 2x \, d(2x) = \frac{x}{2} + \frac{\sin 2x}{4} + C;$$

(2) 因为

$$\cos^4 x = (\cos^2 x)^2 = \left(\frac{1+\cos 2x}{2}\right)^2$$

$$= \frac{1}{4}(1 + 2\cos 2x + \cos^2 2x)$$

$$= \frac{1}{4}\left(1 + 2\cos 2x + \frac{1+\cos 4x}{2}\right)$$

$$= \frac{1}{8}(3 + 4\cos 2x + \cos 4x),$$

所以

$$\int \cos^4 x \, dx = \frac{1}{8}\int (3 + 4\cos 2x + \cos 4x) dx$$

$$= \frac{1}{8}\left(\int 3 \, dx + \int 4\cos 2x \, dx + \int \cos 4x \, dx\right)$$

$$= \frac{1}{8}\left[3x + 2\int \cos 2x \, d(2x) + \frac{1}{4}\int \cos 4x \, d(4x)\right]$$

$$= \frac{3}{8}x + \frac{1}{4}\sin 2x + \frac{1}{32}\sin 4x + C.$$

下面再给出几个不定积分计算的例题，请读者悉心体会其中的方法．

例 4.2.12 计算不定积分 $\int \frac{1}{x^2 - a^2} dx$．

解 由于 $\frac{1}{x^2 - a^2} = \frac{1}{2a}\left(\frac{1}{x-a} - \frac{1}{x+a}\right)$，所以

$$\int \frac{1}{x^2 - a^2} dx = \frac{1}{2a}\int\left(\frac{1}{x-a} - \frac{1}{x+a}\right) dx = \frac{1}{2a}\left(\int \frac{1}{x-a} dx - \int \frac{1}{x+a} dx\right)$$

$$= \frac{1}{2a}\left[\int \frac{1}{x-a} d(x-a) - \int \frac{1}{x+a} d(x+a)\right]$$

$$= \frac{1}{2a}(\ln|x-a| - \ln|x+a|) + C$$

$$= \frac{1}{2a}\ln\left|\frac{x-a}{x+a}\right| + C.$$

例 4.2.13 求不定积分 $\int \frac{1}{\sqrt{2x+3} + \sqrt{2x-1}} dx$．

解 原式 $= \int \dfrac{\sqrt{2x+3}-\sqrt{2x-1}}{(\sqrt{2x+3}+\sqrt{2x-1})(\sqrt{2x+3}-\sqrt{2x-1})}dx$

$= \dfrac{1}{4}\int \sqrt{2x+3}dx - \dfrac{1}{4}\int \sqrt{2x-1}dx$

$= \dfrac{1}{8}\int \sqrt{2x+3}d(2x+3) - \dfrac{1}{8}\int \sqrt{2x-1}d(2x-1)$

$= \dfrac{1}{12}(\sqrt{2x+3})^3 - \dfrac{1}{12}(\sqrt{2x-1})^3 + C.$

注：利用平方差公式进行根式有理化是化简积分计算的常用手段之一．

例 4.2.14 求下列不定积分：

(1) $\int \csc x\,dx$;　　　　(2) $\int \sec x\,dx.$

解 (1) $\int \csc x\,dx = \int \dfrac{dx}{\sin x} = \int \dfrac{dx}{2\sin\dfrac{x}{2}\cos\dfrac{x}{2}} = \int \dfrac{1}{\tan\dfrac{x}{2}\cos^2\dfrac{x}{2}}d\left(\dfrac{x}{2}\right)$

$= \int \dfrac{1}{\tan\dfrac{x}{2}}d\left(\tan\dfrac{x}{2}\right) = \ln\left|\tan\dfrac{x}{2}\right| + C,$

因为

$$\tan\dfrac{x}{2} = \dfrac{\sin\dfrac{x}{2}}{\cos\dfrac{x}{2}} = \dfrac{2\sin^2\dfrac{x}{2}}{\sin x} = \dfrac{1-\cos x}{\sin x} = \csc x - \cot x,$$

所以

$$\int \csc x\,dx = \ln|\csc x - \cot x| + C;$$

(2) $\int \sec x\,dx = \int \dfrac{dx}{\cos x} = \int \dfrac{d(x+\pi/2)}{\sin(x+\pi/2)}$

$= \ln|\csc(x+\pi/2) - \cot(x+\pi/2)| + C$

$= \ln|\sec x + \tan x| + C.$

例 4.2.15 求下列不定积分：

(1) $\int \sec^6 x\,dx$;　　　　(2) $\int \tan^5 x \cdot \sec^3 x\,dx.$

解 (1) $\int \sec^6 x\,dx = \int (\sec^2 x)^2 \sec^2 x\,dx = \int (1+\tan^2 x)^2 d(\tan x)$

$= \int (1 + 2\tan^2 x + \tan^4 x)d(\tan x)$

$= \tan x + \dfrac{2}{3}\tan^3 x + \dfrac{1}{5}\tan^5 x + C;$

(2) $\int \tan^5 x \cdot \sec^3 x\,dx = \int \tan^4 x \sec^2 x \sec x \tan x\,dx$

$$= \int (\sec^2 x - 1)^2 \sec^2 x \, d(\sec x)$$

$$= \int (\sec^6 x - 2\sec^4 x + \sec^2 x) \, d(\sec x)$$

$$= \frac{1}{7}\sec^7 x - \frac{2}{5}\sec^5 x + \frac{1}{3}\sec^3 x + C.$$

例 4.2.16 求不定积分 $\int \dfrac{1}{1+\sin x} dx$.

解法一 $\int \dfrac{1}{1+\sin x} dx = \int \dfrac{1-\sin x}{1-\sin^2 x} dx = \int \dfrac{1}{\cos^2 x} dx + \int \dfrac{d\cos x}{\cos^2 x} = \tan x - \dfrac{1}{\cos x} + C.$

解法二 $\int \dfrac{1}{1+\sin x} dx = \int \dfrac{dx}{1+\cos\left(\dfrac{\pi}{2} - x\right)} = -\int \dfrac{d\left(\dfrac{\pi}{4} - \dfrac{x}{2}\right)}{\cos^2\left(\dfrac{\pi}{4} - \dfrac{x}{2}\right)} = -\tan\dfrac{1}{2}\left(\dfrac{\pi}{2} - x\right) + C.$

例 4.2.17 求 $\int \cos 3x \cos 2x \, dx$.

解 由于 $\cos A \cos B = \dfrac{1}{2}[\cos(A-B) + \cos(A+B)]$, 所以

$$\cos 3x \cos 2x = \frac{1}{2}(\cos x + \cos 5x),$$

$$\int \cos 3x \cos 2x \, dx = \frac{1}{2} \int (\cos x + \cos 5x) dx$$

$$= \frac{1}{2}\left[\int \cos x \, dx + \frac{1}{5} \int \cos 5x \, d(5x)\right]$$

$$= \frac{1}{2}\sin x + \frac{1}{10}\sin 5x + C.$$

例 4.2.18 用换元法求不定积分 $\int \dfrac{\sin x + \cos x}{\sqrt[3]{\sin x - \cos x}} dx$.

解 原式 $= \int (\sin x - \cos x)^{-\frac{1}{3}} d(\sin x - \cos x)$

$$= \frac{3}{2}\sqrt[3]{(\sin x - \cos)^2} + C = \frac{3}{2}\sqrt[3]{1-\sin 2x} + C.$$

例 4.2.19 试用换元法求不定积分 $\int \dfrac{\cos x}{\sqrt{2+\cos 2x}} dx$.

解 原式 $= \int \dfrac{\cos x}{\sqrt{3-2\sin^2 x}} dx = \int \dfrac{d(\sin x)}{\sqrt{3}\sqrt{1-\left(\sqrt{\dfrac{2}{3}}\sin x\right)^2}}$

$$= \frac{1}{\sqrt{2}} \int \frac{\mathrm{d}\left(\sqrt{\frac{2}{3}} \sin x\right)}{\sqrt{1 - \left(\sqrt{\frac{2}{3}} \sin x\right)^2}} = \frac{1}{\sqrt{2}} \arcsin\left(\sqrt{\frac{2}{3}} \sin x\right) + C.$$

例 4.2.20 试用换元法求不定积分 $\int \frac{1}{1-x^2} \ln \frac{1+x}{1-x} \mathrm{d}x$.

解 利用例 4.2.12 的结果:
$$\int \frac{1}{x^2 - a^2} \mathrm{d}x = \frac{1}{2a} \ln\left|\frac{x-a}{x+a}\right| + C,$$

得

$$\int \frac{1}{1-x^2} \ln \frac{1+x}{1-x} \mathrm{d}x = \frac{1}{2} \int \ln \frac{1+x}{1-x} \mathrm{d}\left(\ln \frac{1+x}{1-x}\right) = \frac{1}{2} \cdot \frac{\ln^2\left(\frac{1+x}{1-x}\right)}{2} + C = \frac{1}{4} \ln^2\left(\frac{1+x}{1-x}\right) + C.$$

二、第二类换元法

如果不定积分 $\int f(x)\mathrm{d}x$ 用直接积分法或第一类换元法不易求得, 但作适当的变量替换 $x = \varphi(t)$ 后, 所得到的关于新积分变量 t 的不定积分
$$\int f[\varphi(t)]\varphi'(t)\mathrm{d}t$$
可以求得, 则可解决 $\int f(x)\mathrm{d}x$ 的计算问题, 这就是所谓的**第二类换元(积分)法**.

定理 4.2.2 (第二类换元法) 设 $x = \varphi(t)$ 是单调、可导函数, 且 $\varphi'(t) \neq 0$, 又设 $f[\varphi(t)]\varphi'(t)$ 具有原函数 $F(t)$, 则
$$\int f(x)\mathrm{d}x = \int f[\varphi(t)]\varphi'(t)\mathrm{d}t = F(t) + C = F[\psi(x)] + C,$$
其中 $\psi(x)$ 是 $x = \varphi(t)$ 的反函数.

证 因为 $F(t)$ 是 $f[\varphi(t)]\varphi'(t)$ 的原函数, 令 $G(x) = F[\psi(x)]$, 则
$$G'(x) = \frac{\mathrm{d}F}{\mathrm{d}t} \cdot \frac{\mathrm{d}t}{\mathrm{d}x} = f[\varphi(t)]\varphi'(t) \cdot \frac{1}{\varphi'(t)} = f[\varphi(t)] = f(x),$$
即 $G(x)$ 为 $f(x)$ 的原函数. 从而结论得证.

注: 由定理 4.2.2 可见, 第二类换元积分法与第一类换元积分法的换元与回代过程正好相反.

例 4.2.21 求不定积分 $\int \sqrt{a^2 - x^2}\, \mathrm{d}x \ (a > 0)$.

解 设 $x = a\sin t$, 则 $\mathrm{d}x = a\cos t\, \mathrm{d}t$, $t \in \left[-\frac{\pi}{2}, \frac{\pi}{2}\right]$, 所以

$$\sqrt{a^2-x^2} = \sqrt{a^2-a^2\sin^2 t} = a\cos t,$$

于是

$$\int \sqrt{a^2-x^2}\,dx = \int a\cos t \cdot a\cos t\,dt = a^2\int \cos^2 t\,dt = \frac{a^2}{2}\int (1+\cos 2t)\,dt$$

$$= \frac{a^2}{2}\left(t+\frac{1}{2}\sin 2t\right)+C = \frac{a^2}{2}(t+\sin t\cdot\cos t)+C.$$

为将变量 t 还原回原来的积分变量 x，由 $x=a\sin t$ 作直角三角形(图 4-2-1)，可知

$$\cos t = \frac{\sqrt{a^2-x^2}}{a},$$

代入上式，得

$$\int \sqrt{a^2-x^2}\,dx = \frac{a^2}{2}\left[\frac{x}{a}\cdot\sqrt{1-\left(\frac{x}{a}\right)^2}+\arcsin\frac{x}{a}\right]+C$$

$$= \frac{x}{2}\cdot\sqrt{a^2-x^2}+\frac{a^2}{2}\arcsin\frac{x}{a}+C.$$

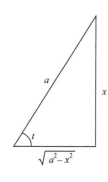

图 4-2-1

注：若令 $x=a\cos t$，同样可计算.

例 4.2.22 求不定积分 $\int \dfrac{1}{\sqrt{x^2+a^2}}\,dx$ $(a>0)$.

解 如图 4-2-2 所示，令 $x=a\tan t$，则 $dx=a\sec^2 t\,dt$，$t\in\left(-\dfrac{\pi}{2},\dfrac{\pi}{2}\right)$，所以

$$\int \frac{1}{\sqrt{x^2+a^2}}\,dx = \int \frac{1}{a\sec t}\cdot a\sec^2 t\,dt = \int \sec t\,dt$$

$$= \ln|\sec t+\tan t|+C$$

$$= \ln\left|\frac{x}{a}+\frac{\sqrt{x^2+a^2}}{a}\right|+C_1$$

$$= \ln\left|x+\sqrt{x^2+a^2}\right|+C.$$

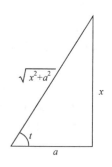

图 4-2-2

例 4.2.23 计算 $\int 2e^x\sqrt{1-e^{2x}}\,dx$.

解 设 $e^x=\sin t$，则 $e^x dx=\cos t\,dt$，$t\in\left[-\dfrac{\pi}{2},\dfrac{\pi}{2}\right]$，所以

$$\text{原式} = 2\int \cos^2 t\,dt = \int (1+\cos 2t)\,dt = t+\frac{1}{2}\sin 2t+C$$

$$= t+\cos t\cdot\sin t+C = \arcsin e^x + e^x\sqrt{1-e^{2x}}+C.$$

例 4.2.24 求不定积分 $\int x^3\sqrt{4-x^2}\,dx$.

解 令 $x = 2\sin t$，则 $\mathrm{d}x = 2\cos t\mathrm{d}t$, $t \in \left[-\dfrac{\pi}{2}, \dfrac{\pi}{2}\right]$，所以

$$\int x^3 \sqrt{4-x^2}\mathrm{d}x = \int (2\sin t)^3 \sqrt{4-4\sin^2 t} \cdot 2\cos t\mathrm{d}t$$

$$= \int 32\sin^3 t \cos^2 t\mathrm{d}t$$

$$= 32\int \sin t(1-\cos^2 t)\cos^2 t\mathrm{d}t$$

$$= -32\int (\cos^2 t - \cos^4 t)\mathrm{d}(\cos t)$$

$$= -32\left(\dfrac{1}{3}\cos^3 t - \dfrac{1}{5}\cos^5 t\right) + C$$

$$= -\dfrac{4}{3}(\sqrt{4-x^2})^3 + \dfrac{1}{5}(\sqrt{4-x^2})^5 + C.$$

例 4.2.25 求不定积分 $\displaystyle\int \dfrac{1}{\sqrt{x^2-a^2}}\mathrm{d}x (a > 0)$.

解 如图 4-2-3 所示，令 $x = a\sec t$，则 $\mathrm{d}x = a\sec t \cdot \tan t\mathrm{d}t$, $t \in \left(0, \dfrac{\pi}{2}\right)$ 或 $\left(\pi, \dfrac{3}{2}\pi\right)$，所以

$$\int \dfrac{1}{\sqrt{x^2-a^2}}\mathrm{d}x = \int \dfrac{a\sec t \cdot \tan t}{a\tan t}\mathrm{d}t = \int \sec t\mathrm{d}t$$

$$= \ln|\sec t + \tan t| + C$$

$$= \ln\left|\dfrac{x}{a} + \dfrac{\sqrt{x^2-a^2}}{a}\right| + C_1$$

$$= \ln\left|x + \sqrt{x^2-a^2}\right| + C.$$

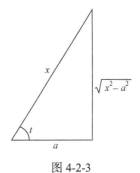

图 4-2-3

注：以上几例所使用的均为三角代换，三角代换的目的是化掉根式，其一般规律如下.

被积函数中含有：

(1) $\sqrt{a^2-x^2}$，可令 $x = a\sin t$, $t \in \left[-\dfrac{\pi}{2}, \dfrac{\pi}{2}\right]$；

(2) $\sqrt{a^2+x^2}$，可令 $x = a\tan t$, $t \in \left(-\dfrac{\pi}{2}, \dfrac{\pi}{2}\right)$；

(3) $\sqrt{x^2-a^2}$，可令 $x = a\sec t$, $t \in \left(0, \dfrac{\pi}{2}\right)$ 或 $\left(\pi, \dfrac{3}{2}\pi\right)$.

当有理分式函数中分母的阶较高时，可采用**倒代换** $x = \dfrac{1}{t}$.

例 4.2.26 求不定积分 $\displaystyle\int \dfrac{1}{x(x^7+2)}\mathrm{d}x$.

解 令 $x = \dfrac{1}{t}$，则 $\mathrm{d}x = -\dfrac{1}{t^2}\mathrm{d}t$，于是

$$\int \frac{1}{x(x^7+2)} dx = \int \frac{t}{\left(\frac{1}{t}\right)^7 + 2} \cdot \left(-\frac{1}{t^2}\right) dt = -\int \frac{t^6}{1+2t^7} dt$$

$$= -\frac{1}{14} \ln|1+2t^7| + C = -\frac{1}{14} \ln|2+x^7| + \frac{1}{2}\ln|x| + C.$$

例 4.2.27 求不定积分 $\int \frac{1}{x^4\sqrt{x^2+1}} dx$.

解 令 $x = \frac{1}{t}$，则 $dx = -\frac{1}{t^2} dt$，于是

$$原式 = \int \frac{1}{\left(\frac{1}{t}\right)^4 \sqrt{\left(\frac{1}{t^2}\right)+1}} \left(-\frac{1}{t^2}\right) dt = -\int \frac{t^3}{\sqrt{1+t^2}} dt = -\frac{1}{2} \int \frac{t^2}{\sqrt{1+t^2}} d(t^2)$$

$$\xrightarrow{u=t^2} -\frac{1}{2} \int \frac{u}{\sqrt{1+u}} du = \frac{1}{2} \int \frac{1-1-u}{\sqrt{1+u}} du = \frac{1}{2} \int \left(\frac{1}{\sqrt{1+u}} - \sqrt{1+u}\right) d(1+u)$$

$$= -\frac{1}{3} (\sqrt{1+u})^3 + \sqrt{1+u} + C = -\frac{1}{3} \left(\frac{\sqrt{1+x^2}}{x}\right)^3 + \frac{\sqrt{1+x^2}}{x} + C.$$

有理化代换 去掉被积函数根号并不一定要采用三角代换，应根据被积函数的情况来确定采用何种根式有理化代换.

例 4.2.28 求不定积分 $\int \frac{x^5}{\sqrt{1+x^2}} dx$.

解 本例如果用三角代换将相当烦琐. 现在我们采用根式有理化代换, 令 $t = \sqrt{1+x^2}$, 则

$$x^2 = t^2 - 1, \quad x dx = t dt,$$

于是

$$\int \frac{x^5}{\sqrt{1+x^2}} dx = \int \frac{(t^2-1)^2}{t} t \, dt = \int (t^4 - 2t^2 + 1) dt$$

$$= \frac{1}{5} t^5 - \frac{2}{3} t^3 + t + C$$

$$= \frac{1}{15} (8 - 4x^2 + 3x^4) \sqrt{1+x^2} + C.$$

例 4.2.29 求 $\int \frac{1}{\sqrt{1+e^x}} dx$.

解 令 $t = \sqrt{1+e^x}$，则

$$e^x = t^2 - 1, \quad x = \ln(t^2-1), \quad dx = \frac{2t dt}{t^2-1},$$

于是

$$\int \frac{1}{\sqrt{1+e^x}}dx = \int \frac{2}{t^2-1}dt = \int \left(\frac{1}{t-1} - \frac{1}{t+1}\right)dt = \ln\left|\frac{t-1}{t+1}\right| + C = 2\ln(\sqrt{1+e^x}-1) - x + C.$$

本节中一些例题的结果以后会经常遇到. 所以它们通常也被当作公式使用. 这样, 常用的积分公式, 除了基本积分公式表中的公式外, 我们再补充下面几个(其中常数 $a>0$):

(14) $\int \tan x dx = -\ln|\cos x| + C$; (15) $\int \cot x dx = \ln|\sin x| + C$;

(16) $\int \sec x dx = \ln|\sec x + \tan x| + C$; (17) $\int \csc x dx = \ln|\csc x - \cot x| + C$;

(18) $\int \frac{1}{a^2+x^2}dx = \frac{1}{a}\arctan\frac{x}{a} + C$; (19) $\int \frac{1}{x^2-a^2}dx = \frac{1}{2a}\ln\left|\frac{x-a}{x+a}\right| + C$;

(20) $\int \frac{1}{\sqrt{a^2-x^2}}dx = \arcsin\frac{x}{a} + C$;

(21) $\int \frac{1}{\sqrt{x^2 \pm a^2}}dx = \ln\left|x + \sqrt{x^2 \pm a^2}\right| + C$;

(22) $\int \sqrt{a^2-x^2}dx = \frac{a^2}{2}\arcsin\frac{x}{a} + \frac{x}{2} \cdot \sqrt{a^2-x^2} + C$.

习题 4-2

1. 填上适当的式子使下列等式成立:

(1) $dx = \frac{1}{5}d(\quad)$; (2) $xdx = -\frac{1}{2}d(\quad)$;

(3) $x^3 dx = d(\quad)$; (4) $e^{2x}dx = \underline{\qquad} d(e^{2x})$;

(5) $e^{-\frac{x}{2}}dx = \underline{\qquad} d(1+e^{-\frac{x}{2}})$; (6) $\frac{dx}{x} = \frac{1}{5}d(\quad)$;

(7) $\frac{1}{\sqrt{t}}dt = \underline{\qquad} d(\sqrt{t})$; (8) $\sin\frac{3}{2}xdx = \underline{\qquad} d\left(\cos\frac{3}{2}x\right)$;

(9) $\frac{dx}{\cos^2 2x} = \underline{\qquad} d(\tan 2x)$; (10) $\frac{xdx}{\sqrt{1-x^2}} = \underline{\qquad} d(\sqrt{1-x^2})$;

(11) $\frac{dx}{\sqrt{1-x^2}} = \underline{\qquad} d(1-\arcsin x)$;

(12) $\frac{dx}{1+9x^2} = \underline{\qquad} d(\arctan 3x) = \underline{\qquad} d(\operatorname{arccot} 3x)$.

2. 求下列不定积分:

分析 审题看看积分表达式中有没有成块的形式作为一个整体变量凑微分.

(1) $\int e^{2t}dt$; (2) $\int (2+3x)^5 dx$;

(3) $\int \dfrac{1}{5-3x} dx$;

(4) $\int \dfrac{1}{\sqrt[3]{3-2x}} dx$;

(5) $\int (\cos ax - e^{\frac{x}{b}}) dx$;

(6) $\int \dfrac{\sin\sqrt{t}}{2\sqrt{t}} dt$;

(7) $\int \tan^9 x \sec^2 x\, dx$;

(8) $\int \dfrac{dx}{x \ln x \ln \ln x}$;

(9) $\int \cot\sqrt{1+x^2}\, \dfrac{x\, dx}{\sqrt{1+x^2}}$;

(10) $\int \dfrac{dx}{\sin x \cos x}$;

(11) $\int x\cos(x^2)\, dx$;

(12) $\int \sin^2(\omega t)\cos(\omega t)\, dt$;

(13) $\int \dfrac{\sin x}{\cos^3 x} dx$;

(14) $\int \sin^3 x\, dx$;

(15) $\int \sin^2(\omega t + \varphi)\, dt$;

(16) $\int \dfrac{3x^3}{1-x^4} dx$;

(17) $\int \dfrac{x^9}{\sqrt{4-x^{20}}} dx$;

(18) $\int \dfrac{3x\, dx}{\sqrt{5-3x^2}}$;

(19) $\int \dfrac{1-x}{\sqrt{9-4x^2}} dx$;

(20) $\int \dfrac{dx}{e^x + e^{-x}}$;

(21) $\int x e^{-x^2} dx$;

(22) $\int \dfrac{dx}{9x^2 - 1}$;

(23) $\int \dfrac{x\, dx}{(2-5x)^2}$;

(24) $\int \dfrac{x^2\, dx}{(x-1)^{100}}$;

(25) $\int \dfrac{x\, dx}{x^8 - 1}$;

(26) $\int \sin 3x \cos 2x\, dx$;

(27) $\int \sin 5x \sin 2x\, dx$;

(28) $\int \tan^3 x \sec x\, dx$;

(29) $\int \dfrac{\ln \tan x}{\cos x \sin x} dx$;

(30) $\int \dfrac{10^{\arcsin x}}{\sqrt{1-x^2}} dx$;

(31) $\int \dfrac{dx}{(\arccos x)^2 \sqrt{1-x^2}}$;

(32) $\int \dfrac{\arctan\sqrt{x}}{\sqrt{x}(1+x)} dx$;

(33) $\int \dfrac{1+\ln x}{(x\ln x)^2} dx$;

(34) $\int \dfrac{dx}{1-e^x}$;

(35) $\int \dfrac{dx}{x(x^6+4)}$;

(36) $\int \dfrac{dx}{x^8(1-x^2)}$.

3. 求下列不定积分:

(1) $\int \dfrac{dx}{1+\sqrt{1-x^2}}$;

(2) $\int \dfrac{dx}{x\sqrt{x^2-1}}$;

(3) $\int \dfrac{\sqrt{x^2-9}}{x}\mathrm{d}x$;

(4) $\int \dfrac{\mathrm{d}x}{\sqrt{(x^2+a^2)^3}}$;

(5) $\int \dfrac{\mathrm{d}x}{\sqrt{(x^2+1)^3}}$;

(6) $\int \dfrac{x^2+1}{x\sqrt{x^4+1}}\mathrm{d}x$;

(7) $\int \sqrt{5-4x-x^2}\,\mathrm{d}x$;

(8) $\int \dfrac{\mathrm{d}x}{1+\sqrt{2x}}$.

4. 求一个函数 $f(x)$，满足 $f'(x)=\dfrac{1}{\sqrt{1+x}}$，且 $f(0)=1$.

第三节　分部积分法

前面所介绍的换元积分法虽然可以解决许多积分的计算问题，但有些积分，如 $\int x\mathrm{e}^x\mathrm{d}x$，$\int x\cos x\mathrm{d}x$ 等，利用换元法就无法求解. 本节介绍另一种基本积分法——**分部积分法**.

设函数 $u=u(x)$ 和 $v=v(x)$ 具有连续导数，则 $\mathrm{d}(uv)=v\mathrm{d}u+u\mathrm{d}v$，移项得到

$$u\mathrm{d}v=\mathrm{d}(uv)-v\mathrm{d}u,$$

所以有

$$\int u\mathrm{d}v=uv-\int v\mathrm{d}u \tag{4.3.1}$$

或

$$\int uv'\mathrm{d}x=uv-\int u'v\mathrm{d}x. \tag{4.3.2}$$

公式(4.3.1)或(4.3.2)称为**分部积分公式**.

利用分部积分公式求不定积分的关键在于如何将所给积分 $\int f(x)\mathrm{d}x$ 化为 $\int u\mathrm{d}v$ 形式，使它更容易计算. 所采用的主要方法就是凑微分法，例如，

$$\int x\mathrm{e}^x\mathrm{d}x=\int x\mathrm{d}\mathrm{e}^x=x\mathrm{e}^x-\int \mathrm{e}^x\mathrm{d}x=x\mathrm{e}^x-\mathrm{e}^x+C=(x-1)\mathrm{e}^x+C.$$

利用分部积分法计算不定积分，选择好 u，v 非常关键，选择不当将会使积分的计算变得更加复杂，例如，

$$\int x\mathrm{e}^x\mathrm{d}x=\int \mathrm{e}^x\mathrm{d}\left(\dfrac{x^2}{2}\right)=\dfrac{x^2}{2}\mathrm{e}^x-\int \dfrac{x^2}{2}\mathrm{d}\mathrm{e}^x=\dfrac{x^2}{2}\mathrm{e}^x-\int \dfrac{x^2}{2}\mathrm{e}^x\mathrm{d}x.$$

分部积分法实质上就是求两函数乘积的导数(或微分)的逆运算. 一般地，下列类型的被积函数常考虑应用分部积分法(其中 m，n 都是正整数)：

$x^n\sin mx$, 　　$x^n\cos mx$, 　　$\mathrm{e}^{nx}\sin mx$, 　　$\mathrm{e}^{nx}\cos mx$, 　　$x^n\mathrm{e}^{mx}$,

$x^n\ln x$, 　　$x^n\arcsin mx$, 　　$x^n\arccos mx$, 　　$x^n\arctan mx$, 　等.

下面将通过例题介绍分部积分法的应用.

例 4.3.1 求不定积分 $\int x\cos x\mathrm{d}x$.

解法一 令 $u=\cos x$,则 $x\mathrm{d}x=\mathrm{d}\left(\dfrac{x^2}{2}\right)=\mathrm{d}v$,于是

$$\int x\cos x\mathrm{d}x=\int \cos x\mathrm{d}\left(\dfrac{x^2}{2}\right)=\dfrac{x^2}{2}\cos x+\int \dfrac{x^2}{2}\sin x\mathrm{d}x.$$

显然,u,v' 选择不当,积分更难进行.

解法二 令 $u=x$,则 $\cos x\mathrm{d}x=\mathrm{d}\sin x=\mathrm{d}v$,于是

$$\int x\cos x\mathrm{d}x=\int x\mathrm{d}\sin x=x\sin x-\int \sin x\mathrm{d}x=x\sin x+\cos x+C.$$

有些函数的积分需要连续多次应用分部积分法.

例 4.3.2 求不定积分 $\int x^2\mathrm{e}^x\mathrm{d}x$.

解 令 $u=x^2$,则 $\mathrm{e}^x\mathrm{d}x=\mathrm{d}\mathrm{e}^x=\mathrm{d}v$,于是

$$\int x^2\mathrm{e}^x\mathrm{d}x=x^2\mathrm{e}^x-2\int x\mathrm{e}^x\mathrm{d}x=x^2\mathrm{e}^x-2\int x\mathrm{d}\mathrm{e}^x \quad (\text{再次用分部积分法})$$
$$=x^2\mathrm{e}^x-2\left(x\mathrm{e}^x-\int \mathrm{e}^x\mathrm{d}x\right)=x^2\mathrm{e}^x-2(x\mathrm{e}^x-\mathrm{e}^x)+C.$$

注:若被积函数是幂函数(指数为正整数)与指数函数或正(余)弦函数的乘积,可设幂函数为 u,而将其余部分凑微分进入微分号,使得应用分部积分公式后,幂函数的幂次降低一次.

例 4.3.3 求不定积分 $\int x\arctan x\mathrm{d}x$.

解 令 $u=\arctan x$,则 $x\mathrm{d}x=\mathrm{d}\dfrac{x^2}{2}=\mathrm{d}v$,于是

$$\int x\arctan x\mathrm{d}x=\dfrac{x^2}{2}\arctan x-\int \dfrac{x^2}{2}\mathrm{d}(\arctan x)$$
$$=\dfrac{x^2}{2}\arctan x-\int \dfrac{x^2}{2}\cdot\dfrac{1}{1+x^2}\mathrm{d}x$$
$$=\dfrac{x^2}{2}\arctan x-\int \dfrac{1}{2}\cdot\left(1-\dfrac{1}{1+x^2}\right)\mathrm{d}x$$
$$=\dfrac{x^2}{2}\arctan x-\dfrac{1}{2}(x-\arctan x)+C.$$

例 4.3.4 求不定积分 $\int x^3\ln x\mathrm{d}x$.

解 令 $u=\ln x, x^3\mathrm{d}x=\mathrm{d}\left(\dfrac{x^4}{4}\right)=\mathrm{d}v$,则

$$\int x^3\ln x\mathrm{d}x=\dfrac{1}{4}x^4\ln x-\dfrac{1}{4}\int x^3\mathrm{d}x=\dfrac{1}{4}x^4\ln x-\dfrac{1}{16}x^4+C.$$

注:若被积函数是幂函数与对数函数或反三角函数的乘积,可设对数函数或反三角

函数为 u，而将幂函数凑微分进入微分号，使得应用分部积分公式后，对数函数或反三角函数消失.

例 4.3.5 求不定积分 $\int e^x \sin x dx$.

解
$$\int e^x \sin dx = \int \sin x de^x \quad (\text{取三角函数为 } u)$$
$$= e^x \sin x - \int e^x d(\sin x)$$
$$= e^x \sin x - \int e^x \cos x dx$$
$$= e^x \sin x - \int \cos x de^x \quad (\text{再取三角函数为 } u)$$
$$= e^x \sin x - \left(e^x \cos x - \int e^x d\cos x \right)$$
$$= e^x (\sin x - \cos x) - \int e^x \sin x dx,$$

解得
$$\int e^x \sin dx = \frac{e^x}{2} (\sin x - \cos x) + C.$$

注：若被积函数是指数函数与正(余)弦函数的乘积，u, dv 可随意选取，但在两次分部积分中，必须选用同类型的 u，以便经过两次分部积分后产生循环式，从而解出所求积分.

例 4.3.6 求不定积分 $\int \sin(\ln x) dx$.

解
$$\int \sin(\ln x) dx = x \sin(\ln x) - \int x d[\sin(\ln x)]$$
$$= x \sin(\ln x) - \int x \cos(\ln x) \cdot \frac{1}{x} dx$$
$$= x \sin(\ln x) - \left\{ x \cos(\ln x) - \int x d[\cos(\ln x)] \right\}$$
$$= x[\sin(\ln x) - \cos(\ln x)] - \int \sin(\ln x) dx,$$

解得
$$\int \sin(\ln x) dx = \frac{x}{2} [\sin(\ln x) - \cos(\ln x)] + C.$$

灵活应用分部积分法，可以解决许多不定积分的计算问题. 下面再举一些例子，请读者悉心体会其解题方法.

例 4.3.7 求不定积分 $\int \sec^3 x dx$.

解
$$\int \sec^3 x dx = \int \sec x \cdot \sec^2 x dx = \int \sec x d\tan x$$

$$= \sec x \tan x - \int \sec x \tan^2 x \mathrm{d}x$$

$$= \sec x \tan x - \int \sec x (\sec^2 x - 1) \mathrm{d}x$$

$$= \sec x \tan x - \int \sec^3 x \mathrm{d}x + \int \sec x \mathrm{d}x$$

$$= \sec x \tan x + \ln|\sec x + \tan x| - \int \sec^3 x \mathrm{d}x,$$

解得

$$\int \sec^3 x \mathrm{d}x = \frac{1}{2}(\sec x \tan x + \ln|\sec x + \tan x|) + C.$$

例 4.3.8 求不定积分 $\int \dfrac{\arcsin\sqrt{x}}{\sqrt{1-x}} \mathrm{d}x$.

解
$$\int \frac{\arcsin\sqrt{x}}{\sqrt{1-x}} \mathrm{d}x = -2\int \arcsin\sqrt{x}\, \mathrm{d}\sqrt{1-x}$$

$$= -2\sqrt{1-x}\arcsin\sqrt{x} + 2\int \sqrt{1-x}\, \mathrm{d}\arcsin\sqrt{x}$$

$$= -2\sqrt{1-x}\arcsin\sqrt{x} + \int \frac{\sqrt{1-x}}{\sqrt{x}\sqrt{1-x}} \mathrm{d}x$$

$$= -2\sqrt{1-x}\arcsin\sqrt{x} + 2\sqrt{x} + C.$$

例 4.3.9 求不定积分 $\int \dfrac{x\arctan x}{\sqrt{1+x^2}} \mathrm{d}x$.

解
$$\int \frac{x\arctan x}{\sqrt{1+x^2}} \mathrm{d}x = \int \arctan x\, \mathrm{d}\sqrt{1+x^2} \quad \left(\left(\sqrt{1+x^2}\right)' = \frac{x}{\sqrt{1+x^2}}\right)$$

$$= \sqrt{1+x^2}\arctan x - \int \sqrt{1+x^2}\, \mathrm{d}(\arctan x)$$

$$= \sqrt{1+x^2}\arctan x - \int \sqrt{1+x^2} \cdot \frac{1}{1+x^2} \mathrm{d}x$$

$$= \sqrt{1+x^2}\arctan x - \int \frac{1}{\sqrt{1+x^2}} \mathrm{d}x,$$

$$\int \frac{1}{\sqrt{1+x^2}} \mathrm{d}x \xlongequal{x=\tan t} \int \frac{1}{\sqrt{1+\tan^2 t}} \sec^2 t \mathrm{d}t = \int \sec t \mathrm{d}t$$

$$= \ln(\sec t + \tan t) + C = \ln(x + \sqrt{1+x^2}) + C.$$

所以原式 $= \sqrt{1+x^2}\arctan x - \ln\left(x + \sqrt{1+x^2}\right) + C.$

例 4.3.10 求不定积分 $\int e^{\sqrt{x}} \mathrm{d}x$.

解 令 $t = \sqrt{x}$, 则 $x = t^2, \mathrm{d}x = 2t\mathrm{d}t$, 于是

$$\int e^{\sqrt{x}}dx = 2\int e^t t dt = 2\int t de^t = 2te^t - 2\int e^t dt = 2te^t - 2e^t + C$$
$$= 2e^t(t-1) + C = 2e^{\sqrt{x}}(\sqrt{x}-1) + C.$$

例 4.3.11 求不定积分 $\int \ln(1+\sqrt{x})dx$.

解 令 $t = \sqrt{x}$, 则 $x = t^2$, 于是
$$\int \ln(1+\sqrt{x})dx = \int \ln(1+t)dt^2 = t^2\ln(1+t) - \int t^2 d\ln(1+t)$$
$$= t^2\ln(1+t) - \int \frac{t^2}{1+t}dt = t^2\ln(1+t) - \int(t-1)dt - \int\frac{dt}{1+t}$$
$$= t^2\ln(1+t) - \frac{t^2}{2} + t - \ln(1+t) + C$$
$$= (x-1)\ln(1+\sqrt{x}) + \sqrt{x} - \frac{x}{2} + C.$$

例 4.3.12 求 $I = \int \dfrac{e^{x^{1/3}}}{\sqrt[3]{x}}dx$.

解法一 先分部积分, 后换元.

设 $u = e^{x^{1/3}}, dv = \dfrac{1}{\sqrt[3]{x}}dx$, 则 $du = \dfrac{1}{3}x^{-2/3}\cdot e^{x^{1/3}}dx, v = \dfrac{3}{2}x^{2/3}$, 于是
$$I = \frac{3}{2}x^{2/3}\cdot e^{x^{1/3}} - \frac{1}{2}\int e^{x^{1/3}}dx.$$

再设 $x = t^3$, 则 $dx = 3t^2 dt$, 于是
$$\int e^{x^{1/3}}dx = 3\int t^2 \cdot e^t dt = 3t^2 e^t - 6\int te^t dt$$
$$= 3t^2 e^t - 6\left(te^t - \int e^t dt\right) = 3(t^2 - 2t + 2)e^t + C.$$

代入上式, 得
$$I = \frac{3}{2}x^{2/3}\cdot e^{x^{1/3}} - \frac{3}{2}(\sqrt[3]{x^2} - 2\sqrt[3]{x} + 2)e^{x^{1/3}} + C = 3(\sqrt[3]{x} - 1)e^{x^{1/3}} + C.$$

解法二 先换元, 后分部积分.

设 $x = t^3$, $dx = 3t^2 dt$, 则
$$I = \int \frac{e^t}{t}\cdot 3t^2 dt = 3\int te^t dt.$$

再设 $u = t, dv = e^t dt$, 则
$$I = 3te^t - 3\int e^t dt = 3te^t - 3e^t + C = 3(\sqrt[3]{x} - 1)e^{x^{1/3}} + C.$$

例 4.3.13 求不定积分 $\int \dfrac{(1-x)\arcsin(1-x)}{\sqrt{2x-x^2}}dx$.

解 令 $t = 1-x$, 则 $\mathrm{d}x = -\mathrm{d}t$, 于是

$$\text{原式} = -\int \frac{t \arcsin t}{\sqrt{1-t^2}} \mathrm{d}t = \int \arcsin t \mathrm{d}(\sqrt{1-t^2})$$

$$= \sqrt{1-t^2} \arcsin t - \int \frac{1}{\sqrt{1-t^2}} \cdot \sqrt{1-t^2} \mathrm{d}t$$

$$= \sqrt{1-t^2} \arcsin t - t + C_1$$

$$= \sqrt{2x-x^2} \arcsin(1-x) + x + C,$$

其中 $C = C_1 - 1$.

例 4.3.14 求 $I_n = \int \frac{\mathrm{d}x}{(x^2+a^2)^n}$, 其中 n 为正整数.

解 当 $n=1$ 时, 有

$$I_1 = \int \frac{\mathrm{d}x}{x^2+a^2} = \frac{1}{a} \arctan \frac{x}{a} + C.$$

当 $n>1$ 时, 利用分部积分法, 得

$$\int \frac{\mathrm{d}x}{(x^2+a^2)^{n-1}} = \frac{x}{(x^2+a^2)^{n-1}} + 2(n-1)\int \frac{x^2}{(x^2+a^2)^n} \mathrm{d}x$$

$$= \frac{x}{(x^2+a^2)^{n-1}} + 2(n-1)\int \left[\frac{1}{(x^2+a^2)^{n-1}} - \frac{a^2}{(x^2+a^2)^n}\right]\mathrm{d}x,$$

即

$$I_{n-1} = \frac{x}{(x^2+a^2)^{n-1}} + 2(n-1)(I_{n-1} - a^2 I_n),$$

于是

$$I_n = \frac{1}{2a^2(n-1)}\left[\frac{x}{(x^2+a^2)^{n-1}} + (2n-3)I_{n-1}\right].$$

以此作递推公式, 并由 I_1 开始可计算出 $I_n (n>1)$.

例 4.3.15 已知 $f(x)$ 的一个原函数是 e^{-x^2}, 求 $\int x f'(x) \mathrm{d}x$.

解 利用分部积分公式, 得

$$\int x f'(x) \mathrm{d}x = \int x \mathrm{d}f(x) = x f(x) - \int f(x) \mathrm{d}x.$$

根据题意得

$$\int f(x) \mathrm{d}x = \mathrm{e}^{-x^2} + C.$$

上式两边同时对 x 求导, 得

$$f(x) = -2x\mathrm{e}^{-x^2},$$

所以
$$\int xf'(x)\mathrm{d}x = xf(x) - \int f(x)\mathrm{d}x = -2x^2\mathrm{e}^{-x^2} - \mathrm{e}^{-x^2} + C.$$

习题 4-3

1. 求下列不定积分:

(1) $\int x\cos\dfrac{x}{3}\mathrm{d}x$;

(2) $\int x^2 \sin x\mathrm{d}x$;

(3) $\int x\tan^2 x\mathrm{d}x$;

(4) $\int \ln^2 x\mathrm{d}x$;

(5) $\int \dfrac{\ln^2 x}{x^2}\mathrm{d}x$;

(6) $\int x^n \ln x\mathrm{d}x\ (n \neq -1)$;

(7) $\int x^2 \ln x\mathrm{d}x$;

(8) $\int x^3 (\ln x)^2 \mathrm{d}x$;

(9) $\int \dfrac{\ln\ln x}{x}\mathrm{d}x$;

(10) $\int \ln(1+x^2)\,\mathrm{d}x$;

(11) $\int x\ln(x+1)\,\mathrm{d}x$;

(12) $\int \arccos x\mathrm{d}x$;

(13) $\int \operatorname{arccot} x\mathrm{d}x$;

(14) $\int x^2 \arctan x\mathrm{d}x$;

(15) $\int (\arcsin x)^2 \mathrm{d}x$;

(16) $\int x^2 \mathrm{e}^{-x}\mathrm{d}x$;

(17) $\int x\mathrm{e}^{2x}\mathrm{d}x$;

(18) $\int (x+3)\mathrm{e}^x \mathrm{d}x$;

(19) $\int (x^2+1)\mathrm{e}^{-x}\mathrm{d}x$;

(20) $\int x\sin x\mathrm{d}x$;

(21) $\int x\sin x\cos x\mathrm{d}x$;

(22) $\int x^2 \cos^2 \dfrac{x}{2}\mathrm{d}x$;

(23) $\int (x^2-2)\sin 2x\mathrm{d}x$;

(24) $\int \mathrm{e}^{\sqrt[3]{x}}\mathrm{d}x$;

(25) $\int \dfrac{\ln(1+x)}{\sqrt{x}}\mathrm{d}x$;

(26) $\int \dfrac{\ln(1+\mathrm{e}^x)}{\mathrm{e}^x}\mathrm{d}x$;

(27) $\int x\ln\dfrac{1+x}{1-x}\mathrm{d}x$;

(28) $\int \dfrac{\mathrm{d}x}{\sin 2x \cos x}$;

(29) $\int \cos\ln x\mathrm{d}x$;

(30) $\int \mathrm{e}^{-2x}\sin\dfrac{x}{2}\mathrm{d}x$;

(31) $\int \mathrm{e}^x \sin^2 x\mathrm{d}x$;

(32) $\int \mathrm{e}^{-x}\cos x\mathrm{d}x$.

2. 已知 $\dfrac{\sin x}{x}$ 是 $f(x)$ 的原函数, 求 $\int xf'(x)\,\mathrm{d}x$.

3. 已知 $f(x) = \dfrac{\mathrm{e}^x}{x}$, 求 $\int xf''(x)\,\mathrm{d}x$.

4. 设 $f(x)$ 为单调连续函数，$f^{-1}(x)$ 为其反函数，且 $\int f(x)\mathrm{d}x = F(x)+C$，求：$\int f^{-1}(x)\mathrm{d}x$.

第四节 有理数函数积分法

本节还要介绍一些比较简单的特殊类型函数的不定积分，包括有理函数的积分以及可化为有理函数的积分，如三角函数有理式、简单无理函数的积分等．

一、有理函数的积分

有理函数是指有理式所代表的函数，它包括有理整式和有理分式两类．
有理整式
$$f(x) = a_0 x^n + a_1 x^{n-1} + \cdots + a_{n-1}x + a_n.$$
有理分式
$$\frac{P(x)}{Q(x)} = \frac{a_0 x^n + a_1 x^{n-1} + \cdots + a_{n-1}x + a_n}{b_0 x^m + b_1 x^{m-1} + \cdots + b_{m-1}x + b_m},$$
其中 m, n 都是非负整数；$a_0, a_1, \cdots, a_n$ 及 $b_0, b_1, \cdots, b_n$ 都是实数，并且 $a_0 \neq 0, b_0 \neq 0$．

在有理分式中，$n < m$ 时，称为**真分式**；$n \geq m$ 时，称为**假分式**．

利用多项式除法，可以把任意一个假分式化为一个有理整式和一个真分式之和．例如，
$$\frac{x^3 + x + 1}{x^2 + 1} = x + \frac{1}{x^2 + 1}.$$

有理整式的积分很简单，以下只讨论有理真分式的积分．

1. 最简分式的积分

下列四类分式称为最简分式，其中 n 为大于等于 2 的正整数．A, M, N, a, p, q 均为常数，且 $p^2 - 4q < 0$．

(1) $\dfrac{A}{x-a}$；　　(2) $\dfrac{A}{(x-a)^n}$；　　(3) $\dfrac{Mx+N}{x^2+px+q}$；　　(4) $\dfrac{Mx+N}{(x^2+px+q)^n}$．

下面先来讨论这四类最简分式的不定积分．

前两类最简分式的不定积分可以由基本积分公式直接得到．对第三类最简分式，将其分母配方得
$$x^2 + px + q = \left(x + \frac{p}{2}\right)^2 + q - \frac{p^2}{4},$$

令 $x + \dfrac{p}{2} = t$，并记 $x^2 + px + q = t^2 + a^2$，$Mx + N = Mt + b$，其中

$$a^2 = q - \frac{p^2}{4}, \quad b = N - \frac{Mp}{2},$$

于是

$$\int \frac{Mx+N}{x^2+px+q}\,dx = \int \frac{Mt}{t^2+a^2}\,dt + \int \frac{b}{t^2+a^2}\,dt$$

$$= \frac{M}{2}\ln\left|x^2+px+q\right| + \frac{b}{a}\arctan\frac{x+\dfrac{p}{2}}{a} + C.$$

对第四类最简分式，则有

$$\int \frac{Mx+N}{(x^2+px+q)^n}\,dx = \int \frac{Mt}{(t^2+a^2)^n}\,dt + \int \frac{b}{(t^2+a^2)^n}\,dt$$

$$= -\frac{M}{2(n-1)(t^2+a^2)^{n-1}} + b\int \frac{dt}{(t^2+a^2)^n}.$$

上式最后一个不定积分的求法在例 4.3.14 中已经给出.

综上所述，最简分式的不定积分都能被求出，且原函数都是初等函数. 根据代数学的有关定理可知，任何有理真分式都可以分解为上述四类最简分式的和，因此，**有理函数的原函数都是初等函数**.

2. 有理分式化为最简分式的和

求有理函数的不定积分的难点在于如何将所给有理真分式化为最简分式之和.

下面先来讨论这个问题.

设给定有理真分式 $\dfrac{P(x)}{Q(x)}$，要把它表示为最简分式的和，首先要把分母 $Q(x)$ 在实数范围内分解为一次因式与二次因式的乘积，再根据这些因式的结构，利用待定系数法确定所有系数.

设多项式 $Q(x)$ 在实数范围内能分解为如下形式：

$$Q(x) = b_0(x-a)^\alpha \cdots (x-a)^\beta (x^2+px+q)^\lambda \cdots (x^2+rx+s)^\mu,$$

其中 $p^2 - 4q < 0$，$\cdots$，$r^2 - 4s < 0$，则

$$\frac{P(x)}{Q(x)} = \frac{A_1}{(x-a)^\alpha} + \frac{A_2}{(x-a)^{\alpha-1}} + \cdots + \frac{A_\alpha}{x-a} + \cdots + \frac{B_1}{(x-b)^\beta} + \frac{B_2}{(x-b)^{\beta-1}} + \cdots$$

$$+ \frac{B_\beta}{x-b} + \cdots + \frac{M_1 x + N_1}{(x^2+px+q)^\lambda} + \frac{M_2 x + N_2}{(x^2+px+q)^{\lambda-1}} + \cdots + \frac{M_\lambda x + N_\lambda}{x^2+px+q}$$

$$+ \cdots + \frac{R_1 x + S_1}{(x^2+rx+s)^\mu} + \frac{R_2 x + S_2}{(x^2+rx+s)^{\mu-1}} + \cdots + \frac{R_\mu x + S_\mu}{x^2+rx+s},$$

其中 $A_1,\cdots,A_\alpha,B_1,\cdots,B_\alpha,M_1,\cdots,M_\lambda,N_1,\cdots,N_\lambda,R_1,\cdots,R_\mu$ 及 $S_1,\cdots,S_\mu$ 等都是常数.

在上述有理分式的分解式中, 应注意到以下两点:

(1) 若分母 $Q(x)$ 中含有因式 $(x-a)^k$, 则分解后含有下列 k 个最简分式之和:

$$\frac{A_1}{(x-a)^k}+\frac{A_2}{(x-a)^{k-1}}+\cdots+\frac{A_k}{x-a},$$

其中 $A_1,A_2,\cdots,A_k$ 都是常数. 特别地, 若 $k=1$, 分解后为 $\dfrac{A}{x-a}$.

(2) 若分母 $Q(x)$ 中含有因式 $(x^2+px+q)^k$, 其中 $p^2-4q<0$, 则分解后含有下列 k 个最简分式之和:

$$\frac{M_1x+N_1}{(x^2+px+q)^k}+\frac{M_2x+N_2}{(x^2+px+q)^{k-1}}+\cdots+\frac{M_kx+N_k}{x^2+px+q},$$

其中 $M_i,N_i(i=1,2,\cdots,k)$ 都是常数. 特别地, 若 $k=1$, 分解后为

$$\frac{Mx+N}{x^2+px+q}.$$

例 4.4.1 分解有理分式 $\dfrac{x+3}{x^2-5x+6}$.

解 因为 $\dfrac{x+3}{x^2-5x+6}=\dfrac{x+3}{(x-2)(x-3)}$, 所以设

$$\frac{x+3}{x^2-5x+6}=\frac{A}{x-2}+\frac{B}{x-3},$$

其中 A,B 为待定常数. 两端消去分母得

$$x+3=A(x-3)+B(x-2), \tag{4.4.1}$$

对式(4.4.1), 有两种方法来求出待定常数.

第一种方法: 对式(4.4.1)合并同类项, 得

$$x+3=(A+B)x-(3A+2B),$$

从而有 $A+B=1$, $-(3A+2B)=3$, 解得 $A=-5$, $B=6$.

第二种方法: 通过在式(4.4.1)中代入特殊值求出待定常数. 例如, 令 $x=2$, 得 $A=-5$; 令 $x=3$, 得 $B=6$.

两种方法同样得到

$$\frac{x+3}{x^2-5x+6}=\frac{-5}{x-2}+\frac{6}{x-3}.$$

例 4.4.2 分解有理式 $\dfrac{4}{x^4+2x^2}$.

解 由题意得

$$\frac{4}{x^4+2x^2}=\frac{4}{x^2(x^2+2)}=4\left(\frac{A}{x}+\frac{B}{x^2}+\frac{Cx+D}{x^2+2}\right).$$

两边同乘以 x^2, 得

$$\frac{4}{x^2+2} = 4\left(Ax + B + \frac{Cx+D}{x^2+2} \cdot x^2\right).$$

令 $x = 0$, 得 $B = 1/2$. 再将上式两边求导:

$$-\frac{8x}{(x^2+2)^2} = 4\left[A + 2x \cdot \frac{Cx+D}{x^2+2} + x^2\left(\frac{Cx+D}{x^2+2}\right)'\right].$$

令 $x = 0$, 得 $A = 0$.

同理, 两边同乘以 $x^2 + 2$, 令 $x = \sqrt{2}C$, 得 $C = 0, D = -1/2$, 所以

$$\frac{4}{x^4 + 2x^2} = \frac{4}{x^2(x^2+2)} = 4\left[\frac{1}{2x^2} - \frac{1}{2(x^2+2)}\right] = \frac{2}{x^2} - \frac{2}{x^2+2}.$$

例 4.4.3 分解有理分式 $\dfrac{1}{x(x-1)^2}$.

解 题设有理式可分解成

$$\frac{1}{x(x-1)^2} = \frac{A}{x} + \frac{B}{(x-1)^2} + \frac{C}{x-1},$$

其中 A, B, C 为待定常数. 两端去分母得

$$1 = A(x-1)^2 + Bx + Cx(x-1).$$

令 $x = 0$, 得 $A = 1$; 令 $x = 1$, 得 $B = 1$; 令 $x = 2$, 得 $C = -1$. 所以

$$\frac{1}{x(x-1)^2} = \frac{1}{x} + \frac{1}{(x-1)^2} - \frac{1}{x-1}.$$

例 4.4.4 分解有理分式 $\dfrac{1}{(1+2x)(1+x^2)}$.

解 题设有理式可分解成

$$\frac{1}{(1+2x)(1+x^2)} = \frac{A}{1+2x} + \frac{Bx+C}{1+x^2},$$

其中 A, B, C 为待定常数. 两端去分母得

$$1 = A(1+x^2) + (Bx+C)(1+2x),$$

整理得 $1 = (A + 2B)x^2 + (B + 2C)x + C + A$, 即

$$A + 2B = 0, \quad B + 2C = 0, \quad A + C = 1,$$

解得 $A = \dfrac{4}{5}, B = -\dfrac{2}{5}, C = \dfrac{1}{5}$, 所以

$$\frac{1}{(1+2x)(1+x^2)} = \frac{\dfrac{4}{5}}{1+2x} + \frac{-\dfrac{2}{5}x + \dfrac{1}{5}}{1+x^2}.$$

例 4.4.5 将 $\dfrac{x^2+2x-1}{(x-1)(x^2-x+1)}$ 分解为部分分式.

解 设
$$\frac{x^2+2x-1}{(x-1)(x^2-x+1)}=\frac{A}{x-1}+\frac{Bx+C}{x^2-x+1},$$

去分母, 得
$$x^2+2x-1=A(x^2-x+1)+(Bx+C)(x-1).$$

令 $x=1$, 得 $A=2$; 令 $x=0$, 得 $-1=A-C$, 所以 $C=3$; 令 $x=2$, 得 $7=3A+2B+C$, 所以 $B=-1$. 因此
$$\frac{x^2+2x-1}{(x-1)(x^2-x+1)}=\frac{2}{x-1}-\frac{x-3}{x^2-x+1}.$$

例 4.4.6 求不定积分 $\displaystyle\int \frac{1}{x(x-1)^2}\mathrm{d}x$.

解 根据例 4.4.3 的结果, 有
$$\frac{1}{x(x-1)^2}=\frac{1}{x}+\frac{1}{(x-1)^2}-\frac{1}{x-1},$$

所以
$$\begin{aligned}
原式 &= \int\left[\frac{1}{x}+\frac{1}{(x-1)^2}-\frac{1}{x-1}\right]\mathrm{d}x \\
&= \int \frac{1}{x}\mathrm{d}x + \int \frac{1}{(x-1)^2}\mathrm{d}x - \int \frac{1}{x-1}\mathrm{d}x \\
&= \ln|x| - \frac{1}{x-1} - \ln|x-1| + C.
\end{aligned}$$

例 4.4.7 求不定积分 $\displaystyle\int \frac{1}{(1+2x)(1+x^2)}\mathrm{d}x$.

解 根据例 4.4.4 的结果, 有
$$\frac{1}{(1+2x)(1+x^2)}=\frac{\frac{4}{5}}{1+2x}+\frac{-\frac{2}{5}x+\frac{1}{5}}{1+x^2},$$

所以
$$\begin{aligned}
原式 &= \int \frac{\frac{4}{5}}{1+2x}\mathrm{d}x + \int \frac{-\frac{2}{5}x+\frac{1}{5}}{1+x^2}\mathrm{d}x \\
&= \frac{2}{5}\ln|1+2x| - \frac{1}{5}\int \frac{2x}{1+x^2}\mathrm{d}x + \frac{1}{5}\int \frac{1}{1+x^2}\mathrm{d}x \\
&= \frac{2}{5}\ln|1+2x| - \frac{1}{5}\ln(1+x^2) + \frac{1}{5}\arctan x + C.
\end{aligned}$$

例 4.4.8 求不定积分 $\int \dfrac{x^2+2x-1}{(x-1)(x^2-x+1)}\mathrm{d}x$.

解 根据例 4.4.5 的结果, 有

$$\int \frac{x^2+2x-1}{(x-1)(x^2-x+1)}\mathrm{d}x = \int\left(\frac{2}{x-1}-\frac{x-3}{x^2-x+1}\right)\mathrm{d}x = 2\int\frac{\mathrm{d}x}{x-1}-\int\frac{x-3}{x^2-x+1}\mathrm{d}x$$

$$= 2\ln|x-1|-\frac{1}{2}\left[\int\frac{2x-1}{x^2-x+1}\mathrm{d}x-5\int\frac{\mathrm{d}x}{x^2-x+\frac{1}{4}+\frac{3}{4}}\right]$$

$$= 2\ln|x-1|-\frac{1}{2}\int\frac{\mathrm{d}(x^2-x+1)}{x^2-x+1}-\frac{5}{2}\int\frac{\mathrm{d}\left(x-\frac{1}{2}\right)}{\left(x-\frac{1}{2}\right)^2+\frac{3}{4}}$$

$$= 2\ln|x-1|-\frac{1}{2}\ln|x^2-x+1|+\frac{5}{2}\cdot\frac{2}{\sqrt{3}}\arctan\frac{x-1/2}{\sqrt{3}/2}+C$$

$$= \ln\frac{(x-1)^2}{\sqrt{x^2-x+1}}+\frac{5}{\sqrt{3}}\arctan\frac{2x-1}{\sqrt{3}}+C.$$

例 4.4.9 求不定积分 $\int \dfrac{2x^3+2x^2+5x+5}{x^4+5x^2+4}\mathrm{d}x$.

解法一
$$I = \int\frac{2x^3+5x}{x^4+5x^2+4}\mathrm{d}x+\int\frac{2x^2+5}{x^4+5x^2+4}\mathrm{d}x$$

$$= \frac{1}{2}\int\frac{\mathrm{d}(x^4+5x^2+4)}{x^4+5x^2+4}+\int\frac{x^2+1+x^2+4}{(x^2+1)(x^2+4)}\mathrm{d}x$$

$$= \frac{1}{2}\ln|x^4+5x^2+4|+\int\frac{\mathrm{d}x}{x^2+4}+\int\frac{\mathrm{d}x}{x^2+1}$$

$$= \frac{1}{2}\ln|x^4+5x^2+4|+\arctan x+\frac{1}{2}\arctan\frac{x}{2}+C.$$

解法二
$$\frac{2x^3+2x^2+5x+5}{(x^2+1)(x^2+4)} = \frac{Ax+B}{x^2+1}+\frac{Cx+D}{x^2+4},$$

$$2x^3+2x^2+5x+5 = (Ax+B)(x^2+4)+(Cx+D)(x^2+1).$$

比较 x 同次幂的系数得

$$A+C=2,\quad B+D=2,\quad 4A+C=5,\quad 4B+D=5,$$

解得

$$A=1,\quad B=1,\quad C=1,\quad D=1.$$

故

$$I = \int \frac{x+1}{x^2+1}dx + \int \frac{x+1}{x^2+4}dx$$
$$= \frac{1}{2}\ln|x^2+1| + \frac{1}{2}\ln|x^2+4| + \arctan x + \frac{1}{2}\arctan\frac{x}{2} + C$$
$$= \frac{1}{2}\ln|x^4+5x^2+4| + \arctan x + \frac{1}{2}\arctan\frac{x}{2} + C.$$

解法三 由 $2x^3+2x^2+5x+5 = 2x^2(x+1)+5(x+1) = (x+1)(2x^2+5)$，则有

$$\frac{2x^3+2x^2+5x+5}{(x^2+1)(x^2+4)} = \frac{(x+1)(2x^2+5)}{(x^2+1)(x^2+4)} = \frac{(x+1)(x^2+1+x^2+4)}{(x^2+1)(x^2+4)} = \frac{x+1}{x^2+1} + \frac{x+1}{x^2+4},$$

所以
$$I = \frac{1}{2}\ln|x^4+5x^2+4| + \arctan x + \frac{1}{2}\arctan\frac{x}{2} + C.$$

注: 本例表明，求有理分式的不定积分时，应先注意观察函数的特征，看是否有比较简便的方法将有理分式简化.

例 4.4.10 求不定积分 $\int \frac{1}{1+e^{x/2}+e^{x/3}+e^{x/6}}dx$.

解 令 $t = e^{\frac{x}{6}}$，则 $x = 6\ln t, dx = \frac{6}{t}dt$，于是

$$原式 = \int \frac{1}{1+t^3+t^2+t} \cdot \frac{6}{t}dt = 6\int \frac{1}{t(1+t)(1+t^2)}dt$$
$$= \int \left(\frac{6}{t} - \frac{3}{1+t} - \frac{3t+3}{1+t^2}\right)dt$$
$$= 6\ln t - 3\ln(1+t) - \frac{3}{2}\int \frac{d(1+t^2)}{1+t^2} - 3\int \frac{1}{1+t^2}dt$$
$$= 6\ln t - 3\ln(1+t) - \frac{3}{2}\ln(1+t^2) - 3\arctan t + C$$
$$= x - 3\ln(1+e^{\frac{x}{6}}) - \frac{3}{2}\ln(1+e^{\frac{x}{3}}) - 3\arctan e^{\frac{x}{6}} + C.$$

二、可化为有理函数的积分

1. 三角函数有理式的积分

由 $\sin x, \cos x$ 和常数经过有限次四则运算构成的函数称为**三角有理函数**，记为 $R(\sin x, \cos x)$.

三角函数的积分比较灵活；方法很多. 在换元积分法和分部积分法中我们都介绍过一些方法. 这里，我们主要介绍三角函数有理式的积分方法，其基本思想是通过适当的变换，将三角有理函数化为有理函数的积分.

由三角学我们知道，$\sin x$ 和 $\cos x$ 都可以用 $\tan\frac{x}{2}$ 的有理式来表示，即

$$\sin x = 2\sin\frac{x}{2}\cos\frac{x}{2} = \frac{2\tan\frac{x}{2}}{\sec^2\frac{x}{2}} = \frac{2\tan\frac{x}{2}}{1+\tan^2\frac{x}{2}},$$

$$\cos x = \cos^2\frac{x}{2} - \sin^2\frac{x}{2} = \frac{1-\tan^2\frac{x}{2}}{\sec^2\frac{x}{2}} = \frac{1-\tan^2\frac{x}{2}}{1+\tan^2\frac{x}{2}},$$

因此, 如果令 $u = \tan\frac{x}{2}$, 则 $x = 2\arctan u$, 从而有

$$\sin x = \frac{2u}{1+u^2}, \quad \cos x = \frac{1-u^2}{1+u^2}, \quad \mathrm{d}x = \frac{2\mathrm{d}u}{1+u^2}. \tag{4.4.2}$$

由此可见, 通过变换 $u = \tan\frac{x}{2}$, 三角函数有理式的积分总是可以化为有理函数的积分, 即

$$\int R(\sin x, \cos x)\,\mathrm{d}x = \int R\left(\frac{2u}{1+u^2}, \frac{1-u^2}{1+u^2}\right)\frac{2}{1+u^2}\mathrm{d}u.$$

所以这个变换公式又称为**万能置换公式**.

有些情况下 (如三角函数有理式中 $\sin x$ 和 $\cos x$ 的幂次均为偶数时), 我们也常用变换 $u = \tan x$, 此时易推出

$$\sin x = \frac{u}{\sqrt{1+u^2}}, \quad \cos x = \frac{1}{\sqrt{1+u^2}}, \quad \mathrm{d}x = \frac{1}{1+u^2}\mathrm{d}u, \tag{4.4.3}$$

这个变换公式常称为**修改的万能置换公式**.

例 4.4.11 求不定积分 $\int \frac{\sin x}{1+\sin x + \cos x}\,\mathrm{d}x$.

解 由万能置换公式, 令 $u = \tan\frac{x}{2}$, 则

$$\sin x = \frac{2u}{1+u^2}, \quad \cos x = \frac{1-u^2}{1+u^2}, \quad \mathrm{d}x = \frac{2}{1+u^2}\mathrm{d}u,$$

于是

$$\int \frac{\sin x}{1+\sin x + \cos x}\,\mathrm{d}x = \int \frac{\frac{2u}{1+u^2}\cdot\frac{2}{1+u^2}\mathrm{d}u}{1+\frac{2u}{1+u^2}+\frac{1-u^2}{1+u^2}}$$

$$= \int \frac{2u}{(1+u)(1+u^2)}\mathrm{d}u = \int \frac{2u+1+u^2-1-u^2}{(1+u)(1+u^2)}\mathrm{d}u$$

$$= \int \frac{(1+u)^2 - (1+u^2)}{(1+u)(1+u^2)} du = \int \frac{1+u}{1+u^2} du - \int \frac{1}{1+u} du$$

$$= \arctan u + \frac{1}{2}\ln(1+u^2) - \ln|1+u| + C$$

$$= \frac{x}{2} + \ln\left|\sec\frac{x}{2}\right| - \ln\left|1+\tan\frac{x}{2}\right| + C.$$

例 4.4.12 求不定积分 $\int \frac{1}{\sin^4 x} dx$.

解法一 由万能置换公式，令 $u = \tan\frac{x}{2}$，则

$$\int \frac{1}{\sin^4 x} dx = \int \frac{1}{\left(\frac{2u}{1+u^2}\right)^4} \cdot \frac{2}{1+u^2} du$$

$$= \int \frac{1 + 3u^2 + 3u^4 + u^6}{8u^4} du = \frac{1}{8}\left(-\frac{1}{3u^3} - \frac{3}{u} + 3u + \frac{u^3}{3}\right) + C$$

$$= -\frac{1}{24\left(\tan\frac{x}{2}\right)^3} - \frac{3}{8\tan\frac{x}{2}} + \frac{3}{8}\tan\frac{x}{2} + \frac{1}{24}\left(\tan\frac{x}{2}\right)^3 + C.$$

解法二 利用修改的万能置换公式，令 $u = \tan x$，则

$$\int \frac{1}{\sin^4 x} dx = \int \frac{1}{\left(\frac{u}{\sqrt{1+u^2}}\right)^4} \cdot \frac{2}{1+u^2} du = \int \frac{1+u^2}{u^4} du$$

$$= -\frac{1}{3u^3} - \frac{1}{u} + C = -\frac{1}{3}\cot^3 x - \cot x + C.$$

解法三 不用万能置换公式.

$$\int \frac{1}{\sin^4 x} dx = \int \csc^2 x (1 + \cot^2 x) dx$$

$$= \int \csc^2 x dx + \int \cot^2 x \csc^2 x dx$$

$$= -\frac{1}{3}\cot^3 x - \cot x + C.$$

注：比较以上三种解法可知，万能置换不一定是最佳方法，故三角有理式的计算中先考虑其他手段，不得已才用万能置换.

例 4.4.13 求不定积分 $\int \frac{1+\sin x}{\sin 3x + \sin x} dx$.

解 $\sin A + \sin B = 2\sin\frac{A+B}{2}\cos\frac{A-B}{2}$.

$$\text{原式} = \int \frac{1+\sin x}{2\sin 2x\cos x}dx = \int \frac{1+\sin x}{4\sin x\cos^2 x}dx$$

$$= \frac{1}{4}\int \frac{1}{\sin x\cos^2 x}dx + \frac{1}{4}\int \frac{1}{\cos^2 x}dx$$

$$= \frac{1}{4}\int \frac{\sin^2 x+\cos^2 x}{\sin x\cos^2 x}dx + \frac{1}{4}\int \frac{1}{\cos^2 x}dx$$

$$= \frac{1}{4}\int \frac{\sin x}{\cos^2 x}dx + \frac{1}{4}\int \frac{1}{\sin x}dx + \frac{1}{4}\int \frac{1}{\cos^2 x}dx$$

$$= -\frac{1}{4}\int \frac{1}{\cos^2 x}d(\cos x) + \frac{1}{4}\int \frac{1}{\sin x}dx + \frac{1}{4}\int \frac{1}{\cos^2 x}dx$$

$$= \frac{1}{4\cos x} + \frac{1}{4}\ln\left|\tan\frac{x}{2}\right| + \frac{1}{4}\tan x + C.$$

例 4.4.14 求不定积分 $\int \frac{dx}{3\sin x + 4\cos x}$.

解法一 作代换 $t = \tan\frac{x}{2}$,

$$\text{原式} = \int \frac{\frac{2}{1+t^2}dt}{3\frac{2t}{1+t^2} + 4\frac{1-t^2}{1+t^2}} = \int \frac{2dt}{4+6t-4t^2}$$

$$= \int \frac{dt}{(2t+1)(2-t)} = \frac{1}{5}\int \left(\frac{2}{2t+1} + \frac{1}{2-t}\right)dt$$

$$= \frac{1}{5}\ln\left|\frac{2t+1}{2-t}\right| + C = \frac{1}{5}\ln\left|\frac{2\tan\frac{x}{2}+1}{2-\tan\frac{x}{2}}\right| + C.$$

解法二 原式 $= \frac{1}{5}\int \frac{dx}{\frac{3}{5}\sin x + \frac{4}{5}\cos x} = \frac{1}{5}\int \frac{d(x+\theta)}{\sin(x+\theta)} = \frac{1}{5}\ln\tan\left(\frac{x+\theta}{2}\right) + C$, 其中 $\cos\theta = \frac{3}{5}, \sin\theta = \frac{4}{5}$.

2. 简单无理函数的积分

求简单无理函数的积分, 其基本思想是利用适当的变换将其有理化, 转化为有理函数的积分. 下面我们通过例子来说明.

例 4.4.15 求不定积分 $\int \frac{x}{\sqrt{3x+1}+\sqrt{2x+1}}dx$.

解 先对分母进行有理化,

$$\text{原式} = \int \frac{x(\sqrt{3x+1} - \sqrt{2x+1})}{(\sqrt{3x+1}+\sqrt{2x+1})(\sqrt{3x+1}-\sqrt{2x+1})} dx$$
$$= \int (\sqrt{3x+1} - \sqrt{2x+1})dx$$
$$= \frac{1}{3}\int \sqrt{3x+1}d(3x+1) - \frac{1}{2}\int \sqrt{2x+1}d(2x+1)$$
$$= \frac{2}{9}(3x+1)^{\frac{3}{2}} - \frac{1}{3}(2x+1)^{\frac{3}{2}} + C.$$

例 4.4.16 求不定积分 $\int \frac{1}{x+\sqrt{x}} dx$.

解 令 $t = \sqrt{x}$，即作变量代换 $x = t^2 (t>0)$，从而 $dx = 2tdt$，所以不定积分
$$\int \frac{1}{x+\sqrt{x}} dx = \int \frac{1}{t^2+t} \cdot 2tdt = 2\int \frac{1}{t+1} dt = 2\ln|t+1| + C = 2\ln(\sqrt{x}+1) + C.$$

例 4.4.17 求不定积分 $\int \frac{x}{\sqrt[3]{3x+1}} dx$.

解 令 $t = \sqrt[3]{3x+1}$，则 $x = \frac{t^3-1}{3}, dx = t^2 dt$，所以
$$\int \frac{x}{\sqrt[3]{3x+1}} dx = \int \frac{t^3-1}{3t} t^2 dt = \frac{1}{3}\int (t^4 - t)dt = \frac{1}{3}\left(\frac{t^5}{5} - \frac{t^2}{2}\right) + C$$
$$= \frac{1}{15}(3x+1)^{5/3} - \frac{1}{6}(3x+1)^{2/3} + C.$$

例 4.4.18 求不定积分 $\int \frac{1}{\sqrt{x}(1+\sqrt[3]{x})} dx$.

方法 当被积函数含有两种或两种以上的根式 $\sqrt[k]{x}, \cdots, \sqrt[l]{x}$ 时，可令 $x = t^n$（n 为各根指数的最小公倍数）.

解 为同时消去被积函数中根式 $\sqrt{x}$ 和 $\sqrt[3]{x}$，可令 $x = t^6$，则 $dx = 6t^5 dt$，从而
$$\int \frac{1}{\sqrt{x}(1+\sqrt[3]{x})} dx = \int \frac{6t^5}{t^3(1+t^2)} dt = \int \frac{6t^2}{1+t^2} dt = 6\int \frac{t^2+1-1}{1+t^2} dt$$
$$= 6\int \left(1 - \frac{1}{1+t^2}\right) dt = 6(t - \arctan t) + C$$
$$= 6(\sqrt[6]{x} - \arctan \sqrt[6]{x}) + C.$$

例 4.4.19 求不定积分 $\int \frac{1}{\sqrt{x+1} + \sqrt[3]{x+1}} dx$.

解 令 $t^6 = x+1$，则 $6t^5 dt = dx$，于是
$$\text{原式} = \int \frac{1}{t^3+t^2} \cdot 6t^5 dt = 6\int \frac{t^3}{t+1} dt = 6\int \frac{t^3+1-1}{t+1} dt$$

$$= 2t^3 - 3t^2 + 6t + 6\ln|t+1| + C$$
$$= 2\sqrt{x+1} - 3\sqrt[3]{x+1} + 3\sqrt[6]{x+1} + 6\ln(\sqrt[6]{x+1}+1) + C.$$

例 4.4.20 求不定积分 $\int \frac{1}{x}\sqrt{\frac{x+1}{x}}dx$.

解 令 $\sqrt{\frac{1+x}{x}} = t$，则 $\frac{1+x}{x} = t^2, x = \frac{1}{t^2-1}, dx = -\frac{2tdt}{(t^2-1)^2}$，于是

$$原式 = -\int (t^2-1)t \frac{2t}{(t^2-1)^2}dt = -2\int \frac{t^2 dt}{t^2-1}$$
$$= -2\int \left(1 + \frac{1}{t^2-1}\right)dt = -2t - \ln\left|\frac{t-1}{t+1}\right| + C$$
$$= -2\sqrt{\frac{1+x}{x}} - \ln\left[x\left(\sqrt{\frac{1+x}{x}}-1\right)^2\right] + C.$$

例 4.4.21 求不定积分 $\int \frac{1}{x}\sqrt{\frac{x+1}{x-1}}dx$.

解 令 $t = \sqrt{\frac{x+1}{x-1}}$，则 $x = \frac{t^2+1}{t^2-1}, dx = \frac{-4tdt}{(t^2-1)^2}$，于是

$$\int \frac{1}{x}\sqrt{\frac{x+1}{x-1}}dx = -4\int \frac{t^2 dt}{(t^2+1)(t^2-1)} = \int \left(\frac{1}{t+1} - \frac{1}{t-1} - \frac{2}{t^2+1}\right)dt$$
$$= \ln\left|\frac{t+1}{t-1}\right| - 2\arctan t + C$$
$$= \ln\left(\sqrt{\frac{x+1}{x-1}}+1\right) - \ln\left|\sqrt{\frac{x+1}{x-1}}-1\right| - 2\arctan\sqrt{\frac{x+1}{x-1}} + C.$$

例 4.4.22 求不定积分 $\int \frac{dx}{x+\sqrt{x^2+x+1}}$.

解 令 $x + \sqrt{x^2+x+1} = t$，则 $x = \frac{t^2-1}{1+2t}$，且

$$dx = \frac{2(t^2+t+1)}{(1+2t)^2}dt, \quad \sqrt{x^2+x+1} = \frac{t^2+t+1}{1+2t},$$

于是

$$\int \frac{dx}{x+\sqrt{x^2+x+1}} = \frac{1}{2}\int \frac{t^2+t+1}{t(t+1/2)^2}dt = \frac{1}{2}\int \left[\frac{4}{t} - \frac{3}{t+1/2} - \frac{3}{2(t+1/2)^2}\right]dt$$
$$= \frac{1}{2}\left[4\ln|t| - 3\ln\left|t+\frac{1}{2}\right| + \frac{3}{2(t+1/2)}\right] + C$$
$$= \frac{1}{2}\ln\frac{t^4}{|t+1/2|^3} + \frac{3}{2(2t+1)} + C.$$

注：上式最后一步只需将变量 t 回代为变量 x 即可.

本章我们介绍了不定积分的概念及计算方法. 必须指出的是：初等函数在它有定义的区间上的不定积分一定存在，但不定积分存在与不定积分能否用初等函数表示出来不是一回事. 事实上，有很多初等函数，它的不定积分是存在的，却无法用初等函数表示出来，如

$$\int e^{-x^2} dx, \quad \int \frac{\sin x}{x} dx, \quad \int \frac{dx}{\sqrt{1+x^3}}.$$

同时我们还应了解，求函数的不定积分与求函数的导数的区别，求一个函数的导数总可以循着一定的规则和方法去做，而求一个函数的不定积分却无统一的规则可循，需要具体问题具体分析，灵活应用各类积分方法和技巧.

随着计算机广泛地应用于自然科学与工程技术的各个领域，还可利用 Mathematica, MATLAB 等软件计算不定积分. 掌握此类软件工具对于应用数学方法解决实际问题具有重要的意义.

习题 4-4

求下列不定积分：

(1) $\int \dfrac{x^3}{x+3} dx$；

(2) $\int \dfrac{3x^2-1}{x^3-x+5} dx$；

(3) $\int \dfrac{x^5+x^4-8}{x^3-x} dx$；

(4) $\int \dfrac{3}{x^3+1} dx$；

(5) $\int \dfrac{x+1}{(x-1)^3} dx$；

(6) $\int \dfrac{x dx}{(x+2)(x+3)^2}$；

(7) $\int \dfrac{-x^2-x+1}{(x^2+1)^2} dx$；

(8) $\int \dfrac{x dx}{(x+1)(x+2)(x+3)}$；

(9) $\int \dfrac{x}{(1-x)^3} dx$；

(10) $\int \dfrac{dx}{x(x^6+4)}$；

(11) $\int \dfrac{x^2+1}{(x+1)^2(x-1)} dx$；

(12) $\int \dfrac{dx}{(x^2+x)(x^2+1)}$；

(13) $\int \dfrac{dx}{x^4+1}$；

(14) $\int \dfrac{-x^2-2}{(x^2+x+1)^2} dx$；

(15) $\int \dfrac{dx}{\sin^2 x+3}$；

(16) $\int \dfrac{dx}{3+\cos x}$；

(17) $\int \dfrac{dx}{1+\tan x}$；

(18) $\int \dfrac{dx}{1+\sin x+\cos x}$；

(19) $\int \dfrac{dx}{5+2\sin x-\cos x}$；

(20) $\int \dfrac{dx}{(5+4\sin x)\cos x}$；

(21) $\int \dfrac{\mathrm{d}x}{1+\sqrt[3]{x+1}}$;

(22) $\int \dfrac{1+(\sqrt{x})^3}{1+\sqrt{x}}\mathrm{d}x$;

(23) $\int \dfrac{\sqrt{x+1}-1}{1+\sqrt{x+1}}\mathrm{d}x$;

(24) $\int \dfrac{\mathrm{d}x}{\sqrt[4]{x}+\sqrt{x}}$;

(25) $\int \dfrac{x^3\mathrm{d}x}{\sqrt{1+x^2}}$;

(26) $\int \sqrt{\dfrac{a+x}{a-x}}\mathrm{d}x$;

(27) $\int \dfrac{\mathrm{d}x}{\sqrt[3]{(x+1)^2(x-1)^4}}$;

(28) $\int \dfrac{\mathrm{d}x}{\sqrt{x(1+x)}}$.

*第五节 MATLAB 软件应用

在高等数学中，经常利用函数图形研究函数的性质，在此，我们应用 MATLAB 命令来实现这一操作. MATLAB 符号运算工具箱提供了 int 函数来求函数的不定积分，该函数的调用格式为：

Int(fx,x)   %求函数 f(x)关于 x 的不定积分

参数说明：fx 是函数的符号表达式，x 是符号自变量，当 fx 只含一个变量时，x 可省略.
例如，计算下面的不定积分：

$$I=\int \dfrac{x+\sin x}{1+\cos x}\mathrm{d}x.$$

```
syms x
I=int((x+sin(x)/(1+cos(x))))
I=x*tan(x/2)
```

说明：由上述运算结果可知，int 函数求取的不定积分是不带常数项的，要取到一般形式的不定积分，可以编写以下语句：

```
syms x c
fx=f(x)
int(fx,x)+c
```

以 $I=\int \dfrac{x+\sin x}{1+\cos x}\mathrm{d}x$ 为例，编写如下语句可以得到其不定积分：

```
syms x c
fx=(x+sin(x))/(1+cos(x));
I=int(fx,x)+c;
I=c+x*tan(x/2)
```

在上述的语句基础上再编写如下语句，即可观察函数的积分曲线簇(图 4-5-1)：

```
hf=ezplot(fx,[-2,2]);
xx=linspace(-2,2);
plot(xx,subs(fx,xx),'k','LineWidth',2);
```

```
hold on
for c=1:6
plot(xx,subs(fx,xx)+c,'LineStyle','--');
end
legend('函数曲线','积分曲线簇')
```

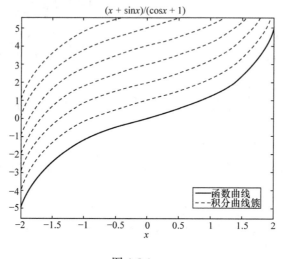

图 4-5-1

第五章 定 积 分

定积分起源于求图形的面积和体积等实际问题：我国的刘徽在"割圆术"中用圆内接正多边形的面积去无限逼近圆面积并以此求取圆周率；古希腊的阿基米德用"穷竭法"求解曲面面积和旋转体体积. 这些均为定积分的雏形. 直到17世纪中叶, 牛顿和莱布尼茨提出了定积分的概念, 给出了计算定积分的一般方法, 从而才使定积分成为解决有关实际问题的有力工具, 并使各自独立的微分学与积分学联系在一起, 构成完整的理论体系——微积分学.

本章先利用两个典型问题引入定积分的定义, 然后讨论定积分的性质、计算方法, 最后作为对定积分的推广, 简要介绍反常积分.

第一节 定积分的概念与性质

一、定积分的两个实例

1. 曲边梯形的面积

设 $y=f(x)$ 在区间 $[a,b]$ 上非负、连续. 在直角坐标系中, 由曲线 $y=f(x)$、直线 $x=a$, $x=b$ 和 $y=0$ 所围成的图形称为**曲边梯形**(图 5-1-1).

由于任何一个曲边形总可以分割成多个曲边梯形来考虑, 因此, 求曲边形面积的问题就转化为求曲边梯形面积的问题.

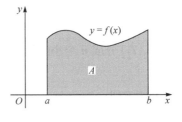

图 5-1-1

下面讨论如何求曲边梯形的面积. 若把区间 $[a,b]$ 划分为许多个小区间, 在每个小区间上用其中某一点处的高来近似代替同一小区间上的**小曲边梯形**的高, 则每个**小曲边梯形**就可以近似看成**小矩形**, 我们就以所有这些**小矩形**的面积(矩形的面积=底×高)之和作为曲边梯形的面积的近似值. 当把区间 $[a,b]$ 无限细分, 使得每个小区间的长度趋于零, 这时所有小矩形面积之和的极限就可以定义为**曲边梯形的面积**. 因此计算曲边梯形面积的方法可分析如下.

(1) **分割** 在区间 $[a,b]$ 中任意插入 $n-1$ 个分点
$$a=x_0<x_1<x_2<\cdots<x_{n-1}<x_n=b,$$
把 $[a,b]$ 分成 n 个小区间 $[x_0,x_1]$, $[x_1,x_2]$, $\cdots$, $[x_{n-1},x_n]$, 小区间的长度分别为
$$\Delta x_1=x_1-x_0, \Delta x_2=x_2-x_1,\cdots,\Delta x_n=x_n-x_{n-1}.$$
过每一个分点, 作平行于 y 轴的直线段, 把曲边梯形分为 n 个小曲边梯形(图 5-1-2).

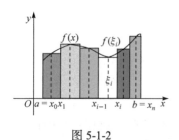

图 5-1-2

(2) **近似求和** 在每个小区间 $[x_{i-1}, x_i]$ 上任取一点 ξ_i, 用以 $[x_{i-1}, x_i]$ 为底、$f(\xi_i)$ 为高的小矩形近似代替第 i 个小曲边梯形 ($i=1,2,\cdots,n$), 则第 i 个小曲边梯形的面积近似为 $f(\xi_i)\Delta x_i$. 将这样得到的 n 个小矩形的面积之和作为所求曲边梯形面积 A 的近似值, 即

$$A \approx f(\xi_1)\Delta x_1 + f(\xi_2)\Delta x_2 + \cdots + f(\xi_n)\Delta x_n = \sum_{i=1}^{n} f(\xi_i)\Delta x_i.$$

(3) **取极限** 只要小区间长度中的最大值 $\lambda = \max\{\Delta x_1, \Delta x_2, \cdots, \Delta x_n\}$ 趋于零, 所有小区间的长度都趋于零. 当 $\lambda \to 0$ 时(这时小区间的个数 n 无限增多, 即 $n \to \infty$), 取上述和式的极限, 便得到曲边梯形的面积

$$A = \lim_{\lambda \to 0} \sum_{i=1}^{n} f(\xi_i)\Delta x_i.$$

2. 变速直线运动的路程

设某物体做直线运动, 已知速度 $v = v(t)$ 是时间间隔 $[T_1, T_2]$ 上 t 的连续函数, 且 $v(t) \geq 0$, 要求物体在这段时间内所经过的路程 s.

对匀速直线运动有公式: 路程=速度×时间.

在这个问题中, 速度 v 随时间 t 而变化, 因此, 不能直接按匀速直线运动的公式来计算所求路程. 然而, 由于 $v(t)$ 是连续变化的, 在很短一段时间内, 其速度的变化也很小, 可近似看作匀速的情形. 因此, 可类似于上例若把时间间隔划分为许多个小时间段, 计算出在每个小时间段内路程的近似值, 再求和, 利用求极限的方法算出路程的精确值.

(1) **分割** 在时间间隔 $[T_1, T_2]$ 中任意插入 $n-1$ 个分点

$$T_1 = t_0 < t_1 < t_2 < \cdots < t_{n-1} < t_n = T_2,$$

把 $[T_1, T_2]$ 分成 n 个小时间段

$$[t_0, t_1], [t_1, t_2], \cdots, [t_{n-1}, t_n],$$

长度分别为

$$\Delta t_1 = t_1 - t_0, \Delta t_2 = t_2 - t_1, \cdots, \Delta t_n = t_{n-1}.$$

而各小时间段内物体经过的路程依次为: $\Delta s_1, \cdots, \Delta s_i, \cdots, \Delta s_n$.

(2) **近似求和** 在 $[t_{i-1}, t_i]$ 上任取一点 τ_i, 以时刻 τ_i 的速度 $v(\tau_i)$ 近似代替 $[t_{i-1}, t_i]$ 上各时刻的速度, 得到 $[t_{i-1}, t_i]$ 内物体经过的路程 Δs_i 的近似值, 即

$$\Delta s_i \approx v(\tau_i)\Delta t_i \quad (i=1,2,\cdots,n);$$

所求变速直线运动路程的近似值为

$$s = \Delta s_1 + \Delta s_2 + \cdots + \Delta s_n = \sum_{i=1}^{n} \Delta s_i \approx \sum_{i=1}^{n} v(\tau_i)\Delta t_i.$$

(3) **取极限** 记 $\lambda = \max\{\Delta t_1, \Delta t_2, \cdots, \Delta t_n\}$, 当 $\lambda \to 0$ 时, 取上述和式的极限, 便得到变速直线运动路程的精确值

$$s = \lim_{\lambda \to 0} \sum_{i=1}^{n} v(\tau_i) \Delta t_i.$$

求曲边梯形的面积和求变速直线运动的路程的前两步"分割"和"求和",是初等数学方法的体现,而且也是初等数学方法中形式逻辑思维的体现. 只有第三步"取极限"这种蕴含于变量数学中的丰富的辩证逻辑思维,才使得微积分巧妙地、有效地解决了初等数学所不能解决的问题.

二、定积分的定义

两个实例问题的实际背景完全不同,但通过"分割、近似求和、取极限",都能转化为形如 $\sum_{i=1}^{n} f(\xi_i) \Delta x_i$ 的和式的极限问题. 我们由此抽象出定积分的定义.

定义 5.1.1 设 $f(x)$ 在 $[a,b]$ 上有界.

(1) **分割** 在 $[a,b]$ 中任意插入若干个分点

$$a = x_0 < x_1 < x_2 < \cdots < x_{n-1} < x_n = b,$$

把区间 $[a,b]$ 分割成 n 个小区间

$$[x_0, x_1], [x_1, x_2], \cdots, [x_{n-1}, x_n],$$

各小区间的长度依次为

$$\Delta x_1 = x_1 - x_0, \Delta x_2 = x_2 - x_1, \cdots, \Delta x_n = x_n - x_{n-1}.$$

(2) **近似求和** 在每个小区间 $[x_{i-1}, x_i]$ 上任取一点 ξ_i ($x_{i-1} \leq \xi_i \leq x_i$),作乘积 $f(\xi_i) \Delta x_i$ ($i = 1, 2, \cdots, n$),并作和式

$$S_n = \sum_{i=1}^{n} f(\xi_i) \Delta x_i.$$

(3) **取极限** 记 $\lambda = \max\{\Delta x_1, \Delta x_2, \cdots, \Delta x_n\}$,如果不论对 $[a,b]$ 怎样的分法,也不论在小区间 $[x_{i-1}, x_i]$ 上点 ξ_i 怎样取法,只要当 $\lambda \to 0$ 时,和 S_n 总趋于确定的极限,我们就称这个极限为函数 $f(x)$ 在区间 $[a,b]$ 上的**定积分**,记为

$$\int_a^b f(x) \mathrm{d}x = \lim_{\lambda \to 0} \sum_{i=1}^{n} f(\xi_i) \Delta x_i,$$

其中 $f(x)$ 称为**被积函数**, $f(x)\mathrm{d}x$ 称为**被积表达式**, x 为**积分变量**, $[a,b]$ 为**积分区间**, a 为**积分下限**, b 为**积分上限**.

根据定积分的定义,两个实例可以分别表述为:

(1) 由连续曲线 $y = f(x)$ ($f(x) \geq 0$)、直线 $x = a$, $x = b$ 及 x 轴所围成的曲边梯形的面积 A 等于函数 $f(x)$ 在区间 $[a,b]$ 上定积分,即

$$A = \int_a^b f(x) \mathrm{d}x.$$

(2) 以变速 $v = v(t)$ ($v(t) \geq 0$) 做直线运动的物体,从时刻 $t = T_1$ 到时刻 $t = T_2$ 所经过的路程 s 等于函数 $v(t)$ 在时间间隔 $[T_1, T_2]$ 上定积分,即

$$s = \int_{T_1}^{T_2} v(t) dt.$$

上述(1)正好说明了定积分的几何意义：在区间 $[a,b]$ 上 $f(x) \geq 0$ 时，定积分 $\int_a^b f(x) dx$ 在几何上表示由曲线 $y = f(x)$，直线 $x = a$，$x = b$ 及 x 轴所围成的曲边梯形的面积；在区间 $[a,b]$ 上 $f(x) \leq 0$ 时，由曲线 $y = f(x)$、直线 $x = a$，$x = b$ 及 x 轴所围成的曲边梯形位于 x 轴的下方，此时定积分 $\int_a^b f(x) dx$ 在几何上表示上述曲边梯形面积的负值；一般情况下，函数 $f(x)$ 在区间 $[a,b]$ 上既取得正值又取得负值，函数 $y = f(x)$ 的图形有些在 x 轴的上方，其余部分在 x 轴的下方(图 5-1-3)，此时，定积分 $\int_a^b f(x) dx$ 表示 x 轴上方图形面积减去 x 轴下方图形面积所得之差.

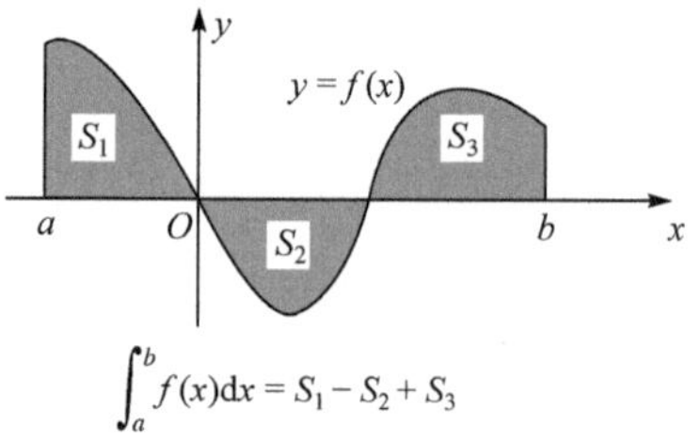

图 5-1-3

几点说明：

(1) 定积分 $\int_a^b f(x) dx$ 是和式 $\sum_{i=1}^n f(\xi_i) \Delta x_i$ 的极限值，即一个确定的常数. 这个常数只与被积函数 $f(x)$ 和积分区间 $[a,b]$ 有关，而与积分变量用哪个字母表达无关，即有 $\int_a^b f(x) dx = \int_a^b f(t) dt = \int_a^b f(u) du$.

(2) 定义中区间的分法和 ξ_i 的取法是任意的，因此在使用定义计算定积分时，对区间 $[a,b]$ 常使用特殊的分法，ξ_i 采用特殊取法(例 5.1.1)；

(3) $\sum_{i=1}^n f(\xi_i) \Delta x_i$ 通常称为函数 $f(x)$ 的**积分和**或**黎曼**(Riemann)**和**. 当函数 $f(x)$ 在区间 $[a,b]$ 上的定积分存在时，我们称 $f(x)$ 在区间 $[a,b]$ 上**可积**，否则称为**不可积**.

函数 $f(x)$ 在区间 $[a,b]$ 上满足怎样的条件，$f(x)$ 在区间 $[a,b]$ 上一定可积？这个问题本书不作深入讨论，只给出下面两个定理.

定理 5.1.1 若函数 $f(x)$ 在区间 $[a,b]$ 上连续，则 $f(x)$ 在区间 $[a,b]$ 上可积.

定理 5.1.2 若函数 $f(x)$ 在区间 $[a,b]$ 上有界，且只有有限个间断点，则 $f(x)$ 在区间 $[a,b]$ 上可积.

例 5.1.1 利用定积分的定义计算定积分 $\int_0^1 x^2 dx$.

解 因 $f(x) = x^2$ 在 $[0,1]$ 上连续，故被积函数是可积的. 从而定积分的值与对区间 $[0,1]$ 的分法及 ξ_i 的取法无关. 不妨将区间 $[0,1]$ n 等分(图 5-1-4)，分点为

$$x_i = \frac{i}{n} \quad (i = 1, 2, \cdots, n-1);$$

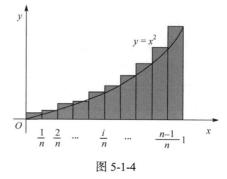

图 5-1-4

每个小区间 $[x_{i-1}, x_i]$ 的长度为

$$\lambda = \Delta x_i = \frac{1}{n} \quad (i=1,2,\cdots,n);$$

ξ_i 取每个小区间的右端点

$$\xi_i = x_i \quad (i=1,2,\cdots,n),$$

则得到积分和式

$$\sum_{i=1}^{n} f(\xi_i) \Delta x_i = \sum_{i=1}^{n} \xi_i^2 \Delta x_i = \sum_{i=1}^{n} x_i^2 \Delta x_i = \sum_{i=1}^{n} \left(\frac{i}{n}\right)^2 \cdot \frac{1}{n}$$

$$= \frac{1}{n^3} \sum_{i=1}^{n} i^2 = \frac{1}{n^3}(1^2 + 2^2 + \cdots + n^2)$$

$$= \frac{1}{n^3} \cdot \frac{n(n+1)(2n+1)}{6} = \frac{1}{6}\left(1+\frac{1}{n}\right)\left(2+\frac{1}{n}\right).$$

当 $\lambda \to 0$,即 $n \to \infty$ 时,取上式右端的极限. 根据定积分的定义,即得到所求的定积分为

$$\int_0^1 x^2 dx = \lim_{\lambda \to 0} \sum_{i=1}^{n} \xi_i^2 \Delta x_i = \lim_{n \to \infty} \frac{1}{6}\left(1+\frac{1}{n}\right)\left(2+\frac{1}{n}\right) = \frac{1}{3}.$$

例 5.1.2 利用定积分表示下列极限:

$$\lim_{n \to \infty} \frac{\pi}{n}\left(\frac{1}{n}\cos\frac{1}{n} + \frac{2}{n}\cos\frac{2}{n} + \cdots + \frac{n-1}{n}\cos\frac{n-1}{n} + \cos 1\right).$$

解 原极限 $= \lim\limits_{n \to \infty} \pi \sum\limits_{i=1}^{n}\left(\frac{i}{n}\cos\frac{i}{n}\right) \cdot \frac{1}{n}$.

易见,若取 $x_i = \frac{i}{n}$,则 $\Delta x_i = \frac{1}{n}$,$\xi_i = \frac{i}{n} \in [x_{i-1}, x_i]$,原极限化为 $\lim\limits_{\lambda \to 0} \pi \sum\limits_{i=1}^{n} \xi_i \cos\xi_i \Delta x_i$. 由此可见,被积函数应取为 $f(x) = x\cos x$,注意到 $f(x)$ 在 $[0,1]$ 上连续,因而是可积的. 故有

$$原极限 = \pi \int_0^1 x\cos x dx.$$

注:今后可直接计算出上述两个例题的积分结果分别为 $\frac{1}{3}$,$\pi(\sin 1 + \cos 1 - 1)$.

三、定积分的性质

由定积分的定义、极限的运算法则和性质可得到定积分的一些性质. 在本节的讨论中均假定函数在积分区间上可积,积分下限不一定小于上限.

两点补充规定:

(1) 当 $a = b$ 时,$\int_a^b f(x)dx = 0$;

(2) 当 $a > b$ 时,$\int_a^b f(x)dx = -\int_b^a f(x)dx$.

性质 1 $\int_a^b [f(x) \pm g(x)]dx = \int_a^b f(x)dx \pm \int_a^b g(x)dx$.

注：此性质可以推广到有限多个函数的情形.

性质 2 $\int_a^b kf(x)dx = k\int_a^b f(x)dx$ (k 为常数). 特别地, $\int_a^b k dx = k\int_a^b dx = k(b-a)$.

显然, 定积分 $\int_a^b k dx$ 在几何上表示以 $[a,b]$ 为底、$f(x) \equiv k$ 为高的矩形的面积.

性质 3 $\int_a^b f(x)dx = \int_a^c f(x)dx + \int_c^b f(x)dx$.

性质 3 称为定积分对于积分区间具有**可加性**.

证 先证 $a<c<b$ 的情形. 由被积函数 $f(x)$ 在区间 $[a,b]$ 上的可积性可知, 对 $[a,b]$ 无论怎样划分, 积分和的极限总是不变的. 所以我们总是可以把 c 取作一个分点, 于是, 在 $[a,b]$ 上的积分和等于在 $[a,c]$ 上的积分和加上在 $[c,b]$ 上的积分和, 即

$$\sum_{[a,b]} f(\xi_i)\Delta x_i = \sum_{[a,c]} f(\xi_i)\Delta x_i + \sum_{[c,b]} f(\xi_i)\Delta x_i.$$

令 $\lambda \to 0$, 上式两端取极限, 即得

$$\int_a^b f(x)dx = \int_a^c f(x)dx + \int_c^b f(x)dx.$$

再证 $a<b<c$ 的情形. 此时, 点 b 位于 a, c 之间, 所以

$$\int_a^c f(x)dx = \int_a^b f(x)dx + \int_b^c f(x)dx,$$

即

$$\int_a^b f(x)dx = \int_a^c f(x)dx - \int_b^c f(x)dx = \int_a^c f(x)dx + \int_c^b f(x)dx.$$

同理可证 $c<a<b$ 的情形. 从而无论 a, b, c 的相对位置如何, 所证等式总成立.

性质 4 若在区间 $[a,b]$ 上有 $f(x) \leq g(x)$, 则

$$\int_a^b f(x)dx \leq \int_a^b g(x)dx \quad (a<b).$$

可由定积分的定义和性质、极限的保号性定理证明, 证明略.

推论 5.1.1 $\left|\int_a^b f(x)dx\right| \leq \int_a^b |f(x)|dx \ (a<b)$.

证 $|f(x)|$ 在区间 $[a,b]$ 上的可积性是显然的. 因为 $-|f(x)| \leq f(x) \leq |f(x)|$, 所以

$$-\int_a^b |f(x)|dx \leq \int_a^b f(x)dx \leq \int_a^b |f(x)|dx, \text{ 即} \left|\int_a^b f(x)dx\right| \leq \int_a^b |f(x)|dx.$$

例 5.1.3 比较积分值 $\int_0^1 \sqrt{x}dx$ 和 $\int_0^1 x^2 dx$ 的大小.

解 因为 $\forall x \in [0,1]$, $\sqrt{x} \geq x^2$, 所以

$$\int_0^1 \sqrt{x}dx \geq \int_0^1 x^2 dx.$$

性质 5(积分估值定理) 设 M 及 m 分别是函数 $f(x)$ 在区间 $[a,b]$ 上的最大值及最小值, 则

$$m(b-a) \leqslant \int_a^b f(x)\mathrm{d}x \leqslant M(b-a).$$

性质 5 有明显的几何意义: 以 $[a,b]$ 为底、$y=f(x)$ 为曲边的曲边梯形的面积 $\int_a^b f(x)\mathrm{d}x$ 介于同一底边, 而高分别为 m 与 M 的矩形面积 $m(b-a)$ 与 $M(b-a)$ 之间(图 5-1-5).

例 5.1.4 估计积分 $\int_0^\pi \dfrac{1}{3+\sin^3 x}\mathrm{d}x$ 的值.

解 $f(x)=\dfrac{1}{3+\sin^3 x}$, $x\in[0,\pi]$, 因为 $0\leqslant\sin^3 x\leqslant 1$, 所以 $\dfrac{1}{4}\leqslant\dfrac{1}{3+\sin^3 x}\leqslant\dfrac{1}{3}$. 故

$$\int_0^\pi \frac{1}{4}\mathrm{d}x \leqslant \int_0^\pi \frac{1}{3+\sin^3 x}\mathrm{d}x \leqslant \int_0^\pi \frac{1}{3}\mathrm{d}x,$$

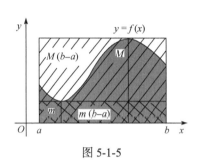

图 5-1-5

于是

$$\frac{\pi}{4} \leqslant \int_0^\pi \frac{1}{3+\sin^3 x}\mathrm{d}x \leqslant \frac{\pi}{3}.$$

性质 6(积分中值定理) 如果函数 $f(x)$ 在闭区间 $[a,b]$ 上连续, 则在 $[a,b]$ 上至少存在一个点 ξ, 使

$$\int_a^b f(x)\mathrm{d}x = f(\xi)(b-a) \quad (a\leqslant\xi\leqslant b).$$

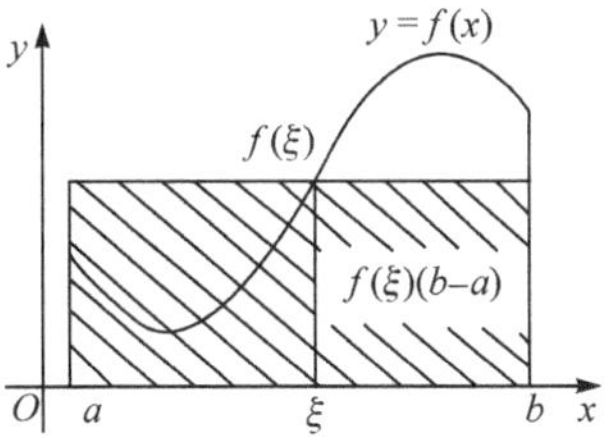

这个公式称为**积分中值公式**.

由性质 5 和闭区间上连续函数的介值定理可证明, 证明略.

积分中值定理的几何意义: 在区间 $[a,b]$ 上至少存在一个点 ξ, 使得以 $[a,b]$ 为底、$y=f(x)$ 为曲边的曲边梯形的面积 $\int_a^b f(x)\mathrm{d}x$ 等于同一底边而高为 $f(\xi)$ 的矩形的面积 $f(\xi)(b-a)$ (图 5-1-6).

图 5-1-6

易见数值 $\dfrac{1}{b-a}\int_a^b f(x)\mathrm{d}x$ 表示连续曲线 $f(x)$ 在区间 $[a,b]$ 上的平均高度, 我们称其为**函数 $f(x)$ 在区间 $[a,b]$ 上的平均值**. 例如可用此公式来计算做变速直线运动的物体在指定时间间隔内的平均速度等.

例 5.1.5 求函数 $f(x)=4-x$ 在 $[0,3]$ 上的平均值及在该区间上 f 恰取这个值的点.

解 $f(x)$ 在 $[0,3]$ 上的平均值为

$$\frac{1}{b-a}\int_a^b f(x)\mathrm{d}x = \frac{1}{3-0}\int_0^3 (4-x)\mathrm{d}x = \frac{5}{2}.$$

当 $4-x=\dfrac{5}{2}$ 时, 得到 $x=\dfrac{3}{2}$, 即函数在 $x=\dfrac{3}{2}$ 处的值等于它在 $[0,3]$ 上的平均值.

注意到底为[0, 3]、高等于 5/2（$y=4-x$ 在[0, 3]上的平均值）的矩形的面积等于 $f(x)$ 与两坐标轴以及 $x=3$ 围成的三角形的面积，如图 5-1-7 所示.

例 5.1.6 计算纯电阻电路中正弦交流电 $i=I_m\sin\omega t$ 在一个周期上的功率的平均值（简称平均功率）.

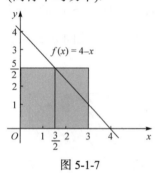

图 5-1-7

解 设电阻为 R，电压为 $u=iR=I_mR\sin\omega t$，功率为 $p=ui=I_m^2R\sin^2\omega t$，一个周期区间 $\left[0,\dfrac{2\pi}{\omega}\right]$ 上的平均功率为

$$\overline{p}=\dfrac{1}{\dfrac{2\pi}{\omega}}\int_0^{\frac{2\pi}{\omega}}I_m^2R\sin^2\omega t\,\mathrm{d}t=\dfrac{I_m^2R}{2\pi}\int_0^{\frac{2\pi}{\omega}}\sin^2\omega t\,\mathrm{d}(\omega t)$$

$$=\dfrac{I_m^2R}{4\pi}\int_0^{\frac{2\pi}{\omega}}(1-\cos 2\omega t)\,\mathrm{d}(\omega t)=\dfrac{I_m^2R}{4\pi}\left(\omega t-\dfrac{\sin 2\omega t}{2}\right)\Bigg|_0^{\frac{2\pi}{\omega}}$$

$$=\dfrac{I_m^2R}{4\pi}\cdot 2\pi=\dfrac{I_m^2R}{2}=\dfrac{I_mU_m}{2}\quad (U_m=I_mR),$$

即纯电阻电路中正弦交流电的平均功率等于电流、电压的峰值的乘积的二分之一.

习题 5-1

1. 填空题：

(1) 函数 $f(x)$ 在 $[a,b]$ 上的定积分是积分和的极限，即 $\int_a^b f(x)\mathrm{d}x=$ _____；

(2) 定积分的值只与_____及_____有关，而与_____的记法无关；

(3) 定积分的几何意义是_____；

(4) 被积函数 $f(x)$ 在 $[a,b]$ 上连续是定积分 $\int_a^b f(x)\mathrm{d}x$ 存在的_____条件.

2. 利用定积分的定义求解下列问题：

(1) $\int_a^b x\mathrm{d}x\ (a<b)$；　　(2) $\int_1^e \ln x\mathrm{d}x$；

(3) 计算由抛物线 $y=x^2+1$，直线 $x=a$，$x=b\ (b>a)$ 及 x 轴所围成的图形的面积.

3. 利用定积分的几何意义，说明下列等式：

(1) $\int_0^1 2x\mathrm{d}x=1$；　　(2) $\int_{-\pi}^{\pi}\sin x\mathrm{d}x=0$；　　(3) $\int_0^1\sqrt{1-x^2}\mathrm{d}x=\dfrac{\pi}{4}$.

4. 试将和式的极限 $\lim\limits_{n\to\infty}\dfrac{1^p+2^p+\cdots+n^p}{n^{p+1}}\ (p>0)$ 表示成定积分.

5. 证明定积分性质：

(1) $\int_a^b kf(x)\mathrm{d}x=k\int_a^b f(x)\mathrm{d}x\ (k\text{ 是常数})$；　　(2) $\int_a^b 1\mathrm{d}x=\int_a^b \mathrm{d}x=b-a$.

6. 估计下列各积分的值:

(1) $\int_1^3 (x^2+2)dx$;

(2) $\int_0^1 e^{x^2} dx$;

(3) $\int_1^{\sqrt{3}} x\arctan x\,dx$;

(4) $\int_0^{-2} xe^x dx$.

7. 设 $f(x)$ 及 $g(x)$ 在 $[a,b]$ 上连续, 证明:

(1) 若在 $[a,b]$ 上 $f(x) \geq 0$, 且 $\int_a^b f(x)dx = 0$, 则在 $[a,b]$ 上 $f(x) \equiv 0$;

(2) 若在 $[a,b]$ 上 $f(x) \geq 0$, 且 $f(x) \not\equiv 0$, 则 $\int_a^b f(x)dx > 0$;

(3) 若在 $[a,b]$ 上 $f(x) \geq g(x)$, 且 $\int_a^b f(x)dx = \int_a^b g(x)dx$, 则在 $[a,b]$ 上 $f(x) \equiv g(x)$.

8. 根据定积分性质比较下列每组积分的大小:

(1) $\int_2^3 x^2 dx$, $\int_2^3 x^3 dx$;

(2) $\int_0^1 e^x dx$, $\int_0^1 e^{x^2} dx$;

(3) $\int_0^1 e^x dx$, $\int_0^1 (x+1)dx$;

(4) $\int_0^{\frac{\pi}{2}} x\,dx$, $\int_0^{\frac{\pi}{2}} \sin x\,dx$, $\int_{-\frac{\pi}{2}}^0 \sin x\,dx$.

9. 设函数 $f(x)$ 在 $[0,1]$ 上连续, 在 $(0,1)$ 内可导, 且 $3\int_{\frac{2}{3}}^1 f(x)dx = f(0)$. 证明: 在 $(0,1)$ 内至少存在一点 ξ, 使 $f'(\xi) = 0$.

第二节 微积分基本公式

如果按定积分的定义来计算定积分是十分困难的, 牛顿-莱布尼茨公式给出了巧妙地计算定积分的有效方法.

一、引例

设物体在一直线上运动. 在这一直线上取定原点、正向及单位长度, 使其成为一数轴. 设时刻 t 时物体所在位置为 $s(t)$, 速度为 $v(t)(v(t) \geq 0)$, 则物体在时间间隔 $[T_1, T_2]$ 内经过的路程可表示为

$$s = \int_{T_1}^{T_2} v(t)dt;$$

另一方面, 这段路程又可表示为位置函数 $s(t)$ 在 $[T_1, T_2]$ 上的增量

$$s(T_2) - s(T_1).$$

由此可见,

$$\int_{T_1}^{T_2} v(t)dt = s(T_2) - s(T_1). \tag{5.2.1}$$

因为 $s'(t)=v(t)$，即函数 $s(t)$ 是函数 $v(t)$ 的原函数，所以，求速度 $v(t)$ 在时间间隔 $[T_1,T_2]$ 内经过的路程就转化为求 $v(t)$ 的原函数 $s(t)$ 在 $[T_1,T_2]$ 上的增量.

把这个问题推广到一般的函数 $f(x)$ 就是：在区间 $[a,b]$ 上的定积分 $\int_a^b f(x)\mathrm{d}x$ 等于 $f(x)$ 的原函数 $F(x)$ 在 $[a,b]$ 上的增量，那么两者是否相等呢？下面我们一起来具体讨论.

二、积分上限的函数及其导数

定义 5.2.1 设函数 $f(x)$ 在区间 $[a,b]$ 上连续，x 是 $[a,b]$ 上的一点，则由

$$\Phi(x)=\int_a^x f(t)\mathrm{d}t \tag{5.2.2}$$

所定义的函数称为**积分上限的函数**(或变上限的函数).

类似可定义**积分下限的函数** $\int_x^b f(t)\mathrm{d}t$，由定积分性质积分下限函数可化为积分上限函数. 积分上限的函数和积分下限的函数统称**积分限函数**.

说明：式(5.2.2)中积分变量和积分上限有时都用 x 表示，但它们的含义并不相同，为了区别它们，常将积分变量改用 t 来表示，即

$$\Phi(x)=\int_a^x f(x)\mathrm{d}x=\int_a^x f(t)\mathrm{d}t.$$

$\Phi(x)$ 的几何意义是右侧直线可移动的曲边梯形的面积(图 5-2-1).

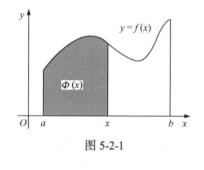

图 5-2-1

定理 5.2.1 若函数 $f(x)$ 在区间 $[a,b]$ 上连续，则积分上限的函数

$$\Phi(x)=\int_a^x f(t)\mathrm{d}t,\quad x\in[a,b]$$

在 $[a,b]$ 上可导，且

$$\Phi'(x)=\frac{\mathrm{d}}{\mathrm{d}x}\int_a^x f(t)\mathrm{d}t=f(x)\quad(a\leqslant x\leqslant b). \tag{5.2.3}$$

证 设 $x\in[a,b],\Delta x\neq 0$ 且 $x+\Delta x\in[a,b]$，则有

$$\Delta\Phi=\Phi(x+\Delta x)-\Phi(x)=\int_a^{x+\Delta x}f(t)\mathrm{d}t-\int_a^x f(t)\mathrm{d}t$$

$$=\int_a^x f(t)\mathrm{d}t+\int_x^{x+\Delta x}f(t)\mathrm{d}t-\int_a^x f(t)\mathrm{d}t$$

$$=\int_x^{x+\Delta x}f(t)\mathrm{d}t=f(\xi)\Delta x,\quad \xi\in[x,x+\Delta x].$$

由于函数 $f(x)$ 在点 x 处连续，所以

$$\Phi'(x)=\lim_{\Delta x\to 0}\frac{\Delta\Phi}{\Delta x}=\lim_{\Delta x\to 0}f(\xi)=f(x),$$

即

$$\frac{d}{dx}\int_a^x f(t)dt = f(x) \quad (a \leqslant x \leqslant b).$$

定理 5.2.1 揭示了微分(或导数)与定积分这两个定义不相干的概念之间的内在联系, 称为**微积分基本定理**.

利用复合函数的求导法则, 可进一步得到下列公式:

(1) $\dfrac{d}{dx}\int_a^{\varphi(x)} f(t)dt = f[\varphi(x)]\varphi'(x)$; (5.2.4)

(2) $\dfrac{d}{dx}\int_{a(x)}^{b(x)} f(t)dt = f[b(x)]b'(x) - f[a(x)]a'(x)$. (5.2.5)

例 5.2.1 求: (1) $\dfrac{d}{dx}\left[\int_0^x \cos^2 t dt\right]$; (2) $\dfrac{d}{dx}\left[\int_{\sqrt{x}}^{x^3} \sin(t)^2 dt\right]$.

解 (1) $\dfrac{d}{dx}\left[\int_0^x \cos^2 t dt\right] = \cos^2 x$.

(2) 根据复合函数求导公式, 有

$$\frac{d}{dx}\left[\int_{\sqrt{x}}^{x^3} \sin(t)^2 dt\right] = (x^3)'\sin((x^3)^2) - (\sqrt{x})'\sin((\sqrt{x})^2)$$

$$= 3x^2 \sin(x^6) - \frac{1}{2\sqrt{x}}\sin x.$$

例 5.2.2 求 $\lim\limits_{x\to 0}\dfrac{\int_{\cos x}^1 e^{-t^2}dt}{x^2}$.

解 题设极限式是 $\dfrac{0}{0}$ 型未定式, 可应用洛必达法则. 由于

$$\frac{d}{dx}\int_{\cos x}^1 e^{-t^2}dt = -\frac{d}{dx}\int_1^{\cos x} e^{-t^2}dt = -e^{-\cos^2 x}\cdot(\cos x)' = \sin x \cdot e^{-\cos^2 x},$$

所以

$$\lim_{x\to 0}\frac{\int_{\cos x}^1 e^{-t^2}dt}{x^2} = \lim_{x\to 0}\frac{\sin x \cdot e^{-\cos^2 x}}{2x} = \frac{1}{2e}.$$

三、牛顿-莱布尼茨公式

定理 5.2.2 若函数 $f(x)$ 在区间 $[a,b]$ 上连续, 则函数

$$\Phi(x) = \int_a^x f(t)dt$$

就是 $f(x)$ 在 $[a,b]$ 上的一个**原函数**.

定理 5.2.2 肯定了连续函数的原函数是存在的, 从而有可能通过原函数来计算定积分.

定理 5.2.3 若函数 $F(x)$ 是连续函数 $f(x)$ 在区间 $[a,b]$ 上的一个原函数, 则

$$\int_a^b f(x)dx = F(b) - F(a).$$ (5.2.6)

上式称为牛顿-莱布尼茨公式,也称为微积分基本公式.

证 已知函数 $F(x)$ 是 $f(x)$ 的一个原函数,又根据定理 5.2.2 知,

$$\Phi(x) = \int_a^x f(t)\mathrm{d}t$$

也是 $f(x)$ 的一个原函数,所以

$$F(x) - \Phi(x) = C, \quad x \in [a,b].$$

在上式中令 $x = a$,得 $F(a) - \Phi(a) = C$. 而

$$\Phi(a) = \int_a^a f(t)\mathrm{d}t = 0,$$

所以 $F(a) = C$,故

$$\int_a^x f(t)\mathrm{d}t = F(x) - F(a).$$

在上式中再令 $x = b$,即得(5.2.6). 该公式也常记作

$$\int_a^b f(x)\mathrm{d}x = F(x)\Big|_a^b = F(b) - F(a).$$

函数 $F(x)$ 一般可通过求 $f(x)$ 的不定积分求得,牛顿-莱布尼茨公式巧妙地把定积分的计算问题转化为求被积函数的一个原函数在区间 $[a,b]$ 上的增量的问题.

例 5.2.3 求定积分: (1) $\int_0^1 x^2 \mathrm{d}x$; (2) $\int_{-2}^{-1} \frac{\mathrm{d}x}{x}$; (3) $\int_{-\pi/4}^{\pi/4} \sqrt{1-\cos^2 x}\mathrm{d}x$.

解 (1) 因 $\frac{x^3}{3}$ 是 x^2 的一个原函数,由牛顿-莱布尼茨公式,有

$$\int_0^1 x^2 \mathrm{d}x = \frac{x^3}{3}\Big|_0^1 = \frac{1}{3} - \frac{0}{3} = \frac{1}{3}.$$

(2) $\int_{-2}^{-1} \frac{1}{x}\mathrm{d}x = \ln|x|\Big|_{-2}^{-1} = \ln 1 - \ln 2 = -\ln 2.$

(3) $\int_{-\pi/4}^{\pi/4} \sqrt{1-\cos^2 x}\mathrm{d}x = \int_{-\pi/4}^{\pi/4} \sqrt{\sin^2 x}\mathrm{d}x = \int_{-\pi/4}^{\pi/4} |\sin x|\mathrm{d}x$

$$= -\int_{-\pi/4}^0 \sin x \mathrm{d}x + \int_0^{\pi/4} \sin x \mathrm{d}x$$

$$= \cos x\Big|_{-\pi/4}^0 - \cos x\Big|_0^{\pi/4} = 2 - \sqrt{2}.$$

例 5.2.4 计算 $\int_0^1 |2x-1|\mathrm{d}x$.

解 因为 $|2x-1| = \begin{cases} 1-2x, & x \leqslant \frac{1}{2}, \\ 2x-1, & x > \frac{1}{2}, \end{cases}$ 所以

$$\int_0^1 |2x-1|\,dx = \int_0^{1/2}(1-2x)\,dx + \int_{1/2}^1 (2x-1)\,dx = (x-x^2)\Big|_0^{1/2} + (x^2-x)\Big|_{1/2}^1 = \frac{1}{2}.$$

例 5.2.5 计算由曲线 $y=\sin x$ 在 $x=0, x=\pi$ 之间及 x 轴所围成的图形的面积 A.

解 根据定积分的几何意义, 所求面积为

$$A = \int_0^\pi \sin x\,dx = -\cos x\Big|_0^\pi = -\cos\pi - (-\cos 0) = 2.$$

例 5.2.6 设和谐号动车以每小时 180km 的速度行驶, 到某处需要减速停车. 设动车以等加速度 $\alpha = -10$ m/s² 刹车. 问从开始刹车到停车, 和谐号动车驶过了多少距离?

解 首先要算出从开始刹车到停车经过的时间. 设开始刹车的时刻为 $t=0$, 此时和谐号动车速度为

$$v_0 = 180\,\text{km/h} = \frac{180\times 1000}{3600} = 50(\text{m/s}).$$

刹车后和谐号动车减速行驶, 其速度为

$$v(t) = v_0 + at = 50 - 10t.$$

当动车停住时, 速度 $v(t)=0$, 故从 $v(t)=50-10t=0$ 解得

$$t = 50/10 = 5(\text{s}).$$

于是, 在这段时间内动车所驶过的距离为

$$s = \int_0^5 v(t)\,dt = \int_0^5 (50-10t)\,dt = \left(50t - 10\cdot\frac{t^2}{2}\right)\Big|_0^5 = 125(\text{m}),$$

即在刹车后, 和谐号动车需驶过125m才能停住.

例 5.2.7 设函数 $f(x)$ 在闭区间 $[a,b]$ 上连续, 证明: 在开区间 (a,b) 内至少存在一点 ξ, 使

$$\int_a^b f(x)\,dx = f(\xi)(b-a) \quad (a<\xi<b).$$

证 因为 $f(x)$ 连续, 故它的原函数存在, 设为 $F(x)$, 根据牛顿-莱布尼茨公式, 有

$$\int_a^b f(x)\,dx = F(b) - F(a).$$

显然函数 $F(x)$ 在区间 $[a,b]$ 上满足微分中值定理的条件, 因此, 按微分中值定理, 在开区间 (a,b) 内至少存在一点 ξ, 使

$$F(b) - F(a) = F'(\xi)(b-a), \quad \xi \in (a,b),$$

故

$$\int_a^b f(x)\,dx = f(\xi)(b-a), \quad \xi \in (a,b).$$

本例的结论是对积分中值定理的改进.

习题 5-2

1. 计算下列各导数：

(1) $\dfrac{d}{dx}\int_0^{x^3}\sqrt{1+t^2}\,dt$；

(2) $\dfrac{d}{dx}\int_{x^2}^{x^3}\dfrac{dt}{\sqrt{1+t^2}}$；

(3) $\dfrac{d}{dx}\int_{\sin x}^{\cos x}\cos(\pi t^2)\,dt$.

2. 求下列极限：

(1) $\lim\limits_{x\to 0}\dfrac{\int_0^x \cos t^3\,dt}{x}$；

(2) $\lim\limits_{x\to 0}\dfrac{\int_0^x \arctan t\,dt}{x^2}$；

(3) $\lim\limits_{x\to 0}\dfrac{\int_0^{x^3}\sqrt{1+t^2}\,dt}{x^3}$；

(4) $\lim\limits_{x\to 0}\dfrac{\left(\int_0^x e^{t^2}\,dt\right)^2}{\int_0^x te^{2t^2}\,dt}$.

3. 设 $y=\int_0^x \sin 2t\,dt$，求 $y'(0)$，$y'\left(\dfrac{\pi}{4}\right)$.

4. 设 $x=\int_0^t \sin u\,du$，$y=\int_0^t \cos u\,du$，求 $\dfrac{dy}{dx}$.

5. 设函数 $y=y(x)$ 由方程 $\int_0^y e^t\,dt+\int_0^x \sin t\,dt=0$ 确定，求 $\dfrac{dy}{dx}$.

6. 设 $g(x)=\int_0^{x^3}\dfrac{dt}{1+t^2}$，求 $g''(1)$.

7. 设 $f(x)$ 在 $0\leqslant x<+\infty$ 上连续，若 $\int_0^{f(x)} t^2\,dt=x^2(1+x)$，求 $f(2)$.

8. 当 x 为何值时，函数 $I(x)=\int_0^x te^{-t^2}\,dt$ 有极值？

9. 设 $x>0$，x 取何值时 $\int_x^{2x}\dfrac{dt}{\sqrt{1+t^3}}$ 最大？

10. 计算下列各定积分：

(1) $\int_1^3\left(x^2+\dfrac{1}{x^3}+1\right)dx$；

(2) $\int_4^9 \sqrt{x}(1+\sqrt{x})\,dx$；

(3) $\int_0^1 \dfrac{dx}{\sqrt{4-3x^2}}$；

(4) $\int_0^a \dfrac{dx}{a^2+x^2}$；

(5) $\int_0^{\frac{\pi}{3}}\tan^2\theta\,d\theta$；

(6) $\int_{1-e}^2 \dfrac{dx}{x-1}$；

(7) $\int_0^{\frac{3}{4}\pi}\sqrt{1+\cos 2x}\,dx$；

(8) $\int_0^2 f(x)\,dx$，其中 $f(x)=\begin{cases} x+1, & x\leqslant 1, \\ \dfrac{1}{2}x^2, & x>1. \end{cases}$

11. 设 $f(x)=\begin{cases}\dfrac{1}{2}\sin x, & 0\leqslant x\leqslant\pi,\\ 0, & x<0\text{ 或 }x>\pi,\end{cases}$ 求 $\phi(x)=\int_0^x f(t)\mathrm{d}t$ 在 $(-\infty,+\infty)$ 内的表达式.

12. 设 $f(x)=\int_0^x\dfrac{\ln(1+t)}{t}\mathrm{d}t(x>0)$，求 $f(x)+f\left(\dfrac{1}{x}\right)$.

第三节 定积分的积分法

由牛顿-莱布尼茨公式知道，求定积分的问题可以转化为求被积函数 $f(x)$ 在区间 $[a,b]$ 上的增量问题，从而在求不定积分时应用的换元法和分部积分法可推广到求解定积分上来，但要注意与求解不定积分时的差异.

一、定积分的换元积分法

定理 5.3.1 设函数 $f(x)$ 在闭区间 $[a,b]$ 上连续，函数 $x=\varphi(t)$ 满足条件：

(1) $\varphi(\alpha)=a,\ \varphi(\beta)=b$，且 $a\leqslant\varphi(t)\leqslant b$；

(2) $\varphi(t)$ 在 $[\alpha,\beta]$（或 $[\beta,\alpha]$）上具有连续导数，

则有

$$\int_a^b f(x)\,\mathrm{d}x=\int_\alpha^\beta f[\varphi(t)]\varphi'(t)\mathrm{d}t. \tag{5.3.1}$$

公式(5.3.1)称为定积分的**换元公式**.

证 因为 $f(x)$ 在 $[a,b]$ 上连续，故它在 $[a,b]$ 上可积，且原函数存在. 设 $F(x)$ 是 $f(x)$ 的一个原函数，则

$$\int_a^b f(x)\mathrm{d}x=F(b)-F(a).$$

另一方面 $\Phi(t)=F[\varphi(t)]$，由复合函数求导法则，得

$$\Phi'(t)=\dfrac{\mathrm{d}F}{\mathrm{d}x}\cdot\dfrac{\mathrm{d}x}{\mathrm{d}t}=f(x)\varphi'(t)=f[\varphi(t)]\varphi'(t),$$

即 $\Phi(t)$ 是 $f[\varphi(t)]\varphi'(t)$ 的一个原函数. 从而

$$\int_\alpha^\beta f[\varphi(t)]\varphi(t)\mathrm{d}t=\Phi(\beta)-\Phi(\alpha).$$

注意到 $\Phi(t)=F[\varphi(t)]$，$\varphi(\alpha)=a$，$\varphi(\beta)=b$，则

$$\Phi(\beta)-\Phi(\alpha)=F[\varphi(\beta)]-F[\varphi(\alpha)]=F(b)-F(a),$$

$$\int_a^b f(x)\mathrm{d}x=F(b)-F(a)=\Phi(\beta)-\Phi(\alpha)=\int_\alpha^\beta f[\varphi(t)]\varphi'(t)\mathrm{d}t.$$

在应用定积分的换元公式时应注意以下两点：

(1) "换元必换限"，即用 $x=\varphi(t)$ 把变量 x 换成新变量 t 时，积分限也要换成相应于新变量 t 的积分限，且上限对应于上限，下限对应于下限；

(2) 求出 $f[\varphi(t)]\varphi'(t)$ 的一个原函数 $\Phi(t)$ 后，不必像计算不定积分那样再把 $\Phi(t)$ 变

换成原变量 x 的函数，只需直接求出 $\Phi(t)$ 在新变量 t 的积分区间上的增量即可.

例 5.3.1 求定积分 $\int_0^{\frac{\pi}{2}} \cos^3 x \sin x \, dx$.

解法一 令 $t = \cos x$, 则 $dt = -\sin x \, dx$, 且当 $x = \frac{\pi}{2}$ 时, $t = 0$；当 $x = 0$ 时, $t = 1$, 所以

$$\int_0^{\frac{\pi}{2}} \cos^3 x \sin x \, dx = -\int_1^0 t^3 \, dt = \int_0^1 t^3 \, dt = \left.\frac{t^4}{4}\right|_0^1 = \frac{1}{4}.$$

解法二 $\int_0^{\frac{\pi}{2}} \cos^3 x \sin x \, dx = -\int_0^{\frac{\pi}{2}} \cos^3 x \, d(\cos x) = -\left.\frac{\cos^4 x}{4}\right|_0^{\frac{\pi}{2}} = -\left(0 - \frac{1}{4}\right) = \frac{1}{4}.$

注：如果不明显写出新变量 t, 则定积分的上、下限就不需改变.

例 5.3.2 求定积分 $\int_0^a \sqrt{a^2 - x^2} \, dx$ $(a > 0)$.

解法一 令 $x = a \sin t$, 则 $dx = a \cos t \, dt$, 且当 $x = 0$ 时, $t = 0$；当 $x = a$ 时, $t = \frac{\pi}{2}$.

$$\sqrt{a^2 - x^2} = a\sqrt{1 - \sin^2 t} = a|\cos t| = a\cos t,$$

所以

$$\int_0^a \sqrt{a^2 - x^2} \, dx = a^2 \int_0^{\frac{\pi}{2}} \cos^2 t \, dt = a^2 \int_0^{\frac{\pi}{2}} \frac{1 + \cos 2t}{2} \, dt$$

$$= \frac{a^2}{2} \int_0^{\frac{\pi}{2}} (1 + \cos 2t) \, dt = \frac{a^2}{2} \left(t + \frac{1}{2} \sin 2t\right)\bigg|_0^{\frac{\pi}{2}} = \frac{\pi a^2}{4}.$$

解法二 利用定积分的几何意义, $\int_0^a \sqrt{a^2 - x^2} \, dx$ 表示半径为 $a(>0)$ 的四分之一圆面积, 所以直接可得 $\int_0^a \sqrt{a^2 - x^2} \, dx = \frac{\pi a^2}{4}$.

例 5.3.3 当 $f(x)$ 在 $[-a, a]$ 上连续, 证明：

(1) 当 $f(x)$ 为偶函数时, 有 $\int_{-a}^a f(x) \, dx = 2\int_0^a f(x) \, dx$；

(2) 当 $f(x)$ 为奇函数时, 有 $\int_{-a}^a f(x) \, dx = 0$.

证 因为

$$\int_{-a}^a f(x) \, dx = \int_{-a}^0 f(x) \, dx + \int_0^a f(x) \, dx,$$

在上式右端第一项中令 $x = -t$, 则

$$\int_{-a}^0 f(x) \, dx = -\int_a^0 f(-t) \, dt = \int_0^a f(-t) \, dt = \int_0^a f(-x) \, dx,$$

于是

(1) 当 $f(x)$ 为偶函数时, 有 $f(-x)=f(x)$, 所以
$$\int_{-a}^{a}f(x)\mathrm{d}x=2\int_{0}^{a}f(x)\mathrm{d}x;$$

(2) 当 $f(x)$ 为奇函数时, 有 $f(-x)=-f(x)$, 所以
$$\int_{-a}^{a}f(x)\mathrm{d}x=0.$$

例 5.3.4 求定积分 $\int_{-\frac{\pi}{2}}^{\frac{\pi}{2}}\sqrt{\cos x-\cos^3 x}\,\mathrm{d}x$.

解法一 $\int_{-\frac{\pi}{2}}^{\frac{\pi}{2}}\sqrt{\cos x-\cos^3 x}\,\mathrm{d}x=\int_{-\frac{\pi}{2}}^{\frac{\pi}{2}}\sqrt{\cos x}\,|\sin x|\mathrm{d}x$

$$=\int_{0}^{\frac{\pi}{2}}\sqrt{\cos x}\cdot\sin x\,\mathrm{d}x+\int_{-\frac{\pi}{2}}^{0}\sqrt{\cos x}(-\sin x)\mathrm{d}x$$

$$=-\int_{0}^{\frac{\pi}{2}}(\cos x)^{\frac{1}{2}}\mathrm{d}\cos x+\int_{-\frac{\pi}{2}}^{0}(\cos x)^{\frac{1}{2}}\mathrm{d}\cos x$$

$$=-\frac{2}{3}(\cos x)^{\frac{3}{2}}\Big|_{0}^{\frac{\pi}{2}}+\frac{2}{3}(\cos x)^{\frac{3}{2}}\Big|_{-\frac{\pi}{2}}^{0}=\frac{4}{3}.$$

解法二 因为 $\sqrt{\cos x-\cos^3 x}$ 为偶函数, 所以
$$\int_{-\frac{\pi}{2}}^{\frac{\pi}{2}}\sqrt{\cos x-\cos^3 x}\,\mathrm{d}x=2\int_{0}^{\frac{\pi}{2}}\sqrt{\cos x-\cos^3 x}\,\mathrm{d}x=2\int_{0}^{\frac{\pi}{2}}\sqrt{\cos x}\cdot\sin x\,\mathrm{d}x$$

$$=-2\int_{0}^{\frac{\pi}{2}}(\cos x)^{\frac{1}{2}}\mathrm{d}\cos x=-2\cdot\frac{2}{3}(\cos x)^{\frac{3}{2}}\Big|_{0}^{\frac{\pi}{2}}=\frac{4}{3}.$$

例 5.3.5 计算 $\int_{-1}^{1}\frac{2x^2+x\cos x}{1+\sqrt{1-x^2}}\mathrm{d}x$.

解 原式 $=\underbrace{\int_{-1}^{1}\frac{2x^2}{1+\sqrt{1-x^2}}\mathrm{d}x}_{\text{偶函数}}+\underbrace{\int_{-1}^{1}\frac{x\cos x}{1+\sqrt{1-x^2}}\mathrm{d}x}_{\text{奇函数}}$

$$=2\int_{0}^{1}\frac{2x^2}{1+\sqrt{1-x^2}}\mathrm{d}x+0$$

$$=4\int_{0}^{1}\frac{x^2\left(1-\sqrt{1-x^2}\right)}{1-(1-x^2)}\mathrm{d}x$$

$$=4\int_{0}^{1}\left(1-\sqrt{1-x^2}\right)\mathrm{d}x$$

$$= 4 - 4\int_0^1 \sqrt{1-x^2}\,dx = 4 - \pi.$$

单位圆的面积

例 5.3.6 设 $f(x)$ 在 $[0, 1]$ 上连续，证明：

(1) $\int_0^{\pi/2} f(\sin x)\,dx = \int_0^{\pi/2} f(\cos x)\,dx$;

(2) $\int_0^{\pi} xf(\sin x)\,dx = \dfrac{\pi}{2}\int_0^{\pi} f(\sin x)\,dx$，由此计算 $\int_0^{\pi} \dfrac{x\sin x}{1+\cos^2 x}\,dx$.

证 (1) 观察等式两端，易知所作变换应使 $f(\sin x)$ 变成 $f(\cos x)$，为此可设 $x = \dfrac{\pi}{2} - t$，则 $dx = -dt$，且当 $x = 0$ 时，$t = \dfrac{\pi}{2}$；当 $x = \dfrac{\pi}{2}$ 时，$t = 0$，所以

$$\int_0^{\frac{\pi}{2}} f(\sin x)\,dx = -\int_{\frac{\pi}{2}}^0 f\left[\sin\left(\frac{\pi}{2}-t\right)\right]dt = \int_0^{\frac{\pi}{2}} f(\cos t)\,dt = \int_0^{\frac{\pi}{2}} f(\cos x)\,dx.$$

(2) 观察等式两端，易知所作变换应使 $xf(\sin x)$ 变成 $f(\sin x)$，为此可设 $x = \pi - t$，则 $dx = -dt$，且当 $x = 0$ 时，$t = \pi$；当 $x = \pi$ 时，$t = 0$，所以

$$\int_0^{\pi} xf(\sin x)\,dx = -\int_{\pi}^0 (\pi-t)f[\sin(\pi-t)]\,dt = \int_0^{\pi} (\pi-t)f(\sin t)\,dt$$

$$= \pi\int_0^{\pi} f(\sin t)\,dt - \int_0^{\pi} tf(\sin t)\,dt = \pi\int_0^{\pi} f(\sin x)\,dx - \int_0^{\pi} xf(\sin x)\,dx,$$

故

$$\int_0^{\pi} xf(\sin x)\,dx = \frac{\pi}{2}\int_0^{\pi} f(\sin x)\,dx.$$

利用上述结果，即得

$$\int_0^{\pi} \frac{x\sin x}{1+\cos^2 x}\,dx = \frac{\pi}{2}\int_0^{\pi} \frac{\sin x}{1+\cos^2 x}\,dx = -\frac{\pi}{2}\int_0^{\pi} \frac{1}{1+\cos^2 x}\,d(\cos x)$$

$$= -\frac{\pi}{2}\left[\arctan(\cos x)\right]\Big|_0^{\pi} = -\frac{\pi}{2}\left(-\frac{\pi}{4}-\frac{\pi}{4}\right) = \frac{\pi^2}{4}.$$

例 5.3.7 设 $f(x)$ 是周期为 T 的连续函数，证明：对任意常数 a，有

$$\int_a^{a+T} f(x)\,dx = \int_0^T f(x)\,dx,$$

并由此计算 $\int_0^{20\pi} |\cos x|\,dx$.

证 因为

$$\int_a^{a+T} f(x)\,dx = \int_a^0 f(x)\,dx + \int_0^T f(x)\,dx + \int_T^{a+T} f(x)\,dx,$$

令 $u = x - T$，则 $x = u + T$，上式最后一个积分化为

$$\int_T^{a+T} f(x)\mathrm{d}x = \int_0^a f(u+T)\mathrm{d}u = \int_0^a f(u)\mathrm{d}u = -\int_a^0 f(x)\mathrm{d}x,$$

所以

$$\int_a^{a+T} f(x)\mathrm{d}x = \int_a^0 f(x)\mathrm{d}x + \int_0^T f(x)\mathrm{d}x - \int_a^0 f(x)\mathrm{d}x = \int_0^T f(x)\mathrm{d}x.$$

利用上述结果，即得

$$\int_0^{20\pi}|\cos x|\mathrm{d}x = \int_0^\pi|\cos x|\mathrm{d}x + \int_\pi^{\pi+\pi}|\cos x|\mathrm{d}x + \cdots + \int_{19\pi}^{19\pi+\pi}|\cos x|\mathrm{d}x$$

$$= 20\int_0^\pi|\cos x|\mathrm{d}x = 20 \cdot 2\int_0^{\frac{\pi}{2}}\cos x\mathrm{d}x = 40\sin x\Big|_0^{\frac{\pi}{2}} = 40.$$

特别地，有 $\int_a^{a+T} f(x)\mathrm{d}x = \int_{-\frac{T}{2}}^{\frac{T}{2}} f(x)\mathrm{d}x$.

二、定积分的分部积分法

设函数 $u = u(x), v = v(x)$ 在区间 $[a,b]$ 上具有连续导数，则

$$\mathrm{d}(uv) = u\mathrm{d}v + v\mathrm{d}u,$$

移项得

$$u\mathrm{d}v = \mathrm{d}(uv) - v\mathrm{d}u,$$

两边同时积分

$$\int_a^b u\mathrm{d}v = \int_a^b \mathrm{d}(uv) - \int_a^b v\mathrm{d}u,$$

即

$$\int_a^b u\mathrm{d}v = [uv]_a^b - \int_a^b v\mathrm{d}u \tag{5.3.2}$$

或

$$\int_a^b uv'\mathrm{d}x = [uv]_a^b - \int_a^b vu'\mathrm{d}x. \tag{5.3.3}$$

这就是**定积分的分部积分公式**. 与不定积分的分部积分公式不同的是，这里可将原函数已经积出的部分 uv 先用上、下限代入.

例 5.3.8 求定积分 $\int_0^{\frac{1}{2}} \arcsin x\mathrm{d}x$.

解 $\int_0^{\frac{1}{2}} \arcsin x\mathrm{d}x = (x\arcsin x)\Big|_0^{\frac{1}{2}} - \int_0^{\frac{1}{2}} \frac{x\mathrm{d}x}{\sqrt{1-x^2}}$

$$= \frac{1}{2} \cdot \frac{\pi}{6} + \frac{1}{2}\int_0^{\frac{1}{2}} \frac{1}{\sqrt{1-x^2}} d(1-x^2)$$

$$= \frac{\pi}{12} + (\sqrt{1-x^2})\Big|_0^{\frac{1}{2}} = \frac{\pi}{12} + \frac{\sqrt{3}}{2} - 1.$$

例 5.3.9 求定积分 $\int_0^1 xe^{-x}dx$.

解 $\int_0^1 xe^{-x}dx = -\int_0^1 xe^{-x}d(-x) = -\int_0^1 xd(e^{-x})$

$$= -(xe^{-x})\Big|_0^1 + \int_0^1 e^{-x}dx$$

$$= -e^{-1} - (e^{-x})\Big|_0^1 = 1 - \frac{2}{e}.$$

例 5.3.10 求 $\int_0^{\frac{\pi}{2}} x^2 \sin x dx$.

解 由分部积分公式得

$$\int_0^{\frac{\pi}{2}} x^2 \sin x dx = \int_0^{\frac{\pi}{2}} x^2 d(-\cos x) = x^2(-\cos x)\Big|_0^{\frac{\pi}{2}} + \int_0^{\frac{\pi}{2}} \cos x d(x^2) = 2\int_0^{\frac{\pi}{2}} x\cos x dx,$$

再用一次分部积分公式得

$$\int_0^{\frac{\pi}{2}} x\cos x dx = \int_0^{\frac{\pi}{2}} x d(\sin x) = x\sin x\Big|_0^{\frac{\pi}{2}} - \int_0^{\frac{\pi}{2}} \sin x dx = \frac{\pi}{2} + \cos x\Big|_0^{\frac{\pi}{2}} = \frac{\pi}{2} - 1,$$

从而

$$\int_0^{\frac{\pi}{2}} x^2 \sin x dx = 2\int_0^{\frac{\pi}{2}} x\cos x dx = \pi - 2.$$

例 5.3.11 已知 $\int_x^{2\ln 2} \frac{dt}{\sqrt{e^t - 1}} = \frac{\pi}{6}$, 求 x.

解 令 $\sqrt{e^t - 1} = u$, 则

$$\int_x^{2\ln 2} \frac{dt}{\sqrt{e^t - 1}} = \int_{\sqrt{e^x-1}}^{\sqrt{3}} \frac{2u}{(u^2+1)u} du = 2\arctan u\Big|_{\sqrt{e^x-1}}^{\sqrt{3}} = \frac{2\pi}{3} - 2\arctan\sqrt{e^x-1} = \frac{\pi}{6},$$

故 $\arctan\sqrt{e^x-1} = \frac{\pi}{4}$, 所以 $x = \ln 2$.

例 5.3.12 已知 $f(x)$ 满足方程 $f(x) = 3x - \sqrt{1-x^2}\int_0^1 f^2(x)dx$, 求 $f(x)$.

解 设 $\int_0^1 f^2(x)dx = C$, 则 $f(x) = 3x - C\sqrt{1-x^2}$, 故

$$\int_0^1 (3x - C\sqrt{1-x^2})^2 dx = C,$$

$$\int_0^1 [9x^2 - 6Cx\sqrt{1-x^2} + C^2(1-x^2)]dx = C,$$

积分得

$$3 + \frac{2}{3}C^2 - 2C = C,$$

解得 $C = 3$ 或 $C = \frac{3}{2}$，所以

$$f(x) = 3x - 3\sqrt{1-x^2} \quad \text{或} \quad f(x) = 3x - \frac{3}{2}\sqrt{1-x^2}.$$

例 5.3.13 导出 $I_n = \int_0^{\pi/2} \sin^n x dx$（$n$ 为非负整数）的递推公式.

$$I_n = \int_0^{\pi/2} \sin^n x dx = \begin{cases} \dfrac{(2m)!!}{(2m+1)!!}, & n = 2m+1, \\ \dfrac{(2m-1)!!}{(2m)!!} \cdot \dfrac{\pi}{2}, & n = 2m, \end{cases} \quad m \in \mathbf{N}_+.$$

证 易见

$$I_0 = \int_0^{\frac{\pi}{2}} dx = \frac{\pi}{2}, \quad I_1 = \int_0^{\frac{\pi}{2}} \sin x dx = 1.$$

当 $n \geq 2$ 时，设 $u = \sin^{n-1} x, dv = \sin x dx$，则

$$du = (n-1)\sin^{n-2} x \cos x dx, \quad v = -\cos x,$$

于是

$$I_n = (-\sin^{n-1} x \cos x)\bigg|_0^{\frac{\pi}{2}} + (n-1)\int_0^{\frac{\pi}{2}} \sin^{n-2} x \cos^2 x dx$$

$$= (n-1)\int_0^{\frac{\pi}{2}} \sin^{n-2} x dx - (n-1)\int_0^{\frac{\pi}{2}} \sin^n x dx$$

$$= (n-1)I_{n-2} - (n-1)I_n.$$

从而得到关于下标 n 的递推公式

$$I_n = \frac{n-1}{n} I_{n-2}.$$

当 n 为偶数时，设 $n = 2m$，则有

$$I_{2m} = \frac{2m-1}{2m} \cdot \frac{2m-3}{2m-2} \cdot \frac{2m-5}{2m-4} \cdots \cdot \frac{5}{6} \cdot \frac{3}{4} \cdot \frac{1}{2} \cdot I_0$$

$$= \frac{2m-1}{2m} \cdot \frac{2m-3}{2m-2} \cdot \frac{2m-5}{2m-4} \cdots \cdots \frac{5}{6} \cdot \frac{3}{4} \cdot \frac{1}{2} \cdot \frac{\pi}{2}$$

$$= \frac{(2m-1)!!}{(2m)!!} \cdot \frac{\pi}{2}.$$

当 n 为奇数时，设 $n = 2m+1$，则有

$$I_{2m+1} = \frac{2m}{2m+1} \cdot \frac{2m-2}{2m-1} \cdot \frac{2m-4}{2m-3} \cdots \cdots \frac{6}{7} \cdot \frac{4}{5} \cdot \frac{2}{3} \cdot I_1$$

$$= \frac{2m}{2m+1} \cdot \frac{2m-2}{2m-1} \cdot \frac{2m-4}{2m-3} \cdots \cdots \frac{6}{7} \cdot \frac{4}{5} \cdot \frac{2}{3}$$

$$= \frac{(2m)!!}{(2m+1)!!}.$$

注：根据例 5.3.6(1) 中的结果，有

$$\int_0^{\frac{\pi}{2}} \cos^n x \mathrm{d}x = \int_0^{\frac{\pi}{2}} \sin^n x \mathrm{d}x.$$

在计算定积分时，本例的结果可作为已知结果使用.

例如，计算定积分 $\int_0^{\pi} \cos^5 \frac{x}{2} \mathrm{d}x$.

令 $\frac{x}{2} = t$, 则 $\mathrm{d}x = 2\mathrm{d}t$，当 $x = 0$ 时，$t = 0$；当 $x = \pi$ 时，$t = \frac{\pi}{2}$，于是

$$\int_0^{\pi} \cos^5 \frac{x}{2} \mathrm{d}x = 2\int_0^{\frac{\pi}{2}} \cos^5 t \mathrm{d}t = 2 \cdot \frac{4}{5} \cdot \frac{2}{3} = \frac{16}{15}.$$

习题 5-3

1. 用定积分换元法计算下列各积分：

(1) $\int_{\frac{\pi}{6}}^{\pi} \sin\left(x - \frac{\pi}{6}\right) \mathrm{d}x$；

(2) $\int_{-3}^{2} \frac{\mathrm{d}x}{(16+5x)^2}$；

(3) $\int_0^{\frac{\pi}{2}} \sin^3 \varphi \cos \varphi \mathrm{d}\varphi$；

(4) $\int_{\frac{\pi}{6}}^{\frac{\pi}{2}} \cos^2 u \mathrm{d}u$；

(5) $\int_{-2}^{2} \frac{x \mathrm{d}x}{(x^2+1)^2}$；

(6) $\int_1^2 \frac{\mathrm{e}^{\frac{1}{x}}}{x^2} \mathrm{d}x$；

(7) $\int_0^1 t \mathrm{e}^{-\frac{t^2}{2}} \mathrm{d}t$；

(8) $\int_1^{\mathrm{e}^3} \frac{\mathrm{d}x}{x\sqrt{1+\ln x}}$；

(9) $\int_{-\frac{\pi}{6}}^{\frac{\pi}{2}} \cos x \cos 2x \mathrm{d}x$；

(10) $\int_{-3}^{-1} \frac{1}{x^2+4x+5} \mathrm{d}x$；

(11) $\int_0^2 \dfrac{x^3}{x^2+1}dx$;

(12) $\int_0^3 \dfrac{2x^2+5x-3}{x+2}dx$;

(13) $\int_0^{\sqrt{2}a} \dfrac{xdx}{\sqrt{3a^2-x^2}}$;

(14) $\int_0^1 \sqrt{2x-x^2}dx$;

(15) $\int_0^{\sqrt{2}} \sqrt{2-x^2}dx$;

(16) $\int_1^{\sqrt{3}} \dfrac{dx}{x^2\sqrt{1+x^2}}$;

(17) $\int_1^4 \dfrac{dx}{1+\sqrt{x}}$;

(18) $\int_{-1}^{\frac{1}{2}} \dfrac{xdx}{\sqrt{3+2x}}$;

(19) $\int_{-\sqrt{2}}^{\sqrt{2}} \sqrt{8-2y^2}dy$;

(20) $\int_0^1 \dfrac{\sqrt{e^{-x}}}{\sqrt{e^x+e^{-x}}}dx$.

2. 证明: $\int_0^{\pi} \sin^n xdx = 2\int_0^{\frac{\pi}{2}} \sin^n xdx$.

3. 已知 $f(x)$ 是连续函数, 证明:

(1) $\int_0^{2a} f(x)dx = \int_0^a [f(x)+f(2a-x)]dx$;

(2) $\int_a^b f(x)dx = (b-a)\int_0^1 f[a+(b-a)x]dx$.

4. 证明: $\int_0^1 x^m(1-x)^n dx = \int_0^1 x^n(1-x)^m dx$.

5. 计算定积分 $J_m = \int_0^{\pi} x\sin^m xdx$ (m 为自然数).

6. 设 $f(t)$ 是连续函数, 证明:

(1) 当 $f(t)$ 是偶函数时, 则 $\phi(x) = \int_0^x f(t)dt$ 为奇函数;

(2) 当 $f(t)$ 是奇函数时, 则 $\phi(x) = \int_0^x f(t)dt$ 为偶函数.

7. 用分部积分计算下列定积分:

(1) $\int_{-1}^0 xe^{-x}dx$;

(2) $\int_1^e x\ln xdx$;

(3) $\int_1^2 x\log_2 xdx$;

(4) $\int_1^9 \dfrac{\ln x}{\sqrt{x}}dx$;

(5) $\int_0^2 \ln(x+\sqrt{x^2+1})dx$;

(6) $\int_0^1 x\arctan xdx$;

(7) $\int_0^{\frac{\pi}{2}} x\cos 2xdx$;

(8) $\int_0^{2\pi} x\cos^2 xdx$;

(9) $\int_{\frac{\pi}{4}}^{\frac{\pi}{3}} \dfrac{x}{\sin^2 x}dx$;

(10) $\int_0^{\sqrt{\ln 2}} x^3 e^{x^2}dx$;

(11) $\int_0^{\frac{\pi}{4}} \dfrac{x\sec^2 x}{(1+\tan^2 x)^2}dx$;

(12) $\int_0^{\frac{\pi}{2}} e^{2x}\cos xdx$;

(13) $\int_1^e \sin(\ln x)dx$;

(14) $\int_{\frac{1}{2}}^1 e^{\sqrt{2x-1}}dx$;

(15) $\int_{\frac{1}{e}}^e |\ln x|dx$.

8. 利用函数的奇偶性计算下列的定积分:

(1) $\int_{-\pi}^{\pi} x^6 \sin x \, dx$;

(2) $\int_{-2}^{2} \frac{x^5 \sin^2 x \, dx}{x^4 + 2x^2 + 1}$;

(3) $\int_{-\frac{\pi}{2}}^{\frac{\pi}{2}} 4\cos^4 \theta \, d\theta$;

(4) $\int_{-\frac{1}{2}}^{\frac{1}{2}} \frac{(\arcsin x)^2}{\sqrt{1-x^2}} \, dx$;

(5) $\int_{-1}^{1} |\arctan x| \, dx$;

(6) $\int_{-3}^{3} \frac{x + |x|}{2 + x^2} \, dx$.

9. 设 $f(x) = \int_{1}^{x^2} \frac{\sin t}{t} \, dt$, 求 $\int_{0}^{1} x f(x) \, dx$.

10. 设 $f(x)$ 在 $[-b, b]$ 上连续, 证明: $\int_{-b}^{b} f(x) \, dx = \int_{-b}^{b} f(-x) \, dx$.

11. 证明: $\int_{x}^{1} \frac{dx}{1+x^2} = \int_{1}^{\frac{1}{x}} \frac{dx}{1+x^2} \ (x > 0)$.

12. 设 $f(x)$ 是以 l 为周期的连续函数, 证明: $\int_{a}^{a+l} f(x) \, dx$ 的值与 a 无关.

*第四节 反常积分

前面介绍的定积分的积分区间具有有限性且被积函数是有界的, 但在某些实际问题中常常需要突破这些约束条件. 因此在定积分的计算中有限积分区间推广到无穷区间上, 有界函数的积分推广到无界函数的积分, 这两类积分通称为**反常积分(广义积分)**, 相应地, 前面的定积分则称为**正常积分(常义积分)**.

一、无穷区间的反常积分

定义 5.4.1 设函数 $f(x)$ 在区间 $[a, +\infty)$ 上连续, 如果极限

$$\lim_{b \to +\infty} \int_{a}^{b} f(x) \, dx$$

存在, 则称此极限为函数 $f(x)$ 在无穷区间 $[a, +\infty)$ 上的反常积分, 记为 $\int_{a}^{+\infty} f(x) \, dx$, 即

$$\int_{a}^{+\infty} f(x) \, dx = \lim_{b \to +\infty} \int_{a}^{b} f(x) \, dx. \tag{5.4.1}$$

这时也称反常积分 $\int_{a}^{+\infty} f(x) \, dx$ **收敛**; 如果极限 $\lim_{b \to +\infty} \int_{a}^{b} f(x) \, dx$ 不存在, 则称**反常积分** $\int_{a}^{+\infty} f(x) \, dx$ **发散**.

类似地, 可定义函数 $f(x)$ 在无穷区间 $(-\infty, b]$ 上的反常积分

$$\int_{-\infty}^{b} f(x) \, dx = \lim_{a \to -\infty} \int_{a}^{b} f(t) \, dt. \tag{5.4.2}$$

定义 5.4.2 函数 $f(x)$ 在无穷区间 $(-\infty, +\infty)$ 上的反常积分定义为

$$\int_{-\infty}^{+\infty} f(x)\mathrm{d}x = \int_{-\infty}^{a} f(x)\mathrm{d}x + \int_{a}^{+\infty} f(x)\mathrm{d}x, \quad \forall a \in (-\infty, +\infty), \tag{5.4.3}$$

当上式右端两个积分都收敛时,称反常积分 $\int_{-\infty}^{+\infty} f(x)\mathrm{d}x$ 是收敛的,否则称**反常积分** $\int_{-\infty}^{+\infty} f(x)\mathrm{d}x$ 是发散的.

上述反常积分(5.4.1), (5.4.2), (5.4.3)统称为**无穷区间的反常积分**.

若 $F(x)$ 是 $f(x)$ 的一个原函数, 若记

$$F(+\infty) = \lim_{x \to +\infty} F(x), \quad F(-\infty) = \lim_{x \to -\infty} F(x),$$

则反常积分(收敛)可表示为

$$\int_{a}^{+\infty} f(x)\,\mathrm{d}x = F(x)\Big|_{a}^{+\infty} = F(+\infty) - F(a);$$

$$\int_{-\infty}^{b} f(x)\,\mathrm{d}x = F(x)\Big|_{-\infty}^{b} = F(b) - F(-\infty);$$

$$\int_{-\infty}^{+\infty} f(x)\,\mathrm{d}x = F(x)\Big|_{-\infty}^{+\infty} = F(+\infty) - F(-\infty).$$

例 5.4.1 讨论反常积分 $\int_{0}^{+\infty} \mathrm{e}^{-x}\mathrm{d}x$.

解 对任意的 $b > 0$,有

$$\int_{0}^{+\infty} \mathrm{e}^{-x}\mathrm{d}x = \lim_{b \to +\infty} \int_{0}^{b} \mathrm{e}^{-x}\mathrm{d}x = \lim_{b \to +\infty} -\mathrm{e}^{-x}\Big|_{0}^{b} = \lim_{b \to +\infty}(-\mathrm{e}^{-b} - (-1)) = 1.$$

上述求解过程也可以直接写成

$$\int_{0}^{+\infty} \mathrm{e}^{-x}\mathrm{d}x = -\mathrm{e}^{-x}\Big|_{0}^{+\infty} = 0 - (-1) = 1.$$

故反常积分 $\int_{0}^{+\infty} \mathrm{e}^{-x}\mathrm{d}x$ 收敛. 几何意义如图 5-4-1 所示,由曲线、x 轴、y 轴围成的阴影部分图形面积为 1.

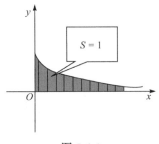

图 5-4-1

例 5.4.2 判断反常积分 $\int_{0}^{+\infty} \sin x\mathrm{d}x$ 的敛散性.

解 对任意 $b > 0$, 有

$$\int_{0}^{b} \sin \mathrm{d}x = -\cos x\Big|_{0}^{b} = -\cos b + (\cos 0) = 1 - \cos b,$$

因为 $\lim\limits_{x\to\infty}(1-\cos b)$ 不存在，所以反常积分 $\int_0^{+\infty}\sin x\,\mathrm{d}x$ 发散．

例 5.4.3 计算反常积分 $\int_{-\infty}^{+\infty}\dfrac{\mathrm{d}x}{1+x^2}$．

解 $\int_{-\infty}^{+\infty}\dfrac{\mathrm{d}x}{1+x^2}=\arctan x\Big|_{-\infty}^{+\infty}=\lim\limits_{x\to\infty}\arctan x-\lim\limits_{x\to-\infty}\arctan x=\dfrac{\pi}{2}-\left(-\dfrac{\pi}{2}\right)=\pi.$

例 5.4.4 讨论反常积分 $\int_1^{+\infty}\dfrac{1}{x^p}\mathrm{d}x$ 的敛散性．

证 当 $p\neq 1$ 时，有

$$\int_1^{+\infty}\dfrac{1}{x^p}\mathrm{d}x=\dfrac{x^{1-p}}{1-p}\bigg|_1^{+\infty}=\begin{cases}+\infty, & p<1,\\ \dfrac{1}{p-1}, & p>1.\end{cases}$$

当 $p=1$ 时，有

$$\int_1^{+\infty}\dfrac{1}{x^p}\mathrm{d}x=\int_1^{+\infty}\dfrac{1}{x}\mathrm{d}x=\ln x\Big|_1^{+\infty}=+\infty.$$

因此，当 $p>1$ 时，反常积分收敛，其值为 $\dfrac{1}{p-1}$；当 $p\leqslant 1$ 时，反常积分发散．

二、无界函数的反常积分

定义 5.4.3 设函数 $f(x)$ 在区间 $(a,b]$ 上连续，而在点 a 的右半邻域内 $f(x)$ 无界．取 $\varepsilon>0$，如果极限

$$\lim\limits_{\varepsilon\to 0^+}\int_{a+\varepsilon}^b f(x)\mathrm{d}x$$

存在，则称此极限为函数 $f(x)$ 在区间 $(a,b]$ 上的**反常积分**，记作

$$\int_a^b f(x)\mathrm{d}x=\lim\limits_{\varepsilon\to 0^+}\int_{a+\varepsilon}^b f(x)\mathrm{d}x.$$

当极限存在时，称反常积分 $\int_a^b f(x)\mathrm{d}x$ 是收敛的，点 a 称为瑕点．否则称反常积分 $\int_a^b f(x)\mathrm{d}x$ 是发散的．

类似地，可定义函数 $f(x)$ 在区间 $[a,b)$ 上的**反常积分**

$$\int_a^b f(x)\mathrm{d}x=\lim\limits_{\varepsilon\to 0^+}\int_a^{b-\varepsilon} f(x)\mathrm{d}x.$$

定义 5.4.4 设函数 $f(x)$ 在区间 $[a,b]$ 上除点 $c(a<c<b)$ 外连续，而在点 c 的邻域内无界，则函数 $f(x)$ 在区间 $[a,b]$ 上的广义积分定义为

$$\int_a^b f(x)\mathrm{d}x=\int_a^c f(x)\mathrm{d}x+\int_c^b f(x)\mathrm{d}x,$$

当上式右端的两个积分都收敛时，称**反常积分** $\int_a^b f(x)dx$ **是收敛的**，否则，称**反常积分** $\int_a^b f(x)dx$ **是发散的**.

无界函数的反常积分又称为**瑕积分**. 定义中函数 $f(x)$ 的无界间断点(如定义 5.4.3 中点 a 和定义 5.4.4 中的点 c 等)称为**瑕点**.

例 5.4.5 计算反常积分 $\int_0^a \dfrac{dx}{\sqrt{a^2-x^2}}(a>0)$.

解 因为点 a 是瑕点，所以

$$\text{原式} = \lim_{\varepsilon \to 0^+} \int_0^{a-\varepsilon} \frac{dx}{\sqrt{a^2-x^2}} = \lim_{\varepsilon \to 0^+} \left(\arcsin\frac{x}{a}\right)\bigg|_0^{a-\varepsilon} = \lim_{\varepsilon \to 0^+}\left(\arcsin\frac{a-\varepsilon}{a}-0\right) = \frac{\pi}{2}.$$

例 5.4.6 计算反常积分 $\int_1^2 \dfrac{dx}{x\ln x}$.

解 因为

$$\int_1^2 \frac{dx}{x\ln x} = \lim_{\varepsilon \to 0^+}\int_{1+\varepsilon}^2 \frac{dx}{x\ln x} = \lim_{\varepsilon \to 0^+}\int_{1+\varepsilon}^2 \frac{d(\ln x)}{\ln x} = \lim_{\varepsilon \to 0^+}[\ln(\ln x)]\bigg|_{1+\varepsilon}^2$$
$$= \lim_{\varepsilon \to 0^+}[\ln(\ln 2)-\ln(\ln(1+\varepsilon))] = \infty,$$

故反常积分发散.

例 5.4.7 讨论反常积分 $\int_0^1 \dfrac{1}{x^q}dx$ 的敛散性.

证 当 $q=1$ 时，有

$$\int_0^1 \frac{1}{x^q}dx = \int_0^1 \frac{1}{x}dx = \ln x\bigg|_0^1 = +\infty ;$$

当 $q \neq 1$ 时，有

$$\int_0^1 \frac{1}{x^q}dx = \frac{x^{1-q}}{1-q}\bigg|_0^1 = \begin{cases} +\infty, & q>1, \\ \dfrac{1}{1-q}, & q<1. \end{cases}$$

因此，当 $q>1$ 时反常积分收敛，其值为 $\dfrac{1}{1-q}$；当 $q \leqslant 1$ 时反常积分发散.

三、反常积分的审敛法

我们只就积分区间 $[a,+\infty)$ 的情况加以讨论，但所得的结果不难类推到 $(-\infty,b]$ 上的广义积分. 利用单调有界函数必有极限的准则，有如下定理.

定理 5.4.1 设函数 $f(x)$ 在 $[a,+\infty)$ 上非负连续，则反常积分

$$\int_a^{+\infty} f(x)dx$$

收敛的充分必要条件是函数 $F(x) = \int_a^x f(t)dt$ 在 $[a, +\infty)$ 上有界.

由此进一步, 得如下定理.

定理 5.4.2 (比较审敛原理) 设函数 $f(x), g(x)$ 在 $[a, +\infty)$ 上连续, 且 $0 \leq f(x) \leq g(x)$ $(a \leq x < +\infty)$, 于是

(1) 若积分 $\int_a^{+\infty} g(x)dx$ 收敛, 则 $\int_a^{+\infty} f(x)dx$ 也收敛;

(2) 若积分 $\int_a^{+\infty} f(x)dx$ 发散, 则 $\int_a^{+\infty} g(x)dx$ 也发散.

注意到反常积分 $\int_a^{+\infty} \frac{dx}{x^p} (a>0)$ 当 $p>1$ 时收敛, $p \leq 1$ 时发散. 在定理 5.4.2 中, 取比较函数 $g(x) = \frac{C}{x^p}$ (常数 $C>0$), 则有如下结论.

推论 5.4.1 设函数 $f(x)$ 在 $[a, +\infty)(a>0)$ 上非负连续. 如果存在常数 $M>0$ 及 $p>1$, 使得

$$f(x) \leq \frac{M}{x^p} \quad (a \leq x < +\infty),$$

则 $\int_a^{+\infty} f(x)dx$ 收敛;

如果存在常数 $N>0$, 使得

$$f(x) \geq \frac{N}{x} \quad (a \leq x < +\infty),$$

则 $\int_a^{+\infty} f(x)dx$ 发散.

推论 5.4.1 也可以改写成极限形式, 判断更为方便.

推论 5.4.2 设函数 $f(x)$ 在 $[a, +\infty)(a>0)$ 上非负连续, 则

(1) 当 $\lim\limits_{x \to +\infty} x^p f(x)(p>1)$ 存在时, $\int_a^{+\infty} f(x)dx$ 收敛;

(2) 当 $\lim\limits_{x \to +\infty} xf(x)$ 存在或等于无穷大时, $\int_a^{+\infty} f(x)dx$ 发散.

例 5.4.8 判别积分 $\int_1^{+\infty} \frac{dx}{\sqrt[3]{x^4+1}}$ 的敛散性.

解 因为 $f(x) = \frac{1}{\sqrt[3]{x^4+1}}$ 在 $[1, +\infty)$ 上非负连续, 且

$$\frac{1}{\sqrt[3]{x^4+1}} < \frac{1}{\sqrt[3]{x^4}} = \frac{1}{x^{\frac{4}{3}}},$$

这里 $p = \frac{4}{3} > 1$, 故由推论 5.4.1 知, 积分收敛.

例 5.4.9 判别积分 $\int_1^{+\infty} \dfrac{x^{3/2}}{1+x^2} dx$ 的敛散性.

解 因 $\lim\limits_{x\to+\infty} x \dfrac{x^{3/2}}{1+x^2} = \lim\limits_{x\to+\infty} \dfrac{x^2\sqrt{x}}{1+x^2} = +\infty$, 故根据推论 5.4.10 知, 题设广义积分发散.

上述判定方法都是在当 x 充分大时, 函数 $f(x) \geqslant 0$ 的条件下才能使用. 对于 $f(x) \leqslant 0$ 的情形, 可化为 $-f(x)$ 来讨论. 对一般的可变号函数 $f(x)$, 就不能直接判断了, 但可对 $\int_a^{+\infty} |f(x)| dx$ 运用上述方法来判定, 从而确定 $\int_a^{+\infty} f(x) dx$ 的收敛性.

定义 5.4.5 设函数 $f(x)$ 在 $[a,+\infty)$ 上连续, 如果广义积分

$$\int_a^{+\infty} |f(x)| dx$$

收敛, 则称 $\int_a^{+\infty} f(x) dx$ 为**绝对收敛**.

定理 5.4.3 绝对收敛的反常积分 $\int_a^{+\infty} f(x) dx$ 必定收敛.

例 5.4.10 判别反常积分 $\int_a^{+\infty} \dfrac{\sin x^3}{x^2} dx \ (a>0)$.

解 由于 $\left|\dfrac{\sin x^3}{x^2}\right| \leqslant \dfrac{1}{x^2}$, 而 $\int_a^{+\infty} \dfrac{1}{x^2} dx$ 收敛, 故 $\int_a^{+\infty} \left|\dfrac{\sin x^3}{x^2}\right| dx$ 收敛, 即 $\int_a^{+\infty} \dfrac{\sin x^3}{x^2} dx$ 绝对收敛.

无界函数的反常积分也有以下判定法, 对区间 $[a,b)$, b 是瑕点; 对区间 $(a,b]$, a 是瑕点.

定理 5.4.4 (比较审敛法) 设函数 $f(x)$, $g(x)$ 在 $(a,b]$ 上连续, 且当 x 充分靠近点 a 时, 有 $0 \leqslant f(x) \leqslant g(x)$, 于是

(1) 若积分 $\int_a^b g(x) dx$ 收敛, 则 $\int_a^b f(x) dx$ 也收敛;

(2) 若积分 $\int_a^b f(x) dx$ 发散, 则 $\int_a^b g(x) dx$ 也发散.

在定理 5.4.4 中取比较函数 $g(x) = \dfrac{c}{(x-a)^p}$ (常数 $c>0$), 则有如下结论.

推论 5.4.3 设函数 $f(x)$ 在 $(a,b]$ 上连续, 且

$$f(x) \geqslant 0, \quad \lim_{x\to a+0} f(x) = +\infty.$$

如果存在常数 $M>0$ 及 $q<1$, 使得

$$f(x) \leqslant \dfrac{M}{(x-a)^q} \quad (a < x \leqslant b),$$

则反常积分 $\int_a^b f(x) dx$ 收敛;

如果存在常数 $N>0$ 及 $q \geqslant 1$，使得

$$f(x) \geqslant \frac{N}{(x-a)^q} \quad (a<x \leqslant b),$$

则反常积分 $\int_a^b f(x)\,\mathrm{d}x$ 发散.

将推论 5.4.3 改写成极限形式，即有如下推论.

推论 5.4.4 设函数 $f(x)$ 在区间 $(a,b]$ 上连续，且

$$f(x) \geqslant 0, \quad \lim_{x \to a+0} f(x) = +\infty.$$

如果存在常数 $0<q<1$，使得

$$\lim_{x \to a+0}(x-a)^q f(x)$$

存在，则反常积分 $\int_a^b f(x)\,\mathrm{d}x$ 收敛；

如果存在常数 $q \geqslant 1$，使得

$$\lim_{x \to a+0}(x-a)^q f(x) = d > 0 \quad \left(\text{或} \lim_{x \to a+0}(x-a)^q f(x) = +\infty\right),$$

则反常积分 $\int_a^b f(x)\,\mathrm{d}x$ 发散.

例 5.4.11 判别反常积分 $\int_1^3 \dfrac{\mathrm{d}x}{\ln x}$ 的收敛性.

解 被积函数在点 $x=1$ 的右邻域内无界，由洛必达法则知

$$\lim_{x \to 1+0}(x-1)\frac{1}{\ln x} = \lim_{x \to 1+0}\frac{1}{\frac{1}{x}} > 0,$$

根据推论 5.4.4 知反常积分发散.

例 5.4.12 判别反常积分 $\int_0^{\frac{\pi}{2}} \dfrac{1-\cos x}{x^m}\mathrm{d}x$ 的收敛性.

解 由于 $x=0$ 是 $f(x)=\dfrac{1-\cos x}{x^m}$ 的瑕点，且

$$\frac{1-\cos x}{x^m} \sim \frac{\frac{1}{2}x^2}{x^m} = \frac{1}{2}\frac{1}{x^{m-2}} \quad (x \to 0),$$

所以，当 $m-2<1$，即 $m<3$ 时，反常积分收敛；当 $m-2 \geqslant 1$，即 $m \geqslant 3$ 时，反常积分发散.

习题 5-4

1. 填空题：

(1) 绝对收敛的反常积分 $\int_a^{+\infty} f(x)\mathrm{d}x$ 一定_____；

(2) 对$[a, +\infty)$上非负、连续的函数 $f(x)$, 它的变上限积分 $\int_a^x f(x)dx$ 在$[a, +\infty)$上有界是反常积分 $\int_a^{+\infty} f(x)dx$ 收敛的_____条件.

2. 判断下列各广义积分的敛散性, 若收敛, 计算其值:

(1) $\int_1^{+\infty} \dfrac{dx}{x^5}$;

(2) $\int_1^{+\infty} \dfrac{dx}{\sqrt{x}}$;

(3) $\int_{-\infty}^{+\infty} \dfrac{dx}{x^2-6x+10}$;

(4) $\int_e^{+\infty} \dfrac{\ln^2 x}{x}dx$;

(5) $\int_0^{+\infty} e^{-bx}dx \,(b>0)$;

(6) $\int_1^{+\infty} \dfrac{dx}{x(x^2+2)}$;

(7) $\int_1^2 \dfrac{xdx}{\sqrt{x-1}}$;

(8) $\int_0^1 \dfrac{xdx}{\sqrt{1-x^2}}$;

(9) $\int_0^2 \dfrac{dx}{(1-x)^2}$;

(10) $\int_1^e \dfrac{dx}{x\sqrt{1-(\ln x)^2}}$;

(11) $\int_0^1 \dfrac{\arcsin \sqrt{x}}{\sqrt{x(1-x)}}dx$;

(12) $\int_0^{+\infty} \dfrac{dx}{\sqrt{x(x+1)^3}}$.

3. 判断下列计算是否正确? 为什么?

(1) $\int_{-\infty}^{+\infty} \dfrac{x}{\sqrt{1+x^2}}dx = 0$;

(2) $\int_{-1}^1 \dfrac{dx}{x^2} = -\dfrac{1}{x}\bigg|_{-1}^1 = -2$.

4. 设广义积分 $\int_3^{+\infty} \dfrac{dx}{x(\ln x)^k}$, 讨论:

(1) 当 k 为何值时, 该广义积分收敛?
(2) 当 k 为何值时, 该广义积分发散?
(3) 又当 k 为何值时, 该广义积分取得最小值?

5. 计算广义积分 $I_n = \int_0^{+\infty} x^n e^{-x} dx$ (n 为自然数).

6. 判断下列广义积分的敛散性:

(1) $\int_1^{+\infty} \dfrac{\ln^2 x}{x^2} dx$;

(2) $\int_1^{+\infty} \sin\dfrac{1}{x^2} dx$;

(3) $\int_0^1 \ln x dx$;

(4) $\int_1^2 \dfrac{dx}{\sqrt[3]{x^2-3x+2}}$;

(5) $\int_0^{+\infty} \dfrac{x^2 \ln x}{x^4-x^3+1} dx$.

*第五节　MATLAB 软件应用

例 5.5.1　计算定积分 $\int_{-2}^{2} x^4 \mathrm{d}x$.

解　如果用符号计分法命令 int 计算积分 $\int_{-2}^{2} x^4 \mathrm{d}x$.

输入命令：
```
clear;syms x;
int(x^4,x,-2,2)
```
输出结果：
```
ans=64/5
```

例 5.5.2　计算广义积分 $I = \int_{-\infty}^{+\infty} \exp\left(\sin x - \dfrac{x^2}{50}\right) \mathrm{d}x$.

解　输入命令：
```
syms x;
y=int(exp(sin(x)-x^2/50),-inf,inf);
vpa(y,10)
```
输出结果：
```
15.86778263
```

例 5.5.3　求定积分 $\int_{0}^{1} \mathrm{e}^{-x^2} \mathrm{d}x$.

解　输入命令：
```
fun=inline('exp(-x*x)','x');   %用内联函数定义被积函数 fname
Isim=quad(fun,0,1)    %辛普森法
```
输出结果：
```
Isim=0.746824180726425
IL=quadl(fun,0,1)    %牛顿-科茨法
```
输出结果：
```
IL=0.746824133988447
```

例 5.5.4　用梯形积分法命令 trapz 计算积分 $\int_{-2}^{2} x^4 \mathrm{d}x$.

解　输入命令：
```
clear;x=-2:0.1:2;y=x^4;   %积分步长为 0.1
trapz(x,y)
```
输出结果：
```
ans=12.8533
```

实际上，积分 $\int_{-2}^{2} x^4 \mathrm{d}x$ 的精确值为 $\frac{64}{5} = 12.8$.

如果取积分步长为 0.01，输入命令：

```
clear;x=-2:0.01:2;y=x^4;    %积分步长为0.01
trapz(x,y)
```

输出结果：

ans=12.8005

可用不同的步长进行计算，考虑步长和精度之间的关系，一般地，trapz 是最基本的数值积分方法，精度低，适用于数值函数和光滑性不好的函数.

第六章 定积分的应用

定积分有着广泛的应用,本章主要介绍定积分在几何学、物理学、医学等方面的应用,定积分解决这些实际问题的基本思想和方法是"微元法",我们不仅要不断积累应用定积分解决实际问题的方法和某些公式,更重要的还在于深刻领会"微元法",并使应用定积分解决实际问题的能力得到提高.

第一节 定积分的微元法

下面我们先回顾求曲边梯形面积的问题,然后给出微元法.

假设曲边梯形由连续曲线 $y = f(x)(f(x) \geq 0)$,x 轴与两条直线 $x = a, x = b$ 所围成,试求其面积 A.

(1) **分割** 把区间 $[a,b]$ 任意分成长度为 $\Delta x_i (i = 1, 2, \cdots, n)$ 的 n 个小区间,相应地把曲边梯形分成 n 个小曲边梯形,记第 i 个小曲边梯形的面积为 ΔA_i,则

$$\Delta A_i \approx f(\xi_i)\Delta x_i \quad (x_{i-1} \leq \xi_i \leq x_i) ; \tag{6.1.1}$$

(2) **近似求和** 面积 A 的近似值

$$A = \sum_{i=1}^{n} \Delta A_i \approx \sum_{i=1}^{n} f(\xi_i) \Delta x_i ; \tag{6.1.2}$$

(3) **取极限** 面积 A 的精确值

$$A = \lim_{\lambda \to 0} \sum_{i=1}^{n} f(\xi_i)\Delta x_i = \int_a^b f(x)\mathrm{d}x , \tag{6.1.3}$$

其中 $\lambda = \max\{\Delta x_1, \Delta x_2, \cdots, \Delta x_n\}$.

由此可见,所求总量对于区间 $[a,b]$ 具有可加性;以 $f(\xi_i)\Delta x_i$ 近似代替分量 ΔA_i 时,其误差是一个比 Δx_i 高阶的无穷小.这样保证了取极限后能得到所求总量的精确值.

抽象出将所求量 U(总量)表示为定积分的方法——**微元法**,主要步骤如下.

(1) **确定积分区间** 根据具体问题,选取一个积分变量,例如 x 为积分变量,并确定它的变化区间 $[a,b]$;

(2) **确定微元** 任取 $[a,b]$ 的一个区间微元 $[x, x+\mathrm{d}x]$,求出相应于这个区间微元上部分量 ΔU 的近似值,即求出所求总量 U 的**微元**

$$\mathrm{d}U = f(x)\mathrm{d}x ;$$

(3) **由微元写出积分** 根据 $\mathrm{d}U = f(x)\mathrm{d}x$ 写出表示总量 U 的定积分

$$U = \int_a^b dU = \int_a^b f(x)dx.$$

应用微元法解决实际问题时，应注意如下两点：

(1) 所求总量 U 关于区间 $[a,b]$ 应具有可加性；

(2) 使用微元法的关键是正确给出部分量 ΔU 的近似表达式 $f(x)dx$，即使得 $f(x)dx = dU \approx \Delta U$. 在实际应用时要注意 $dU = f(x)dx$ 的合理性。

对曲边梯形应用微元法求解其面积过程为：

(1) **确定积分区间** $[a,b]$ 任取其中一个小区间 $[x, x+dx]$（区间微元），用 ΔA 表示 $[x, x+dx]$ 上小曲边梯形的面积；

(2) **确定微元** 以点 x 处的函数值 $f(x)$ 为高，dx 为底的小矩形的面积表示为 $f(x)dx$，面积微元记为 dA，作为 ΔA 的近似值（图 6-1-1），即

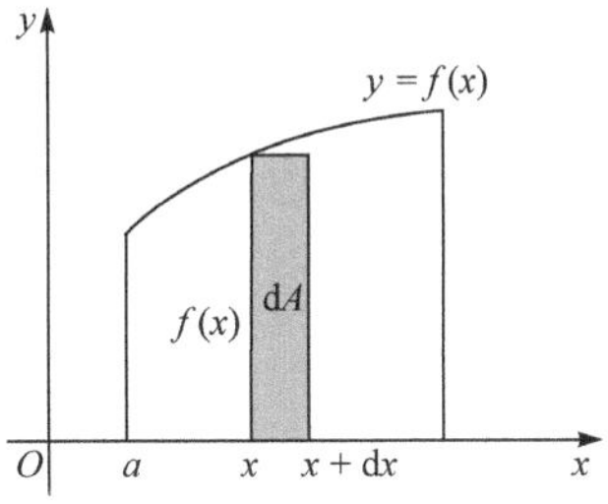

$$\Delta A \approx dA = f(x)dx;$$

(3) **由微元写出积分** 面积 A 的精确值

$$A = \int_a^b dA = \int_a^b f(x)dx.$$

图 6-1-1

第二节 几何应用之一

一、直角坐标系下平面图形的面积

根据定积分的几何意义，对于非负函数 $f(x)$，定积分 $\int_a^b f(x)dx$ 表示由曲线 $y = f(x)$、直线 $x = a, x = b$ 与 x 轴所围成的平面图形的面积，被积表达式 $f(x)dx$ 就是面积微元 dA（图 6-2-1），即

$$dA = f(x)dx.$$

若 $f(x)$ 不是非负的，所围成的如图 6-2-1 所示的图形的面积应为

$$A = \int_a^b |f(x)|dx.$$

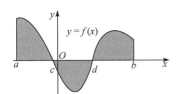

图 6-2-1

一般地，直角坐标系下平面图形的面积可用三种方法求解：x-型区域，y-型区域，以及选用适当的参数方程。分别介绍如下。

1. x-型区域

平面图形由两条连续曲线 $y = f(x), y = g(x)$ 与直线 $x = a, x = b$ 围成，如图 6-2-2(a), (b) 所示，则图形的面积为

$$A = \int_a^b |f(x) - g(x)|dx.$$

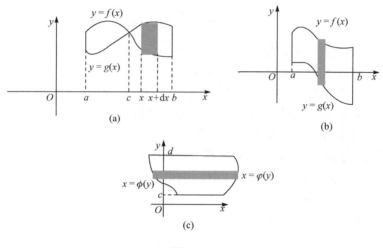

图 6-2-2

2. y-型区域

平面图形由两条连续曲线 $x=\varphi(y)$, $x=\phi(y)$ 与直线 $y=c, y=d$ 围成, 如图 6-2-2(c) 所示, 则图形的面积为

$$A=\int_c^d |\varphi(y)-\phi(y)|\mathrm{d}y.$$

更一般地, 对任意曲线所围成的图形, 我们可以用平行坐标轴的直线将其分成几个部分, 使每一部分都可以利用上面的公式来计算面积(图 6-2-3).

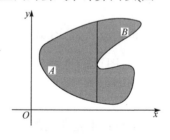

图 6-2-3

例 6.2.1 求由 $y^2=x$ 和 $y=x^2$ 所围成的图形的面积.

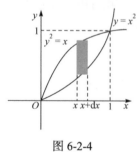

图 6-2-4

解 所围成的图形如图 6-2-4 所示, 解方程组 $\begin{cases} y^2=x, \\ y=x^2, \end{cases}$ 得到两个交点为 $(0,0),(1,1)$.

显然, 由图像可知图形既是 **x-型区域**, 又是 **y-型区域**, 从而可选 x 为积分变量, x 的变化范围是 $[0,1]$, 任取一个区间微元 $[x,x+\mathrm{d}x]$, 则可得到其对应的面积微元

$$\mathrm{d}A=(\sqrt{x}-x^2)\mathrm{d}x,$$

从而所求面积为

$$A = \int_0^1 (\sqrt{x} - x^2)dx = \left(\frac{2}{3}x^{\frac{3}{2}} - \frac{x^3}{3}\right)\bigg|_0^1 = \frac{1}{3}.$$

例 6.2.2 求由抛物线 $y+1=x^2$ 与直线 $y=1+x$ 所围成的面积.

解 画出草图(图 6-2-5), 解方程组 $\begin{cases} y+1=x^2, \\ y=1+x, \end{cases}$ 得交点为 $(-1,0), (2,3)$.

由图可知可选用 **x-型区域**求解, 取 x 为积分变量, 则 x 的变化范围是 $[-1,2]$, 任取一个区间微元 $[x, x+dx]$, 则得到对应的面积微元

$$dA = [(1+x) - (x^2-1)]dx.$$

故所求面积为

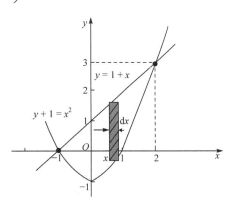

图 6-2-5

$$A = \int_{-1}^2 [(1+x) - (x^2-1)]dx = \left(2x + \frac{x^2}{2} - \frac{x^3}{3}\right)\bigg|_{-1}^2 = \frac{9}{2}.$$

例 6.2.3 求由 $y = x - 6$ 和 $y^2 = x$ 所围成的图形的面积.

解 画出草图 6-2-6, 解方程组 $\begin{cases} y=x-6, \\ y^2=x, \end{cases}$ 得交点为 $(9,3)$, $(4,-2)$.

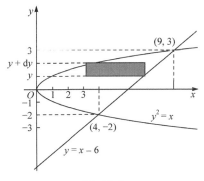

图 6-2-6

由图可知可选用 **y-型区域**求解, 取 y 为积分变量, $y \in [-2,3]$, 任取一个区间微元 $[y, y+dy]$, 得到对应的面积微元

$$dA = (y + 6 - y^2)dy,$$

故所求面积为

$$A = \int_{-2}^3 dA = \int_{-2}^3 (y+6-y^2)dy = \left(\frac{y^2}{2} + 6y - \frac{y^3}{3}\right)\bigg|_{-2}^3 = 20\frac{5}{6}.$$

本例若选 x 为积分变量, 例 6.2.2 若选 y 为积分变量, 则计算过程将会复杂许多, 请读者考虑这是为什么? 在实际应用中, 应根据具体情况合理选择积分变量, 以达到简化计算的目的.

3. 选用适当的参数方程，可以简化计算

由直线 $x=a, x=b$ 和参数方程 $\begin{cases} x=\varphi(t), \\ y=\psi(t) \end{cases}$ 所围成的曲边梯形的面积为

$$A = \int_{t_1}^{t_2} \psi(t)\mathrm{d}\varphi(t) = \int_{t_1}^{t_2} \psi(t)\varphi'(t)\mathrm{d}t,$$

其中

$$\varphi(t_1)=a, \quad \varphi(t_2)=b, \quad y=\psi(t) \geqslant 0.$$

例 6.2.4 求椭圆 $\dfrac{x^2}{a^2}+\dfrac{y^2}{b^2}=1$ 所围成的面积.

解 如图 6-2-7 所示，由于椭圆关于两坐标轴对称，设 A_1 为第一象限中的面积，则所求椭圆的面积为 $A=4A_1=4\int_0^a y\mathrm{d}x$. 为方便计算，利用椭圆的参数方程

$$\begin{cases} x=a\cos t, \\ y=b\sin t, \end{cases} \quad (0 \leqslant t \leqslant 2\pi).$$

当 x 由 0 变到 a 时，t 由 $\dfrac{\pi}{2}$ 变到 0，所以

$$A = 4\int_0^a y\mathrm{d}x = 4\int_{\frac{\pi}{2}}^0 b\sin t\,\mathrm{d}(a\cos t) = 4ab\int_0^{\frac{\pi}{2}}\sin^2 t\,\mathrm{d}t$$

$$= 4ab\int_0^{\frac{\pi}{2}} \frac{1-\cos 2t}{2}\mathrm{d}t = 4ab\left(\frac{t}{2}-\frac{\sin 2t}{4}\right)\Big|_0^{\frac{\pi}{2}} = \pi ab.$$

当 $a=b$ 时，椭圆变成圆，即半径为 a 的圆的面积 $A=\pi a^2$.

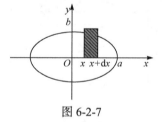

图 6-2-7

例 6.2.5 求摆线 $\begin{cases} x=a(t-\sin t), \\ y=a(1-\cos t) \end{cases} (a>0, 0 \leqslant t \leqslant 2\pi)$ 的一拱与 x 轴围成的图形的面积(图 6-2-8).

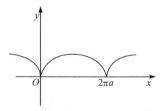

图 6-2-8

解 $A = \int_0^{2\pi} a(1-\cos t)[a(t-\sin t)]' dt = a^2 \int_0^{2\pi} (1 - 2\cos t + \cos^2 t) dt = 3\pi a^2$.

二、极坐标系下平面图形的面积

由曲线 $r = r(\theta)$ ($\alpha \leq \theta \leq \beta$)，射线 $\theta = \alpha$ 和 $\theta = \beta$ 所围成的图形称为**曲边扇形**(图 6-2-9)，可利用微元法来求它的面积 A：取极角 θ 为积分变量，$\theta \in [\alpha, \beta]$，任取一个区间微元 $[\theta, \theta + d\theta]$，其对应的小曲边扇形的面积可以用半径为 $r = r(\theta)$，中心角为 $d\theta$ 的圆扇形的面积来近似代替，从而曲边扇形面积的微元

$$dA = \frac{1}{2}[r(\theta)]^2 d\theta,$$

所求曲边扇形的面积

$$A = \int_\alpha^\beta \frac{1}{2}[r(\theta)]^2 d\theta$$

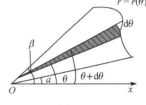

图 6-2-9

例 6.2.6 求心形线 $r = a(1+\cos\theta)$ 所围平面图形的面积 ($a > 0$)(图 6-2-10)。

解 该图形关于极轴对称，因此所求面积 A 是 $[0, \pi]$ 上的图形面积的 2 倍，任取一个区间微元 $[\theta, \theta + d\theta]$，得到面积微元

$$dA = \frac{1}{2}a^2(1+\cos\theta)^2 d\theta,$$

故心形线所围平面图形的面积为

$$A = 2\int_0^\pi dA = a^2 \int_0^\pi (1 + 2\cos\theta + \cos^2\theta) d\theta = a^2 \left(\frac{3\theta}{2} + 2\sin\theta + \frac{1}{4}\sin 2\theta\right)\Big|_0^\pi = \frac{3}{2}\pi a^2.$$

例 6.2.7 计算阿基米德螺线 $r = a\theta (a > 0)$ 上相应与 θ 从 0 到 2π 的一段弧与极轴围成的图形(图 6-2-11).

$$A = \frac{1}{2}\int_0^{2\pi} (a\theta)^2 d\theta = \frac{a^2}{2}\left(\frac{\theta^3}{3}\right)\Big|_0^{2\pi} = \frac{4}{3}a^2\pi^3.$$

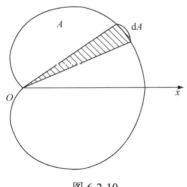

图 6-2-10

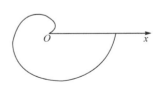

图 6-2-11

习题 6-2

1. 求下列平面图形的面积:
   (1) 由曲线 $y=\sqrt{x}$ 与直线 $y=x$ 所围成的图形;
   (2) 由曲线 $y^2=x$ 与 $y^2=-x+4$ 所围成的图形;
   (3) 由曲线 $y=x^2$, $4y=x^2$ 及直线 $y=1$ 所围成的图形;
   (4) 在 $[0,\pi/2]$ 上, 曲线 $y=\sin x$ 与直线 $x=0$, $y=1$ 所围成的图形;
   (5) 抛物线 $y^2=2x$ 分圆 $x^2+y^2=8$ 的面积为两部分图形;
   (6) 由曲线 $y=\dfrac{1}{x}$ 与直线 $y=x$ 及 $x=2$ 所围成的图形;
   (7) 由曲线 $y=e^x$, $y=e^{-x}$ 与直线 $x=1$ 所围成的图形;
   (8) 由曲线 $y=\ln x$ 与直线 $y=\ln a$ 及 $y=\ln b$, $x=0$ 所围成的图形 $(b>a>0)$;
   (9) 由曲线 $\rho=2a\cos\theta$ 所围成的图形;
   (10) 由三叶玫瑰线 $r=a\sin 3\theta$ 所围成的图形;
   (11) 对数螺线 $\rho=ae^\theta$ $(-\pi\leqslant\theta\leqslant\pi)$ 及射线 $\theta=\pi$ 所围成的图形;
   (12) 由曲线 $r=2a(2+\cos\theta)$ 所围成的图形;
   (13) 由曲线 $\rho=3\cos\theta$ 及 $\rho=1+\cos\theta$ 所围成的图形;
   (14) 由曲线 $r=\sqrt{2}\sin\theta$ 及 $r^2=\cos 2\theta$ 所围成的图形;
   (15) 由 $x=a\cos^3 t, y=a\sin^3 t$ 所围成的图形;
   (16) 由摆线 $x=a(t-\sin t)$, $y=a(1-\cos t)$ $(0\leqslant t\leqslant 2\pi)$ 及 x 轴所围成的图形.
2. 求通过 $(0,0),(1,2)$ 的抛物线, 要求它满足以下性质:
   (1) 它的对称轴平行于 y 轴, 且向下弯;
   (2) 它与 x 轴所围图形面积最小.
3. 求位于曲线 $y=e^x$ 下方, 该曲线过原点的切线的左方以及 x 轴上方之间的图形的面积.
4. 求抛物线 $y=-x^2+4x-3$ 及其在点 $(0,-3)$ 和 $(3,0)$ 处的切线所围成的图形的面积.
5. 求抛物线 $y^2=2px$ 及其在点 $\left(\dfrac{p}{2},p\right)$ 处的法线所围成的图形的面积.
6. 已知曲线 $f(x)=x-x^2$ 与 $g(x)=ax$ 围成的图形面积等于 $\dfrac{9}{2}$, 求常数 a.

第三节　几何应用之二

中学学过圆柱体和长方体的体积均为底面积乘以高, 下面以体积微元来讨论两种柱体的体积.

1. 旋转体的体积

由一个平面图形绕平面内一条直线旋转一周而成的立体图形称为**旋转体**. 这条直线称为**旋转轴**. 例如圆柱体、圆锥体、球体. 下面主要考虑以 x 轴和 y 轴为旋转轴的旋转体, 利用微元法来推导旋转体体积的公式.

(1) 设旋转体是由连续曲线 $y=f(x)$, 直线 $x=a,x=b$ 与 x 轴所围平面图形绕 x 轴旋转而成的(图 6-3-1).

取 x 为自变量, $x\in[a,b]$, 用垂直于 x 轴的平面将旋转体分成 n 个区间微元, 其中任一区间微元 $[x,x+\mathrm{d}x]$ 所对应的小薄片可近似看作以 $f(x)$ 为底的半径, $\mathrm{d}x$ 为高的扁圆柱体, 则体积微元 $\mathrm{d}V = \pi[f(x)]^2\mathrm{d}x$, 故旋转体的体积为

$$V = \pi\int_a^b [f(x)]^2\mathrm{d}x.$$

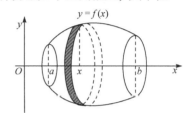

图 6-3-1

例 6.3.1 计算由椭圆 $\dfrac{x^2}{a^2}+\dfrac{y^2}{b^2}=1$ 围成的平面图形绕 x 轴旋转而成的旋转椭球体的体积.

解 如图 6-3-2 所示, 该旋转体是由上半椭圆 $y=\dfrac{b}{a}\sqrt{a^2-x^2}$ 及 x 轴所围成的图形绕 x 轴旋转而成的立体. 取 x 为自变量, $x\in[-a,a]$, 任取其上一区间微元 $[x,x+\mathrm{d}x]$, 对应的小薄片体积近似等于底半径为 $\dfrac{b}{a}\sqrt{a^2-x^2}$, 高为 $\mathrm{d}x$ 的圆柱体的体积, 从而体积微元表示为

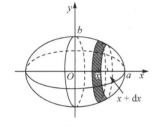

图 6-3-2

$$\mathrm{d}V = \pi\frac{b^2}{a^2}(a^2-x^2)\mathrm{d}x,$$

故所求旋转椭球体的体积为

$$V = \int_{-a}^{a}\mathrm{d}V = \int_{-a}^{a}\pi\frac{b^2}{a^2}(a^2-x^2)\mathrm{d}x = 2\pi\frac{b^2}{a^2}\int_0^a(a^2-x^2)\mathrm{d}x = 2\pi\frac{b^2}{a^2}\left(a^2x-\frac{x^3}{3}\right)\bigg|_0^a = \frac{4}{3}\pi ab^2.$$

特别地, 当 $a=b=R$ 时, 可得半径为 R 的球体的体积 $V=\dfrac{4}{3}\pi R^3$.

(2) 旋转体由连续曲线 $x=\varphi(y)$, 直线 $y=c$, $y=d$ $(c<d)$ 及 y 轴所围成的曲边梯形绕 y 轴旋转一周而成(图 6-3-3).

由(1)同理可得体积微元: $\mathrm{d}V = \pi[\varphi(y)]^2\mathrm{d}y$, 所求体积:

$$V = \int_c^d \pi[\varphi(y)]^2\mathrm{d}y.$$

例 6.3.2 求曲线 $xy=4$, $y\geqslant 1$, $x>0$ 所围成的图形绕 y 轴旋转构成的旋转体的体积.

解 画出草图 6-3-4, 易得体积微元

$$dV = \pi x^2 dy = \pi \frac{16}{y^2} dy,$$

故所求体积

$$V = \lim_{b \to +\infty} \pi \int_1^b \frac{16}{y^2} dy = \pi \int_1^{+\infty} \frac{16}{y^2} dy = \pi \left(-\frac{16}{y} \right) \Big|_1^{+\infty} = 16\pi.$$

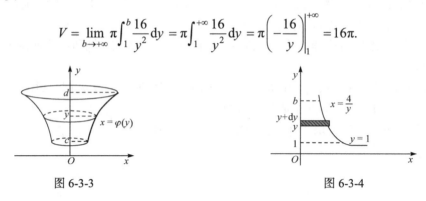

图 6-3-3　　　　　　　　　　　图 6-3-4

2. 平行截面面积为已知的立体的体积

若一个立体不是旋转体，但可以得到该立体垂直于某一定轴的各个截面面积，那么，这个立体的体积也可用定积分来计算. 同样，可利用体积微元讨论已知平行截面面积的立体体积. 如图 6-3-5 所示，取上述定轴为 x 轴，并设该立体在过点 $x = a, x = b$ 且垂直于 x 轴的两平面之间，以 $A(x)$ 表示过点 x 且垂直于 x 轴的截面面积. 这里假定 $A(x)$ 是 x 的连续函数. 取 x 为积分变量，$x \in [a, b]$，任取一个区间微元 $[x, x+dx]$，对应的小薄片的体积近似于底面积为 $A(x)$，高为 dx 的圆柱体的体积，即体积微元

$$dV = A(x)dx,$$

从而，所求立体的体积 $V = \int_a^b A(x)dx$.

例 6.3.3　一平面经过半径为 R 的圆柱体的底圆中心，并与底面交成角 α（图 6-3-6），求该平面截圆柱体所得楔形立体的体积.

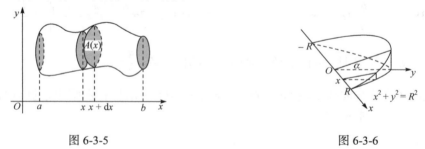

图 6-3-5　　　　　　　　　　　图 6-3-6

解　取该平面与圆柱体底面的交线为 x 轴，底面上过圆中心且垂直于 x 轴的直线为 y 轴，则底圆的方程为 $x^2 + y^2 = R^2$. 过点 x 且垂直于 x 轴的截面是一个直角三角形，它的两条直角边的边长分别为 y 及 $y\tan\alpha$，因为 $y = \sqrt{R^2 - x^2}$，即两条直角边的边长是

$$\sqrt{R^2 - x^2} \quad \text{及} \quad \sqrt{R^2 - x^2}\tan\alpha,$$

故截面面积为

$$A(x) = \frac{1}{2}(R^2 - x^2)\tan\alpha,$$

所求立体的体积为

$$V = \frac{1}{2}\int_{-R}^{R}(R^2 - x^2)\tan\alpha \mathrm{d}x = \frac{2}{3}R^3\tan\alpha.$$

习题 6-3

1. 已知曲线 $x^2 + (y-5)^2 = 16$，求其绕 x 轴旋转所产生的旋转体的体积．

2. 把抛物线 $y^2 = 4ax$ 及直线 $x = x_0\ (x_0 > 0)$ 所围成的图形绕 x 轴旋转，计算所得旋转体的体积．

3. 把星形线 $x^{2/3} + y^{2/3} = a^{2/3}$ 所围成的图形绕 x 轴旋转，计算所得旋转体的体积．

4. 证明：由平面图形 $0 \leq a \leq x \leq b, 0 \leq y \leq f(x)$ 绕 y 轴旋转所成的旋转体的体积为

$$V = 2\pi\int_{a}^{b} xf(x)\mathrm{d}x.$$

5. 求下列曲线所围图形分别绕 x 轴、y 轴旋转产生的立体体积：

(1) 在 $\left[0, \dfrac{\pi}{2}\right]$ 上曲线 $y = \sin x$ 与直线 $x = \dfrac{\pi}{2}$，$y = 0$ 所围成的图形；

(2) 曲线 $y = x^3$ 与直线 $x = 2$，$y = 0$ 所围成的图形；

(3) 曲线 $y = \sqrt{x}$ 与直线 $x = 1$，$x = 4$，$y = 0$ 所围成的图形．

6. 求下列曲线所围图形绕 y 轴旋转一周所产生的旋转体体积：

(1) $y = \sin x\ (0 \leq x \leq \pi)$ 与 x 轴围成的平面图形；

(2) $y = x^2$，$x = y^2$ 所围成的图形．

7. 求曲线 $xy = a\ (a > 0)$ 与直线 $x = a$，$x = 2a$ 及 $y = 0$ 所围成的图形分别绕 x 轴、y 轴旋转一周所产生的旋转体体积．

8. 求摆线 $x = a(t - \sin t)$，$y = a(1 - \cos t)$ 的一拱与 $y = 0$ 所围图形绕直线 $y = 2a$ 旋转而成的旋转体体积．

9. 求由 $y = x^2$ 与 $y^2 = x^3$ 围成的平面图形绕 x 轴旋转而成的旋转体体积．

10. 求由 $x^2 + y^2 \leq a^2$ 绕 $x = -b\ (b > a > 0)$ 旋转而成的旋转体体积．

11. 求由心形线 $\rho = 4(1 + \cos\theta)$ 和射线 $\theta = 0$ 及 $\theta = \dfrac{\pi}{2}$ 所围图形绕极轴旋转而成的旋转体体积．

12. 计算底面是半径为 R 的圆，而垂直于底面上的一条固定直径的所有截面都是等边三角形的立体体积．

13. 设直线 $y=ax+b$ 与直线 $x=0$，$x=1$，以及 $y=0$ 所围成的梯形面积等于 A，试求 a,b 使这个梯形绕 x 轴旋转所得旋转体体积最小 $(a\geqslant 0, b>0)$.

第四节　几何应用之三

我们可以直接度量直线的长度，而一条曲线段的长度一般不能直接度量. 类似初等几何中定义圆周长的方法——利用圆内接正多边形的周长逼近圆周长，也可定义**平面曲线弧长**的概念.

定义 6.4.1　设 A,B 是曲线弧 L 上的两个端点，在 L 上插入分点
$$A=M_0, M_1, \cdots, M_i, \cdots, M_{n-1}, M_n = B, \quad i=1,2,\cdots, n,$$
并依次连接相邻分点得内接折线(图 6-4-1). 设曲线弧 L 的弧长为 s，则
$$s \approx \sum_{i=1}^{n} |M_{i-1}M_i|.$$

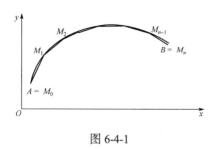

图 6-4-1

记
$$\lambda = \max\{|M_0M_1|, \cdots, |M_{n-1}M_n|\}.$$

如果极限 $\lim\limits_{\lambda \to 0} \sum\limits_{i=1}^{n} |M_{i-1}M_i|$ 存在，则称此极限值为**平面曲线弧 L 的弧长**，并称曲线 L 是可求长的，即
$$s = \lim_{\lambda \to 0} \sum_{i=1}^{n} |M_{i-1}M_i|.$$

满足什么条件的曲线弧是可求长的呢？我们不加证明地给出如下结论.

定理 6.4.1　光滑曲线弧是可求长的.

由定理 6.4.1 知可应用定积分来计算弧长. 下面我们利用定积分的微元法来讨论弧长的计算公式.

1. 直角坐标情形

设函数 $f(x)$ 在区间 $[a,b]$ 上有一阶连续导数，即曲线 $y=f(x)$ 为 $[a,b]$ 上的光滑曲线，求此光滑曲线的弧长 s.

取 x 为自变量，其变化区间为 $x\in[a,b]$，任取一区间微元 $[x,x+dx]$，该微元上的一小段弧的长度近似等于该曲线在点 $(x, f(x))$ 处的切线上相应的一小段的长度(图 6-4-2).
$$PT = \sqrt{(dx)^2 + (dy)^2} = \sqrt{1+y'^2}\,dx,$$
从而得到弧长微元(弧微分) $ds = \sqrt{1+y'^2}\,dx$，所求光滑曲线的弧长为
$$s = \int_a^b \sqrt{1+y'^2}\,dx \quad (a<b).$$

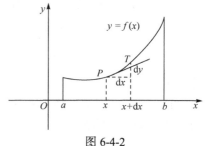

图 6-4-2

2. 参数方程情形

若曲线 L 由参数方程 $\begin{cases} x = \varphi(t), \\ y = \psi(t) \end{cases} (\alpha \leq t \leq \beta)$ 给出，其中 $\varphi(t), \psi(t)$ 在 $[\alpha, \beta]$ 上有一阶连续导数，则弧长微元

$$ds = \sqrt{(dx)^2 + (dy)^2} = \sqrt{\varphi'^2(t) + \psi'^2(t)} dt,$$

所求光滑曲线的弧长

$$s = \int_\alpha^\beta \sqrt{\varphi'^2(t) + \psi'^2(t)} dt.$$

3. 极坐标情形

如果曲线由极坐标方程 $r = r(\theta)(\alpha \leq \theta \leq \beta)$ 给出，其中 $r(\theta)$ 在 $[\alpha, \beta]$ 上具有连续导数，可把极坐标方程化为参数方程

$$\begin{cases} x = r(\theta)\cos\theta, \\ y = r(\theta)\sin\theta \end{cases} (\alpha \leq \theta \leq \beta),$$

注意到

$$dx = [r'(\theta)\cos\theta - r(\theta)\sin\theta] d\theta, \quad dy = [r'(\theta)\sin\theta + r(\theta)\cos\theta] d\theta,$$

则得到弧长微元

$$ds = \sqrt{(dx)^2 + (dy)^2} = \sqrt{r^2(\theta) + r'^2(\theta)} d\theta,$$

所求光滑曲线的弧长

$$s = \int_\alpha^\beta \sqrt{r^2(\theta) + r'^2(\theta)} d\theta.$$

例 6.4.1 求曲线 $y = \frac{2}{3} x^{\frac{3}{2}}$ 上相应于 x 从 a 到 b 的一段弧的长度.

解 如图 6-4-3 所示，$y' = x^{\frac{1}{2}}$，从而弧长微元为

$$ds = \sqrt{1 + y'^2} dx = \sqrt{1 + x} dx,$$

所求弧长为

$$s = \int_a^b \sqrt{1 + x} dx = \frac{2}{3} \left[(1+b)^{\frac{3}{2}} - (1+a)^{\frac{3}{2}} \right].$$

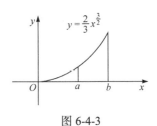

图 6-4-3

例 6.4.2 求摆线 $\begin{cases} x = a(t - \sin t), \\ y = a(1 - \cos t) \end{cases} (a > 0, 0 \leq t \leq 2\pi)$ 一支的弧长.

解 $x'(t) = a(1 - \cos t), y'(t) = a \sin t$，由弧长计算公式得

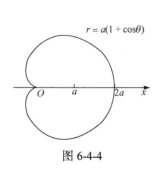

图 6-4-4

$$s = \int_0^{2\pi} \sqrt{[x'(t)]^2 + [y'(t)]^2}\,dt = \int_0^{2\pi} a\sqrt{2(1-\cos t)}\,dt$$
$$= 2a\int_0^{2\pi}\left|\sin\frac{t}{2}\right|dt = 2a\int_0^{\pi}\sin\frac{t}{2}dt - 2a\int_\pi^{2\pi}\sin\frac{t}{2}dt$$
$$= 8a.$$

例 6.4.3 求心形线 $r = a(1+\cos\theta)$ 的全长.

解 如图 6-4-4 所示，此心形线关于极轴对称，所求心形线的周长等于它在 $[0,\pi]$ 上的弧长的 2 倍，由 $r' = -a\sin\theta$ 得弧长微元为

$$ds = a\sqrt{(1+\cos\theta)^2 + \sin^2\theta}\,d\theta = a\sqrt{2+2\cos\theta}\,d\theta = 2a\left|\cos\frac{\theta}{2}\right|d\theta,$$

所求心形线的周长为

$$s = 2\int_0^\pi 2a\cos\frac{\theta}{2}d\theta = 8a\left(\sin\frac{\theta}{2}\right)\Big|_0^\pi = 8a.$$

习题 6-4

1. 求下列曲线段的弧长：

(1) $y = \frac{1}{3}\sqrt{x}(3-x),\ 1 \leqslant x \leqslant 3$；

(2) $y = \int_{-\frac{\pi}{2}}^{x}\sqrt{\cos t}\,dt,\ -\frac{\pi}{2} \leqslant t \leqslant \frac{\pi}{2}$；

(3) $x = \frac{1}{4}y^2 - \frac{1}{2}\ln y,\ 1 \leqslant y \leqslant e$；

(4) $y = \ln x,\ \sqrt{3} \leqslant x \leqslant \sqrt{8}$；

(5) $r\theta = 1$,自 $\theta = \frac{3}{4}$ 至 $\theta = \frac{4}{3}$；

(6) 对数螺线 $r = e^{a\theta}$,自 $\theta = 0$ 至 $\theta = \varphi$.

2. 求曲线 $x = \arctan t,\ y = \frac{1}{2}\ln(1+t^2)$ 自 $t=0$ 至 $t=1$ 的一段弧的弧长.

3. 证明：曲线 $y = \sin x$ 的一个周期 $(0 \leqslant x \leqslant 2\pi)$ 的弧长等于椭圆 $x^2 + 2y^2 = 2$ 的周长.

4. 设星形线的参数方程为 $x = a\cos^3 t,\ y = a\sin^3 t,\ a>0$，求：

(1) 星形线所围面积； (2) 星形线的全长.

5. 计算抛物线 $y^2 = 2px\ (p>0)$ 从顶点到该曲线上点 $M(x,y)$ 的弧长.

第五节 物 理 应 用

利用微元法也可以解决一些物理方面的问题，本节简要介绍定积分在功和力等方

面的应用.

一、变力沿直线所做的功

在初等物理中,一个与物体位移方向一致而大小为 F 的常力,将物体移动了距离 s 时所做的功为 $W = Fs$.

物体受变力作用沿直线所做的功可利用微元法来计算. 一般地,假设 $F(x)$ 是 $[a,b]$ 上的连续函数,讨论物体在变力 $F(x)$ 的作用下从 $x = a$ 移动到 $x = b$ 时所做的功 W:

任取微元 $[x, x+dx]$,物体由点 x 移动到 $x+dx$ 的过程中受到的变力近似为物体在点 x 处受到的常力 $F(x)$,则功的微元表示为

$$dW = F(x)dx,$$

故物体受变力作用所做的功为

$$W = \int_a^b dW = \int_a^b F(x)dx.$$

在实际应用中,许多问题都可以转化为物体受变力作用沿直线所做的功的情形.

例 6.5.1 用 20N 的力使弹簧从自然长度 5cm 拉长成 10cm,需要做多大的功才能克服弹性恢复力,将弹簧从 10cm 处再拉长 3cm 呢?

解 如图 6-5-1 所示,根据胡克定律,有 $F(x) = kx$.

当弹簧从 5cm 拉长到 10cm 时,它伸长量为 5cm = 0.05m. 已知有 $F(0.05) = 20$,即 $0.05k = 20$,故得 $k = 400$. 于是 $F(x) = 400x$.

所以弹簧从 10cm 再拉长到 13cm(伸长量为 (13−5)cm = 0.08m),所做的功为

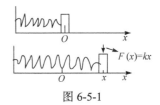

图 6-5-1

$$W = \int_{0.05}^{0.08} 400x dx = 200 x^2 \Big|_{0.05}^{0.08} = 200 \times (0.0064 - 0.0025) = 0.78 (J).$$

例 6.5.2 有一半径为 10m 的半球形水池蓄满水,若要把水抽尽至少做多少功?

解 要将池中水抽出,水至少要升高到池的表面. 因此对不同深度 x 的单位质点所需做的功不同,而对同一深度 x 的单位质点所做的功相同.

如图 6-5-2 建立坐标系: Oy 轴取在水平面上,将原点置于球心处,而 Ox 轴向下(x 表示深度). 半球形即可看作曲线 $x^2 + y^2 = 100$ 在第一象限的部分绕 Ox 轴旋转而成的旋转体,$x \in [0,10]$. 因同一深度的质点升高的高度相同,故计算功时,用平行于水平面的平面截半球而成的许多小片来计算. 取区间微元 $[x, x+dx]$,相应的一层水的体积

$$\Delta V \approx \pi y^2 \Delta x = \pi(100 - x^2)\Delta x (m^3),$$

抽出这层水需做的功为

$$\Delta W \approx g\rho\pi(100-x^2)\Delta x \cdot x = g\pi\rho x(100-x^2)\Delta x (J),$$

其中 $\rho = 1000$ (kg/m³) 是水的密度,$g = 9.8$(m/s²) 是重力加

速度. 故功的微元为
$$dW = g\pi\rho x(100-x^2)dx.$$

所求功为
$$W = \int_0^{10} g\pi\rho x(100-x^2)\,dx = g\pi\rho \int_0^{10} x(100-x^2)\,dx$$
$$= \left[-\frac{\pi g\rho}{4}(100-x^2)^2\right]_0^{10} = 10^4 \cdot g\frac{\pi\rho}{4} = 2500\pi\rho g \approx 7.693 \times 10^7 (\text{J}).$$

二、力

1. 水压力

由初等物理知道在水深为 h 处的压强为 $p = \gamma h$，γ 是水的比重. 如果有一面积为 A 的平板水平地放置在水深为 h 处，则平板一侧所受的水压力为
$$P = p \cdot A.$$

如果平板垂直放置在水中(图 6-5-3)，由于水深不同的点压强 P 不相等，平板一侧在不同深度处所受的水压力是不同的，采用微元法来计算. 任取微元 $[x, x+dx]$，则小矩形上的压强近似为 $p = \gamma x$，从而小矩形片的压力微元为
$$dP = p \cdot dA = \gamma x \cdot f(x)dx,$$
其中 $dA, f(x)$ 分别表示小矩形片的面积和长. 所求平板一侧所受的水压力为
$$P = \int_a^b dP = \int_a^b \gamma x f(x)dx.$$

例 6.5.3 将直角边各为 a 及 $2a$ 的直角三角形薄板垂直地浸入水中，斜边朝下，边长为 $2a$ 的直角边与水面平行，且该边到水面的距离恰等于该边的边长，求薄板所受的侧压力.

解 如图 6-5-4 建立直角坐标系，取 x 为积分变量，$x \in [0, a]$，任取微元 $[x, x+dx]$，则面积为 $2(a-x)dx$ 的小矩形片上各处压强近似为 $p = (x+2a)\cdot\gamma$，因此，压力微元为
$$dP = (x+2a)\cdot\gamma \cdot 2(a-x)dx,$$
所求薄板的侧压力为
$$P = \int_0^a (x+2a)\cdot\gamma \cdot 2(a-x)dx = \frac{7}{3}\gamma a^3.$$

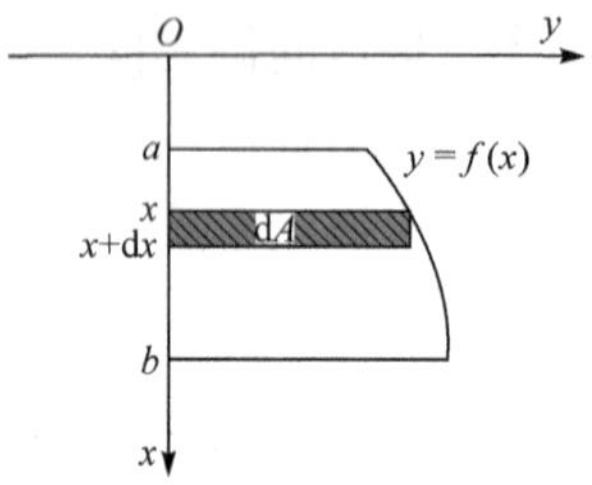

图 6-5-3

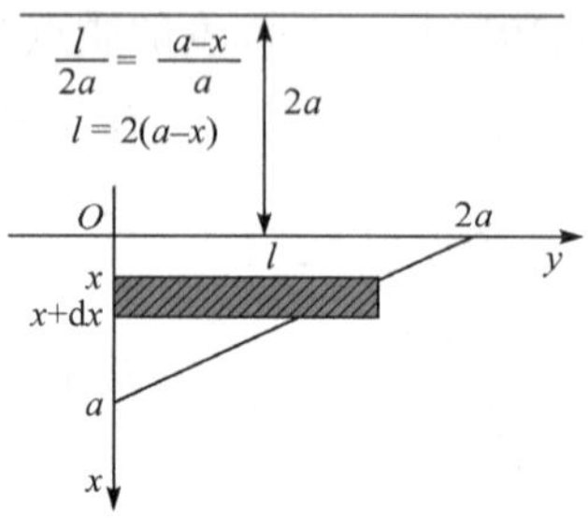

图 6-5-4

2. 引力

我们在初等物理中学过质量分别为 m_1, m_2, 相距为 r 的两个质点间的引力的大小为 $F = k\dfrac{m_1 m_2}{r^2}$ (k 为引力系数), 引力的方向为两质点连线的方向.

例 6.5.4 计算半径为 a, 密度为 μ, 均质的圆形薄板以怎样的引力吸引质量为 m 的质点 P. 此质点位于通过薄板中心 O 且垂直于薄板平面的垂直直线上, 最短距离 PO 等于 b.

解 如图 6-5-5 建立坐标系. 由于薄板均质且关于两坐标轴对称, P 在圆心的中垂线上, 显然引力在水平方向的分力为 0, 在垂直方向的分力指向 y 轴的正向, 于是, 所求的引力 F 即为圆形薄板与质点 P 在竖直方向上的引力.

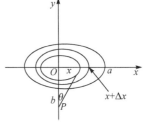

图 6-5-5

选取区间微元 $[x, x+\mathrm{d}x]$, 对于以 x 为内半径的圆环, 其质量
$$\Delta m \approx \mu 2\pi x \Delta x,$$
对质点 P 的引力为
$$\Delta F_y \approx 2\pi km\mu \frac{x\cos\theta}{b^2+x^2}\Delta x = 2\pi km\mu \frac{bx}{(b^2+x^2)^{3/2}}\Delta x.$$
相应于微元 $[x, x+\mathrm{d}x]$ 的引力微元为
$$\mathrm{d}F_y = 2km\mu\pi \frac{bx}{(b^2+x^2)^{3/2}}\mathrm{d}x.$$
从而
$$F_y = 2km\mu\pi \int_0^a \frac{bx}{(b^2+x^2)^{3/2}}\mathrm{d}x = 2km\mu\pi\left(1 - \frac{b}{\sqrt{a^2+b^2}}\right),$$
即所求引力 F 的大小 $|F| = |F_y| = F_y$, 方向指向 y 轴的正向.

习题 6-5

1. 由实验知道, 弹簧在拉伸过程中, 需要的力 F(单位: N)与伸长量 s(单位: cm)成正比, 即 $F = ks$ (k 为比例常数). 如果把弹簧由原长拉伸 6cm, 计算所做的功.

2. 设一质点距原点 xm 时, 受 $F(x) = x^2 + 2x$ (N)的作用, 问质点在 F 作用下, 从 $x=1$ 移动到 $x=3$, 力所做的功有多大?

3. 把长为 10m, 宽为 6m, 高为 5m 的储水池内盛满的水全部抽出, 需做多少功?

4. 某物体做直线运动, 速度为 $v = \sqrt{1+t}$ (m/s), 求该物体自运动开始到 10s 末所经过的路程, 并求物体在前 10s 内的平均速度.

5. 直径为 20cm, 高为 80cm 的圆柱体内充满压强为 10N/cm^2 的蒸汽, 设温度保持不变, 要使蒸汽体积缩小一半, 问需做多少功?

6. 有一闸门,它的形状和尺寸如图 6-5-6 所示,水面超过门顶 2m. 求闸门上所受的水压力.

7. 半径为 R 的半球形水池充满了水,要把池内的水全部吸尽,需做多少功?

8. 洒水车的水箱是一个横放的椭圆柱体,尺寸如图 6-5-7 所示,当水箱装满水时计算水箱的一个端面所受的压力.

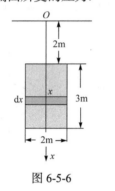

图 6-5-6

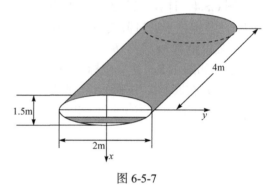

图 6-5-7

9. 有一等腰梯形闸门,它的两条底边各长 10m 和 6m,高为 20m,较长的底边与水面相齐,计算闸门的一侧所受的水压力.

10. 设一旋转抛物面内盛有高为 H cm 的液体,把另一同轴旋转抛物面浸沉在它里面,深达 h cm,问液面上升多少?

11. 长为 $2l$ 的杆质量均匀分布,其总质量为 M,在其中垂线上高为 h 处有一质量为 m 的质点,求它们之间引力的大小.

12. 设有长度为 l、线密度为 μ 的均匀细直棒,在与棒的一端垂直距离为 a 单位处有一质量为 m 的质点 M,试求该细棒对质点 M 的引力.

13. 设有一半径为 R,中心角为 φ 的圆弧形细棒,其线密度为常数 ρ,在圆心处有一质量为 m 的质点,试求细棒对该质点的引力.

第六节 医学中的应用[①]

高等数学一些模型和理论可应用于生物医学问题的研究,本节介绍运用高等数学中的定积分理论讨论生物医学的数学实例.

例 6.6.1 染料稀释法确定心输出量.

定积分可用于染料稀释法确定心输出量. 心输出量是指每分钟心脏泵出的血量,在生理学实验中常用染料稀释法来测定. 把一定量的染料注入静脉,染料将随血液循环通过心脏到达肺部,再返回心脏而进入动脉系统.

假定在时刻 $t=0$ 时注入 5mg 的染料(图 6-6-1),自染料注入后便开始在外周动脉中连续 30s 监测血液中染料的浓度,它是时间的函数 $c(t)$:

---

① 张选群. 2008. 医用高等数学. 5 版. 北京: 人民卫生出版社.

$$c(t)=\begin{cases}0, & 0\leqslant t\leqslant 3\text{或}18<t\leqslant 30,\\ (t^3-40t^2+453t-1026)10^{-2}, & 3<t\leqslant 18.\end{cases}$$

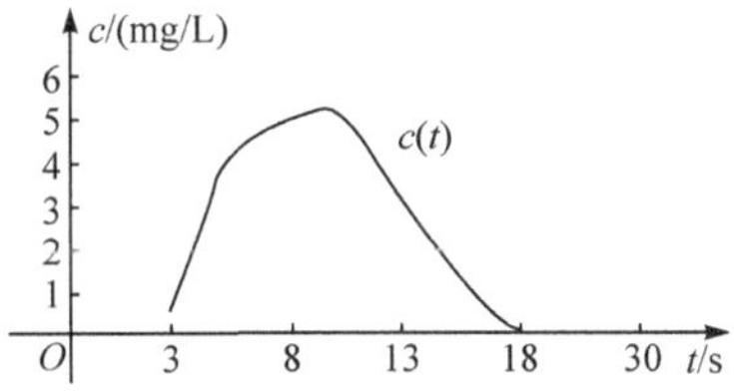

图 6-6-1

问题: 注入染料的量与在 30s 之内测到的平均浓度 $\bar{c}(t)$ 的比值是半分钟里心脏泵出的血量, 因此, 每分钟的心输出量 Q 是这一比值的 2 倍, 即 $Q=\dfrac{2M}{\bar{c}(t)}$, 试求这一实验中的心输出量 Q.

$$\begin{aligned}\bar{c}(t)&=\frac{1}{30-0}\int_0^{30}c(t)\mathrm{d}t\\ &=\frac{1}{30}\int_3^{18}(t^3-40t^2+453t-1026)10^{-2}\mathrm{d}t\\ &=\frac{10^{-2}}{30}\left(\frac{t^4}{4}-\frac{40t^3}{3}+\frac{453t^2}{2}-1026t\right)\bigg|_3^{18}\\ &=\frac{10^{-2}}{30}[3402-(-1379.25)]\\ &=1.59375,\end{aligned}$$

从而得到每分钟的心输出量 $Q=\dfrac{2M}{\bar{c}(t)}=\dfrac{2\times 5}{1.59375}\approx 6.275(\mathrm{L/min})$.

染料稀释法确定心输出量可用于讨论慢性阻塞性肺部疾病心功能等医学方面的研究. 在定积分中还可用于脉管稳定流动时的血流量的测定、胰岛素平均浓度的测定等.

例 6.6.2 胰岛素平均浓度的测定(图 6-6-2).

由实验测定病人的胰岛素浓度: 先让病人禁食, 以降低体内血糖水平, 然后通过注射, 输给病人大量的糖. 假定由实验测得病人的血液中的胰岛素的浓度 $C(t)$ (单位/ml)为

$$C(t)=\begin{cases}25\mathrm{e}^{-k(t-5)}, & t>5,\\ t(10-t), & 0\leqslant t\leqslant 5,\end{cases}$$

其中 $k=\dfrac{\ln 2}{20}$, 时间 t 的单位是分钟, 求血液中的胰岛素在一小时内的平均浓度 $\bar{C}(t)$.

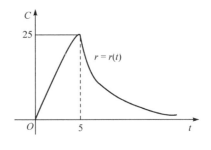

图 6-6-2

解
$$\bar{C}(t) = \frac{1}{60}\int_0^{60} c(t)\mathrm{d}t$$
$$= \frac{1}{60}\left(\int_0^5 c(t)\mathrm{d}t + \int_5^{60} c(t)\,\mathrm{d}t\right)$$
$$= \frac{1}{60}\left(\int_0^5 t(10-t)\mathrm{d}t + \int_5^{60} 25\mathrm{e}^{-k(t-5)}\mathrm{d}t\right)$$
$$\approx 11.62(单位/\mathrm{ml}),$$

血液中的胰岛素在一小时内的平均浓度 $\bar{C}(t)$ 为 11.62 单位/ml.

习题 6-6

设有一段长为 L，截面半径为 R 的血管(图 6-6-3)，其左端动脉端的血压为 p_1，右端相对静脉的血压为 $p_2(p_1 > p_2)$，血液黏滞系数为 η. 假设血管中的血液流动是稳定的，由实验可知，在血管的横截面上离血管中心 r 处的血液流速为 $V(r) = \dfrac{p_1 - p_2}{4\eta L}(R^2 - r^2)$，求单位时间内血管稳定流动时血流量.

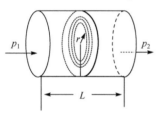

图 6-6-3

第七章 常微分方程

现实世界中的许多实际问题都可以抽象为微分方程问题. 微分方程是数学联系实际,并应用于实际的重要途径和桥梁,是生物数学、流行病学、物理学、经济管理科学等学科进行科学研究的强有力的工具. 例如,电磁波的传播、传染病的研究、人口的增长、琴弦的振动等可以归结为微分方程问题,也把这些问题称为**数学模型**. 微分方程作为一门独立的数学学科,体现了数学的威力和价值.

微分方程可分为常微分方程和偏微分方程,本章只讨论常微分方程,主要简略介绍常微分方程的基本概念和几种常用的常微分方程的求解方法等理论.

第一节 微分方程的基本概念

定义 7.1.1 含有未知函数及未知函数的导数或微分的方程称为**微分方程**. 微分方程中出现的未知函数的最高阶导数的阶数称为微分方程的**阶**.

例 7.1.1 设一物体的温度为 100℃,将其放置在空气温度为 20℃ 的环境中冷却. 根据冷却定律: 物体温度的变化率与物体和当时空气温度之差成正比,设物体的温度 T 与时间 t 的函数关系为 $T = T(t)$,则可建立起函数 $T(t)$ 满足的微分方程

$$\frac{dT}{dt} = -k(T-20), \tag{7.1.1}$$

其中 $k\ (k>0)$ 为比例常数. 这就是**物体冷却的数学模型**.

根据题意,$T = T(t)$ 还需满足条件

$$T|_{t=0} = 100. \tag{7.1.2}$$

例 7.1.2 把一质量为 m 的物体从地面上以初速度 v_0 垂直上抛,设该物体运动只受重力影响,求物体的运动方程.

解 设物体与地面距离为 x,时间为 t,根据牛顿第二定律有: $F = ma$,F 是物体所受的力,$a = \dfrac{d^2x}{dt^2}$ 是物体运动的加速度. 设向上为正方向,又因为物体只受重力的作用,有 $F = -mg$,g 为重力加速度常数,所以

$$ma = -mg,$$

即

$$\frac{d^2x}{dt^2} = -g, \tag{7.1.3}$$

对(7.1.3)式两边积分，得到

$$\frac{dx}{dt} = -gt + C_1, \tag{7.1.4}$$

两边继续积分，得

$$x = -\frac{1}{2}gt^2 + C_1 t + C_2, \tag{7.1.5}$$

C_1, C_2 是任意常数.

由题意，当 $t = 0$ 时，$x = 0, v = \frac{dx}{dt} = v_0$. $\tag{7.1.6}$

把(7.1.6)式分别代入式(7.1.4)和式(7.1.5)，得到 $C_1 = v_0, C_2 = 0$，所以(7.1.5)式化为

$$x = -\frac{1}{2}gt^2 + v_0 t,$$

便是所求的物体运动方程.

定义 7.1.2 未知函数为一元函数的微分方程称为**常微分方程**.

n 阶常微分方程的一般形式是

$$F(x, y, y', y'', \cdots, y^{(n)}) = 0, \tag{7.1.7}$$

其中 x 为自变量，$y = y(x)$ 是未知函数. 在方程(7.1.7)中，$y^{(n)}$ 必须出现，而其余变量可以不出现. 例如，在 n 阶微分方程 $y^{(n)} + 1 = 0$ 中，其余变量都没有出现.

如果能从方程(7.1.7)中解出最高阶导数，就得到微分方程

$$y^{(n)} = f(x, y, y', \cdots, y^{(n-1)}). \tag{7.1.8}$$

以后我们讨论的微分方程主要是形如(7.1.8)式的微分方程，并且假设(7.1.8)式右端的函数 f 在所讨论的范围内连续.

如果方程(7.1.8)可表示为如下形式：

$$y^{(n)} + a_1(x) y^{(n-1)} + \cdots + a_{n-1}(x) y' + a_n(x) y = g(x), \tag{7.1.9}$$

则称方程(7.1.9)为 n **阶线性微分方程**，其中 $a_1(x), a_2(x), \cdots, a_n(x)$ 和 $g(x)$ 均为自变量 x 的已知函数.

我们把不能表示成形如(7.1.9)式的微分方程，统称为**非线性微分方程**.

如例 7.1.1 中的(7.1.1)式称为一阶常微分方程，例 7.1.2 中的微分方程(7.1.3)称为二阶常微分方程.

定义 7.1.3 把某个函数代入微分方程能使方程成为恒等式，我们称这个函数为该**微分方程的解**. 设函数 $y = \varphi(x)$ 在区间 I 上有 n 阶连续导数，若在区间 I 上，有

$$F(x, \varphi(x), \varphi'(x), \varphi''(x), \cdots, \varphi^{(n)}(x)) = 0,$$

则称函数 $y = \varphi(x)$ 为微分方程(7.1.7)**在区间 I 上的解**.

例如，函数

(a) $T = 20 + 80e^{-kt}$ 和 (b) $T = 20 + Ce^{-kt}$

都是微分方程(7.1.1)的解, 其中 C 为任意常数;

函数

$$\text{(c)} \quad x = -\frac{1}{2}gt^2 \quad \text{和} \quad \text{(d)} \quad x = -\frac{1}{2}gt^2 + C_1 t + C_2$$

都是微分方程(7.1.3)的解, 其中 C_1, C_2 均为任意常数.

由此可见, 微分方程的解可能含有也可能不含有任意常数.

定义 7.1.4 微分方程不含有任意常数的解称为微分方程的**特解**. 含有相互独立的任意常数, 且任意常数的个数与微分方程的阶数相等的解称为微分方程的**通解**(一般解).

所谓通解是指, 当其中的任意常数取遍所有实数时, 就可以得到微分方程的所有解(至多有个别例外). 所说的相互独立的任意常数, 是指它们不能通过合并而使得通解中的任意常数的个数减少.

例如, 上述(a)和(c)分别为微分方程(7.1.1)和(7.1.3)的特解, 而(b)和(d)分别为微分方程(7.1.1)和(7.1.3)的通解.

几何意义: 微分方程特解的图形是一条曲线, 称为微分方程的**积分曲线**. 微分方程通解的图形是一簇曲线.

许多实际问题都要求寻找满足某些附加条件的解, 此时, 这类附加条件就可以用来确定通解中的任意常数, 这类附加条件称为**初始条件**, 也称为**定解条件**. 例如, 条件(7.1.2)和(7.1.6)分别是微分方程(7.1.1)和(7.1.3)的初始条件.

一般地, 一阶微分方程 $y' = f(x, y)$ 的初始条件为 $y|_{x=x_0} = y_0$, 其中 x_0, y_0 都是已知常数. 二阶微分方程 $y'' = f(x, y, y')$ 的初始条件为 $y|_{x=x_0} = y_0, y'|_{x=x_0} = y'_0$, 其中 x_0, y_0, y'_0 都是已知常数.

定义 7.1.5 带有初始条件的微分方程称为微分方程的**初值问题**.

例如, 一阶微分方程的初值问题记为

$$\begin{cases} y' = f(x, y), \\ y|_{x=x_0} = y_0. \end{cases} \tag{7.1.10}$$

几何意义是: 求微分方程的通过点 (x_0, y_0) 的那条积分曲线.

二阶微分方程的初值问题记为

$$\begin{cases} y'' = f(x, y, y'), \\ y|_{x=x_0} = y_0, y'|_{x=x_0} = y'_0. \end{cases} \tag{7.1.11}$$

其几何意义是: 求微分方程的通过点 (x_0, y_0) 且在该点处的切线斜率为 y'_0 的那条积分曲线.

例 7.1.3 试指出下列方程是什么方程, 并指出微分方程的阶数.

(1) $\dfrac{dy}{dx} = x^2 + y$; (2) $x\dfrac{d^2 y}{dx^2} - 2\left(\dfrac{dy}{dx}\right)^3 + 5xy = 0$;

(3) $\cos(y'') + \ln y = x + 1$.

解 (1) 是一阶线性微分方程, 因方程中含有的 $\dfrac{\mathrm{d}y}{\mathrm{d}x}$ 和 y 都是一次方.

(2) 是二阶非线性微分方程, 因方程中含有的 $\dfrac{\mathrm{d}y}{\mathrm{d}x}$ 是三次方.

(3) 是二阶非线性微分方程, 因方程中含有非线性函数 $\cos(y'')$ 和 $\ln y$.

例 7.1.4 验证函数 $y = (x^2 + C)\sin x$ (C 为任意常数) 是方程

$$\frac{\mathrm{d}y}{\mathrm{d}x} - y\cot x - 2x\sin x = 0$$

的通解, 并求满足初始条件 $y|_{x=\frac{\pi}{2}} = 0$ 的特解.

解 要验证是否为方程的通解, 只要将函数代入方程, 看是否恒等, 再看函数式中所含的独立的任意常数个数是否与方程的阶数相同.

对 $y = (x^2 + C)\sin x$ 求一阶导数, 得

$$\frac{\mathrm{d}y}{\mathrm{d}x} = 2x\sin x + (x^2 + C)\cos x,$$

把 y 和 $\dfrac{\mathrm{d}y}{\mathrm{d}x}$ 代入方程左边, 得

$$\frac{\mathrm{d}y}{\mathrm{d}x} - y\cot x - 2x\sin x$$
$$= 2x\sin x + (x^2 + C)\cos x - (x^2 + C)\sin x\cot x - 2x\sin x$$
$$\equiv 0.$$

因方程两边恒等, 且 y 中含有一个任意常数, 故 $y = (x^2 + C)\sin x$ 是题设方程的通解.

将初始条件 $y|_{x=\frac{\pi}{2}} = 0$ 代入通解 $y = (x^2 + C)\sin x$ 中, 得

$$0 = \frac{\pi^2}{4} + C, \quad 即\ C = -\frac{\pi^2}{4}.$$

从而所求特解为 $y = \left(x^2 - \dfrac{\pi^2}{4}\right)\sin x.$

习题 7-1

1. 指出下列微分方程的阶数:

(1) $(y')^3 - 5yy' + 3x^2 y = 0$; (2) $2xy'' + y'y + x^2 = 0$;

(3) $y''' + 3xy'' - 5y'y = 0$; (4) $(2x + 5y)\mathrm{d}x + (x - y)\mathrm{d}y = 0$.

2. 指出下列各题中的函数是否为所给微分方程的解:

(1) $xy' = 3y, \quad y = 2x^3$; (2) $(x - 2y)y' = 2x - y, \ x^2 - xy + y^2 = C$;

(3) $y'' + a^2 y = 0, \ y = C_1 \cos ax + C_2 \sin ax$; (4) $-\dfrac{1}{2}y'' + \dfrac{1}{x}y' - \dfrac{y}{x^2} = 0, \ y = C_1 x + C_2 x^2$;

(5) $y'' - 2y' + y = 0, y = x^2 e^x$;　　(6) $y'' - (\lambda_1 + \lambda_2)y' + \lambda_1 \lambda_2 y = 0$, $y = C_1 e^{\lambda_1 x} + C_2 e^{\lambda_2 x}$.

3. 验证由方程 $y = \ln xy$ 所确定的函数为微分方程 $(xy - x)y'' + xy'^2 + yy' - 2y' = 0$ 的解.

4. 求下列方程满足所给条件的特解:

(1) $x^2 - y^2 = C, y|_{x=0} = 3$;

(2) $y'' + 2y' + y = 0$, 已知通解 $y = (C_1 + C_2 x)e^{-x}$ (C_1, C_2 为任意常数), 初始条件 $y|_{x=0} = -4, y'|_{x=0} = 3$;

(3) $xy'' - yy' + 1 = 0$, 已知通解 $y = Cx + \dfrac{1}{C}$ (C 是任意常数), 初始条件 $y|_{x=0} = \dfrac{1}{3}$.

5. 曲线上点 $P(x, y)$ 处的法线与 x 轴的交点为 Q, 且线段 PQ 被 y 轴平分, 试写出该曲线满足的微分方程.

6. 设函数 $y = (1+x)C(x)$ 是方程 $y' - \dfrac{1}{1+x} y = (1+x)^2$ 的通解, 求 $C(x)$.

7. 求连续函数 $f(x)$ 使它满足 $\int_0^1 f(tx)\,\mathrm{d}t = f(x) + x\sin x$.

第二节　分离变量法

从下面开始我们将一起探讨不同类型的微分方程的解法. 本节介绍可分离变量的微分方程以及一些可以化为这类方程的微分方程解法.

一、可分离变量的微分方程

分离变量法　设有一阶微分方程 $\dfrac{\mathrm{d}y}{\mathrm{d}x} = F(x, y)$, 如果其右端函数能分解成 $F(x, y) = \dfrac{f(x)}{g(y)}$, 即

$$\frac{\mathrm{d}y}{\mathrm{d}x} = \frac{f(x)}{g(y)}, \tag{7.2.1}$$

则称方程(7.2.1)为**可分离变量的微分方程**, 其中 $f(x), g(y)$ 都是连续函数. 根据这种方程的特点, 我们可通过积分来求解.

设 $g(y) \neq 0$, 用 $g(y)$ 乘以方程的两端, 再用 $\mathrm{d}x$ 乘以方程的两端, 以使得未知函数与自变量置于等号的两边, 得

$$g(y)\mathrm{d}y = f(x)\mathrm{d}x,$$

再在上述等式两边积分,

$$\int g(y)\mathrm{d}y = \int f(x)\mathrm{d}x,$$

即得方程(7.2.1)的通解

$$G(y) = F(x) + C,$$

其中 $F(x), G(y)$ 分别是 $f(x), g(y)$ 的一个原函数.

例 7.2.1 求微分方程 $\dfrac{dy}{dx} = 3x^2 y$ 的通解.

解 上述方程是可分离变量方程,分离变量得

$$\frac{dy}{y} = 3x^2 dx,$$

两端积分得 $\int \dfrac{dy}{y} = \int 3x^2 dx$,得 $\ln|y| = x^3 + C_1$,从而

$$y = \pm e^{x^3 + C_1} = \pm e^{C_1} \cdot e^{x^3}.$$

记 $C = \pm e^{C_1}$,则得到该方程的通解为

$$y = Ce^{x^3}.$$

例 7.2.2 求微分方程 $dx + xy\,dy = y^2 dx + y\,dy$ 的通解.

解 先合并 dx 及 dy 的各项,得

$$y(x-1)dy = (y^2 - 1)dx.$$

设 $y^2 - 1 \neq 0, x - 1 \neq 0$,分离变量得

$$\frac{y}{y^2 - 1} dy = \frac{1}{x-1} dx,$$

两端积分

$$\int \frac{y}{y^2 - 1} dy = \int \frac{1}{x-1} dx,$$

得

$$\frac{1}{2}\ln|y^2 - 1| = \ln|x-1| + \ln|C_1|,$$

于是

$$y^2 - 1 = \pm C_1^2 (x-1)^2.$$

记 $C = \pm C_1^2$,则得到题设方程的通解

$$y^2 - 1 = C(x-1)^2.$$

注:在用分离变量法解可分离变量的微分方程的过程中,我们在假定 $g(y) \neq 0$ 的前提下,用它乘方程两边得到的通解,不包含使 $g(y) = 0$ 的特解.但是,有时如果我们扩大任意常数 C 的取值范围,则其失去的解仍包含在通解中.如在例 7.2.2 中,我们得到的通解中应该有 $C \neq 0$,但这样方程就失去特解 $y = \pm 1$,而如果允许 $C = 0$,则 $y = \pm 1$ 仍包含在通解 $y^2 - 1 = C(x-1)^2$ 中.

例 7.2.3 在一次谋杀事件发生后,尸体的温度从原来的 37℃按照牛顿冷却定律开始

下降. 假设两个小时后尸体温度变为 35℃, 并且假定周围空气的温度保持 20℃不变, 试求出尸体温度 T 随时间 t 的变化规律. 又如果尸体被发现时的温度是 30℃, 时间是下午 4 点整, 那么谋杀是何时发生的?

解 根据物体冷却的数学模型, 有

$$\begin{cases} \dfrac{\mathrm{d}T}{\mathrm{d}t} = -k(T-20), \quad k > 0, \\ T(0) = 37, \end{cases}$$

其中 $k > 0$ 是常数. 分离变量并求解得

$$T - 20 = C\mathrm{e}^{-kt},$$

代入初值条件 $T(0) = 37$, 可求得 $C = 17$. 于是该初值问题的解为

$$T = 20 + 17\mathrm{e}^{-kt}.$$

为求出 k 值, 根据两个小时后尸体温度为 35℃, 有

$$35 = 20 + 17\mathrm{e}^{-k \cdot 2},$$

求得 $k \approx 0.063$, 于是温度函数为

$$T = 20 + 17\mathrm{e}^{-0.063t}, \tag{7.2.2}$$

将 $T = 30$ 代入上式求解 t, 有

$$\frac{10}{17} = \mathrm{e}^{-0.063t}, \quad 即得 \ t \approx 8.4\,(\mathrm{h}).$$

于是, 可以判定谋杀发生在下午 4 点尸体被发现前的 8.4h, 即 8h24min 前, 所以谋杀是在上午 7 点 36 分发生的.

二、齐次方程

形如

$$\frac{\mathrm{d}y}{\mathrm{d}x} = f\left(\frac{y}{x}\right) \tag{7.2.3}$$

的一阶微分方程称为**齐次微分方程**, 简称**齐次方程**.

齐次方程(7.2.3) 可通过变量替换化为可分离变量的方程来求解, 即令

$$u = y/x \quad 或 \quad y = ux$$

其中 $u = u(x)$ 是新的未知函数, 则有

$$\frac{\mathrm{d}y}{\mathrm{d}x} = u + x\frac{\mathrm{d}u}{\mathrm{d}x}.$$

将其代入式 (7.2.3), 得

$$u + x\frac{\mathrm{d}u}{\mathrm{d}x} = f(u), \tag{7.2.4}$$

分离变量, 得

$$\frac{\mathrm{d}u}{f(u)-u}=\frac{\mathrm{d}x}{x},$$

两边积分

$$\int\frac{\mathrm{d}u}{f(u)-u}=\int\frac{\mathrm{d}x}{x}.$$

求出积分后，再将 $u=\dfrac{y}{x}$ 回代，便得到方程(7.2.3)的通解.

说明：如果有 u_0，使得 $f(u_0)-u_0=0$，显然 $u=u_0$ 也是方程(7.2.4)的解，从而 $y=u_0 x$ 也是方程(7.2.3)的解. 如果 $f(u)-u\equiv 0$，则方程(7.2.3)变成 $\dfrac{\mathrm{d}y}{\mathrm{d}x}=\dfrac{y}{x}$，这是一个可分离变量的方程.

例 7.2.4 求微分方程 $x\dfrac{\mathrm{d}y}{\mathrm{d}x}=y+x\cos^2\dfrac{y}{x}$ 的通解.

解 原方程可化为齐次方程

$$\frac{\mathrm{d}y}{\mathrm{d}x}=\frac{y}{x}+\cos^2\frac{y}{x},$$

设 $u=\dfrac{y}{x}$，则有

$$\frac{\mathrm{d}y}{\mathrm{d}x}=u+x\frac{\mathrm{d}u}{\mathrm{d}x}.$$

代入齐次方程，得

$$u+x\frac{\mathrm{d}u}{\mathrm{d}x}=u+\cos^2 u.$$

分离变量，得

$$\frac{1}{\cos^2 u}\mathrm{d}u=\frac{1}{x}\mathrm{d}x.$$

两边积分，得

$$\tan u=\ln|x|+C.$$

将 $u=\dfrac{y}{x}$ 回代，则得到所求方程的通解为

$$\tan\frac{y}{x}=\ln|x|+C.$$

例 7.2.5 求解微分方程 $2xy\mathrm{d}y=(x^2+y^2)\mathrm{d}x$ 满足初始条件 $y\big|_{x=1}=2$ 的特解.

解 原方程可化为

$$\frac{dy}{dx} = \frac{x^2+y^2}{2xy}, \quad \frac{dy}{dx} = \frac{1+\left(\dfrac{y}{x}\right)^2}{2\left(\dfrac{y}{x}\right)},$$

易见这是齐次方程. 令 $u = \dfrac{y}{x}$, 则

$$y = ux, \quad \frac{dy}{dx} = u + x\frac{du}{dx}.$$

原方程化为

$$u + x\frac{du}{dx} = \frac{1+u^2}{2u}.$$

分离变量, 得

$$\frac{2u}{u^2-1}du = -\frac{dx}{x}.$$

两边积分, 得

$$\ln|u^2-1| = -\ln|x| + \ln|C_1| = \ln\left|\frac{C_1}{x}\right|,$$

即

$$u^2 - 1 = \pm\frac{C_1}{x}.$$

令 $C = \pm C_1$, 则

$$u^2 - 1 = \frac{C}{x}.$$

将 $u = \dfrac{y}{x}$ 回代, 则得到原方程的通解为

$$y^2 - x^2 = Cx.$$

代入初始条件 $y|_{x=1} = 2$ 得到 $C = 3$, 从而所求方程的特解为

$$y^2 - x^2 = 3x.$$

*三、可化为齐次方程的微分方程

有些方程通过适当变换可以化为齐次方程.

例如, 对于形如

$$\frac{dy}{dx} = f\left(\frac{a_1 x + b_1 y + c_1}{a_2 x + b_2 y + c_2}\right)$$

的方程, 先求出两条直线

$$a_1 x + b_1 y + c_1 = 0, \quad a_2 x + b_2 y + c_2 = 0$$

的交点 (x_0, y_0), 然后作平移变换

$$\begin{cases} X = x - x_0, \\ Y = y - y_0, \end{cases} \text{即} \begin{cases} x = X + x_0, \\ y = Y + y_0. \end{cases}$$

这时，$\dfrac{\mathrm{d}y}{\mathrm{d}x} = \dfrac{\mathrm{d}Y}{\mathrm{d}X}$，于是，原方程就化为齐次方程

$$\frac{\mathrm{d}Y}{\mathrm{d}X} = f\left(\frac{a_1 X + b_1 Y}{a_2 X + b_2 Y}\right).$$

例 7.2.6　求 $\dfrac{\mathrm{d}y}{\mathrm{d}x} = \dfrac{x - y + 1}{x + y - 3}$ 的通解.

解　直线 $x - y + 1 = 0$ 和直线 $x + y - 3 = 0$ 的交点是 $(1, 2)$，因此作变换 $x = X + 1$，$y = Y + 2$. 代入原方程，得

$$\frac{\mathrm{d}Y}{\mathrm{d}X} = \frac{X - Y}{X + Y} = \left(1 - \frac{Y}{X}\right) \Big/ \left(1 + \frac{Y}{X}\right).$$

令 $u = \dfrac{Y}{X}$，则 $Y = uX$，$\dfrac{\mathrm{d}Y}{\mathrm{d}X} = u + X\dfrac{\mathrm{d}u}{\mathrm{d}X}$，代入上式，得

$$u + X\frac{\mathrm{d}u}{\mathrm{d}X} = \frac{1 - u}{1 + u}.$$

分离变量，得

$$\frac{1 + u}{1 - 2u - u^2} \mathrm{d}u = \frac{\mathrm{d}x}{X}.$$

两边积分，得

$$-\frac{1}{2} \ln|1 - 2u - u^2| = \ln|X| + \ln C_1,$$

即

$$1 - 2u - u^2 = \pm \frac{C_1^{-2}}{X^2}.$$

令 $C = \pm C_1^{-2}$，则

$$1 - 2u - u^2 = \frac{C}{X^2}.$$

将 $u = \dfrac{Y}{X}$ 回代得 $X^2 - 2XY - Y^2 = C$，再将 $X = x - 1$，$Y = y - 2$ 回代，则可得原方程的通解

$$x^2 - 2xy - y^2 + 2x + 6y = C'.$$

例 7.2.7　利用变量代换法求方程 $\dfrac{\mathrm{d}y}{\mathrm{d}x} = (x + y)^2$ 的通解.

解　令 $x + y = u$，则 $\dfrac{\mathrm{d}y}{\mathrm{d}x} = \dfrac{\mathrm{d}u}{\mathrm{d}x} - 1$，代入原方程得

$$\frac{\mathrm{d}u}{\mathrm{d}x} = 1 + u^2.$$

分离变量, 得
$$\frac{du}{1+u^2} = dx.$$
两边积分, 得
$$\arctan u = x + C.$$
回代 $x + y = u$, 得
$$\arctan(x+y) = x + C.$$
于是, 所求方程的通解为
$$y = \tan(x+C) - x.$$

例 7.2.8 求解微分方程 $\dfrac{dy}{dx} = \dfrac{1}{x\sin^2(xy)} - \dfrac{y}{x}$.

解 令 $z = xy$, 则有 $\dfrac{dz}{dx} = y + x\dfrac{dy}{dx}$, 所以
$$\frac{dz}{dx} = y + x\left(\frac{1}{x\sin^2(xy)} - \frac{y}{x}\right) = \frac{1}{\sin^2 z}.$$
分离变量, 得
$$\sin^2 z\, dz = dx.$$
两端积分, 得
$$2z - \sin 2z = 4x + C.$$
回代原变量, 即得到所求微分方程的通解
$$2xy - \sin 2(xy) = 4x + C.$$

习题 7-2

1. 指出下列微分方程的通解或特解:
(1) $2x - 3 + y' = 0$;
(2) $y' = 2xy$;
(3) $xy' - 2y\ln y = 0$;
(4) $x(y^2+1)dx + y(x^2-3)dy = 0$;
(5) $y' = \sqrt{\dfrac{1-y}{1+x}}$;
(6) $(e^{x+y} + e^y)dy + (e^{x+y} - e^x)dx = 0$;
(7) $xy\,dx - \sqrt{1-x^2}\,dy = 0$;
(8) $\cot x \dfrac{dy}{dx} = 3 - y$;
(9) $xy\,dy - y^2 dx = dx + 2y\,dy$;
(10) $x\,dy + dx = e^y dx$;
(11) $y'\sin x = y\ln y, y|_{x=\frac{\pi}{2}} = e$;
(12) $y' = e^{x+y}, y|_{x=0} = 0$.

2. 求下列齐次方程的通解或特解:

(1) $xy' - y + \sqrt{x^2 - y^2} = 0$;

(2) $y' = e^{\frac{y}{x}} + \dfrac{y}{x}$;

(3) $(x^2 + y^2)dx = xy dy$;

(4) $x\dfrac{dy}{dx} = y \ln \dfrac{y}{x}$;

(5) $\left(x + y\sin\dfrac{y}{x}\right)dx - x\sin\dfrac{y}{x}dy = 0$;

(6) $y(x^2 + 2xy + y^2)dx + x(x^2 - 2xy + y^2)dy = 0$;

(7) $y' = \dfrac{x}{y} + \dfrac{y}{x}$, $y|_{x=1} = 2$;

(8) $2xy dx = (3x^2 - y^2)dy$, $y|_{x=0} = 1$.

3. 利用变量代换求下列方程通解:

(1) $(2x - y - 4)dy = (2y - x + 5)dx$;

(2) $(x - y - 1)dx = (1 - x - 4y)dy$;

(3) $(x + y)dx + (3x + 3y - 4)dy = 0$.

4. 曲线上任一点处的切线垂直于该点与原点的连线,且该曲线通过点$(1,0)$,求曲线的方程.

5. 质量为1g的质点受外力作用做直线运动,该外力和时间成正比,和质点运动的速度成反比. 在$t = 10s$时,速度等于$v = 100$cm/s,外力为$F = 2\text{g}\cdot\text{cm/s}^2$,问运动 1min 后的速度是多少?

第三节 一阶线性微分方程的通解

一、一阶线性微分方程

形如

$$\dfrac{dy}{dx} + P(x)y = Q(x) \tag{7.3.1}$$

的方程称为**一阶线性微分方程**,$Q(x)$ 称为自由项,其中函数 $P(x)$,$Q(x)$ 是区间 I 上的连续函数.

若方程(7.3.1)中 $Q(x) \equiv 0$,则称

$$\dfrac{dy}{dx} + P(x)y = 0 \tag{7.3.2}$$

为**一阶齐次线性方程**. 方程(7.3.1)也称为**一阶非齐次线性方程**. 称(7.3.2)为对应于非齐次线性微分方程(7.3.1)的齐次线性微分方程.

一阶齐次线性方程(7.3.2)是可分离变量的方程,分离变量,得

$$\dfrac{dy}{y} = -P(x)dx,$$

两边积分，得
$$\ln|y| = -\int P(x)\mathrm{d}x + C_1,$$
由此得到一阶齐次线性方程(7.3.2)的通解为
$$y = C\mathrm{e}^{-\int P(x)\mathrm{d}x}, \tag{7.3.3}$$
其中 C ($C = \pm\mathrm{e}^{C_1}$) 为任意常数.

下面使用**常数变易法**来讨论一阶非齐次线性方程(7.3.1)的通解.

将方程(7.3.1)变形为
$$\frac{\mathrm{d}y}{y} = \left[\frac{Q(x)}{y} - P(x)\right]\mathrm{d}x,$$
两边积分，得
$$\ln|y| = \int\frac{Q(x)}{y}\mathrm{d}x - \int P(x)\mathrm{d}x$$
若记 $\int\frac{Q(x)}{y}\mathrm{d}x = v(x)$，则
$$\ln|y| = v(x) - \int P(x)\mathrm{d}x,$$
即
$$y = \pm\mathrm{e}^{v(x)}\mathrm{e}^{-\int P(x)\mathrm{d}x} \xrightarrow{\text{记为}} u(x)\mathrm{e}^{-\int P(x)\mathrm{d}x}.$$

这个解与齐次方程的通解(7.3.3)相比较，易见其表达形式一致，我们引入**常数变易法**，即在求出对应齐次方程的通解(7.3.3)后，将通解中的常数 C 变易为待定函数 $u(x)$，并设一阶非齐次方程通解为
$$y = u(x)\mathrm{e}^{-\int P(x)\mathrm{d}x}, \tag{7.3.4}$$
两边求导，得
$$y' = u'(x)\mathrm{e}^{-\int P(x)\mathrm{d}x} + u(x)[-P(x)]\mathrm{e}^{-\int P(x)\mathrm{d}x}.$$
将 y 和 y' 代入方程(7.3.1)，化简得
$$u'(x)\mathrm{e}^{-\int P(x)\mathrm{d}x} = Q(x),$$
$$u'(x) = Q(x)\mathrm{e}^{\int P(x)\mathrm{d}x}.$$
两边积分，得
$$u(x) = \int Q(x)\mathrm{e}^{\int P(x)\mathrm{d}x}\mathrm{d}x + C.$$
将上式代入(7.3.4)式得到一阶非齐次线性方程(7.3.1)的通解为
$$y = \left(\int Q(x)\mathrm{e}^{\int P(x)\mathrm{d}x}\mathrm{d}x + C\right)\mathrm{e}^{-\int P(x)\mathrm{d}x}, \tag{7.3.5}$$

公式(7.3.5)也可表示成

$$y = e^{-\int P(x)dx} \int Q(x) e^{\int P(x)dx} dx + C e^{-\int P(x)dx}. \tag{7.3.6}$$

可以看出，一阶非齐次线性方程的通解是对应的齐次线性方程的通解与其本身的一个特解之和，这个结论对高阶非齐次线性方程亦成立.

例 7.3.1 求方程 $y' + \dfrac{1}{x} y = \dfrac{\sin x}{x}$ 的通解.

解 这是一阶非齐次线性方程，其中

$$P(x) = \frac{1}{x}, \quad Q(x) = \frac{\sin x}{x},$$

于是，所求通解为

$$\begin{aligned} y &= e^{-\int \frac{1}{x} dx} \left(\int \frac{\sin x}{x} \cdot e^{\int \frac{1}{x} dx} dx + C \right) \\ &= e^{-\ln x} \left(\int \frac{\sin x}{x} \cdot e^{\ln x} dx + C \right) \\ &= \frac{1}{x} \left(\int \sin x dx + C \right) = \frac{1}{x} (-\cos x + C). \end{aligned}$$

例 7.3.2 求方程 $\cos x \dfrac{dy}{dx} + y \sin x = 1$ 的通解.

解 原方程化为

$$\frac{dy}{dx} + y \tan x = \sec x,$$

其为一阶非齐次线性方程，下面我们直接采用常数变易法来求解.

先求对应齐次方程的通解. 分离变量，得

$$\frac{dy}{y} = -\tan x dx.$$

两端积分，得

$$\ln|y| = \ln|\cos x| + \ln|C_1|.$$

对应齐次方程的通解为

$$y = C \cos x.$$

变换常数 C，得到

$$y = u(x) \cos x. \tag{7.3.7}$$

求导，得

$$\frac{dy}{dx} = u'(x) \cos x - u(x) \sin x.$$

代入原方程并化简得

$$u'(x) = \sec^2 x.$$

两端积分,得
$$u(x) = \tan x + C.$$
将上式代入式(7.3.7),便得到原方程的通解
$$y = (\tan x + C)\cos x.$$

注:该题也可直接用公式法求解.

例 7.3.3 求方程 $y^3 \mathrm{d}x + (2xy^2 - 1)\mathrm{d}y = 0$ 的通解.

解 如果将 y 看作 x 的函数,则方程变为
$$\frac{\mathrm{d}y}{\mathrm{d}x} = \frac{y^3}{1 - 2xy^2},$$

这个方程不是一阶线性微分方程,不便求解. 如果将 x 看作 y 的函数,则方程可改写为
$$y^3 \frac{\mathrm{d}x}{\mathrm{d}y} + 2y^2 x = 1,$$

它是一阶线性微分方程,其对应齐次方程为
$$y^3 \frac{\mathrm{d}x}{\mathrm{d}y} + 2y^2 x = 0.$$

分离变量并积分,得
$$\int \frac{\mathrm{d}x}{x} = -\int \frac{2\mathrm{d}y}{y},$$

即
$$x = C_1 \frac{1}{y^2},$$

其中 C_1 为任意常数. 利用常数变易法,设原方程的通解为
$$x = u(y)\frac{1}{y^2}.$$

代入原方程,得
$$u'(y) = \frac{1}{y}.$$

积分,得
$$u(y) = \ln|y| + C.$$

于是,原方程的通解为
$$x = \frac{1}{y^2}(\ln|y| + C), \quad \text{其中 } C \text{ 为任意常数}.$$

*二、伯努利方程

形如

$$\frac{dy}{dx} + P(x)y = Q(x)y^n \tag{7.3.8}$$

的方程称为**伯努利方程**，其中 n 为常数，且 $n \neq 0, 1$.

伯努利方程是一类非线性方程，若通过变量替换可以把它化为线性的：在方程(7.3.8) 两端除以 y^n，得

$$y^{-n}\frac{dy}{dx} + P(x)y^{1-n} = Q(x) \quad \text{或} \quad \frac{1}{1-n} \cdot (y^{1-n})' + P(x)y^{1-n} = Q(x),$$

于是，令 $z = y^{1-n}$，化为关于变量 z 的一阶线性非齐次方程

$$\frac{dz}{dx} + (1-n)P(x)z = (1-n)Q(x).$$

求出通解后，再回代原变量，便可得到伯努利方程(7.3.7)的通解

$$y^{1-n} = e^{-\int(1-n)P(x)dx}\left(\int Q(x)(1-n)e^{\int(1-n)P(x)dx}dx + C\right).$$

例 7.3.4 求方程 $\dfrac{dy}{dx} + 2xy = y^2 e^{x^2}$ 的通解.

解 令 $z = y^{-1}$，则 $\dfrac{dz}{dx} = -y^{-2}\dfrac{dy}{dx}$，上述方程变为

$$\frac{dz}{dx} - 2xz = -e^{x^2}.$$

由公式(7.3.5)得

$$z = e^{-\int -2xdx}\left(\int -e^{x^2} \cdot e^{\int -2xdx} + C\right) = e^{x^2}(C-x),$$

得通解

$$z = e^{x^2}(C-x).$$

以 y^{-1} 代 z，得所求通解为

$$y = \frac{1}{e^{x^2}(C-x)} \quad \text{或} \quad ye^{x^2}(C-x) = 1.$$

例 7.3.5 求方程 $\dfrac{dy}{dx} + x(y-x) + x^3(y-x)^2 = 1$ 的通解.

解 令 $y - x = u$，则 $\dfrac{dy}{dx} = \dfrac{du}{dx} + 1$，于是得到伯努利方程

$$\frac{du}{dx} + xu = -x^3 u^2.$$

令 $z = u^{1-2} = \dfrac{1}{u}$，上式即变为一阶线性方程

$$\frac{dz}{dx} - xz = x^3.$$

其通解为
$$z = e^{\frac{x^2}{2}}\left(\int x^3 e^{-\frac{x^2}{2}} dx + C\right) = Ce^{\frac{x^2}{2}} - x^2 - 2.$$

回代原变量，即得到原方程的通解
$$y = x + \frac{1}{z} = x + \frac{1}{Ce^{\frac{x^2}{2}} - x^2 - 2}.$$

此外，由于 $u = 0$ 也是 $\dfrac{du}{dx} + xu = -x^3 u^2$ 的解，故 $y = x$ 也是原方程的解。

习题 7-3

1. 求下列微分方程的通解：

(1) $y' - 2xy = 6x$；

(2) $y' + y = e^{-x}$；

(3) $y' + \dfrac{1}{x}y = 3x$；

(4) $(x-5)y' - y = 2(x-5)^3$；

(5) $(x^2 - 1)y' + 2xy = 3x^2$；

(6) $\dfrac{dy}{dx} = \dfrac{1}{x\sin y - \sin 2y}$；

(7) $y dx + (1+y)x dy = e^y dy$；

(8) $(3x + 2y^2)y' - y = 0$；

(9) $(2x + y)\dfrac{dy}{dx} - y = 0$；

(10) $\dfrac{dy}{dx} + f'(x)y = f(x)f'(x)$.

2. 求下列微分方程满足初始条件的特解：

(1) $\dfrac{dy}{dx} - 3y = 2$，$y\big|_{x=0} = 1$；

(2) $y' + \dfrac{1}{x}y = \dfrac{1}{x}\sin x$，$y\big|_{x=\pi} = 1$；

(3) $\dfrac{dy}{dx} - y\tan x = \sec x$，$y\big|_{x=0} = 0$.

3. 求下列伯努利方程的通解：

(1) $y' - 2xy = xy^2$；

(2) $y' + \dfrac{2}{x}y - x^2 y^{\frac{4}{3}} = 0$；

(3) $y' + \dfrac{1}{3}y - \dfrac{1-2x}{3}y^4 = 0$；

(4) $2xy' + y = 2xy^4 \ln x$.

4. 用适当的变量代换求下列方程的通解：

(1) $x\dfrac{dy}{dx} + x = -\cos(x+y)$；

(2) $\dfrac{dy}{dx} + x(y-x) + x^3(y-x)^2 = 1$；

(3) $\dfrac{dy}{dx} = \dfrac{1}{x-y} + 1$; (4) $(y + xy^2)dx + (x - x^2 y)dy = 0$.

5. 已知曲线通过原点, 并且它在点 (x, y) 处的切线斜率等于 $2x - y$, 求曲线的方程.

第四节　可降阶的微分方程

对一般的高阶微分方程没有普遍的解法, 例如二阶微分方程有的可以通过积分求得, 有的经过适当的变量替换可降为一阶微分方程, 然后求解一阶微分方程, 再将变量回代, 从而求得所给二阶微分方程的解. 本节讨论三种特殊形式的高阶微分方程.

一、$y^{(n)} = f(x)$ 型

这种类型的方程只要连续积分 n 次, 就可得这个方程的含有 n 个任意常数的通解.

例 7.4.1　求方程 $y'' = e^{2x} - \cos x$ 满足 $y(0) = 0, y'(0) = 1$ 的特解.

解　对所给方程连续积分两次, 得

$$y' = \frac{1}{2}e^{2x} - \sin x + C_1, \tag{7.4.1}$$

$$y = \frac{1}{4}e^{2x} + \cos x + C_1 x + C_2. \tag{7.4.2}$$

在式(7.4.1)中代入条件 $y'(0) = 1$, 得 $C_1 = \dfrac{1}{2}$; 在式(7.4.2)中代入条件 $y(0) = 0$, 得 $C_2 = -\dfrac{5}{4}$. 从而所求方程的特解为

$$y = \frac{1}{4}e^{2x} + \cos x + \frac{1}{2}x - \frac{5}{4}.$$

例 7.4.2　求方程 $xy^{(4)} - y^{(3)} = 0$ 的通解.

解　设 $y''' = P(x)$, 代入题设方程, 得

$$xP' - P = 0 \quad (P \neq 0).$$

解线性方程, 得

$$P = C_1 x \ (C_1 \text{ 为任意常数}), \quad 即 \ y''' = C_1 x.$$

两端积分, 得

$$y'' = \frac{1}{2}C_1 x^2 + C_2, \quad y' = \frac{C_1}{6}x^3 + C_2 x + C_3.$$

再积分得到所求方程的通解为

$$y = \frac{C_1}{24}x^4 + \frac{C_2}{2}x^2 + C_3 x + C_4,$$

其中 $C_i (i = 1, 2, 3, 4)$ 为任意常数. 进一步通解可改写为

$$y = d_1 x^4 + d_2 x^2 + d_3 x + d_4,$$

其中 $d_i (i=1,2,3,4)$ 为任意常数.

二、$y'' = f(x, y')$ 型

这种方程的特点是不显含未知函数 y，求解的方法是：令 $y' = p(x)$，则 $y'' = p'(x)$，原方程化为以 $p(x)$ 为未知函数的一阶微分方程

$$p' = f(x, p).$$

设其通解为

$$p = \varphi(x, C_1),$$

然后再根据关系式 $y' = p$，又得到一个一阶微分方程

$$\frac{dy}{dx} = \varphi(x, C_1),$$

对它进行积分，即可得到原方程的通解

$$y = \int \varphi(x, C_1) dx + C_2.$$

例 7.4.3 求方程 $(1+x^2)\dfrac{d^2 y}{dx^2} = 2x \dfrac{dy}{dx}$ 的通解.

解 这是一个不显含未知函数 y 的方程. 令 $\dfrac{dy}{dx} = p(x)$，则 $\dfrac{d^2 y}{dx^2} = \dfrac{dp}{dx}$，于是，原方程降阶为

$$(1+x^2)\frac{dp}{dx} - 2px = 0, \quad 即 \frac{dp}{p} = \frac{2x}{1+x^2} dx.$$

两边积分，得

$$\ln|p| = \ln(1+x^2) + \ln|C_1|,$$

即

$$p = C_1(1+x^2) \quad 或 \quad \frac{dy}{dx} = C_1(1+x^2).$$

再积分一次，得原方程的通解为

$$y = C_1 \left(x + \frac{x^3}{3} \right) + C_2.$$

三、$y'' = f(y, y')$ 型

这种方程的特点是不显含自变量 x. 解决的方法是：把 y 暂时看作自变量，并作变换 $y' = p(y)$，于是，由复合函数的求导法则有

$$y'' = \frac{dp}{dx} = \frac{dp}{dy} \cdot \frac{dy}{dx} = p \frac{dp}{dy}.$$

这样就将原方程就化为
$$p\frac{\mathrm{d}p}{\mathrm{d}y}=f(y,p).$$
这是一个关于变量 y,p 的一阶微分方程. 设它的通解为
$$y'=p=\varphi(y,C_1),$$
这是可分离变量的方程, 对其积分即得到原方程的通解
$$\int\frac{\mathrm{d}y}{\varphi(y,C_1)}=x+C_2.$$

例 7.4.4 求方程 $yy''-3y'^2=0$ 的通解.

解 所给方程不显含自变量 x. 设 $y'=p(y)$, 则
$$y''=p\frac{\mathrm{d}p}{\mathrm{d}y},$$
代入原方程得
$$y\cdot p\frac{\mathrm{d}p}{\mathrm{d}y}-3p^2=0,\quad 即\quad p\left(y\cdot\frac{\mathrm{d}p}{\mathrm{d}y}-3p\right)=0.$$

在 $y\neq 0, p\neq 0$ 时, 约去 p 并分离变量, 得
$$\frac{\mathrm{d}p}{3p}=\frac{\mathrm{d}y}{y}.$$
两端积分, 得
$$\frac{1}{3}\ln|3p|=\ln|y|+\ln|C_1|\,(C_1\text{ 为任意常数}).$$
即
$$(3p)^{\frac{1}{3}}=C_1y\quad 即\quad y'=C_2y^3\left(C_2=\frac{C_1^3}{3}\right).$$
再分离变量, 得
$$\frac{\mathrm{d}y}{y^3}=C_2\mathrm{d}x,$$
并在两端积分, 可得
$$-\frac{y^{-2}}{2}=C_2x+C_3,$$
因此所给方程的通解为
$$C_2xy^2+C_3y^2=-2\quad(C_2,C_3\text{ 为任意常数}).$$
或
$$Cxy^2+C'y^2=1\quad(C,C'\text{ 为任意常数}).$$

习题 7-4

1. 求下列微分方程的通解:

(1) $y'' = x^2 - \cos x$;

(2) $y''' = xe^x$;

(3) $y'' = \dfrac{1}{x}$;

(4) $y'' - y'^2 - 1 = 0$;

(5) $y'' = y' + 2x$;

(6) $xy'' + y' = 0$;

(7) $y'' - \dfrac{y'^2}{y+3} = 0$;

(8) $y'' = y'^3 + y'$.

2. 求下列各微分方程满足所给初始条件的特解:

(1) $y'' = \dfrac{1}{x^2+1}$, $y|_{x=0} = y'|_{x=0} = 0$;

(2) $x^2 y'' + xy' = 1$, $y|_{x=1} = 0$, $y'|_{x=1} = 1$;

(3) $y'' = \dfrac{3}{2} y^2$, $y|_{x=0} = 1$, $y'|_{x=0} = 1$;

(4) $y'' = 3\sqrt{y}$, $y|_{x=0} = 1$, $y'|_{x=0} = 2$.

3. 已知曲线经过点 $M(0,1)$ 且在此点与直线 $y = \dfrac{1}{3}x - 1$ 相切,并满足方程 $y'' = x$,求该积分曲线的方程.

第五节 二阶线性微分方程解的结构

本节讨论二阶线性微分方程的解的一些性质.

二阶线性微分方程的一般形式是

$$\frac{d^2 y}{dx^2} + P(x)\frac{dy}{dx} + Q(x)y = f(x), \tag{7.5.1}$$

其中 $P(x)$,$Q(x)$ 及 $f(x)$ 是自变量 x 的已知函数,函数 $f(x)$ 称为方程(7.5.1)的**自由项**. 当 $f(x) = 0$ 时,方程(7.5.1)化为

$$\frac{d^2 y}{dx^2} + P(x)\frac{dy}{dx} + Q(x)y = 0, \tag{7.5.2}$$

称为**二阶齐次线性微分方程**,相应地,方程(7.5.1)称为**二阶非齐次线性微分方程**.

定理 7.5.1 如果函数 $y_1(x)$ 与 $y_2(x)$ 是方程(7.5.2)的两个解,则

$$y = C_1 y_1(x) + C_2 y_2(x) \tag{7.5.3}$$

也是方程(7.5.2)的解,其中 C_1, C_2 是任意常数.

该定理可通过将式(7.5.3)代入方程(7.5.2)进行验证. 结论表明齐次线性方程的解符合**叠加原理**. 式(7.5.3)虽然仍是该方程的解, 并且形式上也含有两个任意常数 C_1 与 C_2, 但它却不一定是方程(7.5.2)的通解, 因为定理的条件中并没有保证 $y_1(x)$ 与 $y_2(x)$ 这两个函数是相互独立的. 我们引入函数的线性相关与线性无关的概念解决这个问题.

定义 7.5.1 设 $y_1(x)$, $y_2(x)$ 是定义在区间 I 内的两个函数, 如果存在两个不全为零的常数 k_1, k_2, 使得在区间 I 内恒有

$$k_1 y_1(x) + k_2 y_2(x) \equiv 0,$$

则称这两个函数在区间 I 内**线性相关**, 否则称为**线性无关**.

根据定义 7.5.1 可知, 在区间 I 内两个函数是否线性相关, 只要看它们的比是否为常数. 如果比为常数, 则它们线性相关, 否则线性无关.

例如, 函数 $y_1(x) = \sin 2x$, $y_2(x) = 6\sin x \cos x$ 是两个线性相关的函数, 因为

$$\frac{y_2(x)}{y_1(x)} = \frac{6\sin x \cos x}{\sin 2x} = 3.$$

而 $y_1(x) = e^{4x}$, $y_2(x) = e^x$ 是两个线性无关的函数, 因为

$$\frac{y_2(x)}{y_1(x)} = \frac{e^x}{e^{4x}} = e^{-3x}.$$

定理 7.5.2 如果 $y_1(x)$ 与 $y_2(x)$ 是方程(7.5.2)的两个线性无关的特解, 则

$$y = C_1 y_1(x) + C_2 y_2(x)$$

就是方程(7.5.2)的通解, 其中 C_1, C_2 是任意常数.

证 由定理 7.5.1 知, $y = C_1 y_1(x) + C_2 y_2(x)$ 是方程(7.5.2)的解, 因为 $y_1(x)$ 与 $y_2(x)$ 线性无关, 所以其中两个任意常数 C_1 与 C_2 不能合并, 即它们是相互独立的, 所以 $y = C_1 y_1(x) + C_2 y_2(x)$ 是方程(7.5.2)的通解.

例如, 对于方程 $y'' + y = 0$, 容易验证 $y_1 = \cos x$ 与 $y_2 = \sin x$ 是它的两个特解, 又

$$\frac{y_2}{y_1} = \frac{\sin x}{\cos x} = \tan x \neq 常数,$$

所以 $y = C_1 \cos x + C_2 \sin x$ 就是该方程的通解.

一阶非齐次线性微分方程的通解可以表示为对应齐次方程的通解与一个非齐次方程的特解的和. 实际上, 二阶甚至更高阶的非齐次线性微分方程的通解也具有这样的结构.

定理 7.5.3 设 y^* 是方程(7.5.1)的一个特解, 而 Y 是其对应的齐次方程(7.5.2)的通解, 则

$$y = Y + y^* \tag{7.5.4}$$

就是二阶非齐次线性微分方程(7.5.1)的通解.

证 把式(7.5.4)代入方程(7.5.1)的左端, 得

$$(Y + y^*)'' + P(x)(Y + y^*)' + Q(x)(Y + y^*)$$
$$= (Y'' + y^{*''}) + P(x)(Y' + y^{*'}) + Q(x)(Y + y^*)$$

$$= [Y'' + P(x)Y' + Q(x)Y] + [y^{*''} + P(x)y^{*'} + Q(x)y^*]$$
$$= 0 + f(x) = f(x),$$

即 $y = Y + y^*$ 就是方程(7.5.1)的解. 由于对应齐次方程的通解
$$Y = C_1 y_1(x) + C_2 y_2(x)$$

含有两个任意相互独立的常数 C_1, C_2, 所以 $y = Y + y^*$ 就是方程(7.5.1)的通解.

例如, 方程 $y'' + y = x^2$ 是二阶非齐次线性微分方程, 已知其对应的齐次方程 $y'' + y = 0$ 的通解为 $y = C_1 \cos x + C_2 \sin x$. 又容易验证 $y = x^2 - 2$ 是该方程的一个特解, 故
$$y = C_1 \cos x + C_2 \sin x + x^2 - 2$$

是所给方程的通解.

定理 7.5.4 设 y_1^* 与 y_2^* 分别是方程
$$y'' + P(x)y' + Q(x)y = f_1(x) \quad \text{与} \quad y'' + P(x)y' + Q(x)y = f_2(x)$$

的特解, 则 $y_1^* + y_2^*$ 是方程
$$y'' + P(x)y' + Q(x)y = f_1(x) + f_2(x) \tag{7.5.5}$$

的特解.

将 $y_1^* + y_2^*$ 代入方程(7.5.5)可以验证 $y_1^* + y_2^*$ 是方程(7.5.5)的一个特解. 这个定理通常被称为非齐次线性微分方程的解的**叠加原理**.

定理 7.5.5 设 $y_1 + \mathrm{i}y_2$ 是方程
$$y'' + P(x)y' + Q(x)y = f_1(x) + \mathrm{i}f_2(x) \tag{7.5.6}$$

的解, 其中 $P(x), Q(x), f_1(x), f_2(x)$ 为实值函数, i 为纯虚数, 则 y_1 与 y_2 分别是方程
$$y'' + P(x)y' + Q(x)y = f_1(x) \quad \text{与} \quad y'' + P(x)y' + Q(x)y = f_2(x)$$

的解.

在二阶线性方程(7.5.1)中, 系数 $P(x)$ 与 $Q(x)$ 是随 x 变化的, 对于这种变系数微分方程, 要求其解一般是很困难的. 处理这类方程有两种办法: 一种是利用变量替换使方程降阶——**降阶法**; 另一种是在求出对应齐次方程的通解后, 通过常数变易的方法来求得非齐次线性方程的通解——**常数变易法**.

1. 降阶法

在第四节中曾利用变量替换法降阶求得方程的解, 二阶变系数线性方程也可用这种方法求解.

考虑二阶齐次线性方程
$$\frac{\mathrm{d}^2 y}{\mathrm{d}x^2} + P(x)\frac{\mathrm{d}y}{\mathrm{d}x} + Q(x)y = 0, \tag{7.5.7}$$

设 y_1 是方程(7.5.7)的一个已知非零特解,作变量替换

$$y = uy_1, \tag{7.5.8}$$

其中 $u = u(x)$ 为待定函数. 求 y 的一阶和二阶导数, 得

$$\frac{dy}{dx} = y_1\frac{du}{dx} + u\frac{dy_1}{dx}, \quad \frac{d^2y}{dx^2} = y_1\frac{d^2u}{dx^2} + 2\frac{du}{dx}\frac{dy_1}{dx} + u\frac{d^2y_1}{dx^2}.$$

将它们代入方程(7.5.7),得

$$y_1\frac{d^2u}{dx^2} + \left(2\frac{dy_1}{dx} + P(x)y_1\right)\frac{du}{dx} + \left(\frac{d^2y_1}{dx^2} + P(x)\frac{dy_1}{dx} + Q(x)y_1\right)u = 0. \tag{7.5.9}$$

这是一个关于 u 的二阶齐次线性方程,各项系数是 x 的已知函数,因为 y_1 是方程(7.5.7)的解, 所以, 其中 u 的系数

$$\frac{d^2y_1}{dx^2} + P(x)\frac{dy_1}{dx} + Q(x)y_1 \equiv 0.$$

故式(7.5.9)化为

$$y_1\frac{d^2u}{dx^2} + \left(2\frac{dy_1}{dx} + P(x)y_1\right)\frac{du}{dx} = 0.$$

再作变量替换 $\dfrac{du}{dx} = z$, 得

$$y_1\frac{dz}{dx} + \left(2\frac{dy_1}{dx} + P(x)y_1\right)z = 0.$$

分离变量,得

$$\frac{1}{z}dz = -\left[\frac{2}{y_1}\frac{dy_1}{dx} + P(x)\right]dx.$$

两边积分,得其通解

$$z = \frac{C_2}{y_1^2}e^{-\int P(x)dx} \quad (C_2\text{ 为任意常数}).$$

对 $\dfrac{du}{dx} = z$ 积分,得

$$u = C_2\int \frac{1}{y^2}e^{-\int P(x)dx}dx + C_1 \quad (C_1\text{ 为任意常数}).$$

回代原变量,就得到方程(7.5.7)的通解

$$y = y_1\left[C_1 + C_2\int \frac{1}{y^2}e^{-\int P(x)dx}dx\right].$$

这个公式称为二阶线性微分方程的**刘维尔公式**.

综上所述,对于二阶齐次线性方程,如果已知该方程的一个非零特解,作变量替换

$y = y_1 \int z dx$, 就可将其降为一阶齐次线性方程, 从而求得通解.

对于二阶非齐次线性方程, 若已知其对应的齐次方程的一个特解, 做同样的变量替换(因为这种变换并不影响方程的右端), 也能使非齐次方程降低一阶.

例 7.5.1 已知 $y_1 = \dfrac{\sin x}{x}$ 是方程 $\dfrac{d^2 y}{dx^2} + \dfrac{2}{x}\dfrac{dy}{dx} + y = 0$ 的一个解, 试求方程的通解.

解 作变换 $y = y_1 \int z dx$, 则有

$$\frac{dy}{dx} = y_1 z + \frac{dy_1}{dx}\int z dx, \quad \frac{d^2 y}{dx^2} = y_1 \frac{dz}{dx} + 2\frac{dy_1}{dx}z + \frac{d^2 y_1}{dx^2}\int z dx.$$

代入原方程, 并注意到 y_1 是原方程的解, 有

$$y_1 \frac{dz}{dx} + \left(2\frac{dy_1}{dx} + \frac{2 y_1}{x}\right) z = 0.$$

将 $y_1 = \dfrac{\sin x}{x}$ 代入, 并化简整理, 得

$$\frac{dz}{dx} = -2 z \cot x.$$

两端积分, 得

$$z = \frac{C_1}{\sin^2 x}.$$

于是, 所求方程的通解为

$$y = y_1 \int z dx = \frac{\sin x}{x}\left(\int \frac{C_1}{\sin^2 x} dx + C_2\right)$$
$$= \frac{\sin x}{x}(-C_1 \cot x + C_2) = \frac{1}{x}(C_2 \sin x - C_1 \cos x),$$

其中 C_1, C_2 为任意常数.

2. 常数变易法

在求一阶非齐次线性方程的通解时, 利用常数变易法求得通解, 二阶非齐次线性方程也可利用常数变易法求解.

设有二阶非齐次线性方程

$$\frac{d^2 y}{dx^2} + P(x)\frac{dy}{dx} + Q(x)y = f(x), \tag{7.5.10}$$

其中 $P(x), Q(x), f(x)$ 在某区间上连续, 如果其对应的齐次方程

$$\frac{d^2 y}{dx^2} + P(x)\frac{dy}{dx} + Q(x)y = 0$$

的通解 $y = C_1 y_1 + C_2 y_2$ 已经求得, 那么也可通过如下的常数变易法求得非齐次方程的通解.

设非齐次方程(7.5.10)具有形如
$$y^* = u_1 y_1 + u_2 y_2 \tag{7.5.11}$$
的特解，其中 $u_1 = u_1(x), u_2 = u_2(x)$ 是两个待定函数. 对 y^* 求导数，得
$$y^{*\prime} = u_1 y_1' + u_2 y_2' + y_1 u_1' + y_2 u_2'.$$
把特解(7.5.11)代入方程(7.5.10)中，可得到确定 u_1, u_2 的一个方程. 因为这里有两个未知函数，所以还需添加一个条件. 为计算方便，我们补充如下条件:
$$y_1 u_1' + y_2 u_2' = 0.$$
这样
$$y^{*\prime} = u_1 y_1' + u_2 y_2',$$
$$y^{*\prime\prime} = u_1 y_1'' + u_2 y_2'' + y_1' u_1' + y_2' u_2',$$
代入方程(7.5.10)中，并注意到 y_1, y_2 是齐次方程的解，经整理得
$$y_1' u_1' + y_2' u_2' = f(x).$$
与补充条件联立，得方程组
$$\begin{cases} y_1 u_1' + y_2 u_2' = 0, \\ y_1' u_1' + y_2' u_2' = f(x). \end{cases} \tag{7.5.12}$$
因为 y_1, y_2 线性无关，即 $\dfrac{y_2}{y_1} \neq$ 常数，所以
$$\left(\frac{y_2}{y_1}\right)' = \frac{y_1 y_2' - y_2 y_1'}{y_1^2} \neq 0.$$
设 $w(x) = y_1 y_2' - y_2 y_1'$，则有 $w(x) \neq 0$，所以上述方程组有唯一解，解得
$$\begin{cases} u_1' = \dfrac{-y_2 f(x)}{y_1 y_2' - y_2 y_1'} = \dfrac{-y_2 f(x)}{w(x)}, \\ u_2' = \dfrac{y_1 f(x)}{y_1 y_2' - y_2 y_1'} = \dfrac{y_1 f(x)}{w(x)}. \end{cases}$$
积分并取其中一个原函数，得
$$u_1 = -\int \frac{y_2 f(x)}{w(x)} \, dx, \quad u_2 = \int \frac{y_1 f(x)}{w(x)} \, dx.$$
于是，所求特解为
$$y^* = y_1 \int \frac{-y_2 f(x)}{w(x)} \, dx + y_2 \int \frac{y_1 f(x)}{w(x)} \, dx.$$
所以，所求方程(7.5.10)的通解为
$$y = Y + y^* = C_1 y_1 + C_2 y_2 + y_1 \int \frac{-y_2 f(x)}{w(x)} \, dx + y_2 \int \frac{y_1 f(x)}{w(x)} \, dx.$$

例 7.5.2 求方程 $\dfrac{d^2y}{dx^2} - \dfrac{1}{x}\dfrac{dy}{dx} = x$ 的通解.

解 先求对应的齐次方程

$$\dfrac{d^2y}{dx^2} - \dfrac{1}{x}\dfrac{dy}{dx} = 0$$

的通解. 由于

$$\dfrac{d^2y}{dx^2} = \dfrac{1}{x}\dfrac{dy}{dx}, \quad 即 \dfrac{1}{\frac{dy}{dx}} \cdot d\left(\dfrac{dy}{dx}\right) = \dfrac{1}{x}dx,$$

两边积分, 得

$$\ln\left|\dfrac{dy}{dx}\right| = \ln|x| + \ln|C|, \quad 即 \dfrac{dy}{dx} = Cx.$$

从而得到对应齐次方程的通解

$$y = C_1 x^2 + C_2.$$

易见对应齐次方程的两个线性无关的特解是 x^2 和 1.

为求非齐次方程的一个解 y^*, 将 C_1, C_2 换成待定函数 u_1, u_2. 设

$$y^* = u_1 x^2 + u_2,$$

则根据常数变易法, u_1, u_2 满足下列方程组

$$\begin{cases} x^2 u_1' + 1 \cdot u_2' = 0, \\ 2x u_1' + 0 \cdot u_2' = x. \end{cases}$$

解上述方程组, 得

$$u_1' = \dfrac{1}{2}, \quad u_2' = -\dfrac{1}{2}x^2.$$

积分并取其中一个原函数得

$$u_1 = \dfrac{1}{2}x, \quad u_2 = -\dfrac{x^3}{6}.$$

于是, 原方程的一个特解为

$$y^* = u_1 \cdot x^2 + u_2 \cdot 1 = \dfrac{x^3}{2} - \dfrac{x^3}{6} = \dfrac{x^3}{3}.$$

从而原方程的通解为

$$y = C_1 x^2 + C_2 + \dfrac{x^3}{3}.$$

求二阶非齐次线性微分方程的通解方法:

(1) 先求出其对应的齐次方程的一个特解 y_1, 然后再利用刘维尔公式求出对应的齐次方程的另一个特解 y_2, 这样就求出了对应的齐次方程的通解 $Y = C_1 y_1 + C_2 y_2$;

(2) 利用常数变易法可求出所求非齐次方程的一个特解 y^*;

(3) 将特解 y^* 与通解 $Y = C_1 y_1 + C_2 y_2$ 叠加，就得到所求非齐次方程的通解
$$y = C_1 y_1 + C_2 y_2 + y^*.$$

例 7.5.3 求方程 $y'' + \dfrac{x}{1-x} y' - \dfrac{1}{1-x} y = x - 1$ 的通解.

解 因为 $1 + \dfrac{x}{1-x} - \dfrac{1}{1-x} = 0$，易见题设方程对应的齐次方程的一个特解为 $y_1 = \mathrm{e}^x$. 由刘维尔公式求出该方程的另一个特解
$$y_2 = \mathrm{e}^x \int \frac{1}{\mathrm{e}^{2x}} \mathrm{e}^{-\int \frac{x}{1-x} \mathrm{d}x} \mathrm{d}x = x,$$

从而对应齐次方程的通解为
$$y = C_1 x + C_2 \mathrm{e}^x.$$

可设原方程的一个特解为
$$y^* = u_1 x + u_2 \mathrm{e}^x,$$

则根据公式(7.5.12)，u_1, u_2 满足下列方程组
$$\begin{cases} x u_1' + \mathrm{e}^x u_2' = 0, \\ u_1' + \mathrm{e}^x u_2' = x - 1. \end{cases}$$

解上述方程组，得
$$u_1' = -1, \quad u_2' = x \mathrm{e}^{-x}.$$

积分并取其一个原函数得
$$u_1 = -x, \quad u_2 = -x \mathrm{e}^{-x} - \mathrm{e}^{-x}.$$

于是，原方程的通解为
$$y = C_1 x + C_2 \mathrm{e}^x - x^2 - x - 1.$$

本节讨论的二阶线性微分方程的结论可以推广到 n 阶线性微分方程
$$y^{(n)} + P_1(x) y^{(n-1)} + \cdots + P_{n-1}(x) y' + P_n(x) y = f(x).$$

习题 7-5

1. 判断下列各组函数是否线性相关：
(1) x^5, x^3; （　　）
(2) $\sin 5x, \cos 5x$; （　　）
(3) $\ln x, x^2 \ln x$; （　　）
(4) $\mathrm{e}^{2x}, \mathrm{e}^{3x}$. （　　）

2. 验证 $y_1 = \sin ax$ 及 $y_2 = \cos ax$ 都是方程 $y'' + a^2 y = 0$ 的解,并写出该方程的通解.

3. 验证 $y_1 = e^{x^2}$ 及 $y_2 = xe^{x^2}$ 都是方程 $y'' - 4xy' + (4x^2 - 2)y = 0$ 的解,并写出该方程的通解.

4. 已知 $y_1 = 3, y_2 = 3 + x^2, y_3 = 3 + x^2 + e^x$ 都是方程
$$(x^2 - 2x)y'' - (x^2 - 2)y' + (2x - 2)y = 6x - 6$$
的解,求此方程的通解.

5. 已知 $y_1 = xe^x + e^{2x}, y_2 = xe^x - e^{-x}, y_3 = xe^x + e^{2x} - e^{-x}$ 是某二阶非齐次线性微分方程的三个特解:

(1) 求此方程的通解;
(2) 写出此微分方程;
(3) 求此微分方程满足 $y(0) = 7, y'(0) = 6$ 的特解.

6. 已知 $y_1(x) = x$ 是齐次线性方程 $x^2 y'' - 2xy' + 2y = 0$ 的一个解,求非齐次方程 $x^2 y'' - 2xy' + 2y = 2x^3$ 的通解.

7. 已知 $y_1(x) = e^x$ 为方程 $(1 - x)y'' + y' - xy = 0$ 的一个解,用降阶法求该方程的通解.

8. 验证 $y = C_1 e^{C_2 - 3x} - 1$ 是 $y'' - 9y = 9$ 的解. 说明它不是通解,其中 C_1, C_2 是两个任意常数.

第六节 二阶常系数齐次线性微分方程

根据上一节的讨论,求解二阶线性微分方程,关键在于如何求得二阶齐次方程的通解和非齐次方程的一个特解. 本节讨论物理、工程等领域常用的二阶常系数齐次线性微分方程及其解法.

一、二阶常系数齐次线性微分方程及其解法

设给定二阶常系数齐次线性方程为
$$y'' + py' + qy = 0, \tag{7.6.1}$$
其中 p, q 是常数,根据定理 7.5.2,要求方程(7.6.1)的通解,只要求出其任意两个线性无关的特解 y_1, y_2 就可以了,下面讨论这两个特解的求法.

先来分析方程(7.6.1)的特点是 y'', y' 与 y 各乘以常数因子后相加等于零,指数函数 e^{rx} 符合这样的特点,于是,令
$$y = e^{rx}$$
来尝试求解,其中 r 为待定常数. 将 $y = e^{rx}$,$y' = re^{rx}$,$y'' = r^2 e^{rx}$ 代入方程(7.6.1),得
$$(r^2 + pr + q)e^{rx} = 0.$$
因为 $e^{rx} \neq 0$,故有

$$r^2 + pr + q = 0. \tag{7.6.2}$$

由此可见,如果 r 是二次方程 $r^2 + pr + q = 0$ 的根,则 $y = e^{rx}$ 就是方程(7.6.1)的特解. 这样,齐次方程(7.6.1)的求解问题就转化为代数方程(7.6.2)的求根问题,称方程(7.6.2)为微分方程(7.6.1)的**特征方程**,并称特征方程的两个根 r_1, r_2 为**特征根**. 根据二次方程的知识,特征根有三种可能的情况,分别进行讨论.

1. 特征方程(7.6.2)有两个不相等的实根 r_1, r_2

此时 $p^2 - 4q > 0$, $e^{r_1 x}, e^{r_2 x}$ 是方程(7.6.1)的两个特解,因为

$$\frac{e^{r_1 x}}{e^{r_2 x}} = e^{(r_1 - r_2)x} \neq \text{常数},$$

所以 $e^{r_1 x}, e^{r_2 x}$ 为线性无关函数,由解的结构原理知,齐次方程(7.6.1)的通解为

$$y = C_1 e^{r_1 x} + C_2 e^{r_2 x}, \tag{7.6.3}$$

其中 C_1, C_2 为任意常数.

2. 特征方程(7.6.2)有两个相等的实根 $r_1 = r_2$

此时 $p^2 - 4q = 0$,特征根 $r_1 = r_2 = -\dfrac{p}{2}$,只能得到方程(7.6.1)的一个特解 $y_1 = e^{r_1 x}$. 因此还要设法找出另一个特解 y_2,并使 y_1 与 y_2 的比不是常数,设

$$y_2 = u e^{r_1 x},$$

其中 $u = u(x)$ 为待定函数. 将 y_2, y_2', y_2'' 的表达式代入方程(7.6.1),得

$$(r_1^2 u + 2r_1 u' + u'') e^{r_1 x} + p(u' + r_1 u) e^{r_1 x} + q u e^{r_1 x} = 0.$$

合并整理,并在方程两端消去非零因子 $e^{r_1 x}$,得

$$u'' + (2r_1 + p)u' + (r_1^2 + pr_1 + q)u = 0.$$

因 r_1 是特征方程(7.6.2)的根,所以,在上述关于函数 u 的方程的第 2 项和第 3 项中的系数均等于零,于是 $u'' = 0$,取这个方程最简单的一个解 $u(x) = x$,就得到方程(7.6.1)的另一个特解 $y_2 = x e^{r_1 x}$,且 y_1 与 y_2 线性无关,从而得到方程(7.6.1)的通解为

$$y = (C_1 + C_2 x) e^{r_1 x}, \tag{7.6.4}$$

其中 C_1, C_2 为任意常数.

3. 特征方程(7.6.2)有一对共轭复根 $r_1 = \alpha + i\beta$,$r_2 = \alpha - i\beta$

此时 $p^2 - 4q < 0$,方程(7.6.1)有两个特解

$$y_1 = e^{(\alpha + i\beta)x}, \quad y_2 = e^{(\alpha - i\beta)x},$$

所以方程(7.6.1)的通解为

$$y = C_1 e^{(\alpha+i\beta)x} + C_2 e^{(\alpha-i\beta)x}.$$

在实际问题中，常常需要实数形式的通解，可借助欧拉公式($e^{ix} = \cos x + i\sin x$)对上述两个特解重新组合得到方程(7.6.1)的另外两个特解 $\bar{y}_1, \bar{y}_2$. 实际上，

$$y_1 = e^{(\alpha+i\beta)x} = e^{\alpha x}(\cos\beta x + i\sin\beta x), \quad y_2 = e^{(\alpha-i\beta)x} = e^{\alpha x}(\cos\beta x - i\sin\beta x).$$

令

$$\bar{y}_1 = \frac{1}{2}(y_1 + y_2) = e^{\alpha x}\cos\beta x, \quad \bar{y}_2 = \frac{1}{2i}(y_1 - y_2) = e^{\alpha x}\sin\beta x,$$

则由定理 7.5.1 知，$\bar{y}_1, \bar{y}_2$ 是方程(7.6.1)的另外两个线性无关的特解，从而方程(7.6.1)的通解又可表示为

$$y = e^{\alpha x}(C_1 \cos\beta x + C_2 \sin\beta x), \tag{7.6.5}$$

其中 C_1, C_2 为任意常数.

综上所述，求二阶常系数齐次线性微分方程(7.6.1)的通解，只需先求出其特征方程(7.6.2)的根，再根据根的情况确定其通解，这种确定通解的方法称为**特征方程法**. 列表总结如下(表 7-6-1).

表 7-6-1 特征方程法

特征方程 $r^2 + pr + q = 0$ 的根	微分方程 $y'' + py' + qy = 0$ 的通解
有两个不相等的实根 r_1, r_2	$y = C_1 e^{r_1 x} + C_2 e^{r_2 x}$
有二重实根 $r_1 = r_2$	$y = (C_1 + C_2 x)e^{r_1 x}$
有一对共轭复根 $r_1 = \alpha + i\beta$, $r_2 = \alpha - i\beta$	$y = e^{\alpha x}(C_1 \cos\beta x + C_2 \sin\beta x)$

例 7.6.1 求方程 $y'' - y' - 6y = 0$ 的通解.

解 所给微分方程的特征方程为

$$r^2 - r - 6 = 0,$$

它有两个不相等的实根 $r_1 = -2, r_2 = 3$，故所求通解为

$$y = C_1 e^{-2x} + C_2 e^{3x}.$$

例 7.6.2 求方程 $y'' + 6y' + 9y = 0$ 的通解.

解 所给微分方程的特征方程为

$$r^2 + 6r + 9 = 0,$$

它有两个相等的实数根 $r_1 = r_2 = -3$, 故所求通解为

$$y = (C_1 + C_2 x)e^{-3x}.$$

例 7.6.3 求方程 $y'' + 2y' + 5y = 0$ 的通解.

解 所给微分方程的特征方程为
$$r^2 + 2r + 5 = 0,$$
它有一对共轭复根 $r_1 = -1+2\mathrm{i}$，$r_2 = -1-2\mathrm{i}$，故所求通解为
$$y = \mathrm{e}^{-x}(C_1\cos 2x + C_2\sin 2x).$$

二、n 阶常系数齐次线性微分方程的解法

上面讨论的方法以及通解的形式，可推广到 n 阶常系数齐次线性微分方程的情形.

n 阶常系数齐次线性微分方程的一般形式为
$$y^{(n)} + p_1 y^{(n-1)} + \cdots + p_{n-1} y' + p_n y = 0, \tag{7.6.6}$$
其特征方程为
$$r^n + p_1 r^{n-1} + \cdots + p_{n-1} r + p_n = 0. \tag{7.6.7}$$

根据特征方程的根，可按表 7-6-2 方式直接写出其对应的微分方程的解.

表 7-6-2 微分方程的解

特征方程的根	通解中的对应项
是 k 重实根 r	$(C_0 + C_1 x + \cdots + C_{k-1} x^{k-1})\mathrm{e}^{rx}$
是 k 重共轭复根 $\alpha \pm \mathrm{i}\beta$	$\left[(C_0 + C_1 x + \cdots + C_{k-1} x^{k-1})\cos\beta x + (D_0 + D_1 x + \cdots + D_{k-1} x^{k-1})\sin\beta x\right]\mathrm{e}^{\alpha x}$

注：n 次代数方程有 n 个根，而特征方程的每一个根都对应着通解中的一项，且每一项各含一个任意常数. 这样就得到 n 阶常系数齐次线性微分方程的通解为
$$y = C_1 y_1 + C_2 y_2 + \cdots + C_n y_n.$$

例 7.6.4 求方程 $y^{(4)} + 2y''' + 5y'' = 0$ 的通解.

解 特征方程为 $r^4 + 2r^3 + 5r^2 = 0$，即
$$r^2(r^2 + 2r + 5) = 0,$$
它的特征根是 $r_1 = r_2 = 0$ 和 $r_{3,4} = -1\pm 2\mathrm{i}$，故所求通解为
$$y = C_1 + C_2 x + \mathrm{e}^{-x}(C_3\cos 2x + C_4\sin 2x).$$

例 7.6.5 已知一个四阶常系数齐次线性微分方程的四个线性无关的特解为
$$y_1 = \mathrm{e}^x, \quad y_2 = x\mathrm{e}^x, \quad y_3 = \cos 2x, \quad y_4 = 3\sin 2x,$$
求这个四阶微分方程及其通解.

解 由 y_1 与 y_2 可知，它们对应的特征根为二重根 $r_1 = r_2 = 1$；由 y_3 与 y_4 可知，它们对应的特征根为一对共轭复根 $r_{3,4} = \pm 2\mathrm{i}$. 故所求微分方程的特征方程为
$$(r-1)^2(r^2+4) = 0,$$

即
$$r^4 - 2r^3 + 5r^2 - 8r + 4 = 0,$$
从而它所对应的微分方程为
$$y^{(4)} - 2y''' + 5y'' - 8y' + 4y = 0,$$
这个方程的通解为
$$y = (C_1 + C_2 x)e^x + C_3 \cos 2x + C_4 \sin 2x.$$

习题 7-6

1. 求解下列微分方程的通解:

(1) $y'' - y' = 0$;

(2) $9y'' + 12y' + 4y = 0$;

(3) $y'' - y' - 6y = 0$;

(4) $25\dfrac{d^2 x}{dt^2} - 30\dfrac{dx}{dt} + 9x = 0$;

(5) $y'' + 4y' + 13y = 0$;

(6) $y'' - 6y' + 25y = 0$;

(7) $y''' - 2y'' - 5y' + 6y = 0$;

(8) $y^{(4)} + 5y'' - 36y = 0$;

(9) $y^{(5)} + 2y''' + y' = 0$.

2. 求下列微分方程满足所给条件的特解:

(1) $4y'' - 4y' + y = 0, y|_{x=0} = 2, y'|_{x=0} = 0$;

(2) $y'' - 4y' + 3y = 0, y|_{x=0} = 6, y'|_{x=0} = 10$;

(3) $y'' + 4y' + 13y = 0, y|_{x=0} = 0, y'|_{x=0} = 15$.

第七节　二阶常系数非齐次线性微分方程

二阶常系数非齐次线性方程的一般形式为
$$y'' + py' + qy = f(x). \tag{7.7.1}$$
在上一节中我们已经给出了求其对应齐次方程的通解的方法,一般要求出方程(7.7.1)的特解是非常困难的,方程(7.7.1)的特解的形式与右端的自由项 $f(x)$ 有关,所以,下面仅仅就 $f(x)$ 的两种常见的情形进行讨论.

(1) $f(x) = P_m(x)e^{\lambda x}$,其中 λ 是常数,$P_m(x)$ 是 x 的一个 m 次多项式:
$$P_m(x) = a_0 x^m + a_1 x^{m-1} + \cdots + a_{m-1} x + a_m;$$

(2) $f(x) = P_m(x)e^{\lambda x} \cos \omega x$ 或 $P_m(x)e^{\lambda x} \sin \omega x$,其中 λ, ω 是常数,$P_m(x)$ 是 x 的一个 m 次多项式.

一、$f(x) = P_m(x)e^{\lambda x}$ 型

在 $f(x) = P_m(x)e^{\lambda x}$ 的情况下,方程(7.7.1)的右端是多项式 $P_m(x)$ 与指数函数 $e^{\lambda x}$ 的乘

积，而多项式与指数函数乘积的导数仍是同类型的函数，因此，我们可以推测方程(7.7.1)具有如下形式的特解：

$$y^* = Q(x)e^{\lambda x} \quad (\text{其中} Q(x) \text{为某个多项式}),$$

则

$$y^{*\prime} = [\lambda Q(x) + Q'(x)]e^{\lambda x},$$

$$y^{*\prime\prime} = [\lambda^2 Q(x) + 2\lambda Q'(x) + Q''(x)]e^{\lambda x}.$$

将 $y^*, y^{*\prime}, y^{*\prime\prime}$ 代入方程(7.7.1)，并消去因子 $e^{\lambda x}$，得

$$Q''(x) + (2\lambda + p)Q'(x) + (\lambda^2 + p\lambda + q)Q(x) = P_m(x). \tag{7.7.2}$$

于是，根据 λ 是否为方程(7.7.1)的特征方程

$$r^2 + pr + q = 0 \tag{7.7.3}$$

的特征根，有下列三种情况：

(1) 如果 λ 不是特征方程(7.7.3)的根，则 $\lambda^2 + p\lambda + q \neq 0$. 由于 $P_m(x)$ 是 x 的一个 m 次多项式，要使方程(7.7.2)两端恒等，就应设 $Q(x)$ 为

$$Q_m(x) = b_0 x^m + b_1 x^{m-1} + \cdots + b_{m-1} x + b_m,$$

将其代入式(7.7.2)，比较等式两端 x 的同次幂的系数，得到以 $b_0, b_1, \cdots, b_m$ 为未知数的 $m+1$ 个方程来确定出这些待定系数 $b_i (i = 0, 1, 2, \cdots, m)$，并得到所求特解

$$y^* = Q_m(x)e^{\lambda x}.$$

(2) 如果 λ 是特征方程(7.7.3)的单根，则

$$\lambda^2 + p\lambda + q = 0, \quad 2\lambda + p \neq 0.$$

要使方程(7.7.2)两端恒等，则可设

$$Q(x) = xQ_m(x),$$

并且可用同样的方法来确定 $Q_m(x)$ 的待定系数 $b_i (i = 0, 1, 2, \cdots, m)$. 于是，所求特解为

$$y^* = xQ_m(x)e^{\lambda x}.$$

(3) 如果 λ 是特征方程(7.7.3)的重根，则

$$\lambda^2 + p\lambda + q = 0, \quad 2\lambda + p = 0.$$

要使方程(7.7.2)两端恒等，则可设

$$Q(x) = x^2 Q_m(x),$$

并用同样的方法来确定 $Q_m(x)$ 的待定系数. 于是，所求特解为

$$y^* = x^2 Q_m(x)e^{\lambda x}.$$

综上所述，当 $f(x) = P_m(x)e^{\lambda x}$ 时，二阶常系数非齐次线性微分方程(7.7.1)具有形如

$$y^* = x^k Q_m(x)e^{\lambda x} \tag{7.7.4}$$

的特解,其中 $Q_m(x)$ 是与 $P_m(x)$ 同次(m 次)的多项式,而 k 按 λ 是不是特征方程的根、是特征方程的单根或是特征方程的重根依次取 0,1 或 2.

上述结论可推广到 n 阶常系数非齐次线性微分方程,(7.7.4)式中的 k 是特征方程的根 λ 的重数: 若 λ 不是特征方程的根, k 取 0; 若 λ 是特征方程的 s 重根, k 取为 s.

例 7.7.1 下列方程具有什么样形式的特解?

(1) $y'' + 5y' + 6y = \mathrm{e}^{3x}$; (2) $y'' + 5y' + 6y = 3x\mathrm{e}^{-2x}$;

(3) $y'' + 2y' + y = -(3x^2 + 1)\mathrm{e}^{-x}$.

解 (1) 因 $\lambda = 3$ 不是特征方程 $r^2 + 5r + 6 = 0$ 的根, 故方程具有形如 $y^* = b_0\mathrm{e}^{3x}$ 的特解;

(2) 因 $\lambda = -2$ 是特征方程 $r^2 + 5r + 6 = 0$ 的单根, 故方程具有形如 $y^* = x(b_0 x + b_1)\mathrm{e}^{-2x}$ 的特解;

(3) 因 $\lambda = -1$ 是特征方程 $r^2 + 2r + 1 = 0$ 的二重根, 故方程具有形如 $y^* = x^2(b_0 x^2 + b_1 x + b_2)\mathrm{e}^{-x}$ 的特解.

例 7.7.2 求方程 $y'' + y = 2x^2 - 3$ 的一个特解.

解 方程右端的自由项为 $f(x) = P_m(x)\mathrm{e}^{\lambda x}$ 型, 其中

$$P_m(x) = 2x^2 - 3, \quad \lambda = 0.$$

对应的齐次方程的特征方程为

$$r^2 + 1 = 0,$$

特征根为 $r_{1,2} = \pm\mathrm{i}$. 由于这里 $\lambda = 0$ 不是特征方程的根, 所以应设特解为

$$y^* = b_0 x^2 + b_1 x + b_2.$$

把它代入原方程, 得

$$2b_0 + b_0 x^2 + b_1 x + b_2 = 2x^2 - 3,$$

比较系数得

$$\begin{cases} b_0 = 2, \\ b_1 = 0, \\ 2b_0 + b_2 = -3, \end{cases} \quad 解得 \quad \begin{cases} b_0 = 2, \\ b_1 = 0, \\ b_2 = -7, \end{cases}$$

于是, 所求特解为 $y^* = 2x^2 - 7$.

例 7.7.3 求方程 $y'' - 3y' + 2y = x\mathrm{e}^{2x}$ 的通解.

解 方程右端的自由项为 $f(x) = P_m(x)\mathrm{e}^{\lambda x}$ 型, 其中

$$P_m(x) = x, \quad \lambda = 2.$$

与原方程对应的齐次方程的特征方程为

$$r^2 - 3r + 2 = 0,$$

特征根为 $r_1 = 1, r_2 = 2$. 于是, 该齐次方程的通解为

$$Y = C_1\mathrm{e}^x + C_2\mathrm{e}^{2x}.$$

因 $\lambda = 2$ 是特征方程的单根，故可设原方程有下列形式的特解

$$y^* = x(b_0 x + b_1)e^{2x}.$$

代入原方程，得

$$2b_0 x + b_1 + 2b_0 = x.$$

比较等式两端同次幂的系数，得

$$b_0 = \frac{1}{2}, \quad b_1 = -1.$$

于是，求得原方程的一个特解

$$y^* = \left(\frac{1}{2}x - 1\right)xe^{2x}.$$

从而，原方程的通解为

$$y = C_1 e^x + C_2 e^{2x} + \left(\frac{1}{2}x - 1\right)xe^{2x}.$$

例 7.7.4 求方程 $y'' + 6y' + 9y = 5xe^{-3x}$ 的通解.

解 对应的齐次方程的特征方程为 $r^2 + 6r + 9 = 0$，特征根为 $r_1 = r_2 = -3$，所求齐次方程的通解为

$$Y = (C_1 + C_2 x)e^{-3x}.$$

由于 $\lambda = -3$ 是特征方程的二重根，因此方程的特解形式可设为

$$y^* = x^2(b_0 + b_1 x)e^{-3x},$$

则

$$y^{*\prime} = (2b_0 x + (3b_1 - 3b_0)x^2 - 3b_1 x^3)e^{-3x},$$
$$y^{*\prime\prime} = (2b_0 + (6b_1 - 12b_0)x + (-18b_1 + 9b_0)x^2 + 9b_1 x^3)e^{-3x}.$$

代入原方程，易得

$$6b_1 x + 2b_0 = 5x,$$

解得

$$b_0 = 0, \quad b_1 = \frac{5}{6},$$

故所求方程的通解为

$$y = Y + y^* = \left(C_1 + C_2 x + \frac{5}{6}x^3\right)e^{-3x}.$$

二、$f(x) = P_m(x)e^{\lambda x}\cos\omega x$ 或 $P_m(x)e^{\lambda x}\sin\omega x$ 型

本部分介绍如何求得形如

$$y'' + py' + qy = P_m(x)e^{\lambda x}\cos\omega x \qquad (7.7.5)$$

或
$$y'' + py' + qy = P_m(x)e^{\lambda x}\sin\omega x \tag{7.7.6}$$

的二阶常系数非齐次线性微分方程的特解.

由欧拉公式知道，$P_m(x)e^{\lambda x}\cos\omega x$ 和 $P_m(x)e^{\lambda x}\sin\omega x$ 分别是

$$P_m(x)e^{(\lambda+\mathrm{i}\omega)x} = P_m(x)e^{\lambda x}(\cos\omega x + \mathrm{i}\sin\omega x)$$

的实部和虚部.

假定已经求出方程

$$y'' + py' + qy = P_m(x)e^{(\lambda+\mathrm{i}\omega)x} \tag{7.7.7}$$

的一个特解，则根据定理 7.5.5 知道，方程(7.7.7)的特解的实部就是方程(7.7.5)的特解，而方程(7.7.7)的特解的虚部就是方程(7.7.6)的特解.

方程(7.7.7)的指数函数 $e^{(\lambda+\mathrm{i}\omega)x}$ 中的 $\lambda+\mathrm{i}\omega$（$\omega\neq 0$）是复数，特征方程是实系数的二次方程，所以 $\lambda+\mathrm{i}\omega$ 只有两种可能的情形：或者不是特征根，或者是特征方程的单根. 因此方程(7.7.7)具有形如

$$y^* = x^k Q_m(x) e^{(\lambda+\mathrm{i}\omega)x} \tag{7.7.8}$$

的特解，其中 $Q_m(x)$ 是与 $P_m(x)$ 同次(m 次)的多项式，而 k 按 $\lambda+\mathrm{i}\omega$ 是不是特征方程的根或是特征方程的单根依次取 0 或 1.

上述结论可推广到 n 阶常系数非齐次线性微分方程，(7.7.8)式中的 k 是特征方程含根 $\lambda+\mathrm{i}\omega$ 的重复次数.

例 7.7.5 求方程 $y'' + y = x\cos 2x$ 的通解.

解 方程的自由项为 $f(x) = P_m(x)e^{\lambda x}\cos\omega x$ 型，其中

$$P_m(x) = x, \quad \lambda = 0, \quad \omega = 2.$$

与该方程对应的齐次方程的特征方程为

$$r^2 + 1 = 0,$$

特征根为 $r_1 = \mathrm{i}, r_2 = -\mathrm{i}$，故对应齐次方程的通解为

$$Y = C_1\cos x + C_2\sin x,$$

其中 C_1, C_2 为任意常数. 为求得原方程的一个特解，先求方程

$$y'' + y = xe^{2\mathrm{i}x}, \tag{7.7.9}$$

的一个特解. 因为 $\lambda+\mathrm{i}\omega = 2\mathrm{i}$ 不是特征方程的根，所以设方程(7.7.9)的特解

$$y^* = (b_0 x + b_1)e^{2\mathrm{i}x},$$

将其代入方程(7.7.9)，并消去因子 $e^{2\mathrm{i}x}$，得

$$4b_0\mathrm{i} - 3b_0 x - 3b_1 = x,$$

即 $4b_0\mathrm{i} - 3b_1 = 0, -3b_0 = 1$，解得 $b_0 = -\dfrac{1}{3}, b_1 = -\dfrac{4}{9}\mathrm{i}$，就得到方程(7.7.9)的一个特解为

$$y^* = \left(-\frac{1}{3}x - \frac{4}{9}\mathrm{i}\right)\mathrm{e}^{2\mathrm{i}x} = \left(-\frac{1}{3}x - \frac{4}{9}\mathrm{i}\right)(\cos 2x + \mathrm{i}\sin 2x)$$
$$= -\frac{1}{3}x\cos 2x + \frac{4}{9}\sin 2x - \mathrm{i}\left(\frac{4}{9}\cos 2x + \frac{1}{3}x\sin 2x\right).$$

取实部就得到原方程的一个特解

$$\tilde{y} = -\frac{1}{3}x\cos 2x + \frac{4}{9}\sin 2x,$$

从而所求方程的通解为

$$y = C_1\cos x + C_2\sin x - \frac{1}{3}x\cos 2x + \frac{4}{9}\sin 2x.$$

例 7.7.6 求以 $y = (C_1 + C_2 x + x^2)\mathrm{e}^{-2x}$ (其中 C_1, C_2 为任意常数)为通解的线性微分方程.

解法一 通过对 $y = (C_1 + C_2 x + x^2)\mathrm{e}^{-2x}$ 求导并消去 C_1, C_2 来确定函数 y 满足的线性微分方程. 求导得

$$y' = -2y + (C_2 + 2x)\mathrm{e}^{-2x}, \tag{7.7.10}$$

$$y'' = -2y' + 2\mathrm{e}^{-2x} - 2(C_2 + 2x)\mathrm{e}^{-2x}. \tag{7.7.11}$$

由式(7.7.10), 得

$$(C_2 + 2x)\mathrm{e}^{-2x} = y' + 2y,$$

将其代入式(7.7.11), 得

$$y'' = -2y' + 2\mathrm{e}^{-2x} - 2y' - 4y,$$

故所求线性微分方程为

$$y'' + 4y' + 4y = 2\mathrm{e}^{-2x}.$$

解法二 因 $y = (C_1 + C_2 x + x^2)\mathrm{e}^{-2x}$, 由解的结构定理知, 所求方程为二阶常系数非齐次线性微分方程, 其对应齐次线性方程有两个特解 $\mathrm{e}^{-2x}, x\mathrm{e}^{-2x}$, 故其特征方程有二重特征根 $r_1 = r_2 = -2$. 于是, 特征方程为 $(r+2)^2 = 0$, 即

$$r^2 + 4r + 4 = 0,$$

从而对应齐次线性方程为

$$y'' + 4y' + 4y = 0.$$

设所求非齐次方程为

$$y'' + 4y' + 4y = f(x),$$

因 $x^2\mathrm{e}^{-2x}$ 为它的一个特解, 故

$$f(x) = (x^2\mathrm{e}^{-2x})'' + 4(x^2\mathrm{e}^{-2x})' + 4x^2\mathrm{e}^{-2x} = 2\mathrm{e}^{-2x},$$

从而所求非齐次线性微分方程为

$$y'' + 4y' + 4y = 2\mathrm{e}^{-2x}.$$

习题 7-7

1. 请写出下列微分方程的特解形式：
(1) $y'' - 4y' - 5y = x$ 的特解为_____；
(2) $y'' + 2y' = x$ 的特解为_____；
(3) $y'' + y = 2e^{2x}$ 的特解为_____；
(4) $y'' + y = x^3 e^x$ 的特解为_____；
(5) $y'' + y = \sin 3x$ 的特解为_____；
(6) $y'' + y = 2\sin x$ 的特解为_____．

2. 求下列所给微分方程的通解：
(1) $y'' + y' + 2y - x^2 + 1$；
(2) $y'' + a^2 y - 2e^x$；
(3) $y'' + y' = (2x^2 + 3)e^x$；
(4) $y'' + y = (x+2)e^{2x}$；
(5) $y'' - 2y' + y - e^x \cos x$；
(6) $y'' - 2y' + 5y - e^x \sin 2x$；
(7) $y'' + 2y' + y = x$；
(8) $y'' + y' = e^x + \cos x$．

3. 求下列微分方程满足初始条件的特解：
(1) $y'' - 5y' + 6y = 5$, $y|_{x=0} = 1, y'|_{x=0} = 2$；
(2) $y'' - 10y' + 9y = e^{2x}, y|_{x=0} = \dfrac{6}{7}, y'|_{x=0} = \dfrac{33}{7}$；
(3) $y'' - y = 4xe^x$, $y|_{x=0} = 0, y'|_{x=0} = 1$．

*第八节 数学模型应用

微分方程广泛应用于传染病的扩散和生物种群的繁殖等医学和生物学方面的实际问题，为了让读者感受应用数学建模的思想和方法解决实际问题的魅力，本节讨论几个微分方程的应用实例．

一、逻辑斯谛方程

逻辑斯谛(Logistic)方程是流行病学和医学中最常用的分析方法，主要常用的情形是探索某疾病的危险因素，依此预测某疾病发生的概率．1838 年，荷兰生物数学家 Verhulst 给出逻辑斯谛模型，也叫阻滞增长模型，它在许多领域中有着广泛的应用，如树木生长规律．

一棵小树刚栽下去的时候长得比较慢，渐渐地，小树长高了而且长得越来越快，几年不见，绿荫底下已经可乘凉了；但长到某一高度后，它的生长速度趋于稳定，然后再慢慢降下来．这一现象具有普遍性，建立这种现象的数学模型如下．

假设树的生长速度与它目前的高度成正比,则显然不符合两头尤其是后期的生长情形,因为树不可能越长越快;但假设树的生长速度正比于最大高度与目前高度的差,则又明显不符合中间一段的生长过程. 从而折中假定它的生长速度既与目前的高度成正比,又与最大高度与目前高度之差成正比.

设树生长的最大高度为 H (m),在 t (年)时的高度为 $h(t)$,则有

$$\frac{\mathrm{d}h(t)}{\mathrm{d}t} = kh(t)[H-h(t)], \tag{7.8.1}$$

其中 $k>0$ 的是比例常数. 这个方程称为**逻辑斯谛方程**. 它是可分离变量的一阶常微分方程.

下面求解方程(7.8.1). 分离变量得

$$\frac{\mathrm{d}h}{h(H-h)} = k\mathrm{d}t,$$

两边积分

$$\int \frac{\mathrm{d}h}{h(H-h)} = \int k\mathrm{d}t,$$

得

$$\frac{1}{H}[\ln h - \ln(H-h)] = kt + C_1, \quad \frac{h}{H-h} = \mathrm{e}^{kHt + C_1 H} = C_2 \mathrm{e}^{kHt},$$

故所求通解为

$$h(t) = \frac{C_2 H \mathrm{e}^{kHt}}{1 + C_2 \mathrm{e}^{kHt}} = \frac{H}{1 + C\mathrm{e}^{-kHt}},$$

其中的 $C\left(C = \frac{1}{C_2} = \mathrm{e}^{-C_1 H} > 0\right)$ 是正常数.

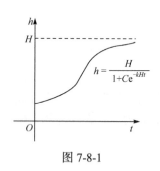

图 7-8-1

函数 $h(t)$ 的图形称为**逻辑斯谛曲线**. 图 7-8-1 所示的是一条典型的逻辑斯谛曲线,由于它的形状,一般也称为 S **曲线**. 它基本符合我们描述的树的生长情形. 另外还可以计算得到

$$\lim_{x \to \infty} h(t) = H.$$

这说明树的生长有一个限制,因此也称为**限制性增长模型**.

除了生物种群的繁殖外,还有信息的传播、新技术的推广、传染病的扩散以及某些商品的销售等现象本质上都符合这种 S 规律. 例如流感的传染,在任其自然发展(例如初期未引起人们注意)的阶段,可以设想它的速度既正比于得病的人数又正比于未传染到的人数. 开始时患病的人不多因而传染速度较慢;但随着健康人与患者接触,受传染的人越来越多,传染的速度也越来越快;最后,传染速度自然而然地渐渐降低,因为已经没有多少人可被传染了.

下面举例说明逻辑斯谛方程的应用.

例 7.8.1 人口增长模型.

逻辑斯谛人口增长模型是考虑到自然资源、环境条件等因素对人口增长的阻滞作用,

对指数增长模型(Malthus 模型)的基本假设进行修改后得到的. 阻滞作用体现在人口增长率 r 随着人口数量 x 的增加而下降. 若将 r 表示为 x 的函数, 则它应是减函数. 于是有

$$\frac{dx}{dt}=r(x)x,\quad x(0)=x_0. \tag{7.8.2}$$

对 $r(x)$ 的一个最简单的假定是, 设 $r(x)$ 为 x 的线性函数, 即

$$r(x)=r-sx\quad(r>0, s>0). \tag{7.8.3}$$

设自然资源和环境条件所能容纳的最大人口数量为 x_m, 当 $x=x_m$ 时人口不再增长, 即增长率 $r(x_m)=0$, 代入(7.8.3)式得 $s=\dfrac{r}{x_m}$, 于是式(7.8.3)为

$$r(x)=r\left(1-\frac{x}{x_m}\right). \tag{7.8.4}$$

将(7.8.4)代入方程(7.8.2)得

$$\begin{cases}\dfrac{dx}{dt}=rx\left(1-\dfrac{x}{x_m}\right),\\ x(0)=x_0.\end{cases} \tag{7.8.5}$$

上述方程为可分离变量方程, 解方程(7.8.5)可得

$$x(t)=\frac{x_m}{1+\left(\dfrac{x_m}{x_0}-1\right)e^{-rt}}. \tag{7.8.6}$$

再结合我国的历史人口数据或世界历史人口数据并运用 MATLAB 软件进行实践(对历史数据进行检验和对未来人口进行预测), 体会数学知识的实用性. 例如, 据生物学家估计 $r=0.029$, 我们根据 1961 年世界人口总数为 30.60 亿及 1990 年的世界人口为 52.77 亿, 可以算得 $x_m=117.12$ 亿. 然后用 MATLAB 画图对上述模型进行检验, 可以看出, (7.8.6)式能较好地描述世界人口总数随时间变化的规律, 由此可以预测 2020 年世界人口总数为 77.52 亿.

二、齐次方程的应用

例 7.8.2 设河边点 O 的正对岸为点 A(图 7-8-2), 河宽 $OA=h$, 两岸为平行直线, 水流速度大小为 a, 有一鸭子从点 A 游向点 O, 设鸭子(在静水中)游速的大小为 $b(b>a)$, 且鸭子游动方向始终朝着点 O, 求鸭子游过的迹线的方程.

解 设水流速度为 $\boldsymbol{a}(|\boldsymbol{a}|=a)$, 鸭子游速为 $\boldsymbol{b}(|\boldsymbol{b}|=b)$, 则鸭子实际运动速度为 $\boldsymbol{v}=\boldsymbol{a}+\boldsymbol{b}$, 取 O 为坐标原点, 河岸朝水流方向为 x 轴, y 轴指向对岸, 如图 7-8-2 所示.

设在时刻 t 鸭子位于点 $P(x,y)$, 则鸭子运动速度为

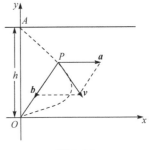

图 7-8-2

$v = \{v_x, v_y\} = \{x_t, y_t\}$, 故有

$$\frac{dx}{dy} = \frac{x_t}{y_t} = \frac{v_x}{v_y}.$$

现在 $\boldsymbol{a} = \{a, 0\}$, 而 $\boldsymbol{b} = b\boldsymbol{e}_{\overrightarrow{PO}}$, 其中 $\boldsymbol{e}_{\overrightarrow{PO}}$ 为与 $\overrightarrow{PO}$ 同方向的单位向量. 由 $\overrightarrow{PO} = -\{x, y\}$, 故 $\boldsymbol{e}_{\overrightarrow{PO}} = -\dfrac{1}{\sqrt{x^2 + y^2}}\{x, y\}$, 于是

$$\boldsymbol{b} = -\frac{b}{\sqrt{x^2 + y^2}}\{x, y\},$$

从而

$$\boldsymbol{v} = \boldsymbol{a} + \boldsymbol{b} = \left\{a - \frac{bx}{\sqrt{x^2 + y^2}}, -\frac{by}{\sqrt{x^2 + y^2}}\right\}.$$

由此得微分方程

$$\frac{dx}{dy} = \frac{v_x}{v_y} = -\frac{a\sqrt{x^2 + y^2}}{by} + \frac{x}{y},$$

即

$$\frac{dx}{dy} = -\frac{a}{b}\sqrt{\left(\frac{x}{y}\right)^2 + 1} + \frac{x}{y},$$

初始条件为 $x|_{y=h} = 0$.

令 $\dfrac{x}{y} = u$, 则 $x = yu$, $\dfrac{dx}{dy} = y\dfrac{du}{dy} + u$, 代入上面的方程, 得

$$y\frac{du}{dy} = -\frac{a}{b}\sqrt{u^2 + 1},$$

分离变量, 得

$$\frac{du}{\sqrt{u^2 + 1}} = -\frac{a}{by}dy,$$

积分得

$$\ln\left|u + \sqrt{u^2 + 1}\right| = -\frac{a}{b}(\ln y + \ln C).$$

三、一阶线性微分方程的应用

例 7.8.3 在一个石油精炼厂, 一个存储罐装 8000L 的汽油, 其中包含 100g 的添加剂. 为了过冬, 将每升含 2g 添加剂的石油以 40L/min 的速度注入存储罐. 充分混合的溶液以 45L/min 的速度泵出. 在混合过程开始后 20min 罐中的添加剂有多少?

解 令 y 是在时刻 t 罐中的添加剂的总量, 易知 $y(0) = 100$. 在时刻 t 罐中的溶液的

总量
$$V(t) = 8000 + (40-45)t = 8000 - 5t,$$
因此，添加剂流出的速率为
$$\frac{y(t)}{V(t)} \cdot 溶液流出的速率 = \frac{y(t)}{8000-5t} \cdot 45 = \frac{45y(t)}{8000-5t},$$
添加剂流入的速率 $2 \times 40 = 80$，故得到微分方程
$$\frac{dy}{dt} = 80 - \frac{45y}{8000-5t},$$
即
$$\frac{dy}{dt} + \frac{45}{8000-5t} \cdot y = 80.$$
于是，所求通解为
$$y = e^{-\int \frac{45}{8000-5t}dt} \left(\int 80 \cdot e^{\int \frac{45}{8000-5t}dt} dt + C \right) = (16000-10t) + C(t-1600)^9.$$
由 $y(0) = 100$ 确定 C，得
$$(16000 - 10 \times 0) + C(0-1600)^9 = 0, \quad C = \frac{10}{1600^8},$$
故初值问题的解是
$$y = (16000-10t) + \frac{10}{1600^8}(t-1600)^9,$$
所以注入开始后 20min 时的添加剂总量是
$$y(20) = (16000 - 10 \times 20) + \frac{10}{1600^8}(20-1600)^9 \approx 1512.58\text{g}.$$

注：液体溶液中(或散布在气体中)的一种化学品流入装有液体(或气体)的容器中，容器中可能还装有一定量的溶解了的该化学品. 把混合物搅拌均匀并以一个已知的速率流出容器. 在这个过程中，知道在任何时刻容器中的该化学品的浓度往往是重要的. 描述这个过程的微分方程用下列公式表示：

容器中总量的变化率 = 化学品进入的速率 – 化学品离开的速率.

四、衰变问题

例 7.8.4 放射性物质因不断放射出各种射线而逐渐减少其质量的现象称为衰变. 根据实验得知，衰变速度与现存物质的质量成正比，求放射性元素在时刻 t 的质量.

解 用 x 表示该放射性物质在时刻 t 的质量，则 $\frac{dx}{dt}$ 表示 x 在时刻 t 的衰变速度，于是"衰变速度与现存物质的质量成正比"可表示为

$$\frac{dx}{dt} = -kx. \tag{7.8.7}$$

这是一个以 x 为未知函数的一阶方程,它就是放射性元素**衰变的数学模型**,其中 $k > 0$ 是比例常数,称为衰变常数,因元素的不同而异. 方程右端的负号表示当时间 t 增加时,质量 x 减少.

解方程(7.8.7)得通解 $x = Ce^{-kt}$. 若已知当 $t = t_0$ 时,$x = x_0$,代入通解 $x = Ce^{-kt}$ 中可得 $C = x_0 e^{kt_0}$,则可得到特解

$$x = x_0 e^{-k(t-t_0)},$$

它反映了某种放射性元素衰变的规律.

特殊地,当 $t_0 = 0$ 时,得到了放射性元素衰变的规律

$$x = x_0 e^{-kt}.$$

例 7.8.5 碳 14(^{14}C)是放射性物质,随时间而衰减,碳 12 是非放射性物质. 活性人体因吸纳食物和空气,恰好补偿碳 14 衰减损失量而保持碳 14 和碳 12 含量不变,因而所含碳 14 与碳 12 之比为常数. 通过测量,已知一古墓中遗体所含碳 14 的数量为原有碳 14 数量的 80%,试确定遗体的死亡年代.

解 放射性物质的衰减速度与该物质的含量成比例,它符合指数函数的变化规律. 设遗体当初死亡时 ^{14}C 的含量为 p_0,t 时的含量为 $p = f(t)$,于是,^{14}C 含量的函数模型为

$$p = f(t) = p_0 e^{kt},$$

其中 $p_0 = f(0)$,k 是一常数.

常数 k 可以这样确定:由化学知识可知,^{14}C 的半衰期为 5730 年,即 ^{14}C 经过 5730 年后其含量衰减一半,故有

$$\frac{p_0}{2} = p_0 e^{5730k}, \quad 即 \frac{1}{2} = e^{5730k}.$$

两边取自然对数,得

$$5730k = \ln \frac{1}{2} \approx -0.69315, \quad 即 k \approx -0.00012097.$$

于是,^{14}C 含量的函数模型为

$$p = f(t) = p_0 e^{-0.00012097t}.$$

由题设条件可知,遗体中 ^{14}C 的含量为原含量 p_0 的 80%,故有

$$0.8 p_0 = p_0 e^{-0.00012097t}, \quad 即 0.8 = e^{-0.00012097t}.$$

两边取自然对数,得

$$\ln 0.8 = -0.00012097t,$$

于是

$$t = \frac{\ln 0.8}{-0.00012097} \approx \frac{-0.22314}{-0.00012097} \approx 1845.$$

由此可知，遗体大约已死亡 1845 年．

五、追迹问题

例 7.8.6 设开始时甲、乙水平距离为 1 单位，乙从 A 点沿垂直于 OA 的直线以等速 v_0 向正北行走；甲从乙的左侧 O 点出发，始终对准乙以 $nv_0(n>1)$ 的速度追赶．求追迹曲线方程，并问乙行多远时，被甲追到．

解 建立如图 7-8-3 所示坐标系，设所求追迹曲线方程为 $y=y(x)$．经过时刻 t，甲在追迹曲线上的点为 $P(x,y)$，乙在点 $B(1,v_0t)$ 上．于是有

$$\tan\theta = y' = \frac{v_0 t - y}{1-x}. \tag{7.8.8}$$

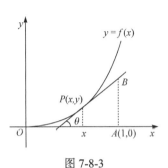

图 7-8-3

由题设，曲线的弧长 OP 为

$$\int_0^x \sqrt{1+y'^2}\,\mathrm{d}x = nv_0 t,$$

解出 $v_0 t$，代入式(7.8.8)，得

$$(1-x)y' + y = \frac{1}{n}\int_0^x \sqrt{1+y'^2}\,\mathrm{d}x.$$

两边对 x 求导，整理得

$$(1-x)y'' = \frac{1}{n}\sqrt{1+y'^2}.$$

这就是**追迹问题的数学模型**．

这是一个不显含 y 的可降阶的方程，设 $y'=p(x)$，$y''=p'$，代入方程，得

$$(1-x)p' = \frac{1}{n}\sqrt{1+p^2} \quad \text{或} \quad \frac{\mathrm{d}p}{\sqrt{1+p^2}} = \frac{\mathrm{d}x}{n(1-x)}.$$

两边积分，得

$$\ln(p+\sqrt{1+p^2}) = -\frac{1}{n}\ln|1-x| + \ln|C_1|,$$

即

$$p + \sqrt{1+p^2} = \frac{C_1}{\sqrt[n]{1-x}}.$$

将初始条件 $y'|_{x=0} = p|_{x=0} = 0$ 代入上式，得 $C_1 = 1$．于是

$$y' + \sqrt{1+y'^2} = \frac{1}{\sqrt[n]{1-x}}, \tag{7.8.9}$$

两边同乘 $y' - \sqrt{1+y'^2}$，并化简得

$$y' - \sqrt{1+y'^2} = -\sqrt[n]{1-x}. \tag{7.8.10}$$

式(7.8.9)与式(7.8.10)相加，得

$$y' = \frac{1}{2}\left(\frac{1}{\sqrt[n]{1-x}} - \sqrt[n]{1-x}\right).$$

两边积分, 得

$$y = \frac{1}{2}\left[-\frac{n}{n-1}(1-x)^{\frac{n-1}{n}} + \frac{n}{n+1}(1-x)^{\frac{n+1}{n}}\right] + C_2.$$

代入初始条件 $y|_{x=0} = 0$ 得 $C_2 = \dfrac{n}{n^2-1}$, 故所求追迹曲线方程为

$$y = \frac{1}{2}\left[-\frac{n}{n-1}(1-x)^{\frac{n-1}{n}} + \frac{n}{n+1}(1-x)^{\frac{n+1}{n}}\right] + \frac{n}{n^2-1} \quad (n>1).$$

甲追到乙时, 即曲线上点 P 的横坐标 $x=1$, 此时 $y = n/(n^2-1)$. 即乙行走至离 A 点 $n/(n^2-1)$ 个单位距离时被甲追到.

六、自由落体问题

例 7.8.7 一个离地面很高的物体, 受地球引力的作用由静止开始落向地面. 求它落到地面时的速度和所需的时间(不计空气阻力).

解 取连接地球中心与该物体的直线为 y 轴, 其方向铅直向上, 取地球的中心为原点 O (图 7-8-4).

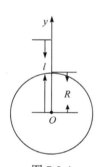

图 7-8-4

设地球的半径为 R, 物体的质量为 m, 物体开始下落时与地球中心的距离为 $l(l>R)$, 在时刻 t 物体所在位置为 $y = y(t)$, 于是速度为 $v(t) = \dfrac{dy}{dt}$. 由万有引力定律, 即得微分方程

$$m\frac{d^2y}{dt^2} = -\frac{kmM}{y^2}, \quad \text{即} \frac{d^2y}{dt^2} = -\frac{kM}{y^2}, \tag{7.8.11}$$

其中 M 为地球的质量, k 为引力常数. 因为

$$\frac{d^2y}{dt^2} = \frac{dv}{dt},$$

且当 $y = R$ 时, $\dfrac{d^2y}{dt^2} = -g$ (这里负号是因为物体运动的加速度方向与 y 轴正向相反的缘故), 所以

$$g = \frac{kM}{R^2}, \quad kM = gR^2,$$

于是方程(7.8.11)化为

$$\frac{d^2y}{dt^2} = -\frac{gR^2}{y^2}, \tag{7.8.12}$$

初始条件为 $y|_{t=0} = l$, $y'|_{t=0} = 0$.

先求物体到达地面时的速度. 由 $\dfrac{dy}{dt} = v$, 得

$$\frac{d^2 y}{dt^2} = \frac{dv}{dt} = \frac{dv}{dy} \cdot \frac{dy}{dt} = v\frac{dv}{dy},$$

代入方程(7.8.12)并分离变量, 得

$$v dv = -\frac{gR^2}{y^2} dy .$$

两边积分, 得

$$v^2 = \frac{2gR^2}{y} + C_1.$$

把初始条件代入上式, 得 $C_1 = -2gR^2/l$, 于是

$$v^2 = 2gR^2\left(\frac{1}{y} - \frac{1}{l}\right), \quad v = -R\sqrt{2g\left(\frac{1}{y} - \frac{1}{l}\right)}. \tag{7.8.13}$$

这里取负号是由于物体运动的方向与 y 轴的正向相反.

在式(7.8.13)中令 $y = R$, 就得到物体到达地面时的速度 v 为

$$v = -\sqrt{\frac{2gR(l-R)}{l}}.$$

再来求物体落到地面所需的时间. 由式(7.8.13), 有

$$\frac{dy}{dt} = v = -R\sqrt{2g\left(\frac{1}{y} - \frac{1}{l}\right)} .$$

分离变量, 得

$$dt = -\frac{1}{R}\sqrt{\frac{l}{2g}}\sqrt{\frac{y}{l-y}} dy.$$

两端积分(对右端积分利用变换 $y = l\cos^2 u$), 得

$$t = \frac{1}{R}\sqrt{\frac{l}{2g}}\left(\sqrt{ly - y^2} + l\arccos\sqrt{\frac{y}{l}}\right) + C_2.$$

由条件 $y|_{t=0} = l$, 得 $C_2 = 0$, 于是

$$t = \frac{1}{R}\sqrt{\frac{l}{2g}}\left(\sqrt{ly - y^2} + l\arccos\sqrt{\frac{y}{l}}\right). \tag{7.8.14}$$

在上式中令 $y = R$, 便得到物体到达地面所需的时间 t 为

$$t = \frac{1}{R}\sqrt{\frac{l}{2g}}\left(\sqrt{lR - R^2} + l\arccos\sqrt{\frac{R}{l}}\right).$$

七、弹簧振动问题

例 7.8.8 设有一个弹簧, 它的一端固定, 另一端系有质量为 m 的物体, 物体受力作

用沿 x 轴运动,其平衡位置取为坐标原点(图 7-8-5).如果使物体具有一个初始速度 $v_0 \neq 0$,那么物体便离开平衡位置,并在平衡位置附近做上下振动.在此过程中,物体的位置 x 随时间 t 变化.要确定物体的振动规律,就是要求出函数 $x = x(t)$.

根据胡克定律知,弹簧的弹性恢复力 f(不包括在平衡位置时和重力 mg 相平衡的那一部分弹性力)与弹簧变形 x 成正比:
$$f = -kx,$$
其中 $k > 0$(称为弹性系数),负号表示弹性恢复力与物体位移方向相反.在不考虑介质阻力的情况下,由牛顿第二定律,得

$$m\frac{\mathrm{d}^2 x}{\mathrm{d}t^2} = -kx \quad \text{或} \quad m\frac{\mathrm{d}^2 x}{\mathrm{d}t^2} + kx = 0. \tag{7.8.15}$$

方程(7.8.15)称为**无阻尼自由振动的微分方程**.它是一个二阶常系数齐次线性方程.

如果物体在运动过程中还受到阻尼介质(如空气、油、水等)的阻力作用,设阻力 R 与质点运动的速度成正比,且阻力的方向与物体运动方向相反,则有

$$R = -\mu \frac{\mathrm{d}x}{\mathrm{d}t},$$

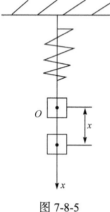

图 7-8-5

其中 $\mu > 0$(阻尼系数).从而物体运动满足方程

$$m\frac{\mathrm{d}^2 x}{\mathrm{d}t^2} = -kx - \mu \frac{\mathrm{d}x}{\mathrm{d}t}$$

或

$$m\frac{\mathrm{d}^2 x}{\mathrm{d}t^2} + \mu \frac{\mathrm{d}x}{\mathrm{d}t} + kx = 0. \tag{7.8.16}$$

这个方程叫做**有阻尼的自由振动微分方程**,它也是一个二阶常系数齐次线性微分方程.

如果物体在振动过程中所受到的外力除了弹性恢复力与介质阻力之外,还受到周期性的干扰力

$$G(t) = H \sin pt$$

的作用,那么物体的运动方程为

$$m\frac{\mathrm{d}^2 x}{\mathrm{d}t^2} = -kx - \mu \frac{\mathrm{d}x}{\mathrm{d}t} + H \sin pt$$

或

$$\frac{\mathrm{d}^2 x}{\mathrm{d}t^2} + 2v\frac{\mathrm{d}x}{\mathrm{d}t} + \omega^2 x = h \sin pt, \tag{7.8.17}$$

其中 $2v = \dfrac{\mu}{m}, \omega^2 = \dfrac{k}{m}, h = \dfrac{H}{m}$ (对方程(7.8.10)和(7.8.17)也常采用此记号). 这个方程称为**强迫振动的微分方程**.

下面就三种情形分别讨论物体运动方程的解.

1. 无阻尼的自由振动

这时方程为
$$\dfrac{d^2 x}{dt^2} + \omega^2 x = 0,$$
它的特征方程 $r^2 + \omega^2 = 0$ 的根为 $r = \pm i\omega$, 故方程的通解为
$$x(t) = C_1 \cos \omega t + C_2 \sin \omega t = A \sin(\omega t + \varphi).$$
这个函数反映的运动就是**简谐运动**, 这个振动的振幅为 A; 初相为 φ; 周期为 $T = \dfrac{2\pi}{\omega}$, ω 称为系统的固有频率, 它完全由振动系统本身所确定.

2. 有阻尼的自由振动

此时方程为
$$\dfrac{d^2 x}{dt^2} + 2v \dfrac{dx}{dt} + \omega^2 x = 0,$$
其特征方程为
$$r^2 + 2vr + \omega^2 = 0,$$
特征方程的根为
$$r = \dfrac{-2v \pm \sqrt{4v^2 - 4\omega^2}}{2} = -v \pm \sqrt{v^2 - \omega^2}.$$

(1) 小阻尼情形: $v < \omega$, 特征根 $r = -v \pm \beta i (\beta = \sqrt{\omega^2 - v^2})$ 是一对共轭复根, 这时方程的通解为 $x(t) = e^{-vt}(C_1 \cos \beta t + C_2 \sin \beta t) = A e^{-vt} \sin(\beta t + \varphi)$.

由此可知, 这时有物体在平衡位置上下振动的现象, 但振动的振幅 $A e^{-vt}$ 随时间 t 的增大而逐渐减小, 因此, 物体随时间增大而趋于平衡位置(图 7-8-6).

(2) 大阻尼情形: $v > \omega$, 此时特征方程有两个相异实根
$$r_{1,2} = -v \pm \sqrt{v^2 - \omega^2} < 0,$$
故方程的通解为
$$x(t) = C_1 e^{r_1 t} + C_2 e^{r_2 t}.$$
由于 r_1, r_2 都是负数, 故有 $x(t) \to 0 (t \to +\infty)$, 这表明物体随时间增大而趋于平衡位置, 不产生物体在平衡位置上下振动的现象(图 7-8-7).

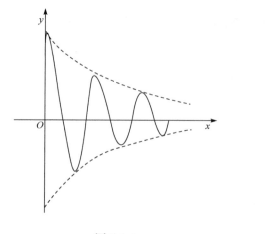

图 7-8-6　　　　　　　　　　图 7-8-7

(3) 临界阻尼情形：$v=\omega$，此时特征方程有重根 $r=-v<0$，故方程的通解为
$$x(t)=(C_1+C_2 t)\mathrm{e}^{-vt}.$$

同样，物体也随时间增大而趋于平衡位置，这时也不产生物体在平衡位置上下振动的现象(图 7-8-8).

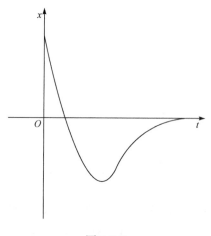

图 7-8-8

3. 无阻尼的强迫振动

此时方程为
$$\frac{\mathrm{d}^2 x}{\mathrm{d}t^2}+\omega^2 x=h\sin pt, \tag{7.8.18}$$

它对应的齐次方程的通解为
$$x_c=A\sin(\omega t+\varphi).$$

(1) 当 $\omega\neq p$ 时，设 $x^*=M\cos pt+N\sin pt$，其中 M,N 为待定常数，代入方程

(7.8.18), 得

$$(\omega^2 - p^2)M\cos pt + (\omega^2 - p^2)N\sin pt = h\sin pt.$$

比较系数, 求得 $M = 0, N = \dfrac{h}{\omega^2 - p^2}$, 于是

$$x^* = \frac{h}{\omega^2 - p^2}\sin pt.$$

所以方程(7.8.18)的通解为

$$x(t) = A\sin(\omega t + \varphi) + \frac{h}{\omega^2 - p^2}\sin pt.$$

上式表示, 无阻尼强迫振动由两部分组成, 第 1 项表示自由振动, 第 2 项所表示的振动称为强迫振动, 它是由外加力(即强迫力)所引起, 当 p 与 ω 相差很小时, 它的振幅 $\left|\dfrac{h}{\omega^2 - p^2}\right|$ 可以很大.

(2) 当 $\omega = p$ 时, 将 $x^* = t(M\cos pt + N\sin pt)$ 代入方程(7.8.18), 求得

$$M = -\frac{h}{2\omega}, \quad N = 0.$$

所以方程(7.8.18)的通解为

$$x(t) = A\sin(\omega t + \varphi) - \frac{h}{2\omega}t\cos pt.$$

由上式第 2 项可看出, 当 $t \to \infty$ 时, $\dfrac{h}{2\omega}t$ 将无限增大, 这就会发生所谓的共振现象. 因此在考虑弹性体的振动问题时, 必须注意共振问题.

对于有阻尼的强迫振动问题可作类似的讨论. 这里从略.

八、串联电路问题

如图 7-8-9 是由电阻 R、电感 L 及电容 C(其中 R, L, C 是常数)串联而成的回路, $t = 0$ 时合上开关, 接入电源电动势 $E(t)$, 求电路中任何时刻的电流 $I(t)$.

根据克希霍夫回路电压定律, 有

$$L\frac{\mathrm{d}I}{\mathrm{d}t} + RI + \frac{Q}{C} = E(t), \tag{7.8.19}$$

其中 RI 为电流在电阻上电压降, 而 $\dfrac{Q}{C}$ (Q 为电容器两极板间的电量, 是时间 t 的函数)为电容在电感上的电压降, $L\dfrac{\mathrm{d}I}{\mathrm{d}t}$ 则为电流在电感上的电压降. 由电学知, $I = \dfrac{\mathrm{d}Q}{\mathrm{d}t}$, 于是, 方程(7.8.19)变为

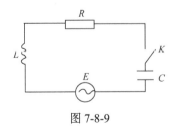

图 7-8-9

$$L\frac{\mathrm{d}^2Q}{\mathrm{d}t^2}+R\frac{\mathrm{d}Q}{\mathrm{d}t}+\frac{1}{C}Q=E(t). \tag{7.8.20}$$

这是一个二阶常系数非齐次线性微分方程. 若当 $t=0$ 时,已知电量为 Q_0 和电流为 I_0,则有初始条件:

$$Q(0)=Q_0,\quad Q'(0)=I(0)=I_0.$$

此时,能求出方程(7.8.20)初始问题的解.

在方程(7.8.20)两边对 t 求导,再以 $I=\dfrac{\mathrm{d}Q}{\mathrm{d}t}$ 代入,得到 $I(t)$ 所满足的微分方程为

$$L\frac{\mathrm{d}^2I}{\mathrm{d}t^2}+R\frac{\mathrm{d}I}{\mathrm{d}t}+\frac{1}{C}I=E'(t).$$

它也是一个二阶常系数非齐次线性方程,可采用与上一段中振动方程类似的方法进行讨论.

例 7.8.9 在图 7-8-9 的电路中,设

$$R=40\Omega,\quad L=1\mathrm{H},\quad C=16\times10^{-4}\mathrm{F},\quad E(t)=100\cos10t,$$

且初始电量和电流均为 0,求电量 $Q(t)$ 和电流 $I(t)$.

解 由已知条件知,方程(7.8.20)成为

$$\frac{\mathrm{d}^2Q}{\mathrm{d}t^2}+40\frac{\mathrm{d}Q}{\mathrm{d}t}+625Q=100\cos10t,$$

其特征方程为

$$r^2+40r+625=0,$$

特征根为

$$r_{1,2}=\frac{-40\pm\sqrt{-900}}{2}=-20\pm15\mathrm{i},$$

故其对应齐次方程的通解为

$$Q_c(t)=\mathrm{e}^{-20t}(C_1\cos15t+C_2\sin15t).$$

而非齐次方程的特解可设为

$$Q_p(t)=A\cos10t+B\sin10t.$$

代入方程,并比较系数可得

$$A=\frac{84}{697},\quad B=\frac{64}{697}.$$

所以

$$Q_p(t)=\frac{1}{697}(84\cos10t+64\sin10t).$$

从而所求方程的通解为

$$Q(t) = Q_c(t) + Q_p(t) = e^{-20t}(C_1 \cos 15t + C_2 \sin 15t) + \frac{4}{697}(21\cos 10t + 16\sin 10t).$$

利用初始条件 $Q(0) = 0$, 得到

$$Q(0) = C_1 + \frac{84}{697} = 0, \quad C_1 = -\frac{84}{697}.$$

利用另一个初始条件, 我们对 $Q(t)$ 求导得出电流:

$$I(t) = \frac{dQ}{dt} = e^{-20t}\left[(-20C_1 + 15C_2)\cos 15t + (-15C_1 - 20C_2)\sin 15t\right.$$
$$\left. + \frac{40}{697}(-21\sin 10t + 16\cos 10t)\right],$$

由 $I(0) = -20C_1 + 15C_2 + \frac{640}{697} = 0$, 得 $C_2 = -\frac{464}{2091}$. 于是, 电量和电流分别为

$$Q(t) = \frac{4}{697}\left[\frac{e^{-20t}}{3}(-63\cos 15t - 116\sin 15t) + (21\cos 10t + 16\sin 10t)\right],$$

$$I(t) = \frac{1}{2091}\left[e^{-20t}(-1920\cos 15t + 13060\sin 15t) + 120(-21\sin 10t + 16\cos 10t)\right].$$

解 $Q(t)$ 中含有两部分, 其中第一部分

$$Q_c(t) = \frac{1}{2091}\left[e^{-20t}(-63\cos 15t - 116\sin 15t)\right] \to 0 \quad (t \to \infty),$$

即当 t 充分大时, 有

$$Q(t) \approx Q_p(t) = \frac{4}{697}(21\cos 10t + 16\sin 10t).$$

因此, $Q_p(t)$ 称为**稳态解**.

习题 7-8

1. 某林区现有木材 10 万立方米, 如果每一瞬时木材的变化率与当时木材数成正比, 假使 10 年内该林区能有 20 万立方米, 试确定木材数 p 与时间 t 的关系.

2. 在某池塘养鱼, 该池塘内最多能养鱼 1000 尾, 在时刻 t, 鱼数 y 是时间 t 的函数 $y = y(t)$, 其变化率与鱼数 y 及 $1000 - y$ 成正比. 已知在池塘内放养鱼 100 尾, 3 个月后池塘内有鱼 250 尾, 求放养 t 月后池塘内鱼数 $y(t)$ 的公式.

3. 已知某曲线在第一象限内且过坐标原点(图 7-8-10), 其上任一点 M 的切线 MT, M 的纵坐标 MP, x 轴所成的三角形 MPT 的面积与曲边三角形 OMP 的面积之比恒为常数 $\left(k > \frac{1}{2}\right)$, 又知道点 M 处的导数总为正, 试求该曲线的方程.

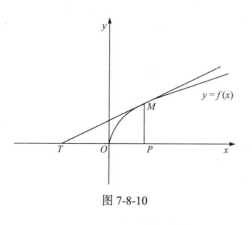

图 7-8-10

4. 小船从河边点 O 处出发驶向对岸(两岸为平行直线), 设船速为 a, 船行方向始终与河岸垂直, 又设河宽为 h, 河中任一点处的水流速度与该点到两岸距离的乘积成正比(比例系数为 k), 求小船的航行路线.

5. 若曲线 $y=f(x)(f(x)\geqslant 0)$ 与以 $[0,x]$ 为底围成的曲边梯形的面积与纵坐标 y 的 4 次幂成正比, 已知 $f(0)=0$, $f(1)=1$, 求此曲线方程.

6. 有一子弹以 $v_0=200\text{m/s}$ 的速度射入厚度为 $h=10\text{cm}$ 的木板, 穿过木板后仍有速度 $v_1=80\text{m/s}$, 假设木板对子弹的阻力与其速度的平方成正比, 求子弹通过木板所需的时间.

7. 设在同一水域中生存着食草鱼或食鱼之鱼(或同一环境中的两种生物), 它们的数量分别为 $x(t)$ 与 $y(t)$, 不妨设 x 与 y 是连续变化的, 其中鱼数 x 受 y 影响而减少(大鱼吃了小鱼), 减少的速率与成 $y(t)$ 正比, 而鱼数 y 也受 x 的影响而减少(小鱼吃了大鱼卵), 减少的速率与 $x(t)$ 成正比, 如果 $x(0)=x_0, y(0)=y_0$, 试建立这一问题的数学模型, 并求这两种鱼数量的变化规律.

8. 位于点 $P_0(l,0)$ 的军舰向位于原点的目标发射制导鱼雷并始终对准目标, 设目标以最大速度 a 沿 y 轴正方向运动, 鱼雷的速度为 b, 求鱼雷轨迹的曲线方程(图 7-8-11). 若设 $l=1$(海里①), $b=5a$, 问目标行驶多远经多少时间将被鱼雷击中?

9. 要设计一形状为旋转体的水泥桥墩(图 7-8-12), 桥墩高为 h, 上底面直径为 $2a$, 要求桥墩在任意水平截面上所受上部桥墩的平均压强为常数 p. 设水泥的比重为 ρ, 试求桥墩的形状.

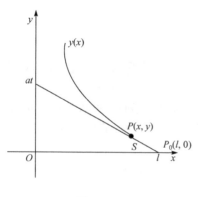

图 7-8-11

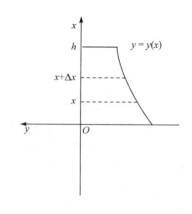

图 7-8-12

---

① 1 海里 ≈ 1.852km.

*第九节　MATLAB 软件应用

例 7.9.1 求下列微分方程的解析解.
(1) $y' = ay + b$;
(2) $y'' = \sin 2x - y, y(0) = 0, y'(0) = 1$;
(3) $f' = f + g, g' = g - f, f'(0) = 1, g'(0) = 1$.

解 (1) 输入命令:
```
clear;
s=solve('Dy=a*y+b')
```
输出结果:
```
s=-b/a+exp(a*t)*c1
```
(2) 输入命令:
```
clear;
s=dsolve('D2y=sin(2*x)-y', 'y(0)=0', 'Dy(0)=1', 'x')
simplify(s)   %以最简单形式显示 s
```
输出结果:
```
  s
=(-1/6*cos(3*x)-1/2*cos(x))*sin(x)+(-1/2*sin(x)+1/6*sin(3*x))*cos(x)+5/3*sin(x)
  ans=-2/3*sin(x)*cos(x)+5/3*sin(x)
```
(3) 输入命令:
```
clear;
s=dsolve('Df=f+g', 'Dg=g-f', 'f(0)=1', 'g(0)=1')
simplify(s, f)   % s 是一个结构
simplify(s, g)
```
输出结果:
```
ans=exp(t)*cos(t)+exp(t)*sin(t)
ans=-exp(t)*sin(t)+exp(t)*cos(t)
```

例 7.9.2 求解微分方程
$$y' = -y + t + 1, \quad y(0) = 1$$
先求解析解, 再求数值解, 并进行比较.

解 输入命令:
```
clear;
s=dsolve('Dy=-y+t+1', 'y(0)=1', 't')
```
输出结果:
```
simplify(s)
```

可得解析解为 $y=t+\mathrm{e}^{-1}$，下面再求其数值解，先编写 M 文件 fun1.m.

输入命令:

```
% M 函数 fun1.m
function f=fun1(t, y)
f=-y+t+1;
```

再用命令:

```
clear;close;t=0:0.1:1;
y=t+exp(-t);plot(t, y);%画解析解的图形
hold on;%保留已经画好的图形，如果下面再画图，两个图形合并在一起
[t, y]=ode45('fun1', [0, 1], 1);
plot(t, y, 'ro');%画数值解图形，用小圈画
xlabel('t'), ylabel('y')
```

输出结果: 如图 7-9-1 所示.

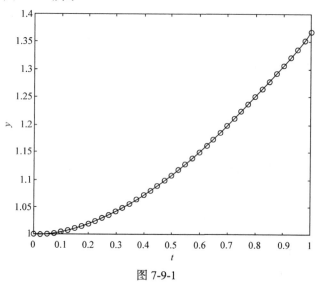

图 7-9-1

参 考 文 献

华东师范大学数学系. 2014. 数学分析. 4 版. 北京: 高等教育出版社.
姜启源. 2011. 数学模型. 4 版. 北京: 高等教育出版社.
马莉. 2010. MATLAB 数学实验与建模. 北京: 清华大学出版社.
同济大学数学系. 2014. 高等数学. 7 版. 北京: 高等教育出版社.
吴赣昌. 2011. 高等数学. 4 版. 北京: 中国人民大学出版社.
薛山. 2011. MATLAB 基础教程. 北京: 清华大学出版社.
张选群. 2008. 医用高等数学. 5 版. 北京: 人民卫生出版社.
Stewart J. 2004. Calculus. 5th ed. 影印本. 北京: 高等教育出版社.

附　　录

附录一　三角函数与反三角函数等常用公式

一、三角函数

正弦函数 $\sin x$；余弦函数 $\cos x$；

正切函数 $\tan x = \dfrac{\sin x}{\cos x}$；余切函数 $\cot x = \dfrac{\cos x}{\sin x}$；

正割函数 $\sec x = \dfrac{1}{\cos x}$；余割函数 $\csc x = \dfrac{1}{\sin x}$.

三角函数奇偶性、周期性

奇函数：$\sin x$，$\tan x$，$\cot x$；偶函数：$\cos x$；

周期 2π：$\sin x$，$\cos x$；周期 $\dfrac{2\pi}{|\omega|}$：$\sin(\omega t + \varphi)$；周期 π：$\tan x$，$\cot x$.

三角函数诱导公式：(口诀：奇变偶不变，符号看象限)

$$\sin(-\alpha) = -\sin\alpha, \quad \cos(-\alpha) = \cos\alpha,$$
$$\tan(-\alpha) = -\tan\alpha, \quad \cot(-\alpha) = -\cot\alpha.$$
$$\sin\left(\dfrac{\pi}{2} \mp \alpha\right) = \cos\alpha, \quad \cos\left(\dfrac{\pi}{2} \mp \alpha\right) = \pm\sin\alpha,$$
$$\tan\left(\dfrac{\pi}{2} \mp \alpha\right) = \pm\cot\alpha, \quad \cot\left(\dfrac{\pi}{2} \mp \alpha\right) = \pm\tan\alpha.$$
$$\sin(\pi \mp \alpha) = \pm\sin\alpha, \quad \cos(\pi \mp \alpha) = -\cos\alpha,$$
$$\tan(\pi \mp \alpha) = \mp\tan\alpha, \quad \cot(\pi \mp \alpha) = \mp\cot\alpha.$$
$$\sin\left(\dfrac{3\pi}{2} \mp \alpha\right) = -\cos\alpha, \quad \cos\left(\dfrac{3\pi}{2} \pm \alpha\right) = \pm\sin\alpha,$$
$$\tan\left(\dfrac{3\pi}{2} \mp \alpha\right) = \pm\cot\alpha, \quad \cot\left(\dfrac{3\pi}{2} \mp \alpha\right) = \pm\tan\alpha.$$
$$\sin(2\pi - \alpha) = -\sin\alpha, \quad \cos(2\pi - \alpha) = \cos\alpha,$$
$$\tan(2\pi - \alpha) = -\tan\alpha, \quad \cot(2\pi - \alpha) = -\cot\alpha.$$
$$\sin(2k\pi + \alpha) = \sin\alpha, \quad \cos(2k\pi + \alpha) = \cos\alpha,$$
$$\tan(2k\pi + \alpha) = \tan\alpha, \quad \cot(2k\pi + \alpha) = \cot\alpha \, (k \in \mathbf{Z}).$$

平方关系

$$\cos^2 x + \sin^2 x = 1, \quad 1 + \tan^2 x = \dfrac{1}{\cos^2 x} = \sec^2 x, \quad 1 + \cot^2 x = \dfrac{1}{\sin^2 x} = \csc^2 x.$$

二倍角的正弦、余弦和正切公式
$$\sin 2\alpha = 2\sin\alpha\cos\alpha,$$
$$\cos 2\alpha = 2\cos^2\alpha - 1 = 1 - 2\sin^2\alpha = \cos^2\alpha - \sin^2\alpha,$$
$$\cot 2\alpha = \frac{\cot^2\alpha - 1}{2\cot\alpha},$$
$$\tan 2\alpha = \frac{2\tan\alpha}{1-\tan^2\alpha}.$$
$$1 - \cos 2x = 2\sin^2 x, \quad 1 + \cos 2x = 2\cos^2 x.$$

三角函数的降幂公式
$$\sin^2\alpha = \frac{1-\cos 2\alpha}{2}, \quad \cos^2\alpha = \frac{1+\cos 2\alpha}{2}.$$

半角的正弦、余弦和正切公式
$$\sin\frac{\alpha}{2} = \pm\sqrt{\frac{1-\cos\alpha}{2}}, \quad \cos\frac{\alpha}{2} = \pm\sqrt{\frac{1+\cos\alpha}{2}},$$
$$\tan\frac{\alpha}{2} = \pm\sqrt{\frac{1-\cos\alpha}{1+\cos\alpha}} = \frac{1-\cos\alpha}{\sin\alpha} = \frac{\sin\alpha}{1+\cos\alpha},$$
$$\cot\frac{\alpha}{2} = \pm\sqrt{\frac{1+\cos\alpha}{1-\cos\alpha}} = \frac{1+\cos\alpha}{\sin\alpha} = \frac{\sin\alpha}{1-\cos\alpha}.$$

三倍角的正弦、余弦和正切公式
$$\sin 3\alpha = 3\sin\alpha - 4\sin^3\alpha,$$
$$\cos 3\alpha = 4\cos^3\alpha - 3\cos\alpha,$$
$$\tan 3\alpha = \frac{3\tan\alpha - \tan^3\alpha}{1-3\tan^2\alpha}.$$

万能公式
$$\sin\alpha = \frac{2\tan\frac{\alpha}{2}}{1+\tan^2\frac{\alpha}{2}}, \quad \cos\alpha = \frac{1-\tan^2\frac{\alpha}{2}}{1+\tan^2\frac{\alpha}{2}}, \quad \tan\alpha = \frac{2\tan\frac{\alpha}{2}}{1-\tan^2\frac{\alpha}{2}}.$$

两角和与差的三角函数公式:
$$\sin(\alpha\pm\beta) = \sin\alpha\cos\beta \pm \cos\alpha\sin\beta,$$
$$\cos(\alpha\pm\beta) = \cos\alpha\cos\beta \mp \sin\alpha\sin\beta,$$
$$\tan(\alpha\pm\beta) = \frac{\tan\alpha\pm\tan\beta}{1\mp\tan\alpha\cdot\tan\beta},$$
$$\cot(\alpha\pm\beta) = \frac{\cot\alpha\cdot\cot\beta\mp 1}{\cot\beta\pm\cot\alpha}.$$

三角函数的和差化积公式
$$\sin\alpha + \sin\beta = 2\sin\frac{\alpha+\beta}{2}\cos\frac{\alpha-\beta}{2},$$
$$\sin\alpha - \sin\beta = 2\cos\frac{\alpha+\beta}{2}\sin\frac{\alpha-\beta}{2},$$
$$\cos\alpha + \cos\beta = 2\cos\frac{\alpha+\beta}{2}\cos\frac{\alpha-\beta}{2},$$
$$\cos\alpha - \cos\beta = -2\sin\frac{\alpha+\beta}{2}\sin\frac{\alpha-\beta}{2}.$$

三角函数的积化和差公式
$$\sin x \sin y = -\frac{1}{2}[\cos(x+y) - \cos(x-y)],$$
$$\cos x \cos y = \frac{1}{2}[\cos(x+y) + \cos(x-y)],$$
$$\sin x \cos y = \frac{1}{2}[\sin(x+y) + \sin(x-y)].$$

正弦定理：$\dfrac{a}{\sin A} = \dfrac{b}{\sin B} = \dfrac{c}{\sin C} = 2R$；

余弦定理：$c^2 = a^2 + b^2 - 2ab\cos C$.

化 $a\sin x \pm b\cos x$ 为一个角的三角函数的形式(辅助角的三角函数的公式)
$$a\sin x \pm b\cos x = \sqrt{a^2 + b^2}\sin(x \pm \phi),$$

其中角 ϕ 所在象限由 a, b 的符号确定，角 ϕ 的值由 $\tan\dfrac{b}{a}$ 确定.

特殊角的三角函数值:

	$\sin\alpha$	$\cos\alpha$	$\tan\alpha$	$\cot\alpha$
0	0	1	0	∞
$\dfrac{\pi}{6}$	$\dfrac{1}{2}$	$\dfrac{\sqrt{3}}{2}$	$\dfrac{\sqrt{3}}{3}$	$\sqrt{3}$
$\dfrac{\pi}{4}$	$\dfrac{\sqrt{2}}{2}$	$\dfrac{\sqrt{2}}{2}$	1	1
$\dfrac{\pi}{3}$	$\dfrac{\sqrt{3}}{2}$	$\dfrac{1}{2}$	$\sqrt{3}$	$\dfrac{\sqrt{3}}{3}$
$\dfrac{\pi}{2}$	1	0	∞	0
$\dfrac{2\pi}{3}$	$\dfrac{\sqrt{3}}{2}$	$-\dfrac{1}{2}$	$-\sqrt{3}$	$-\dfrac{\sqrt{3}}{3}$
π	0	-1	0	∞
$\dfrac{3\pi}{2}$	-1	0	∞	0
2π	0	1	0	∞

二、反三角函数

$\arcsin x$: 定义域 $[-1,1]$, 值域 $\left[-\dfrac{\pi}{2},\dfrac{\pi}{2}\right]$; $\arccos x$: 定义域 $[-1,1]$, 值域 $[0,\pi]$;

$\arctan x$: 定义域 $(-\infty,+\infty)$, 值域 $\left(-\dfrac{\pi}{2},\dfrac{\pi}{2}\right)$; $\operatorname{arccot} x$: 定义域 $(-\infty,+\infty)$, 值域 $(0,\pi)$.

$\arcsin x + \arccos x = \dfrac{\pi}{2}$, $\arctan x + \operatorname{arccot} x = \dfrac{\pi}{2}$.

三、立方差等常用公式

$(a \pm b)^3 = a^3 \pm 3a^2 b + 3ab^2 \pm b^3$;

$a^3 \pm b^3 = (a \pm b)(a^2 \mp ab + b^2)$;

$a^n - b^n = (a-b)(a^{n-1} + a^{n-2}b + a^{n-3}b^2 + \cdots + ab^{n-2} + b^{n-1})$;

$(a+b)^n = a^n + na^{n-1}b + \dfrac{n(n-1)}{2!}a^{n-2}b^2 + \cdots + \dfrac{n(n-1)\cdots(n-k+1)}{k!}a^{n-k}b^k + \cdots + b^n$.

附录二　导数及积分公式

一、导数公式

1. 基本求导公式

(1) $(C)' = 0$;

(2) $(x^{\mu})' = \mu x^{\mu-1}$;

(3) $(\sin x)' = \cos x$;

(4) $(\cos x)' = -\sin x$;

(5) $(\tan x)' = \sec^2 x$;

(6) $(\cot x)' = -\csc^2 x$;

(7) $(\sec x)' = \sec x \tan x$;

(8) $(\csc x)' = -\csc x \cot x$;

(9) $(a^x)' = a^x \ln a$;

(10) $(e^x)' = e^x$;

(11) $(\log_a x)' = \dfrac{1}{x \ln a}$;

(12) $(\ln x)' = \dfrac{1}{x}$;

(13) $(\arcsin x)' = \dfrac{1}{\sqrt{1-x^2}}$;

(14) $(\arccos x)' = -\dfrac{1}{\sqrt{1-x^2}}$;

(15) $(\arctan x)' = \dfrac{1}{1+x^2}$;

(16) $(\operatorname{arccot} x)' = -\dfrac{1}{1+x^2}$.

2. 函数的和、差、积、商的求导法则

设 $u = u(x), v = v(x)$ 可导, 则

(1) $(u \pm v)' = u' \pm v'$;

(2) $(Cu)' = Cu'$ (C 是常数);

(3) $(uv)' = u'v + uv'$;

(4) $\left(\dfrac{u}{v}\right)' = \dfrac{u'v - uv'}{v^2}$ ($v \neq 0$).

二、积分公式

1. 基本积分表

(1) $\int k\mathrm{d}x = kx + C$ (k 是常数);

(2) $\int x^\mu \mathrm{d}x = \dfrac{x^{\mu+1}}{\mu+1} + C$ ($\mu \neq -1$);

(3) $\int \dfrac{\mathrm{d}x}{x} = \ln|x| + C$;

(4) $\int \dfrac{1}{1+x^2} \mathrm{d}x = \arctan x + C$;

(5) $\int \dfrac{1}{\sqrt{1-x^2}} \mathrm{d}x = \arcsin x + C$;

(6) $\int \cos x \mathrm{d}x = \sin x + C$;

(7) $\int \sin x \mathrm{d}x = -\cos x + C$;

(8) $\int \dfrac{\mathrm{d}x}{\cos^2 x} = \int \sec^2 x \mathrm{d}x = \tan x + C$;

(9) $\int \dfrac{\mathrm{d}x}{\sin^2 x} = \int \csc^2 x \mathrm{d}x = -\cot x + C$;

(10) $\int \sec x \tan x \mathrm{d}x = \sec x + C$;

(11) $\int \csc x \cot x \mathrm{d}x = -\csc x + C$;

(12) $\int \mathrm{e}^x \mathrm{d}x = \mathrm{e}^x + C$;

(13) $\int a^x \mathrm{d}x = \dfrac{a^x}{\ln a} + C$;

(14) $\int \tan x \mathrm{d}x = -\ln|\cos x| + C$;

(15) $\int \cot x \mathrm{d}x = \ln|\sin x| + C$;

(16) $\int \sec x \mathrm{d}x = \ln|\sec x + \tan x| + C$;

(17) $\int \csc x \mathrm{d}x = \ln|\csc x - \cot x| + C$;

(18) $\int \dfrac{1}{a^2 + x^2} \mathrm{d}x = \dfrac{1}{a} \arctan \dfrac{x}{a} + C$;

(19) $\int \dfrac{1}{x^2 - a^2} \mathrm{d}x = \dfrac{1}{2a} \ln\left|\dfrac{x-a}{x+a}\right| + C$;

(20) $\int \dfrac{1}{\sqrt{a^2 - x^2}} \mathrm{d}x = \arcsin \dfrac{x}{a} + C$;

(21) $\int \dfrac{1}{\sqrt{x^2 \pm a^2}} \mathrm{d}x = \ln\left|x + \sqrt{x^2 \pm a^2}\right| + C$;

(22) $\int \sqrt{a^2 - x^2} \mathrm{d}x = \dfrac{a^2}{2} \arcsin \dfrac{x}{a} + \dfrac{x}{2} \cdot \sqrt{a^2 - x^2} + C$.

2. 常用凑微分公式

(1) $\int f(ax+b) \mathrm{d}x = \dfrac{1}{a} \int f(ax+b) \mathrm{d}(ax+b)$ ($a \neq 0$);

(2) $\int f(x^\mu) x^{\mu-1} \mathrm{d}x = \dfrac{1}{\mu} \int f(x^\mu) \mathrm{d}(x^\mu)$ ($\mu \neq 0$);

(3) $\int f(\ln x) \cdot \dfrac{1}{x} \mathrm{d}x = \int f(\ln x) \mathrm{d}(\ln x)$;

(4) $\int f(\mathrm{e}^x) \cdot \mathrm{e}^x \mathrm{d}x = \int f(\mathrm{e}^x) \mathrm{d}\mathrm{e}^x$;

(5) $\int f(a^x) \cdot a^x dx = \dfrac{1}{\ln a} \int f(a^x) da^x$;

(6) $\int f(\sin x) \cdot \cos x dx = \int f(\sin x) d\sin x$;

(7) $\int f(\cos x) \cdot \sin x dx = -\int f(\cos x) d\cos x$;

(8) $\int f(\tan x) \sec^2 x dx = \int f(\tan x) d\tan x$;

(9) $\int f(\cot x) \csc^2 x dx = -\int f(\cot x) d\cot x$;

(10) $\int f(\arctan x) \dfrac{1}{1+x^2} dx = \int f(\arctan x) d(\arctan x)$;

(11) $\int f(\arcsin x) \dfrac{1}{\sqrt{1-x^2}} dx = \int f(\arcsin x) d(\arcsin x)$.

部分习题答案

习题 1-1

1. (1) 定义域为 $D = [-1, 0) \cup (0, 1]$；
   (2) 定义域为 $\{-2 \leqslant x \leqslant 4\}$；
   (3) 定义域为 $D = (-\infty, 0) \cup (0, 5]$；
   (4) 定义域为 $\{-3 < x < -1 \text{ 或 } x > 1\}$；
   (5) 定义域为 $\{1 < x < 2 \text{ 和 } 2 < x < 4\}$.

2. (1) 不相同，$\lg x^2$ 的定义域为 $(-\infty, 0) \cup (0, +\infty)$，而 $2\lg x$ 的定义域为 $(0, +\infty)$；
   (2) 相同，其定义域和对应法则均相同.

3. $\varphi\left(\dfrac{\pi}{4}\right) = \left|\sin\dfrac{\pi}{4}\right| = \dfrac{\sqrt{2}}{2}$，$\varphi\left(-\dfrac{\pi}{4}\right) = \left|\sin\dfrac{\pi}{4}\right| = \dfrac{\sqrt{2}}{2}$，$\varphi(-2) = 0$；$y = \varphi(x)$ 图略.

4. 证明略. (1) 在 $(-\infty, 1)$ 内单调增加；(2) 在 $(0, +\infty)$ 内单调增加.

5. (1) 非奇函数又非偶函数；(2) 是偶函数；(3) 是奇函数.

6. (1) 周期为 2π；(2) 不是周期函数；(3) 周期为 π.

7. 证明略.

8. (1) $y = \dfrac{x+1}{1-x}$；(2) $y = \log_3 \dfrac{x}{1-x}$.

9. $f(x+1) = \begin{cases} 1, & x < -1, \\ 0, & x = -1, \\ -1, & x > -1; \end{cases}$ $f(x^2 - 1) = \begin{cases} 1, & |x| < 1, \\ 0, & |x| = 1, \\ -1, & |x| > 1. \end{cases}$

10. $f[f(x)] = \dfrac{x}{1+2x} \left(x \neq -1, x \neq -\dfrac{1}{2}\right)$；

    $f\{f[f(x)]\} = \dfrac{x}{1+3x} \left(x \neq -1, x \neq -\dfrac{1}{2}, x \neq -\dfrac{1}{3}\right)$.

11. $f\left[\varphi\left(\dfrac{\pi}{6}\right)\right] = \dfrac{3\sqrt{3}}{8} - \dfrac{\sqrt{3}}{2}$，$f\{f[f(1)]\} = 0$.

12. $1 + 2x\sqrt{1-x^2}$.

13. (1) $(-\infty, +\infty)$；(2) $\dfrac{1}{4}\{g[g(x)]\}^2 = g(x)$.

14. $\varphi(x) = \arccos(x^2 - 1)$，定义域为 $[-\sqrt{2}, \sqrt{2}]$.

15. (1) $[-1,1]$;

(2) 当 $0 < a \leqslant \dfrac{1}{2}$ 时, 结果为 $[a, 1-a]$; 当 $a \geqslant \dfrac{1}{2}$ 时, 结果为 $\varnothing$;

(3) $\bigcup\limits_{k \in \mathbf{Z}} [2k\pi, (2k+1)\pi]$;

(4) $[-1,1]$.

习题 1-2

1. (1) $\lim\limits_{n\to\infty} x_n = 0$; (2) $\lim\limits_{n\to\infty} x_n = 0$; (3) $\lim\limits_{n\to\infty} x_n = 3$; (4) $\lim\limits_{n\to\infty} x_n = 1$; (5) 没有极限.

2. 证明略.

3. $\lim\limits_{n\to\infty} x_n = 0$, $N = \left[\dfrac{1}{\varepsilon}\right]$, $N = 1000$.

4～6. 证明略.

7. 证明提示: (1) 取 $X = \dfrac{1}{\varepsilon}$; (2) 取 $X = \dfrac{1}{\varepsilon^2}$; (3) $\delta = \dfrac{1}{5}\varepsilon$; (4) 取 $\delta = \min\left\{\dfrac{\varepsilon}{2}, \dfrac{1}{2}\right\}$.

8. 取 $\delta = 0.00142$.

9. $\lim\limits_{x\to 0} f(x)$ 不存在.

10. 证明略.

11. $\lim\limits_{x\to +\infty} \mathrm{e}^{\frac{1}{x}} = 1$; $\lim\limits_{x\to 0^+} \mathrm{e}^{\frac{1}{x}} = +\infty$, $\lim\limits_{x\to 0^-} \mathrm{e}^{\frac{1}{x}} = 0$, 故 $\lim\limits_{x\to 0} \mathrm{e}^{\frac{1}{x}}$ 不存在.

习题 1-3

1. (1) 错; (2) 对; (3) 对; (4) 错; (5) 错.

2. (1) 和; (2) 是无穷小量; (3) 是无穷大量.

3. 证明略.

4. (1) 2; (2) -3; (3) ∞.

5. 是无界的; 不是无穷大.

6. 提示利用不等式 $|f(x) \pm g(x)| \geqslant |f(x)| - |g(x)|$. 证明略.

7. 证明略.

8. (1) 0; (2) 0; (3) ∞.

习题 1-4

1. (1), (2), (4) 的结果为 0; (3), (8), (12), (13) 的结果为 1; (5) 2; (6) $\dfrac{1}{2}$; (7) x; (9) -1;

(10) $\left(\dfrac{2}{3}\right)^{20}$; (11) -2; (14) $\dfrac{1}{5}$; (15) $\dfrac{1}{2}$; (16) 2.

2. $a=25, b=20$.

3. $\lim\limits_{x\to 0} f(x)$ 不存在; $\lim\limits_{x\to 1} f(x)=2$.

4. $k=-3$.

习题 1-5

1. (1) 3; (2) 1; (3) 0; (4) 1; (5) $\sqrt{2}$; (6) $\cos a$; (7) $\dfrac{3}{2}$; (8) 0; (9) e^{-3};

   (10) e^{-k}; (11) e^{6}; (12) e^{2}; (13) e^{-1}; (14) 1; (15) e.

2. 证明略, $\lim\limits_{n\to\infty} x_n = 2$.

3. 3.

4. 证明略.

习题 1-6

1. $x^3 - x^4$ 是 $x - x^2$ 的高阶无穷小.

2. 当 $x\to 0$ 时, $\sqrt{a+x^3}-\sqrt{a}$ 是 x 的三阶无穷小.

3. (1) $\dfrac{5}{3}$; (2) 2; (3) 3; (4) $\dfrac{1}{2}$; (5) 4; (6) 3; (7) $\dfrac{1}{2}$; (8) 1.

习题 1-7

1. (1) $f(x)$ 在其定义区间 $[0,2]$ 上处处连续. 图略.

   (2) $f(x)$ 在 $(-\infty,-1)$ 和 $(-1,+\infty)$ 内连续, 在 $x=-1$ 处为 $f(x)$ 的跳跃间断点. 图略.

2. (1) 函数在 $x=0$ 处连续;

   (2) 在 $x=0$ 处连续;

   (3) $f(x)$ 在 $x=0$ 处右连续但不左连续.

3. (1) $x=1$ 是函数的第一类间断点(跳跃间断点).

   (2) $x=1$ 是第一类可去间断点, 补充定义 $y(1)=-2$ 可使函数在该点处连续. $x=2$ 是第二类无穷间断点.

   (3) $x=0$ 为第一类可去间断点, 补充 $y(0)=-1$ 可使函数在该点处连续.

   (4) $x=0$ 是第二类中的振荡间断点.

   (5) $x=-2$ 是第二类无穷间断点.

4. 证明略. 提示: 利用连续的定义和极限的保号性.

5. $a = 1$.
6. $a = 1$, $b = \mathrm{e}$.
7. $a = 0$, $b = 1$.

习题 1-8

1. (1) 1; (2) 0; (3) 1; (4) 0; (5) 2; (6) 0.
2. 连续区间为 $(-\infty, -3) \cup (-3, 2) \cup (2, +\infty)$. $\dfrac{1}{2}, -\dfrac{8}{5}, \infty$.
3～5. 分析: 利用零点定理. 证明略.

习题 1-9

1. (1) 100; (2) ≈ 6394; (3) 1 小时后细菌数为 200.

2. (1) $p = \begin{cases} 90, & 0 \leqslant x \leqslant 100, \\ 91 - 0.01x, & 100 < x < 1600, \\ 75, & x \geqslant 1600. \end{cases}$

(2) $P = (p - 60)x = \begin{cases} 30x, & 0 \leqslant x \leqslant 100, \\ 31x - 0.01x^2, & 100 < x < 1600, \\ 15x, & x \geqslant 1600. \end{cases}$

(3) $P = 21000(元)$.

习题 2-1

1. 4.
2. (1) $-f'(x_0)$; (2) $2f'(x_0)$; (3) $\dfrac{3}{2} f'(x_0)$.
3. 切线的方程 $y = x + 1$, 法线方程为 $y = -x + 3$.
4. 证明略, 切线方程为 $y - \dfrac{1}{2} = -\dfrac{\sqrt{3}}{2}\left(x - \dfrac{\pi}{3}\right)$, 法线方程为 $y - \dfrac{1}{2} = \dfrac{2}{\sqrt{3}}\left(x - \dfrac{\pi}{3}\right)$.
5. 不可导.
6. 1.
7. $f'(x) = \begin{cases} \cos x, & x < 0, \\ 1, & x \geqslant 0. \end{cases}$
8. 连续, 可导.
9. 2.

10. 4m/s.

11. $T'(t)$.

12. $f'(x)$ 表示当产量为 x 时单位产量的成本.

13. 证明略.

习题 2-2

1. (1) $2+\dfrac{3}{2\sqrt{x}}$; (2) $15x^2-2^x\ln 2+4\mathrm{e}^x$;

   (3) $\sec^2 x-2\sec x\tan x$; (4) $\cos 2x$;

   (5) $x(2\ln x+1)$; (6) $\mathrm{e}^x(\sin x+\cos x)$;

   (7) $\dfrac{1-\ln x}{x^2}$; (8) $(x-6)(x-7)+(x-5)(x-7)+(x-5)(x-6)$;

   (9) $\dfrac{1+\sin t+\cos t}{(1+\cos t)^2}$; (10) $\dfrac{1}{3}x^{-\frac{2}{3}}\cos x-x^{\frac{1}{3}}\sin x+5^x\mathrm{e}^x\ln 5+5^x\mathrm{e}^x$;

   (11) $\log_3 x+\dfrac{1}{\ln 3}$; (12) $\dfrac{2x^2-16x+2}{(x^2-1)^2}$.

2. (1) 1; (2) 2; (3) $\dfrac{\sqrt{2}}{4}\left(1+\dfrac{\pi}{2}\right)$.

3. 切线方程为 $y=2x$, 法线方程为 $y=-\dfrac{1}{2}x$.

4. 点 $(1,0)$ 处的切线方程为 $y=2x-2$, 点 $(-1,0)$ 处的切线方程为 $y=2x+2$.

5. (1) $2\sin(3-2x)$; (2) $-6x^2\mathrm{e}^{-2x^3}$;

   (3) $-\dfrac{x}{\sqrt{a^2-x^2}}$; (4) $3x^2\sec^2(x^3)$;

   (5) $\dfrac{\mathrm{e}^x}{1+\mathrm{e}^{2x}}$; (6) $12(3x+5)^3$;

   (7) $\dfrac{1}{|x|\sqrt{x^2-1}}$; (8) $\sec x$;

   (9) $-\csc x$; (10) $6x^2\sqrt{1+3x^2}+\dfrac{15x+6x^4}{\sqrt{1+3x^2}}$;

   (11) $\dfrac{1}{x\ln x\ln\ln x}$; (12) $-\dfrac{1}{(1+x)\sqrt{2x(1-x)}}$;

   (13) $\dfrac{1}{(1-x)\cdot\sqrt{x}}$; (14) $\dfrac{2}{3}\csc x$;

(15) $\dfrac{2\arcsin\dfrac{x}{2}}{\sqrt{4-x^2}}$; (16) $2\sqrt{1-x^2}$;

(17) $\dfrac{\ln x}{x\sqrt{1+\ln^2 x}}$; (18) $\dfrac{e^{\arctan\sqrt{x}}}{2\sqrt{x}(1+x)}$;

(19) $10^{x\tan 2x}\ln 10(\tan 2x+2x\sec^2 2x)$; (20) $\dfrac{1}{x^2}e^{-\sin^2\frac{1}{x}}\sin\dfrac{2}{x}$.

6. (1) $x^2 f'\left(\dfrac{x^3}{3}\right)$; (2) $\sin 2x[f'(\sin^2 x)\cdot -f'(\cos^2 x)]$;

(3) $f'\left(\arccos\dfrac{1}{x}\right)\cdot\dfrac{1}{|x|\sqrt{x^2-1}}$.

7. $-xe^{x-1}$.

8. $-\dfrac{1}{(1+x^2)}$.

9. $f'(x+3)=5x^4$, $f'(x)=5(x-3)^4$.

习题 2-3

1. (1) $y''=40x^3+6$; (2) $y''=4e^{2x-3}$;
 (3) $y''=-2\sin x-x\cos x$; (4) $y''=-2e^{-t}\cos t$;
 (5) $y''=-\dfrac{9}{\sqrt{(9-x^2)^3}}$; (6) $y''=\dfrac{2(1-x^2)}{(1+x^2)^2}$;
 (7) $y''=2\sec x^2\tan x$; (8) $y''=\dfrac{6x-18x^4}{(x^3+2)^3}$;
 (9) $y''=2xe^{x^2}(3+2x^2)$; (10) $y''=2\arctan x+\dfrac{2x}{1+x^2}$;
 (11) $y''=\dfrac{-x}{(1+x^2)\sqrt{1+x^2}}$.

2. $f'''(0)=6480$.

3. (1) $20x^3 f'(x^5)+25x^8 f''(x^5)$; (2) $\dfrac{f''(x)\cdot f(x)-[f'(x)]^2}{[f(x)]^2}$.

4. $a=-\dfrac{1}{2}$, $b=1$, $c=0$.

5. (1) $y^{(4)}=e^x+4e^x(-\sin x)+6e^x(-\cos x)+4e^x\sin x+(-\cos x)$;

(2) $y^{(n)} = x(-1)^{n-1}\dfrac{(n-1)!}{x^n} + n\cdot(-1)^{n-2}\dfrac{(n-2)!}{x^{n-1}}$;

(3) $y^{(n)} = (-1)^n\dfrac{n!}{(x-2)^{n+1}} - (-1)^n\dfrac{n!}{(x-1)^{n+1}}$;

(4) $y^{(n)} = 4^{n-1}\cos\left(4x + n\cdot\dfrac{\pi}{2}\right)$;

(5) $y^{(n)} = ne^x + xe^x = e^x(n+x)$;

(6) $y^{(50)} = 2^{50}\left(-x^2\sin 2x + 50x\cos 2x + \dfrac{1225}{2}\sin 2x\right)$.

6～8. 证明略.

习题 2-4

1. (1) $y' = \dfrac{-y}{2\pi y\sin(\pi y^2) + x}$; (2) $y' = \dfrac{y - e^{x+y}}{e^{x+y} - x}$;

(3) $y' = \dfrac{5 - ye^{xy}}{xe^{xy} + 2y}$; (4) $y' = \dfrac{e^y}{1 - xe^y}$;

(5) $y' = \dfrac{x+y}{x-y}$.

2. (1) $-\dfrac{b^4}{a^2y^3}$; (2) $\dfrac{(x+y)\cos y + (x+y)\sin^2 y + 2\sin y}{[(x+y)\sin y + 1]^3}$;

(3) $-2\csc^2(x+y)\cot^3(x+y)$; (4) $-\dfrac{1}{y^3}$.

3. (1) $(3+x^2)^{\tan x}\left[\sec^2 x\ln(3+x^2) + \dfrac{2x\tan x}{3+x^2}\right]$;

(2) $\dfrac{\sqrt[5]{2x-3}\sqrt[3]{x-2}}{\sqrt{x+2}}\left[\dfrac{1}{5(2x-3)} + \dfrac{1}{x-2} - \dfrac{1}{2(x+2)}\right]$;

(3) $\dfrac{\sqrt{x+3}(5-x)^4}{(x+2)^5}\left[\dfrac{1}{2(x+3)} - \dfrac{4}{5-x} - \dfrac{5}{x+2}\right]$.

4. (1) $\dfrac{20b}{3a}$; (2) $\sqrt{3} - 2$.

5. (1) $-\dfrac{3t^2+1}{4t^3}$; (2) $\dfrac{3}{2}e^{3t}$;

(3) $\dfrac{1+t^2}{4t}$; (4) $-\dfrac{3}{4\sin^3 t}$.

6. 切线方程为 $y = e^{10}x + 1$, 法线方程为 $y = -\dfrac{1}{e^{10}}x + 1$.

7. 切线方程为 $y = \frac{1}{2}x - \frac{1}{2}\ln 2 + \frac{\pi}{4}$，法线方程为 $y = -2x + 2\ln 2 + \frac{\pi}{4}$.

8. $\frac{ds}{dt} = 144\pi (\text{m}^2/\text{s})$.

9. $\left.\frac{ds_{甲乙}}{dt}\right|_{t=1} = -2.8 \,(\text{km/h})$.

习题 2-5

1. 5, 4; 0.41, 0.4; 0.0401, 0.04.

2. (1) $3x^2 + C$;　　　　　　　　(2) $-\frac{1}{\omega}\cos\omega x + C$;

　(3) $\ln(x+3)+C$;　　　　　　　(4) $-\frac{1}{3}e^{-3x} + C$;

　(5) $2\sqrt{x} + C$;　　　　　　　(6) $\frac{1}{5}\tan 5x + C$.

3. (1) $\left(\frac{1}{x+1} + \frac{1}{\sqrt{x}}\right)dx$;　　　(2) $(\cos 2x - 2x\sin 2x)dx$;

　(3) $2x(1+x)e^{2x}dx$;　　　　　(4) $-\frac{3}{2}\sqrt{\frac{x}{1-x^3}}dx$;

　(5) $2(e^{2x} - e^{-2x})dx$;　　　　(6) $\frac{2\sqrt{x}-1}{4\sqrt{x}\sqrt{x-\sqrt{x}}}dx$;

　(7) $-\frac{2x}{x^4+1}dx$;　　　　　(8) $\left(-\frac{9^x \ln 3}{\sqrt{1-9^x}}\arccos(3^x) - 3^x \ln 3\right)dx$;

　(9) $6\cos(3t+5)dx$;　　　　　(10) $12x \cdot \tan(1+3x^2) \cdot \sec^2(1+3x^2)dx$.

4. (1) $dy = \frac{\ln(x-y)}{3+\ln(x-y)}dx$;　　(2) $dy = \frac{2xy^2 - y\cos(xy)}{x\cos(xy) - 2x^2y}dx$.

5. (1) 1.00003;　　　　　　　　(2) $\frac{1}{2} + \frac{\sqrt{3}\pi}{360}$;

　(3) $\frac{\pi}{3} - \frac{\sqrt{3}}{7500}$.

6. 证明略.

7. 最大相对误差是 0.0033.

8. 中心角测量误差是 0.00056 弧度.

习题 3-1

1. $\xi = -\dfrac{5}{2}$.

2. 有 3 个实根，分别为 $\xi_1 \in (1,2)$，$\xi_2 \in (2,3)$，$\xi_3 \in (3,4)$.

3. 证明略，使用反证法，结合零点定理和罗尔定理得出结论.

4. 证明略，连续两次使用罗尔定理.

5. 证明略，求解方程 $f'(\xi) = \dfrac{f(1)-f(0)}{1-0}$，若得到的根 $\xi \in [0,1]$，则可验证.

6. 证明略，求解方程 $f'(\xi) = \dfrac{f(b)-f(a)}{b-a}$ 证明.

7. 证明略，利用拉格朗日中值定理寻找函数 $y = f(x)$，通过式子
$$f'(\xi) = \dfrac{f(b)-f(a)}{b-a} \quad (\text{或 } f(b)-f(a) = f'(\xi)(b-a))$$
证明不等式.

8. $\xi = \dfrac{14}{9}$.

9, 10. 利用 $f'(x) = 0 \Leftrightarrow f(x) = C$，证 $f(x) = C$.

11. 证明略，用反证法和罗尔中值定理，或利用函数的单调性得出结论.

习题 3-2

1. (1) $-\dfrac{3}{4}$; (2) $\dfrac{4}{e}$; (3) $\cos a$; (4) 2; (5) $\dfrac{1}{2}$;
   (6) 2; (7) $-\dfrac{1}{8}$; (8) 1; (9) 1; (10) $+\infty$;
   (11) 1; (12) $\dfrac{1}{2}$; (13) $\dfrac{1}{2}$; (14) $-\dfrac{1}{2}$; (15) e;
   (16) e^a; (17) 1; (18) 1.

2. (1) 0; (2) 1.

3. 在点 $x = 0$ 处连续.

4. 证明略.

习题 3-3

1. $-1 + 10(x-1) + 9(x-1)^2 + 4(x-1)^3 + (x-1)^4$.

2. $\frac{1}{4}(x-4)-\frac{1}{64}(x-4)^2+\frac{1}{512}(x-4)^3-\frac{5}{128\xi^{\frac{7}{2}}}(x-4)^4$，$\xi$ 介于 x 与 4 之间.

3. $1-9x+30x^3-45x^3+30x^4-9x^5+x^6$.

4. $1+2x+2x^2-2x^4+o(x^4)$；$f'''(0)=0$.

5. $\ln 2+\frac{1}{2}(x-2)-\frac{1}{2^3}(x-2)^2+\frac{1}{3\cdot 2^3}(x-2)^3-\cdots+(-1)^{n-1}\frac{1}{n\cdot 2^n}(x-2)^n+o((x-2)^n)$.

6. $-1-(x+1)-(x+1)^2-(x+1)^3-\cdots-(x+1)^n+\frac{(-1)^{n+1}}{\xi^{n+2}}(x+1)^{n+1}$，$\xi$ 介于 x 与 -1 之间.

7. $x+x^2+\frac{x^3}{2!}+\cdots+\frac{x^n}{(n-1)!}+o(x^n)$.

8. 0.646.

9. (1) $\frac{3}{2}$；(2) 0.

10. 证明略.

习题 3-4

1. (1) 单调增加；(2) 单调增加；(3) 单调减少.

2. (1) 在 $\left(-\infty,\frac{1}{2}\right]$ 内单调减少，在 $\left(\frac{1}{2},+\infty\right)$ 内单调增加；

   (2) 在 $(-\infty,-1]$ 和 $[3,+\infty)$ 内单调增加，在 $(-1,3)$ 内单调减少；

   (3) 在 $(-\infty,0)$，$(1,+\infty)$ 内严格单增，而在 $(0,1)$ 内严格单减；

   (4) 在 $(-\infty,0)$，$\left(0,\frac{1}{2}\right]$，$[1,+\infty)$ 内单调减少，在 $\left(\frac{1}{2},1\right)$ 内单调增加；

   (5) 在 $\left(0,\frac{1}{2}\right)$ 内严格单增，在 $\left(\frac{1}{2},+\infty\right)$ 内严格单减.

3. 证明略.

4. (1) $a<\frac{1}{e}$，有两个实根；$a=\frac{1}{e}$，有一个实根；$a>\frac{1}{e}$，没有实根.

   (2) 仅有一个实根.

5. $f(x)=x+\sin x$ 在 $(-\infty,+\infty)$ 内严格单增；$f'(x)=1+\cos x$ 在 $(2k\pi,(2k+1)\pi)$ 内严格单减，在 $((2k-1)\pi,2k\pi)$ 内严格单增，从而在 $(-\infty,+\infty)$ 上不单调.

6. (1) 在 $(-\infty,+\infty)$ 内是凸的.

   (2) 凹区间为 $(-1,0)$，$(1,+\infty)$；凸区间为 $(-\infty,-1)$，$(0,1)$；拐点为 $(0,0)$.

   (3) 在 $(-\infty,+\infty)$ 上为凹函数，没有拐点.

   (4) 凸区间为 $(-\infty,-1)$，$(1,+\infty)$；凹区间为 $(-1,1)$，拐点为 $(-1,\ln 2)$ 及 $(1,\ln 2)$.

7. 证明略.

8. $a = -\dfrac{3}{2}$, $b = \dfrac{9}{2}$.

9. $a = 1$, $b = -3$, $c = -24$, $d = 16$.

10. $k = \pm \dfrac{\sqrt{2}}{8}$.

11. (1) 在 $x = -1$ 处取得极大值为 $f(-1) = -10\dfrac{2}{3}$，在 $x = 3$ 处取得极小值为 $f(3) = 37$.

   (2) 在 $x = 1$ 处取得极小值为 $y(1) = 0$，在 $x = e^2$ 处取得极大值为 $f(e^2) = \dfrac{4}{e^2}$.

   (3) 在 $x = \dfrac{3}{4}$ 处取得极大值为 $f\left(\dfrac{3}{4}\right) = \dfrac{5}{4}$.

   (4) $y = e^x \cos x$ 在 $x = 2k\pi + \dfrac{\pi}{4}$ 处取得极大值为 $y\left(2k\pi + \dfrac{\pi}{4}\right) = \dfrac{\sqrt{2}}{2} e^{2k\pi + \frac{\pi}{4}}$，

在 $x = (2k+1)\pi + \dfrac{\pi}{4}$ 处取得极小值为 $y\left((2k+1)\pi + \dfrac{\pi}{4}\right) = -\dfrac{\sqrt{2}}{2} e^{(2k+1)\pi + \frac{\pi}{4}}$，$k \in \mathbf{Z}$.

   (5) 没有极值点.

   (6) 在 $x = 0$ 处取得极大值为 $f(0) = 0$，在 $x = \dfrac{4}{5}$ 处取得极小值为 $f\left(\dfrac{4}{5}\right) = -\dfrac{6}{5}\sqrt[3]{\dfrac{16}{25}}$.

12. 证明略.

13. $a = 2$；$f\left(\dfrac{\pi}{3}\right) = \sqrt{3}$.

习题 3-5

1. (1) 最小值为 $y(-5) = -5 + \sqrt{6}$，最大值为 $y\left(\dfrac{3}{4}\right) = \dfrac{5}{4}$；

   (2) 最小值为 $y(2) = -1$，最大值为 $y(3) = \dfrac{21}{4}$；

   (3) 最小值为 $y\left(\dfrac{5\pi}{4}\right) = -\sqrt{2}$，最大值为 $y\left(\dfrac{\pi}{4}\right) = \sqrt{2}$；

   (4) 最大值为 $f(1) = \dfrac{1}{2}$.

2. 四角上截去一块边长为 $\dfrac{a}{6}$ 的小方块，才能使盒子的容量最大.

3. 圆柱形的底和半径相等时，可使材料最省.

4. 力 F 与水平线的交角 $\alpha = \arctan 0.25$ 时，才可使力 F 的大小为最小.

5. 当杠杆长 $x = 1.4\mathrm{m}$ 时最省力.

6. 当入射点 M 在 Ox 上的点为 $x_0 = \dfrac{a\tau}{a+b}$ 时,光源 S 的光线所走的路径最短,此时入射角(记为 α)等于反射角(记为 β).

7. $2\,\text{h}$ 后两船距离最近.

8. 房租定为 1800 元可获最大收入.

9. 商店应分 $\sqrt{\dfrac{ac}{2b}}$ 批购进此种商品,能使所用的手续费及库存费总和最少.

10. 每日来回 12 次,每次拖 6 只小船能使运货总量达到最大.

习题 3-6

1. (1) $x=0$ 为铅直渐近线,$y=1$ 为水平渐近线,没有斜渐近线.
   (2) $x=-1$ 为铅直渐近线,$y=0$ 为水平渐近线,没有斜渐近线.
   (3) 不存在铅直渐近线及水平渐近线,$y=x$ 为函数 $y=x+\mathrm{e}^{-x}$ 的斜渐近线.
2. 略.

习题 4-1

1. (1) $-\dfrac{2}{5}x^{-\frac{5}{2}}+C$; (2) $\dfrac{3}{10}x^3\sqrt[3]{x}+C$; (3) $\dfrac{8}{15}x^{\frac{15}{8}}+C$;

(4) $\dfrac{3}{4}x^{\frac{4}{3}}-2x^{\frac{1}{2}}+C$; (5) $\dfrac{2}{5}x^{\frac{5}{2}}-2x^{\frac{3}{2}}+C$; (6) $x-\arctan x+C$;

(7) $\dfrac{1}{2}x^4+\arctan x+C$; (8) $-\dfrac{1}{x}-\arctan x+C$; (9) e^x+x+C;

(10) $\dfrac{1}{4}x^2-\ln|x|-\dfrac{3}{2}x^{-2}+\dfrac{4}{3}x^{-3}+C$; (11) $\dfrac{3^x}{\ln 3}+\dfrac{1}{3}x^3+C$;

(12) $5\arctan x-3\arcsin x+C$; (13) $\dfrac{(5\mathrm{e})^x}{\ln(5\mathrm{e})}+C$;

(14) $2x-\dfrac{5}{\ln 2-\ln 3}\left(\dfrac{2}{3}\right)^x+C$; (15) $\dfrac{1}{2}x+\dfrac{1}{2}\sin x+C$;

(16) $\dfrac{1}{2}\tan x+C$; (17) $-\cot x-x+C$; (18) $-\cot x-\tan x+C$;

(19) $\sin x-\cos x+C$; (20) $\dfrac{\tan x+x}{2}+C$; (21) $\tan x-\sec x+C$;

(22) $2\arcsin x+C$.

2. $f(x) = \dfrac{1}{x\sqrt{1-x^2}}$.

3. $-\cos x + C_1 x + C_2$.

4. 曲线的方程为 $f(x) = \ln|x| + 1$.

5. (1) 27 m; (2) 约等于 7.11 s.

习题 4-2

1. (1) $dx = \dfrac{1}{5}d(5x+C)$;   (2) $xdx = -\dfrac{1}{2}d(C-x^2)$;

   (3) $x^5 dx = \dfrac{1}{6}d(x^6+C)$;   (4) $e^{2x}dx = \dfrac{1}{2}d(e^{2x})$;

   (5) $e^{-\frac{x}{2}}dx = -2\,d(1+e^{-\frac{x}{2}})$;   (6) $\dfrac{dx}{x} = \dfrac{1}{5}d(5\ln|x|)$;

   (7) $\dfrac{1}{\sqrt{t}}dt = 2d(\sqrt{t})$;   (8) $\sin\dfrac{3}{2}x dx = -\dfrac{2}{3}d\left(\cos\dfrac{3}{2}x\right)$;

   (9) $\dfrac{dx}{\cos^2 2x} = \dfrac{1}{2}d(\tan 2x)$;   (10) $\dfrac{xdx}{\sqrt{1-x^2}} = (-1)d(\sqrt{1-x^2})$;

   (11) $\dfrac{dx}{\sqrt{1-x^2}} = (-1)d(1-\arcsin x)$;

   (12) $\dfrac{dx}{1+9x^2} = \dfrac{1}{3}d(\arctan 3x) = -\dfrac{1}{3}d(\text{arccot}\,3x)$.

2. (1) $\dfrac{1}{2}e^{2t} + C$;   (2) $\dfrac{1}{18}(2+3x)^6 + C$;   (3) $-\dfrac{1}{3}\ln|5-3x| + C$;

   (4) $-\dfrac{3}{4}(3-2x)^{\frac{2}{3}} + C$;   (5) $\dfrac{1}{a}\sin ax - be^{\frac{x}{b}} + C$;   (6) $-\cos\sqrt{t} + C$;

   (7) $\dfrac{1}{10}\tan^{10} x + C$;   (8) $\ln|\ln\ln x| + C$;   (9) $\ln|\sin\sqrt{1+x^2}| + C$;

   (10) $\ln|\csc 2x - \cot 2x| + C$ 或 $\ln|\tan x| + C$;

   (11) $\dfrac{1}{2}\sin(x^2) + C$;   (12) $\dfrac{1}{3\omega}\sin^3(\omega t) + C$;   (13) $\dfrac{1}{2\cos^2 x} + C$;

   (14) $\dfrac{1}{3}\cos^3 x - \cos x + C$;   (15) $\dfrac{1}{2}t - \dfrac{1}{4\omega}\sin 2(\omega t + \varphi) + C$;

   (16) $-\dfrac{3}{4}\ln|1-x^4| + C$;   (17) $\dfrac{1}{10}\arcsin\left(\dfrac{x^{10}}{2}\right) + C$;   (18) $-\sqrt{5-3x^2} + C$;

   (19) $\dfrac{1}{2}\arcsin\left(\dfrac{2x}{3}\right) + \dfrac{1}{4}\sqrt{9-4x^2} + C$;   (20) $\arctan e^x + C$;

(21) $-\dfrac{1}{2}e^{-x^2}+C$; (22) $\dfrac{1}{6}\ln\left|\dfrac{3x-1}{3x+1}\right|+C$;

(23) $\dfrac{1}{25}\ln|2-5x|+\dfrac{2}{25}\dfrac{1}{2-5x}+C$;

(24) $-\dfrac{1}{97}\dfrac{1}{(x-1)^{97}}-\dfrac{1}{49}\dfrac{1}{(x-1)^{98}}-\dfrac{1}{99}\dfrac{1}{(x-1)^{99}}+C$;

(25) $\dfrac{1}{8}\ln\left|\dfrac{x^2-1}{x^2+1}\right|-\dfrac{1}{4}\arctan x^2+C$;

(26) $-\dfrac{1}{10}\cos 5x-\dfrac{1}{2}\cos x+C$; (27) $\dfrac{1}{6}\sin 3x-\dfrac{1}{14}\sin 7x+C$;

(28) $\dfrac{1}{3}\sec^3 x-\sec x+C$; (29) $\dfrac{1}{2}(\ln\tan x)^2+C$; (30) $\dfrac{10^{\arcsin x}}{\ln 10}+C$;

(31) $\dfrac{1}{\arccos x}+C$; (32) $(\arctan\sqrt{x})^2+C$; (33) $-\dfrac{1}{x\ln x}+C$;

(34) $-\ln|e^{-x}-1|+C$; (35) $\dfrac{1}{4}\ln|x|-\dfrac{1}{24}\ln|x^6+4|+C$;

(36) $-\dfrac{1}{7x^7}-\dfrac{1}{5x^5}-\dfrac{1}{3x^3}-\dfrac{1}{x}-\dfrac{1}{2}\ln\left|\dfrac{1-x}{1+x}\right|+C$.

3. (1) $\arcsin x-\dfrac{x}{1+\sqrt{1-x^2}}+C$; (2) $\arccos\dfrac{1}{x}+C$;

(3) $\sqrt{x^2-9}-3\arccos\dfrac{3}{|x|}+C$; (4) $\dfrac{x}{a^2\sqrt{a^2+x^2}}+C$;

(5) $\dfrac{x}{\sqrt{1+x^2}}+C$; (6) $\dfrac{1}{2}\ln\left|\sqrt{x^4+1}+x^2\right|+\dfrac{1}{2}\ln\left|\dfrac{\sqrt{x^4+1}-1}{x^2}\right|+C$;

(7) $\dfrac{9}{2}\arcsin\dfrac{x+2}{3}+\dfrac{x+2}{2}\sqrt{5-4x-x^2}+C$; (8) $\sqrt{2x}-\ln(1+\sqrt{2x})+C$.

4. $2\sqrt{1+x}-1$.

习题 4-3

1. (1) $3x\sin\dfrac{x}{3}+9\cos\dfrac{x}{3}+C$; (2) $-x^2\cos x+2x\sin x+2\cos x+C$;

(3) $x\tan x+\ln|\cos x|-\dfrac{1}{2}x^2+C$; (4) $x\ln^2 x-2x\ln x+2x+C$;

(5) $-\dfrac{1}{x}(\ln^2 x+2\ln x+2)+C$; (6) $\dfrac{1}{n+1}x^{n+1}\left(\ln x-\dfrac{1}{(n+1)}\right)+C$;

(7) $\dfrac{1}{3}x^3 \ln x - \dfrac{1}{9}x^3 + C$;

(8) $\dfrac{1}{8}x^4(2\ln^2 x - \ln x + \dfrac{1}{4}) + C$;

(9) $\ln x(\ln \ln x - 1) + C$;

(10) $x\ln(1+x^2) - 2x + 2\arctan x + C$;

(11) $\dfrac{1}{2}x^2 \ln(x+1) - \dfrac{1}{4}x^2 + \dfrac{1}{2}x - \dfrac{1}{2}\ln(x+1) + C$;

(12) $x\arccos x - \sqrt{1-x^2} + C$;

(13) $x\operatorname{arccot} x + \dfrac{1}{2}\ln(1+x^2) + C$;

(14) $\dfrac{1}{3}x^3 \arctan x - \dfrac{1}{6}x^2 + \dfrac{1}{6}\ln(1+x^2) + C$;

(15) $x(\arcsin x)^2 + 2\sqrt{1-x^2}\arcsin x - 2x + C$;

(16) $-e^{-x}(x^2 + 2x + 2) + C$;

(17) $\left(x - \dfrac{1}{2}\right)e^{2x} + C$;

(18) $(x+2)e^x + C$;

(19) $-e^{-x}(x^2 + 2x + 3) + C$;

(20) $-x\cos x + \sin x + C$;

(21) $-\dfrac{1}{4}x\cos 2x + \dfrac{1}{8}\sin 2x + C$;

(22) $\dfrac{1}{6}x^3 + \dfrac{1}{2}x^2 \sin x + x\cos x - \sin x + C$;

(23) $-\dfrac{1}{2}x^2 \cos 2x + \dfrac{1}{2}x\sin 2x + \dfrac{5}{4}\cos 2x + C$;

(24) $3e^{\sqrt[3]{x}}(\sqrt[3]{x^2} - 2\sqrt[3]{x} + 2) + C$;

(25) $2\sqrt{x}\ln(1+x) - 4\sqrt{x} + 4\arctan\sqrt{x} + C$;

(26) $-e^{-x}\ln(1+e^x) - \ln(1+e^{-x}) + C$;

(27) $\dfrac{x^2}{2}\ln\dfrac{1+x}{1-x} + x - \dfrac{1}{2}\ln\dfrac{1+x}{1-x} + C$;

(28) $\dfrac{1}{2}(\sec x + \ln|\csc x - \cot x|) + C$;

(29) $\dfrac{x}{2}(\cos \ln x + \sin \ln x) + C$;

(30) $-\dfrac{2e^{-2x}}{17}\left(4\sin\dfrac{x}{2} + \cos\dfrac{x}{2}\right) + C$;

(31) $\dfrac{e^x}{2} - \dfrac{1}{5}e^x \sin 2x - \dfrac{1}{10}e^x \cos 2x + C$;

(32) $\dfrac{e^{-x}}{2}(\sin x - \cos x) + C$.

2. $\cos x - \dfrac{2}{x}\sin x + C$.

3. $\dfrac{e^x(x-2)}{x} + C$.

4. $xf^{-1}(x) - F(f^{-1}(x)) + C$.

习题 4-4

(1) $\dfrac{1}{3}x^3 - \dfrac{3}{2}x^2 + 9x - 27\ln|x+3| + C$;

(2) $\ln|x^3 - x + 5| + C$;

(3) $\frac{1}{3}x^3 + \frac{1}{2}x^2 + x + 8\ln|x| - 4\ln|x+1| - 3\ln|x-1| + C$;

(4) $\ln|x+1| - \frac{1}{2}\ln(x^2-x+1) + \sqrt{3}\arctan\left(\frac{2x-1}{\sqrt{3}}\right) + C$;

(5) $-\frac{x}{(x-1)^2} + C$;   (6) $\ln\left(\frac{x+3}{x+2}\right)^2 - \frac{3}{x+3} + C$;   (7) $\frac{1}{2}\left(\frac{2x+1}{x^2+1}\right) + C$;

(8) $-\frac{1}{2}\ln|x+1| + 2\ln|x+2| - \frac{3}{2}\ln|x+3| + C$;   (9) $\frac{1}{x-1} + \frac{1}{2(1-x)^2} + C$;

(10) $\frac{1}{3}\ln|x| - \frac{1}{24}\ln(x^8+3) + C$;   (11) $\frac{1}{2}\ln|x^2-1| + \frac{1}{x+1} + C$;

(12) $\ln|x| - \frac{1}{2}\ln|x+1| - \frac{1}{4}\ln(x^2+1) - \frac{1}{2}\arctan x + C$;

(13) $-\frac{\sqrt{2}}{8}\ln\frac{x^2-\sqrt{2}x+1}{x^2+\sqrt{2}x+1} + \frac{\sqrt{2}}{4}\left(\arctan\frac{\sqrt{2}x}{1-x^2}\right) + C$;

(14) $-\frac{4\sqrt{3}}{3}\arctan\left(\frac{2x+1}{\sqrt{3}}\right) - \frac{x+1}{x^2+x+1} + C$;   (15) $\frac{\sqrt{3}}{6}\arctan\left(\frac{2}{\sqrt{3}}\tan x\right) + C$;

(16) $\frac{1}{\sqrt{2}}\arctan\left(\frac{1}{\sqrt{2}}\tan\frac{x}{2}\right) + C$;   (17) $\frac{1}{2}\left[\ln|1+\tan x| - \frac{1}{2}\ln(1+\tan^2 x) + x\right] + C$;

(18) $\ln\left|1+\tan\frac{x}{2}\right| + C$;   (19) $\frac{1}{\sqrt{5}}\arctan\left(\frac{3\tan\frac{x}{2}+1}{\sqrt{5}}\right) + C$;

(20) $-\frac{4}{9}\ln|5+4\sin x| - \frac{1}{18}\ln|1-\sin x| + \frac{1}{2}\ln|1+\sin x| + C$;

(21) $\frac{3}{2}\sqrt[3]{(1+x)^2} - 3\sqrt[3]{1+x} + 3\ln\left|\sqrt[3]{1+x}+1\right| + C$;   (22) $\frac{1}{2}x^2 - \frac{2}{3}x^{\frac{3}{2}} + x + C$;

(23) $x - 4\sqrt{x+1} + 4\ln(\sqrt{x+1}+1) + C$;   (24) $2\sqrt{x} - 4\sqrt[4]{x} + 4\ln(1+\sqrt[4]{x}) + C$;

(25) $\frac{1}{3}(\sqrt{1+x^2})^3 - \sqrt{1+x^2} + C$ 或 $\frac{1}{3}(x^2-2)\sqrt{1+x^2} + C$;

(26) $a\arcsin\frac{x}{a} - \sqrt{a^2-x^2} + C$;   (27) $-\frac{3}{2}\sqrt[3]{\frac{x+1}{x-1}} + C$;

(28) $2\ln(\sqrt{x+1}+\sqrt{x}) + C$.

习题 5-1

1. (1) $\lim\limits_{\lambda \to 0}\sum\limits_{i=1}^{n}f(\xi_i)\Delta x_i$;

(2) 被积函数 $f(x)$，积分区间 $[a,b]$，积分变量用哪个字母表示；

(3) 在区间 $[a,b]$ 上 $f(x) \geqslant 0$ 时，定积分 $\int_a^b f(x)\mathrm{d}x$ 表示由曲线 $y = f(x)$，直线 $x = a$，$x = b$ 及 x 轴所围成的曲边梯形的面积；在区间 $[a,b]$ 上 $f(x) \leqslant 0$ 时，定积分 $\int_a^b f(x)\mathrm{d}x$ 表示上述曲边梯形面积的负值；

(4) 充分.

2. (1) $\dfrac{1}{2}(b^2 - a^2)$； (2) 1； (3) $\dfrac{b^3 - a^3}{3} + (b - a)$.

3. 略.

4. $\int_0^1 x^p \mathrm{d}x$.

5. 略.

6. (1) $6 \leqslant \int_1^3 (x^2 + 2)\mathrm{d}x \leqslant 33$； (2) $1 \leqslant \int_0^1 \mathrm{e}^{x^2}\mathrm{d}x \leqslant \mathrm{e}$；

(3) $\dfrac{\pi}{4}(\sqrt{3} - 1) \leqslant \int_1^{\sqrt{3}} x \arctan x \mathrm{d}x \leqslant \dfrac{2\pi}{3}$； (4) $0 \leqslant \int_0^{-2} x\mathrm{e}^x \mathrm{d}x \leqslant \dfrac{4}{\mathrm{e}^2}$.

7. 略.

8. (1) $\int_2^3 x^2 \mathrm{d}x < \int_2^3 x^3 \mathrm{d}x$； (2) $\int_0^1 \mathrm{e}^x \mathrm{d}x > \int_0^1 \mathrm{e}^{x^2} \mathrm{d}x$；

(3) $\int_0^1 \mathrm{e}^x \mathrm{d}x > \int_0^1 (x+1)\mathrm{d}x$； (4) $\int_0^{\frac{\pi}{2}} x \mathrm{d}x > \int_0^{\frac{\pi}{2}} \sin x \mathrm{d}x > \int_{-\frac{\pi}{2}}^0 \sin x \mathrm{d}x$.

9. 略.

习题 5-2

1. (1) $3x^2\sqrt{1 + x^6}$； (2) $\dfrac{3x^2}{\sqrt{1 + x^6}} - \dfrac{2x}{\sqrt{1 + x^4}}$；

(3) $\cos(\pi \sin^2 x)(\sin x - \cos x)$.

2. (1) 1； (2) $\dfrac{1}{2}$； (3) 1； (4) 2.

3. $y'(0) = 0$，$y'\left(\dfrac{\pi}{4}\right) = 1$.

4. $\cot t$.

5. $\dfrac{\sin x}{1 - \cos x}$.

6. $-\dfrac{3}{2}$.

7. $2\sqrt{6}$.

8. 当 $x=0$ 时，函数 $I(x) = \int_0^x t e^{-t^2} dt$ 取得极小值也是最小值.

9. 当 $x = \sqrt[3]{\dfrac{3}{4}}$ 时.

10. (1) $11\dfrac{1}{9}$;　　(2) $45\dfrac{1}{6}$;　　(3) $\dfrac{\sqrt{3}\pi}{9}$;　　(4) $\dfrac{\pi}{4a}$;　　(5) $\sqrt{3} - \dfrac{\pi}{3}$;

　　(6) -1;　　(7) $2\sqrt{2} - 1$;　　(8) $\dfrac{8}{3}$.

11. $\phi(x) = \begin{cases} 0, & x<0, \\ \dfrac{1}{2}(1-\cos x), & 0 \leqslant x \leqslant \pi, \\ 1, & x > \pi \end{cases}$　或　$\phi(x) = \begin{cases} 0, & x<0, \\ \sin^2 \dfrac{x}{2}, & 0 \leqslant x \leqslant \pi, \\ 1, & x > \pi. \end{cases}$

12. $\dfrac{1}{2}(\ln x)^2$.

习题 5-3

1. (1) $1 + \dfrac{\sqrt{3}}{2}$;　　(2) $\dfrac{5}{26}$;　　(3) $\dfrac{1}{4}$;　　(4) $\dfrac{\pi}{6} - \dfrac{\sqrt{3}}{8}$;

　(5) 0;　　(6) $e - e^{\frac{1}{2}}$;　　(7) $1 - e^{-\frac{1}{2}}$;　　(8) 2;

　(9) $\dfrac{3}{4}$;　　(10) $\dfrac{\pi}{2}$;　　(11) $2 - \dfrac{1}{2}\ln 5$;　　(12) $12 - 5\ln 5 + 5\ln 2$;

　(13) $(\sqrt{3} - 1)a$;　(14) $\dfrac{\pi}{4}$;　　(15) $\dfrac{\pi}{2}$;　　(16) $\sqrt{2} - \dfrac{2\sqrt{3}}{3}$;

　(17) $2(1 + \ln \dfrac{2}{3})$;　(18) $-\dfrac{1}{3}$;　　(19) $\sqrt{2}(\pi + 2)$;

　(20) $\ln(1+\sqrt{2}) - \ln(1+\sqrt{1+e^2}) + 1$.

2~4. 证明略.

5. 当 m 为奇数时，$J_m = \pi \dfrac{m-1}{m} \cdot \dfrac{m-3}{m-2} \cdots \dfrac{4}{5} \cdot \dfrac{2}{3} I_0 = \dfrac{m!!}{(m+1)!!}\pi$;

当 m 为偶数时，$J_m = \pi \dfrac{m-1}{m} \cdot \dfrac{m-3}{m-2} \cdots \dfrac{5}{6} \cdot \dfrac{4}{5} I_1 = \dfrac{m!!}{(m+1)!!} \cdot \dfrac{\pi^2}{2}$.

6. 证明略.

7. (1) -1;　　(2) $\dfrac{1}{4}(e^2 + 1)$;　　(3) $2 - \dfrac{3}{4\ln 2}$;

(4) $12\ln 3 - 8$;　　(5) $2\ln(2+\sqrt{5})-\sqrt{5}+1$;　　(6) $\dfrac{\pi}{4}-\dfrac{1}{2}$;

(7) $\dfrac{1}{2}$;　　(8) π^2;　　(9) $\left(\dfrac{1}{4}-\dfrac{\sqrt{3}}{9}\right)\pi+\dfrac{1}{2}\ln\dfrac{3}{2}$;

(10) $\ln 2-\dfrac{1}{2}$;　　(11) $\dfrac{1}{4}\ln 2$;　　(12) $\dfrac{1}{5}(e^\pi-2)$;

(13) $2(e\sin 1-e\cos 1+1)$;　　(14) 1;　　(15) $2\left(1-\dfrac{1}{e}\right)$.

8. (1) 0;　　(2) 0;　　(3) $\dfrac{3}{2}\pi$;　　(4) $\dfrac{\pi^3}{324}$;　　(5) $\dfrac{\pi}{2}-\ln 2$;　　(6) $\ln 11$.

9. $\dfrac{1}{2}(\cos 1-1)$.

10～12. 证明略.

习题 5-4

1. (1) 收敛;　　(2) 充分.

2. (1) $\dfrac{1}{4}$;　　(2) 发散;　　(3) 收敛于 π;

(4) 发散;　　(5) 收敛于 $\dfrac{1}{b}$;　　(6) 收敛于 $\dfrac{1}{4}\ln 3$;

(7) 收敛于 $2\dfrac{2}{3}$;　　(8) 收敛于 1;　　(9) 发散;

(10) 收敛于 $\dfrac{\pi}{2}$;　　(11) 收敛于 $\dfrac{\pi^2}{4}$;　　(12) 收敛于 2.

3. (1) 不正确,发散;　　(2) 不正确,发散.

4. (1) $k>1$ 时该广义积分收敛;

(2) $k\leqslant 1$ 时该广义积分发散;

(3) $k=1-\dfrac{1}{\ln\ln 3}$ 该广义积分取得最小值.

5. $I_n=nI_{n-1}=n(n-1)I_{n-2}=\cdots=n!I_1=n!$.

6. 都收敛.

习题 6-2

1. (1) $\dfrac{1}{6}$;　　(2) $\dfrac{16}{3}\sqrt{2}$;　　(3) $\dfrac{4}{3}$;　　(4) $\dfrac{\pi}{2}$;

(5) $2\pi+\dfrac{4}{3},6\pi-\dfrac{4}{3}$;　　(6) $\dfrac{3}{2}-\ln 2$;　　(7) $e+e^{-1}-2$;　　(8) $b-a$;

(9) πa^2 ; (10) $\frac{1}{4}\pi a^2$; (11) $\frac{a^2}{4}(e^{2\pi}-e^{-2\pi})$; (12) $18\pi a^2$;

(13) $\frac{5}{4}\pi$; (14) $\frac{\pi}{6}-\frac{\sqrt{3}}{2}$; (15) $\frac{3}{8}\pi a^2$; (16) $3\pi a^2$.

2. $y=-4x^2+6x$.

3. $\frac{e}{2}$.

4. $\frac{9}{4}$.

5. $\frac{16}{3}p^2$.

6. 2.

习题 6-3

1. $160\pi^2$.

2. $2a\pi x_0^2$.

3. $\frac{32}{105}\pi a^3$.

4. 证明略.

5. (1) $\frac{1}{4}\pi^2$, 2π ; (2) $\frac{128}{7}\pi$, $\frac{64}{5}\pi$; (3) $\frac{15}{2}\pi$, $\frac{124}{5}\pi$.

6. (1) $2\pi^2$; (2) $\frac{3}{10}\pi$.

7. $\frac{1}{2}\pi a, 2\pi a^2$.

8. $7\pi a^3$.

9. $\frac{\pi}{20}$.

10. $2\pi^2 a^2 b$.

11. 160π .

12. $\frac{4\sqrt{3}}{3}R^3$.

13. $a=0$, $b=A$.

习题 6-4

1. (1) $2\sqrt{3}-\frac{4}{3}$; (2) 4 ; (3) $\frac{e^2+1}{4}$;

(4) $1+\dfrac{1}{2}\ln\dfrac{3}{2}$; (5) $\dfrac{5}{12}+\ln\dfrac{3}{2}$; (6) $\dfrac{\sqrt{a^2+1}}{a}(e^{a\varphi}-1)$.

2. $\ln(1+\sqrt{2})$.

3. 证明略.

4. (1) $\dfrac{3}{8}\pi a^2$; (2) $6a$.

5. $\left|\dfrac{y}{2p}\sqrt{p^2+y^2}+\ln\left|\dfrac{y+\sqrt{p^2+y^2}}{p}\right|\right|$.

习题 6-5

1. $18k(\text{N}\cdot\text{cm})$.

2. $\dfrac{50}{3}$.

3. $750g(\text{kJ})$.

4. $\dfrac{2}{30}(11\sqrt{11}-1)(\text{m/s})$.

5. $800\pi\ln 2(\text{N}\cdot\text{m})$.

6. $205.8(\text{kN})$.

7. $\dfrac{\pi gR^4}{4}(\text{N}\cdot\text{m})$.

8. $17.3(\text{kN})$.

9. $14388(\text{kN})$.

10. $\sqrt{H^2+\dfrac{a}{b}h^2}-H$.

11. $F_x=0,\ F_y=-\dfrac{kmM}{h\sqrt{l^2+h^2}}$.

12. $F_x=km\mu\left(\dfrac{1}{a}-\dfrac{1}{\sqrt{l^2+a^2}}\right),\ F_y=-\dfrac{km\mu}{a\sqrt{l^2+a^2}}$.

13. $\dfrac{2km\rho}{R}\sin\dfrac{\varphi}{2}$,方向自 N 点指向圆弧的中点.

习题 6-6

$\dfrac{p_1-p_2}{8\eta L}\pi R^4$.

习题 7-1

1. (1) 1 阶;　　　(2) 2 阶;　　　(3) 3 阶;　　　(4) 1 阶.
2. 只有(5)不是.
3. 证明略.
4. (1) $y^2 - x^2 = 9$;　　(2) $y = -(x+4)e^{-x}$;　　(3) $y = 3x + \dfrac{1}{3}$.
5. $yy' + 2x = 0$.
6. $\dfrac{x^2}{2} + x + C$ (C 为任意常数).
7. $\cos x - x\sin x + C$, 即为所求函数.

习题 7-2

1. (1) $y = -x^2 + 3x + C$;　　　　　　(2) $y = Ce^{x^2}$, $C = e^{C_1}$;
   (3) $y = e^{Cx^2}$;　　　　　　　　　(4) $(y^2+1)(x^2-3) = C$;
   (5) $-2\sqrt{1-y} = 2\sqrt{1+x} + C$;　(6) $(e^x+1)(e^y-1) = C$;
   (7) $y = Ce^{-\sqrt{1-x^2}}$;　　　　　(8) $y - 3 = C\cos x$;
   (9) $y^2 + 1 = C(x-2)^2$;　　　　　(10) $1 - e^{-y} = Cx$;
   (11) $y = e^{\tan\frac{x}{2}}$;　　　　(12) $-e^{-y} = e^x - 2$.

2. (1) $\arccos\dfrac{y}{x} = \ln|x| + C$;　　(2) $y = -x\ln\big|C - \ln|x|\big|$;
   (3) $y^2 = x^2\ln(Cx^2)$ $(C = C_1^2)$;　(4) $y = xe^{Cx+1}$;
   (5) $-\cos\dfrac{y}{x} = \ln|x| + C$;　　(6) $Cxy = e^{\arctan\frac{y}{x}}$;
   (7) $y^2 = 2x^2(\ln|x| + 2)$;　　　　(8) $y^2 - x^2 - y^3$.

3. (1) $(y - x + 3) = C(y + x + 1)^3$;　(2) $\ln\left|4y^2 + (x-1)^2\right| + \arctan\dfrac{2y}{x-1} = C$;
   (3) $x + 3y + 2\ln|x+y-2| = C$.

4. $x^2 + y^2 = 1$.
5. $200\sqrt{2}$(cm/s).

习题 7-3

1. (1) $y = Ce^{x^2} - 3$; (2) $y = e^{-x}(x+C)$;
   (3) $y = x^2 + \dfrac{C}{x}$; (4) $y = (x-5)^3 + C(x-5)$;
   (5) $y = \dfrac{1}{x^2-1}(x^3+C)$; (6) $x = 2\cos y - 2 + Ce^{-\cos y}$;
   (7) $x = \dfrac{1}{y}\left(\dfrac{e^y}{2} + Ce^{-y}\right)$; (8) $x = -y^2 + Cy^3$;
   (9) $x = -y + Cy^2$; (10) $y = f(x) - 1 + Ce^{-f(x)}$.

2. (1) $y = -\dfrac{2}{3} + \dfrac{5}{3}e^{3x}$; (2) $y = \dfrac{1}{x}(\pi - 1 - \cos x)$;
   (3) $y = x\sec x$.

3. (1) $\dfrac{1}{y} = Ce^{-x^2} - \dfrac{1}{2}$; (2) $y^{-\frac{1}{3}} = -\dfrac{1}{7}x^3 + Cx^{\frac{2}{3}}$;
   (3) $\dfrac{1}{y^3} = Ce^x - 2x - 1$; (4) $\dfrac{1}{y^2} = -\dfrac{1}{2x}\ln x - \dfrac{1}{4x} + Cx$.

4. (1) $\sec(x+y) + \tan(x+y) = \dfrac{C}{x}$; (2) $y = x + (-x^2 - 2 + Ce^{\frac{x^2}{2}})^{-1}$;
   (3) $(x-y)^2 = -2x + C$; (4) $Cy = xe^{-\frac{1}{xy}}$.

5. $y = 2(e^{-x} + x - 1)$.

习题 7-4

1. (1) $y = \dfrac{1}{12}x^4 + \cos x + C_1 x + C_2$; (2) $y = (x-3)e^x - \dfrac{1}{2}C_1 x^2 + C_2 x + C_3$;
   (3) $y = x\ln|x| + C_1 x + C_2$; (4) $y = -\ln|\cos(x+C_1)| + C_2$;
   (5) $y = C_1 e^x - x^2 - 2x + C_2$; (6) $y = C_1 \ln|x| + C_2$;
   (7) $\ln|y+3| = C_1 x + C_2$;
   (8) $y = \arcsin e^{x+C_2} + C_1$ 或 $y = \arcsin C_3 e^x + C_1, C_3 = e^{C_2}$.

2. (1) $y = x\arctan x - \dfrac{1}{2}\ln(1+x^2)$; (2) $y = \dfrac{1}{2}\ln^2 x + \ln x$;
   (3) $y = 4(x-2)^{-2}$; (4) $y = \left(\dfrac{1}{2}x + 1\right)^4$.

3. $y = \dfrac{1}{6}x^3 + \dfrac{1}{3}x + 1$.

习题 7-5

1. 都是线性无关的.
2. $y = C_1 \sin ax + C_2 \cos ax$.
3. $y = C_1 e^{x^2} + C_2 x e^{x^2}$.
4. $y = C_1 x^2 + C_2 e^x + 3$.
5. (1) $y = x e^x + C_1 e^{2x} + C_2 e^{-x}$;   (2) $y'' - y' - 2y = e^x - 2x e^x$;
   (3) $y = 4e^{2x} + 3e^{-x} + x e^x$.
6. $y = C_1 x + C_2 x^2 + x^3$.
7. $y = C_1(2x+3)e^{-x} + C_2 e^x$.
8. 令 $C_1 e^{C_2} = C$ 为任意常数, 则 $y = C e^{-3x} - 1$ 仅含有一个独立的常数, 而原方程为二阶微分方程, 根据通解定义, 所以不是通解.

习题 7-6

1. (1) $y = C_1 + C_2 e^x$;   (2) $y = e^{-\frac{2}{3}x}(C_1 + C_2 x)$;
   (3) $y = C_1 e^{-2x} + C_2 e^{3x}$;   (4) $x = (C_1 + C_2 t)e^{\frac{3}{5}t}$;
   (5) $y = e^{-2x}(C_1 \cos 3x + C_2 \sin 3x)$;   (6) $y = e^{3x}(C_1 \cos 4x + C_2 \sin 4x)$;
   (7) $y = C_1 e^x + C_2 e^{-2x} + C_3 e^{3x}$;   (8) $y = C_1 e^{2x} + C_2 e^{-2x} + C_3 \cos 3x + C_4 \sin 3x$;
   (9) $y = C_1 + C_2 \cos x + C_3 x \cos x + C_4 \sin x + C_5 x \sin x$.
2. (1) $y = e^{\frac{1}{2}x}(2-x)$;   (2) $y = 4e^x + 2e^{3x}$;
   (3) $y = 5e^{-2x} \sin 3x$.

习题 7-7

1. (1) $y^* = b_0 x + b_1$;   (2) $y^* = x(b_0 x + b_1) = b_0 x^2 + b_1 x$;
   (3) $y^* = b_1 e^{2x}$;   (4) $y^* = (b_0 x^3 + b_1 x^2 + b_2 x + b_3)e^x$;
   (5) $y^* = b_0 \cos 3x + b_1 \sin 3x$;   (6) $y^* = x(b_0 \cos x + b_1 \sin x)$.

2. (1) $y = e^{-\frac{1}{2}x}\left(C_1\cos\frac{\sqrt{7}}{2}x + C_2\sin\frac{\sqrt{7}}{2}x\right) + \frac{1}{2}x^2 - \frac{1}{2}x + \frac{1}{2}$;

(2) $y = C_1\cos ax + C_2\sin ax + \frac{2e^x}{1+a^2}$; (3) $y = C_1 + C_2 e^{-x} + (x^2 - 3x + 5)e^x$;

(4) $y = C_1\cos x + C_2\sin x + \left(\frac{1}{6}x + \frac{7}{36}\right)e^{2x}$; (5) $y = C_1 e^x + C_2 x e^x - \cos x e^x$;

(6) $y = e^x(C_1\cos 2x + C_2\sin 2x) - \frac{1}{4}x e^x \cos 2x$; (7) $y = (C_1 + C_2 x)e^{-x} + x - 2$;

(8) $y = C_1 + C_2 e^{-x} + \frac{1}{2}e^x - \frac{1}{2}\cos x + \frac{1}{2}\sin x$.

3. (1) $y = -\frac{3}{2}e^{2x} + \frac{5}{3}e^{3x} + \frac{5}{6}$; (2) $y = \frac{1}{2}(e^x + e^{9x}) - \frac{1}{7}e^{2x}$;

(3) $y = e^x - e^{-x} + x e^x(x-1)$.

习题 7-8

1. $p = 10 \cdot 2^{\frac{t}{10}}$.

2. $y = \dfrac{1000 \cdot 3^{\frac{t}{3}}}{9 + 3^{\frac{t}{3}}}$.

3. $y = Cx^{\frac{1}{2k-1}}$，C 为任意常数.

4. $x = \dfrac{k}{a}\left(\dfrac{h}{2}y^2 - \dfrac{1}{3}y^3\right)$.

5. $y^3 = x$.

6. $T = \dfrac{3}{4000\ln\frac{5}{2}}$.

7. 设依次出现的比例系数为 $k_1 > 0, k_2 > 0$. 此共生问题的数学模型为

$$\begin{cases} \dfrac{dx}{dt} = -k_1 y, \\ \dfrac{dy}{dt} = -k_2 x, \end{cases}$$

且 $\begin{cases} x|_{t=0} = x_0, \\ y|_{t=0} = y_0, \end{cases}$ 两种鱼的变化规律为

$$\begin{cases} x = \dfrac{1}{2}\left[\left(x_0 - \sqrt{\dfrac{k_1}{k_2}}y_0\right)e^{\sqrt{k_1 k_2}t} + \left(x_0 + \sqrt{\dfrac{k_1}{k_2}}y_0\right)e^{-\sqrt{k_1 k_2}t}\right], \\ y = \dfrac{1}{2}\sqrt{\dfrac{k_2}{k_1}}\left[-\left(x_0 - \sqrt{\dfrac{k_1}{k_2}}y_0\right)e^{\sqrt{k_1 k_2}t} + \left(x_0 + \sqrt{\dfrac{k_1}{k_2}}y_0\right)e^{-\sqrt{k_1 k_2}t}\right]. \end{cases}$$

记 $\Delta \equiv x_0 - \sqrt{\dfrac{k_1}{k_2}}y_0$，分析得到如下规律:

(1) 当 $\Delta > 0$ 时，鱼数 $x(t)$ 将会减少，但不会消失，而鱼数 $y(t)$ 在足够长时间后将会趋于零;

(2) 当 $\Delta < 0$ 时，鱼数 $y(t)$ 将会减少，但不会消失，而鱼数 $x(t)$ 在足够长时间后将会趋于零;

(3) 当 $\Delta = 0$ 时，即 $x_0^2 : y_0^2 = k_1 : k_2$ 时，在足够长时间后两种鱼最终都将会消失.

8. 目标行驶 5/24 海里时将被鱼雷击中.

9. 问题归结为求初值问题 $y' = -\dfrac{\rho}{2p}y, y(h) = a$，解此一阶线性齐次方程的初值问题得 $y = ae^{-\dfrac{\rho}{2p}(x-h)}$.